管理类联考数学45讲

杨晶 张聪聪 —— 主编

北京理工大学出版社
BEIJING INSTITUTE OF TECHNOLOGY PRESS

图书在版编目(CIP)数据

MBA MPA MPAcc MEM管理类联考数学45讲／杨晶，张聪聪主编. —北京：北京理工大学出版社，2021.3

ISBN 978-7-5682-9582-6

Ⅰ. ①M…　Ⅱ. ①杨…　②张…　Ⅲ. ①高等数学-研究生-入学考试-自学参考资料
Ⅳ. ①O13

中国版本图书馆CIP数据核字(2021)第038762号

出版发行／北京理工大学出版社有限责任公司
社　　址／北京市海淀区中关村南大街5号
邮　　编／100081
电　　话／(010)68914775(总编室)
(010)82562903(教材售后服务热线)
(010)68948351(其他图书服务热线)
网　　址／http://www.bitpress.com.cn
经　　销／全国各地新华书店
印　　刷／天津市新科印刷有限公司
开　　本／787毫米×1092毫米　1/16
印　　张／23
字　　数／574千字
版　　次／2021年3月第1版　2021年3月第1次印刷
定　　价／79.80元

责任编辑／张鑫星
文案编辑／张鑫星
责任校对／周瑞红
责任印制／李志强

一、概述

管理类专业学位联考综合能力考试是为高等院校和科研院所招收管理类专业学位硕士研究生而设置的具有选拔性质的全国联考科目。试卷由数学基础(75分)、逻辑推理(60分)、写作(65分)这3部分组成,其中数学基础占比最高,因此要想拿下管综,数学必须拿高分。

二、数学的重要性

在管理类专业学位联考综合能力考试中,数学是最重要的一门考试科目。作为成人的数学考试,联考的目的不仅是考查考生对数学的掌握能力,更重要的是考查考生应用数学知识分析与解决问题的能力以及快速反应能力。上述能力的要求,体现在该考试与考生以往参加的数学考试的显著差别:第一,对考生的能力和速度有相当高的要求,考生需在3小时内完成25道数学题、30道逻辑题和2篇共计约1 300字的作文,时间紧、任务重,这就要求考生在数学部分做得又快又准;第二,条件充分性判断题是管综考试特有的题型,该题型是带有逻辑推理的数学试题,既要求考生掌握基本数学知识,又要求考生有较强的逻辑推理能力。因此,数学备考过程必须重视基本考点的学习和计算以及常用解题技巧。

三、本书特色

为了减轻广大考生复习的难度,更有效地提高复习效率,我们编写了这本教材。此教材是根据最新考试大纲的要求编写的,结构严谨,内容详实,能够满足不同基础的考生需求。本书有以下三大特色。

1. 结构清晰,层次分明。本书分为四个部分,共十一章,为方便学生吸收及教师授课,将内容划分为45讲,共计140种题型,结构完整清晰,便于考生快速学习掌握。

2. 贴合考纲与真题,重点突出,详略得当。大纲解析人编写,每一部分开头均有【大纲解读】和【往年真题分析】,该部分内容以此为依据展开,主次明确;每一考点均有【高能提示】,明确考点考试地位;每一题型下均有【特征分析】,明确题型特点或解题方法,高效备考。

3. 精准点拨,讲解详尽。本书不仅对每道例题及习题给出详尽解析,还针对难点添加【敲黑板】模块,这些内容是题目的精华所在,有效帮助考生将题目进行提炼升华。

四、图书体系

阶段	主要掌握	配套图书	备考时间
基础	考点	《MBA MPA MPAcc MEM 管理类联考数学 45 讲》考点部分	2～3 个月
强化	题型	《MBA MPA MPAcc MEM 管理类联考数学 45 讲》题型部分	约 2 个月
真题	分类化真题	《MBA MPA MPAcc MEM 管理类联考数学历年真题全解(题型分类版)》	约 1 个月

古今之成大事业、大学问者，必经过三种境界："昨夜西风凋碧树。独上高楼，望尽天涯路。"此第一境也。"衣带渐宽终不悔，为伊消得人憔悴。"此第二境也。"众里寻他千百度，蓦然回首，那人却在，灯火阑珊处。"此第三境也。

这三个境界是每位考研人必经之处，愿本系列书籍能作为每位考生"漫漫天涯路"上转境之帆，一路护送考生们至"灯火阑珊处"。

写成此书，首先，感谢我的合作伙伴杨晶/张聪聪老师；其次，感谢工作同仁们的辛勤付出与努力；最后，感谢我们的历届学员，正是你们的鼓励和支持，给我们源源不断的创作动力。

由于编者水平与写作时间有限，书中存在错误和不妥之处在所难免，恳请读者批评指正。

一、数学考试内容

管理类专业学位联考(会计硕士、审计硕士、图书情报硕士、工商管理硕士、公共管理硕士、工程管理硕士、旅游管理硕士)综合能力考试数学部分要求考生具有运用数学基础知识、基本方法分析和解决问题的能力.

综合能力考试中的数学基础部分(75 分)主要考查考生的运算能力、逻辑推理能力、空间想象能力和数据处理能力,通过问题求解和条件充分性判断两种形式来测试.

二、考试结构

1. 分值及考试时间

试卷满分为 200 分,考试时间为 180 分钟;

数学部分共 25 道题,每题 3 分,共 75 分,占综合考试总分的 37.5%,按照分数分布,数学部分考试用时约为 65 分钟.

2. 答题方式

答题方式为闭卷、笔试. 不允许使用计算器.

【注】此处考生需要注意,在平常学习过程中尽量做到口算或笔算,不用计算器.

3. 数学部分题型结构

数学部分共 75 分,有以下两种题型:

问题求解:第 1～15 题,共 15 小题,每小题 3 分,是常规的“五选一”单选题,共 45 分;

条件充分性判断:第 16～25 题,共 10 小题,每小题 3 分,是带有逻辑推理的新型“五选一”单选题,共 30 分.

三、条件充分性判断

1. 充分条件的定义

由条件 A 成立,可以推出结论 B 成立(即 $A \Rightarrow B$),则称 A 是 B 的充分条件.

若由条件 A 成立,不能推出结论 B 成立(即 $A \nRightarrow B$),则称 A 不是 B 的充分条件.

2. 解题说明

要求判断每题给出的条件(1)和条件(2)能否充分支持题干所陈述的结论. A、B、C、D、E 五个选项为判断结果，请选择一项符合试题要求的判断.

A. 条件(1)充分，但条件(2)不充分.

B. 条件(2)充分，但条件(1)不充分.

C. 条件(1)和条件(2)单独都不充分，但条件(1)和条件(2)联合起来充分.

D. 条件(1)充分，条件(2)也充分.

E. 条件(1)和条件(2)单独都不充分，条件(1)和条件(2)联合起来也不充分.

请注意全书此类题型均采用以上解题规则，后续不再重复说明.

3. 表格描述

对应选项	条件(1)单独	条件(2)单独	条件(1)和条件(2)联合
A	√	×	
B	×	√	
C	×	×	√
D	√	√	
E	×	×	×

4. 例题演练

例 1　$a \geqslant 2$.

(1) $a > 2$.　　　　(2) $a \geqslant 1$.

【解析】对于条件(1)，由 $a > 2$ 可以推出 $a \geqslant 2$，所以条件(1)充分；

对于条件(2)，由 $a \geqslant 1$ 不能推出 $a \geqslant 2$，所以条件(2)不充分.

【答案】A

例 2　$x \geqslant |x|$.

(1) $x \geqslant -1$.　　　　(2) $x = 2$.

【解析】对于条件(1)，$x = -1$ 时，不满足 $x \geqslant |x|$，所以条件(1)不充分；

对于条件(2)，当 $x = 2$ 时，$2 \geqslant |2|$，所以条件(2)充分.

【答案】B

例 3　$4x^2 - 4x < 3$.

(1) $x \in \left(-\frac{1}{4}, \frac{1}{2}\right)$.　　　　(2) $x \in (-1, 0)$.

【解析】$4x^2 - 4x - 3 = (2x+1)(2x-3) < 0$ 的解集为 $\left(-\frac{1}{2}, \frac{3}{2}\right)$，所以条件(1)充分；条件(2)不充分.

【答案】A

例4 设 x,y 是实数，则 $x\leqslant 6,y\leqslant 4$.

(1) $x\leqslant y+2$. (2) $2y\leqslant x+2$.

【解析】对于条件(1)，可举反例 $x=8,y=6$，判断其不充分；对于条件(2)，可举反例 $x=8,y=5$，判断其不充分；条件(1)和条件(2)联合可推出 $x\leqslant 6,y\leqslant 4$.

【答案】C

5. 关于条件充分性判断的注意事项

(1)条件充分性问题，永远从条件出发推结论.

(2)条件充分性判断题一般按照如下顺序做三个判断.

第一步：单独判断条件(1)是否充分；

第二步：单独判断条件(2)是否充分；

第三步：上述两步均不充分时，将条件(1)和条件(2)联合起来，判断是否充分.

(3)题目中的结论或条件较复杂时，可先求解化简再做判断.

(4)条件范围比结论范围小，则条件充分；若条件不包含在结论中，则条件不充分.

(5)可通过举反例的方法说明条件不充分，说明条件充分需要严格证明.

四、备考规划

数学备考通常划分为如下三个阶段，即基础阶段、强化阶段和真题阶段. 基础阶段，主要掌握《MBA MPA MPAcc MEM 管理类联考数学 45 讲》中的考点部分，重点学习每章考点，对应练习基础能力练习题；强化阶段，主要掌握《MBA MPA MPAcc MEM 管理类联考数学 45 讲》中的题型部分，重点学习每个题型的方法，对应练习强化能力练习题；真题阶段，主要练习历年真题分类详解，重点掌握真题在考点和题型中的体现.

阶段	主要掌握	配套图书	备考时间	学习目标
基础	考点	《MBA MPA MPAcc MEM 管理类联考数学 45 讲》考点部分	2～3 个月	配合系统课程，掌握本书中所有考点
强化	题型	《MBA MPA MPAcc MEM 管理类联考数学 45 讲》题型部分	约 2 个月	配合系统课程，掌握本书中所有题型
真题	分类化真题	《MBA MPA MPAcc MEM 管理类联考数学历年真题全解(题型分类版)》	约 1 个月	依据上一阶段的考点及题型方法，吃透本书对应真题(真题建议多遍练习)，总结真题在不同考点的规律

目录
Contents

第一部分　算术

一、大纲解读

模块	分值比例	内容划分	能力要求	重难点提示	不同考生备考建议
算术	4%～8% 1～2 道题目	1. 整数 (1)整数及其运算. (2)整除、公倍数、公约数. (3)奇数、偶数. (4)质数、合数	掌握应用	比例与绝对值是考试的必考点，其中绝对值相关题目是考试难点	应届生： 在比例与绝对值部分可适当拓展. 在职考生： 重点掌握整数、比例，绝对值会简单应用即可
		2. 分数、小数、百分数	理解熟悉		
		3. 比与比例	灵活运用		
		4. 数轴与绝对值	灵活运用		
应用题	24%～28% 6～7 道题目	1. 分数、小数、百分比	灵活运用	重点题型 1. 利润问题. 2. 工程问题. 3. 路程问题. 4. 浓度问题. 5. 集合问题. 6. 杠杆问题. 拔高题型 1. 至多至少问题. 2. 线性规划问题. 3. 不定方程问题. 4. 最值问题	应届生： 必须掌握全部题型并能灵活应用，近几年最值问题和至多至少问题出题形式灵活新颖而且有陷阱，也是应届生拉开差距的一个考点，要求应届生加强这两类题型的训练. 在职考生： 重点掌握 1. 利润问题. 2. 工程问题. 3. 路程问题. 4. 浓度问题. 5. 集合问题. 6. 杠杆问题
		2. 比与比例	灵活运用		

二、往年真题分析

1 真题统计

年份(2012—2021) 数量 考点	12	13	14	15	16	17	18	19	20	21
整数	1	1	1	1		1		1		1
分数、小数、百分数										1
比与比例				1						
数轴与绝对值		1		1		1			1	1
应用题	5	7	5	6	6	8	6	6	6	7
总计/分	18	27	18	27	18	30	18	21	21	30

2 考情解读

从真题对考试大纲的实践来看，算术部分在考试中占 1～2 道题目，重点考查的考点：整数及其运算、整除、奇数、偶数、质数、合数、数轴与绝对值．考生不仅要熟练掌握主要概念之间的关系，还要具备对各部分考点高度总结归纳，最后综合运用的能力．

应用题部分虽然在考试大纲中未明确指出，但在考试中的占比非常大，占 6～7 道题目，并且题目灵活度较高，解题线索较隐蔽，通常具有一定的技巧性，因此是每年考试的重难点．考生不仅要熟练掌握考试频率较高的重点题型，还要灵活运用，以应对每年出现的新题型．

近十年对于整数、绝对值和应用题的考查最多，对分数、小数、百分数的考查最少，根据本部分内容在试卷中的命题频次情况，又可以将题型划分为高频题型和低频题型．

高频题型：质数合数的性质、绝对值的几何意义、绝对值的非负性、比例的化简计算；利润问题、比例问题、路程问题、工程问题、浓度问题、集合画饼问题等．

低频题型：奇偶性的判断、数的整除、有理数与无理数的性质化简、绝对值三角不等式、最大公约数与最小公倍数；植树问题、年龄问题等．

其中难度较高的题型主要为绝对值、不等式和最值相关的应用题型．

第一章　实数、绝对值、比和比例

一、本章思维导图

- **实数、绝对值、比和比例**
  - **实数**
    - 整数
      - 奇数、偶数
      - 质数、合数
      - 整除及带余除法
      - 最小公倍数与最大公约数
    - 分数、小数、百分数
    - 有理数与无理数—运算
  - **绝对值**
    - 绝对值的定义—去绝对值符号
    - 绝对值的性质
      - 非负性
      - 对称性
      - 自比性
      - 平方性
      - 根式性
      - 范围性
      - 运算性质
    - 绝对值三角不等式
      - 基本形式
      - 取等条件
    - 绝对值的几何意义
      - 利用绝对值的几何意义求解
      - $|x-a|+|x-b|$ 类型的特点
      - $|x-a|-|x-b|$ 类型的特点
  - **比和比例**
    - 比例的性质
      - $a:b=k \Leftrightarrow a=kb$
      - $a:b=ma:mb(m\neq 0)$
    - 常见比例相关定理
      - 等式定理：$a:b=c:d \Rightarrow ad=bc$
      - 等比定理：$\frac{a}{b}=\frac{c}{d}=\frac{e}{f}=\frac{a+c+e}{b+d+f}$
    - 常见的连比问题
      - $x:y:z=\frac{1}{a}:\frac{1}{b}:\frac{1}{c} \Rightarrow x:y:z=bc:ac:ab$
      - $\frac{1}{x}:\frac{1}{y}:\frac{1}{z}=a:b:c \Rightarrow x:y:z=\frac{1}{a}:\frac{1}{b}:\frac{1}{c}$
      - $x:y=a:b, y:z=c:d$，统一公共量

二、往年真题分析

1 真题统计

考点 \ 数量 \ 年份(2012—2021)	12	13	14	15	16	17	18	19	20	21
整数的除法						1		1		
奇数、偶数	1									
质数、合数		1	1	1						1
公倍数、公约数										
有理数与无理数										1
比例的性质										
常见比例相关定理										
常见的连比问题				1						
绝对值的定义										
绝对值的性质									1	
绝对值的几何意义						1				
绝对值三角不等式		1		1						1
总计/分	3	6	3	9		6		3	3	9

2 考情解读

本章在考试中的占比较低，占 1～2 道题目，占 3～6 分. 主要考点是质数、合数、整数的除法、奇数、偶数、连比问题、绝对值的性质、绝对值的几何意义和三角不等式，其中质数、合数和绝对值的性质的考查最多. 解题方法方面，质数和合数部分，要求考生不仅要明确质数的概念，还要掌握质因数分解的方法；奇数、偶数部分，要求考生掌握奇数、偶数运算性质的逆向结论；整数的除法部分，要求考生明确整除和非整除的概念及整除的常见特征；比例部分，要求考生理解相关性质和定理，重点掌握连比的 3 种常见形式；绝对值部分，要求考生理解绝对值的功能，重点掌握绝对值的性质和三角不等式，其中三角不等式的基本形式和取等条件要掌握，并会在做题时灵活运用.

第1讲　实数

考点解读

一、整数

(一)奇数、偶数

1. 定义

能被2整除的数称为偶数，不能被2整除的数称为奇数. 通常，偶数用$2k$表示，奇数用$2k+1$表示，其中$k\in \mathbf{Z}$.

2. 性质

(1)运算性质.

奇数±奇数=偶数；　　奇数×奇数=奇数；

奇数±偶数=奇数；　　奇数×偶数=偶数；

偶数±偶数=偶数；　　偶数×偶数=偶数.

(2)两个相邻的整数中，必有一个是偶数，另一个是奇数.

(3)任一整数，是偶数就不是奇数，是奇数就不是偶数. 若一个数既不是奇数也不是偶数，那么它就不是整数.

【敲黑板】

运算性质的逆推.

(1)若两个整数相加(减)为奇数，则这两个整数必为一奇一偶.

(2)若两个整数相加(减)为偶数，则这两个整数必同奇或同偶.

(3)若两个整数相乘为奇数，则这两个整数均为奇数.

(4)若两个整数相乘为偶数，则这两个整数中至少有一个为偶数.

(二)质数、合数

1. 定义

一个大于1的整数，如果它的正因数只有1和它本身，则称这个整数是质数(或素数)；一个大于1的整数，如果除了1和它本身，还有其他正因数，则称这个整数是合数(或复合数).

2. 性质

(1)1既不是质数也不是合数.

(2)2是唯一的偶质数，大于2的质数必为奇数，最小的质数为2，最小的合数为4.

(3)如果两个质数的和或差是奇数，那么其中必有一个是2；如果两个质数的积是偶数，那么其中也必有一个是2.

3. 互质数

公约数只有 1 的两个正整数称为互质数.

4. 算术基本定理

又称“自然数唯一分解定理”. 任意大于 1 的正整数都可以分解成若干质因数的连乘积，如果不计各质因数的顺序，这种分解是唯一的.

(三)整除及带余除法

1. 整除

整数包括正整数、负整数和零. 两个整数的和、差、积仍然是整数，但是用一个不等于零的整数去除另一个整数所得的商不一定是整数，因此，我们有以下整除的概念.

设 a,b 是任意两个整数，其中 $b\neq 0$，如果存在一个整数 q，使得等式 $a=bq$ 成立，则称 b 整除 a 或 a 能被 b 整除，记作 $b\mid a$，此时我们把 b 叫作 a 的因数，把 a 叫作 b 的倍数. 如果这样的 q 不存在，则称 b 不能整除 a，记作 $b\nmid a$.

【敲黑板】

整除具有如下性质.

(1)如果 $c\mid b$，$b\mid a$，则 $c\mid a$.

(2)如果 $c\mid b$，$c\mid a$，则对任意的整数 m,n，有 $c\mid(ma+nb)$.

2. 带余除法定理

设 a,b 是任意两个整数，其中 $b>0$，如果存在整数 q，r 使得 $a=bq+r, 0\leqslant r<b$ 成立，且 q，r 是唯一的，q 叫作 a 被 b 除所得的不完全商，r 叫作 a 被 b 除所得的余数.

$b\mid a$ 的充要条件是余数 $r=0$.

3. 整数整除的特征

(1)末几位数字特征.

①2,5:末一位数(个位数)能被 2,5 整除.

②4:末两位数(个位和十位数)能被 4 整除.

③8:末三位数(个位、十位和百位数)能被 8 整除.

(2)各个数位数字之和特征.

3,9:各个数位数字之和能被 3,9 整除.

(3)其他整除特征.

①6:综合 2,3 的整除特征.

②10:个位为 0 的数能被 10 整除.

③11:(从右往左数)奇位数字之和与偶位数字之和的差能被 11 整除.

(四)最小公倍数与最大公约数

1. 最大公约数

(1)最大公约数的定义.

几个数公有约数中的最大项.

(2)计算最大公约数的方法.

①直接分析写出.

②质因数分解法.

将每个整数进行质因数分解,在质因数分解的表达式中,寻找每个公共质数的最低次幂,然后将它们相乘,即得到最大公约数.

2. 最小公倍数

(1)最小公倍数的定义.

几个数公有倍数中的最小项.

(2)计算最小公倍数的方法.

①质因数分解法.

在质因数分解的表达式中,寻找每个质数的最高次幂,然后将所有质数按其自身的最高次幂相乘,即得到最小公倍数.

②短除法.

二、分数、小数、百分数

(一)分数

1. 分数的定义

把单位"1"平均分为若干份,表示这样一份或几份的数叫作分数,常记为 $\frac{a}{b}$.

2. 分数的分类

分子比分母小的分数叫作真分数;分子大于或等于分母的分数叫作假分数;非零整数和真分数相加所得的分数叫作带分数.

对于一个分数 $\frac{m}{n}$,如果 $(m,n)=1$,即分子和分母互质时,称其为既约分数.

(二)小数

1. 小数的定义

小数由整数部分、小数部分和小数点组成.

例如,0.3,2.71828,−8.1 等均为小数.

2. 小数的分类

按照整数部分是否为零,可分为(1)纯小数(整数部分为零);(2)带小数(整数部分不为零).

按照小数点后数字的个数,可分为(1)有限小数(小数点后只有有限个数);(2)无限小数(小数点后有无穷多个数).

其中无限小数按照小数部分的数字是否循环,可分为(1)无限循环小数;(2)无限不循环小数.

3. 小数化分数

(1)纯循环小数.

将循环节作为分子,分母的各位都是 9,且 9 的个数和循环节中数字的个数相同.

(2)混循环小数.

用第二个循环节以前的小数部分所组成的数,减去小数部分中不循环部分所得的差,以这个差作为分数的分子;分母的前几位数字是 9,末几位数字为 0;其中 9 的个数与一个循环节的位数相同,0 的个数与不循环部分的位数相同.

(三)百分数

表示一个数是另一个数的百分之几的数叫作百分数,通常用“%”来表示.

三、实数的分类

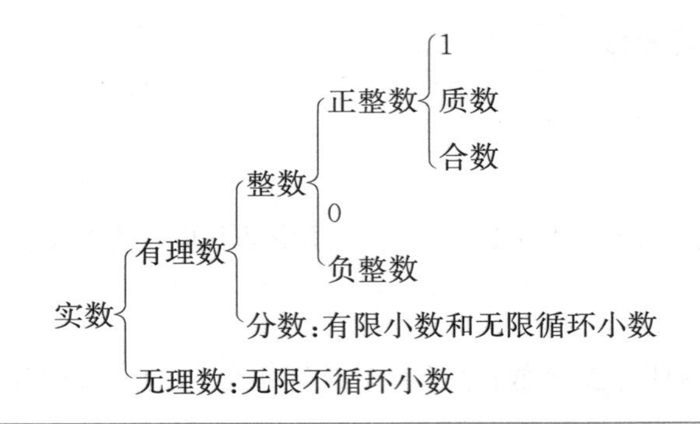

【敲黑板】

(1)整数和分数统称为有理数;无限不循环小数称为无理数.

(2)①两个有理数的和、差、积、商(分母不为零)仍然是一个有理数;

②有理数±无理数=无理数.

高能提示

1. 出题频率：高.

2. 考点分布：考题主要围绕奇数、偶数的运算性质、20 以内的 8 个质数和算术基本定理、整除的特点和余数以及有理数与无理数的相关运算展开.

3. 解题方法：考生在学习运算性质的同时需掌握运算性质的逆推；熟记常见的质数和 2 的特殊性，注意奇偶性和质数同时出现时通常想到 2；理解整除和带余除法的概念，掌握常见的整数整除特征；理解有理数和无理数的定义，会辨别常见的有理数和无理数，掌握其运算性质.

题型归纳

题型一：奇数、偶数的性质

▶【特征分析】此类题型难度较小，标志较为明显，常用直接字眼有“奇数、偶数”，间接字眼有“2 的倍数”“4 的倍数”等，通常是根据已有条件判断某式子的奇偶性，主要围绕奇数、偶数的运算性质展开，考生在学习运算性质的同时还需注意运算性质的逆推.

例 1　已知 n 是整数，$7n^2+6n+5$ 是一个奇数，那么 n 一定是（　　）.

A. 偶数　　B. 奇数　　C. 0　　D. 质数　　E. 任意数

【解析】根据奇数、偶数的运算性质，5 是奇数，$7n^2+6n+5$ 是一个奇数，因此 $7n^2+6n$ 是偶数，而 $6n$ 是偶数，因此 $7n^2$ 是偶数，所以 n 一定是偶数.

【答案】A

【敲黑板】

(1)此题考查奇数、偶数的运算性质.

(2)此题也可考虑特值法.

例 2　已知 m,n 是正整数，则 m 为偶数.

(1) $3m+2n$ 是偶数.　　(2) $3m^2+2n^2$ 是偶数.

【解析】本题考查奇数、偶数的运算性质.

条件(1)，$3m+2n$ 是偶数，其中 $2n$ 必是偶数，根据“若两个整数相加(减)为偶数，则这两个整数必同奇或同偶”，可以得到 $3m$ 也是偶数，再由“奇数×偶数＝偶数”可知 m 是偶数；

同理，条件(2)，$3m^2+2n^2$ 是偶数，其中 $2n^2$ 必是偶数，可以得到 $3m^2$ 也是偶数，再由“奇数×偶数＝偶数”可知 m 是偶数.

【答案】D

题型二：质数、合数的性质

▶【特征分析】此类题型的题干会指明“质数”这一前提，通常围绕质数的判断及 20 以内的质数来考查. 考生在掌握定义的基础上要熟记 20 以内的质数有 8 个,分别为 2,3,5,7,11,13,17,19.

例 3　若几个质数(素数)的乘积为 770,则它们的和为(　　).

A. 85　　B. 84　　C. 27　　D. 26　　E. 25

【解析】将 770 分解成几个质数的乘积之后,将这几个质数相加即可. $770=7\times110=7\times2\times55=7\times2\times5\times11$, 所以 $7+2+5+11=25$.

【答案】E

例 4　三个质数的和是 30,则这三个质数乘积最大是(　　).

A. 121　　B. 163　　C. 187　　D. 374　　E. 385

【解析】由于三个质数的和为偶数,所以这三个质数中必有一个是偶数,结合 2 是唯一的偶质数可知,这三个数中一定有 2. 另两个质数和是 28,要使乘积最大,这两个质数应该相差尽可能小,因此乘积最大是 $2\times11\times17=374$.

【答案】D

【敲黑板】

(1)三个质数的和为偶数,则这三个质数中必有一个是偶数.

(2)2 是唯一的偶质数.

(3)两数和一定,差越小积越大.

例 5　三个不同的质数,它们的乘积是它们和的 5 倍,则它们的平方和是(　　).

A. 58　　B. 68　　C. 78　　D. 88　　E. 111

【解析】设三个质数分别为 P_1,P_2,P_3, 由已知有 $P_1P_2P_3=5(P_1+P_2+P_3)$, 由于 5 是质数,因而 5 一定能整除 P_1,P_2,P_3 中的一个. 不妨设 P_1 能被 5 整除,由于 P_1 是质数,可知 $P_1=5$, 因此, $5P_2P_3=5(5+P_2+P_3)$, 得 $P_2P_3=5+P_2+P_3$, 即 $P_2P_3-P_2-P_3+1=6$, $(P_2-1)(P_3-1)=6$.

又 P_2,P_3 是质数,于是 $P_2=2,P_3=7$ 或 $P_2=7,P_3=2$, 所以 $P_1^2+P_2^2+P_3^2=78$.

【答案】C

【敲黑板】

(1)质数.

(2)5 的倍数特点.

(3)因式分解 $bc=b+c+d$.

题型三：整除及带余除法

【特征分析】 整除相关的题型难度不大，该类题型的特点，通常是根据整除的特征判断整数，解决此类题需要考生掌握整除的定义和特点. 带余除法即非整除，该类题型难度较小，标志是题干中出现“余数”的相关字眼，通常需要结合整除的特征和余数进行分析.

例 6　从 1 到 180 的自然数中，能被 3 整除或能被 4 整除的数有(　　)个.

A. 70　　B. 88　　C. 90　　D. 105　　E. 130

【解析】从 1 到 180 的自然数中，能被 3 整除的自然数为 $3n(n=1,2,3,\cdots,60)$，即有 60 个；能被 4 整除的自然数为 $4n(n=1,2,3,\cdots,45)$，即有 45 个；其中既能被 3 整除又能被 4 整除的自然数为 $12n(n=1,2,3,\cdots,15)$，即有 15 个. 所以能被 3 整除或能被 4 整除的数有 $60+45-15=90$(个).

【答案】C

例 7　某年级有将近 400 名学生. 在一次演出节目排队中，若每 8 人站成一列则多余 1 人；若每 9 人站成一列则仍多余 1 人；若每 10 人站成一列还是多余 1 人，则该年级共有学生(　　)名.

A. 361　　B. 341　　C. 421　　D. 321　　E. 481

【解析】题干问题可转化为“一个整数除以 8,9,10 均余 1”. 而 8,9,10 的最小公倍数是 360，因此该年级共有学生人数为 361.

【答案】A

> 【敲黑板】
>
> (1)同余问题方法：减去相同的余数转化为整除问题.
>
> (2)被除数－余数＝商×除数.

题型四：最大公约数与最小公倍数

【特征分析】 用 a 和 b 表示两个正整数，则这两个数的最大公约数与最小公倍数的关系是 $(a,b)\times[a,b]=a\times b$，其中 (a,b) 表示最大公约数，$[a,b]$ 表示最小公倍数.

例 8　两个数的最大公约数是 15，最小公倍数是 90，则满足该条件的两个数共有(　　)组.

A. 2　　B. 3　　C. 4　　D. 5　　E. 6

【解析】分别将 15 和 90 分解质因数，$15=3\times5$，$90=2\times3\times3\times5$，则这两个数分别是 $15\times2=30$，$15\times3=45$ 即 30，45 或 15，$15\times2\times3=90$ 即 15，90，因此满足该条件的两个数共有 2 组.

【答案】A

【敲黑板】

掌握质因数分解法.

例 9 一个长方体木块,长 2.7 米、宽 1.8 分米、高 1.5 分米,要把它切成大小相同的正方体木块,不许有剩余,则正方体棱长最大为(　　)分米.

A. 3　　B. 6　　C. 0.3　　D. 0.6　　E. 0.9

【解析】2.7 米=270 厘米,1.8 分米=18 厘米,1.5 分米=15 厘米,由题可知,正方体的棱长应是长、宽、高的公约数,最大棱长即为最大公约数,而(270,18,15)=3,所以正方体棱长最大为 0.3 分米.

【答案】C

【敲黑板】

掌握三个数的最大公约数的求法.

题型五:有理数与无理数

▶**【特征分析】**该类题型通常会在已知条件中出现"有理数""无理数"的字眼,若是判断题型,则需要利用定义分析;若是计算题型,则需要利用运算性质求解.

例 10 若 a,b,c 为有理数,且 $\sqrt{5+2\sqrt{6}}=a+\sqrt{2}b+\sqrt{3}c$,则 $1\,009a+1\,010b+1\,011c=$ (　　).

A. 2 018　　B. 2 019　　C. 2 020　　D. 2 021　　E. 2 022

【解析】$\sqrt{5+2\sqrt{6}}=\sqrt{(\sqrt{2})^2+(\sqrt{3})^2+2\sqrt{2}\cdot\sqrt{3}}=\sqrt{(\sqrt{2}+\sqrt{3})^2}=\sqrt{2}+\sqrt{3}$,即 $a+\sqrt{2}b+\sqrt{3}c=\sqrt{2}+\sqrt{3}$,故 $a=0,b=c=1$,因此 $1\,009a+1\,010b+1\,011c=2\,021$.

【答案】D

【敲黑板】

门当户对:有理数等于有理数,无理数等于无理数.

例 11 若 x,y 都是有理数,且满足 $(1+2\sqrt{3})x+(1-\sqrt{3})y-2+5\sqrt{3}=0$,则 x,y 的值分别为(　　).

A. 1,3　　B. −1,2　　C. −1,3

D. 1,2　　E. 以上均不正确

【解析】原式可整理为 $(x+y-2)+\sqrt{3}(2x-y+5)=0$,得 $\begin{cases}x+y-2=0,\\2x-y+5=0,\end{cases}$ 解得 $\begin{cases}x=-1,\\y=3.\end{cases}$

【答案】C

【敲黑板】

(1)门当户对:有理数等于有理数,无理数等于无理数.

(2)若 x,y 是有理数,$\sqrt{a}(a>0)$ 是任意无理数,且 $x+y\sqrt{a}=0$,则 $x=0,y=0$.

第2讲　绝对值

考点解读

一、绝对值的定义

一个数在坐标轴上所对应的点到原点的距离叫作这个数的绝对值,绝对值用“| |”来表示.

【敲黑板】

(1)正数的绝对值是它本身,负数的绝对值是它的相反数,0的绝对值还是0,即

$$|a|=\begin{cases}a, & a>0,\\0, & a=0,\\-a, & a<0.\end{cases}$$

(2) $\frac{a}{|a|}=\begin{cases}1, & a>0,\\-1, & a<0,\end{cases}$ 即 $\frac{a}{|a|}$ 有且只有两个值,1或者-1.

(3)实数 a 的绝对值 $|a|$ 的几何意义是数 a 对应的点到原点的距离;

实数 a,b 差的绝对值 $|a-b|$ 的几何意义是数 a 对应的点到数 b 对应的点之间的距离.

二、绝对值的性质

(1)非负性:$|a|\geqslant 0$,即任何实数的绝对值非负.

(2)对称性:$|-a|=|a|$,即互为相反数的两个数的绝对值相等.

(3)自比性:$-|a|\leqslant a\leqslant|a|$,即任何一个实数都在其绝对值和绝对值的相反数之间.

(4)平方性:$|a|^2=a^2$,即实数平方与它绝对值的平方相等(可以利用平方去绝对值符号).

(5)根式性:$\sqrt{a^2}=|a|$,即实数平方的算术平方根等于它的绝对值.

(6)范围性:若 $b>0$,则 $|a|<b\Leftrightarrow -b<a<b$;$|a|>b\Leftrightarrow a<-b$ 或 $a>b$.

(7)运算性质:$|a\cdot b|=|a|\cdot|b|$,$\left|\frac{a}{b}\right|=\frac{|a|}{|b|}(b\neq 0)$.

三、绝对值三角不等式

$|a|-|b|\leqslant|a+b|\leqslant|a|+|b|$.

左边等号成立的条件：$ab\leqslant 0$ 且 $|a|\geqslant|b|$；右边等号成立的条件：$ab\geqslant 0$.

$|a|-|b|\leqslant|a-b|\leqslant|a|+|b|$.

左边等号成立的条件：$ab\geqslant 0$ 且 $|a|\geqslant|b|$；右边等号成立的条件：$ab\leqslant 0$.

高能提示

1. 出题频率：高.

2. 考题分布：主要考查利用绝对值的定义、几何意义及性质进行化简计算等.

3. 解题方法：考生需能够灵活运用绝对值的定义求解绝对值方程、绝对值不等式；需明确绝对值性质相关的不同题型的特征，正确辨别之后使用对应知识点；利用绝对值的几何意义解题时，建议结合数轴，画图分析.

题型归纳

题型一：分段法去绝对值

▶ **【特征分析】** 适用于绝对值符号少，幂次低的情形.

例 1 $|x-1|+x\leqslant 2$ 的解集为（　　）.

A. $(-\infty,-1]$　B. $\left(-\infty,\frac{3}{2}\right]$　C. $\left[1,\frac{3}{2}\right]$　D. $[1,+\infty)$　E. $\left[\frac{3}{2},+\infty\right)$

【解析】 当 $x\geqslant 1$ 时，$x-1+x\leqslant 2\Rightarrow 2x\leqslant 3\Rightarrow x\leqslant\frac{3}{2}$；

当 $x<1$ 时，$1-x+x\leqslant 2\Rightarrow 1\leqslant 2\Rightarrow$ 成立.

综上，$x\leqslant\frac{3}{2}$.

【答案】 B

题型二：绝对值的几何意义

▶ **【特征分析】** 绝对值的几何意义：一个数的绝对值表示数轴上它对应的点到原点的距离；两个数的差的绝对值 $|a-b|$ 表示在数轴上，数 a 和数 b 之间的距离.

（假设 $a<b$）$y=|x-a|+|x-b|=\begin{cases}-2x+(a+b), & x<a,\\ b-a, & a\leqslant x<b,\text{最小值是 } b-a\\ 2x-(a+b), & x\geqslant b,\end{cases}$

（不确定 a,b 的大小关系时，最小值是 $|a-b|$），无最大值，当 x 在 a 与 b 之间时，取得最小值.

$|x-a|-|x-b|$ 的最小值是 $-|a-b|$，最大值是 $|a-b|$，当 x 在 a 与 b 之外时，取得最大值和最小值.

例 2　设 $y=|x-2|+|x+2|$，则下列结论正确的是(　　).

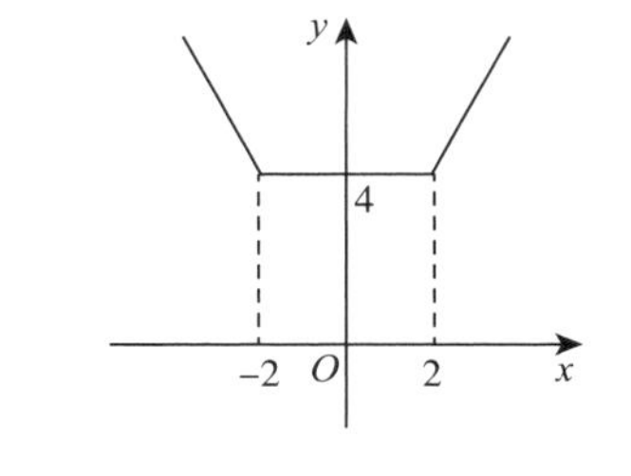

A. y 没有最小值

B. 只有一个 x 使 y 取到最小值

C. 有无穷多个 x 使 y 取到最大值

D. 有无穷多个 x 使 y 取到最小值

E. 以上均不正确

【解析】函数图像如图所示，y 的最小值为 4，且当 $-2 \leqslant x \leqslant 2$ 时，$y=4$，因此有无穷多个 x 使 y 取到最小值. y 无最大值.

【答案】D

【敲黑板】

(1)绝对值相加的几何意义.

(2)无最大值，有最小值.

(3)熟记结论.

例 3　已知不等式 $|x+1|+|x-3| \leqslant a$ 有解，则实数 a 的取值范围为(　　).

A. $(2,+\infty)$　　B. $[4,+\infty)$　　C. $[2,+\infty)$　　D. $(4,+\infty)$　　E. $(-4,4)$

【解析】函数 $y=|x+1|+|x-3|$ 的图像如图所示，可知最小值为 4，所以由 $|x+1|+|x-3| \leqslant a$ 有解知 $a \geqslant 4$.

【答案】B

例 4　方程 $|x+2|-|5-x|=a$ 有无穷多解.

(1) $a=7$.　　　　(2) $a=-7$.

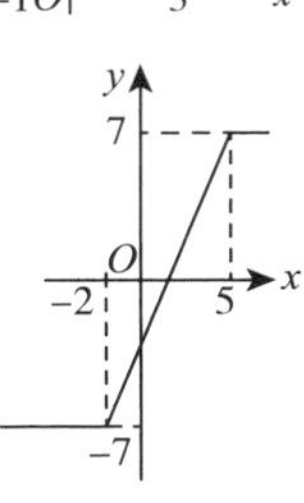

【解析】函数 $y=|x+2|-|5-x|$ 的图像如图所示，其最大值为 7，最小值为 -7，因此，当 $a=-7$ 或 $a=7$ 时都有无穷多解，即条件(1)和条件(2)都充分.

【答案】D

题型三：绝对值的非负性

▶【特征分析】考生需明确三个典型的非负量：绝对值、平方和算术平方根. 该类题型的特点：①出现多个未知量，只有一个或两个方程；②出现典型的非负量. 解题方法：依据若非负量之和为零，则每个非负量均为零，列出关于未知量的方程求解. 如 $|a|+b^2+\sqrt{c}=0$，则 $a=b=c=0$.

例 5　若 $(x-y)^2+|xy-1|=0$，则 $\frac{y}{x}-\frac{x}{y}=$(　　).

A. 2　　B. -2　　C. 1　　D. -1　　E. 0

【解析】由非负性知 $x-y=0$，$xy=1$，故

$$\frac{y}{x}-\frac{x}{y}=\frac{y^2-x^2}{xy}=\frac{(y-x)(y+x)}{xy}=\frac{0}{1}=0.$$

【答案】E

例 6　可以确定 $x+y+z$ 的值.

(1) $|x^2+4xy+5y^2|+\sqrt{z+\frac{1}{2}}=-2y-1$.

(2) $|3x+y-z-2|+(2x+y-z)^2=\sqrt{x+y-2\ 002}+\sqrt{2\ 002-x-y}$.

【解析】条件(1),题设可转化为 $|(x+2y)^2+y^2|+\sqrt{z+\frac{1}{2}}=-2y-1$, 即

$$(x+2y)^2+y^2+2y+1+\sqrt{z+\frac{1}{2}}=0.$$

因此 $(x+2y)^2+(y+1)^2+\sqrt{z+\frac{1}{2}}=0$, 解 $\begin{cases}x+2y=0,\\ y+1=0,\\ z+\frac{1}{2}=0\end{cases}$ 可得 $\begin{cases}x=2,\\ y=-1,\\ z=-\frac{1}{2},\end{cases}$ 因此条件(1) 充分.

条件(2),由题可知 $\begin{cases}2\ 002-x-y\geqslant 0,\\ x+y-2\ 002\geqslant 0,\end{cases}$ 因此 $x+y-2\ 002=0$,所以 $|3x+y-z-2|+(2x+y-z)^2=0$,由非负性可知, $\begin{cases}2x+y-z=0,\\ 3x+y-z-2=0,\end{cases}$ 因此 $x+y+z=4\ 006$,条件(2)充分.

【答案】D

【敲黑板】

(1)变形后利用非负性.

(2)完全平方式的应用.

题型四：绝对值的自比性

【特征分析】将题干信息转化成 $\frac{|x|}{x}$ 或 $\frac{x}{|x|}$ 的形式，再利用公式 $\frac{|x|}{x}=\frac{x}{|x|}=\begin{cases}1, & x>0,\\ -1, & x<0\end{cases}$ 求解.

例 7　若 $\frac{x}{y}=3$,则 $\frac{|x+y|}{x-y}$ 的值为(　　).

A. 2　　B. -2　　C. ± 2　　D. 3　　E. ± 3

【解析】因 $x=3y$,故$\frac{|x+y|}{x-y}=\frac{|4y|}{2y}=\begin{cases}-2, & y<0,\\ 2, & y>0,\end{cases}$因此$\frac{|x+y|}{x-y}$的值为$\pm 2$.

【答案】C

【敲黑板】

(1)绝对值的自比性.

(2)题设条件化简成相同未知数.

(3)讨论未知数的正负情况.

例 8 已知 $abc<0, a+b+c=0$,则$\frac{|a|}{a}+\frac{b}{|b|}+\frac{|c|}{c}+\frac{|ab|}{ab}+\frac{bc}{|bc|}+\frac{|ac|}{ac}=$(　　).

A. 0　　B. 1　　C. -1

D. 2　　E. 以上均不正确

【解析】由 $abc<0, a+b+c=0$ 可知 a,b,c 为 1 负 2 正. 故可令 $a<0, b>0, c>0$,则

$$\frac{|a|}{a}+\frac{b}{|b|}+\frac{|c|}{c}+\frac{|ab|}{ab}+\frac{bc}{|bc|}+\frac{|ac|}{ac}$$
$$=-1+1+1-1+1-1=0.$$

【答案】A

【敲黑板】

本题也可取特值求解.

题型五:三角不等式的应用

▶【特征分析】三角不等式是绝对值部分的难点,以 $|a|-|b|\leqslant|a\pm b|\leqslant|a|+|b|$ 为核心进行分析求解,考生需要熟记不等式和取等条件,会套用公式,结合条件和目标分析问题.

例 9 已知 a,b 为实数,则 $|a|\leqslant 1, |b|\leqslant 1$.

(1) $|a+b|\leqslant 1$.　　(2) $|a-b|\leqslant 1$.

【解析】题干中出现关于 $|a|\pm|b|$ 和 $|a\pm b|$ 的标志,因此采用绝对值三角不等式.

条件(1),取 $a=5, b=-4$, 不充分;条件(2),取 $a=5, b=4$, 不充分.

两个条件联合,得 $|a+b|+|a-b|\leqslant 2$.

根据三角不等式,得 $2|a|=|(a+b)+(a-b)|\leqslant|a+b|+|a-b|\leqslant 2$,所以 $2|a|\leqslant 2$,解得 $|a|\leqslant 1$;

同理可得 $|b|\leqslant 1$,故两个条件联合充分.

【答案】C

【敲黑板】

(1)三角不等式的应用:求取值范围.

(2)单纯绝对值相减最小,单纯绝对值相加最大.

例 10 $|2x-11|<|x-3|+|x-8|$.

(1) $x\in(3,5)$. (2) $x\in(5,7)$.

【解析】$|2x-11|=|(x-3)+(x-8)|<|x-3|+|x-8|$,因此根据绝对值三角不等式,可得 $(x-3)(x-8)<0$,解得 $x\in(3,8)$.

【答案】D

例 11 若等式 $|4m-7|=|m+1|+|3m-8|$ 成立,则实数 m 的取值范围是( ).

A. $m\leqslant-1$ 或 $m\geqslant\frac{8}{3}$ B. $m\leqslant1$ 或 $m\geqslant\frac{8}{3}$

C. $-1<m<\frac{8}{3}$ D. $1<m<\frac{8}{3}$

E. 以上均不正确

【解析】$|4m-7|=|m+1+3m-8|\leqslant|m+1|+|3m-8|$,当且仅当 $m+1$ 与 $3m-8$ 同号时等号成立,即$(m+1)(3m-8)\geqslant0$,因而 $m\leqslant-1$ 或 $m\geqslant\frac{8}{3}$.

【答案】A

第 3 讲 比和比例

考点解读

一、正反比

若 $y=kx$ ($k\neq0$, k 为常数),则称 y 与 x 成正比,k 为比例系数.

若 $y=\frac{k}{x}$ ($k\neq0$, k 为常数),则称 y 与 x 成反比,k 为比例系数.

二、比、百分比

1. 比的定义

两个数 a,b 相除又可称作这两个数 a 与 b 的比,记作 $a:b=\frac{a}{b}$,其中,a 叫作比的前项,b 叫作比的后项. 若 a 除以 b 的商为 k,则称 k 为 $a:b$ 的比值.

2. 比的基本性质

(1) $a:b=k\Leftrightarrow a=kb$. (2) $a:b=ma:mb(m\neq 0)$.

【敲黑板】

在实际应用时,常将比值表示为百分数,一般情况将以百分数的形式表示的比值称为百分比(或百分率).若 $a:b=r\%$,则常表述为"a 是 b 的 $r\%$",即 $a=b\cdot r\%$.

3. 比例内项、比例外项

如果 $a:b$ 和 $c:d$ 的比值相等,就称 a,b,c,d 成比例,记作 $a:b=c:d$ 或 $\frac{a}{b}=\frac{c}{d}$,其中,a 和 d 叫作比例外项,b 和 c 叫作比例内项.当 $a:b=b:c$ 时,称 b 为 a 和 c 的比例中项.

【敲黑板】

当 a,b,c 均为正数时,b 是 a 和 c 的几何平均值.

4. 比例的性质

(1)等式定理:$a:b=c:d\Rightarrow ad=bc$(将比例问题转化为等式问题).

(2)更比定理:$\frac{a}{b}=\frac{c}{d}\Leftrightarrow\frac{a}{c}=\frac{b}{d}$.

(3)反比定理:$\frac{a}{b}=\frac{c}{d}\Leftrightarrow\frac{b}{a}=\frac{d}{c}$.

(4)合比定理:$\frac{a}{b}=\frac{c}{d}\Leftrightarrow\frac{a+b}{b}=\frac{c+d}{d}$.

(5)分比定理:$\frac{a}{b}=\frac{c}{d}\Leftrightarrow\frac{a-b}{b}=\frac{c-d}{d}$.

(6)合分比定理:如果 $\frac{a}{b}=\frac{c}{d}(a>b,c>d)$,则有$\frac{a+b}{a-b}=\frac{c+d}{c-d}$.

(7)等比定理:$\frac{a}{b}=\frac{c}{d}=\frac{e}{f}=\frac{a+c+e}{b+d+f}(b+d+f\neq 0)$.

三、增减性变化关系 $(a,b,m>0)$

若 $\frac{a}{b}>1$,则 $\frac{a+m}{b+m}<\frac{a}{b}$,注意,反之也成立;若 $0<\frac{a}{b}<1$,则 $\frac{a+m}{b+m}>\frac{a}{b}$,注意,反之也成立.如,$\frac{1}{2}<\frac{2}{3}<\frac{3}{4}<\frac{4}{5}<1$.

高能提示

1. 出题频率:中.
2. 考点分布:比例性质和常见结论在计算中的化简作用.
3. 解题方法:理解掌握比例相关性质、定理和连比的常见形式.

题型归纳

题型：一般比例式计算问题

▶【特征分析】一般比例的有关试题都可通过设出比例系数的方法得到解决，否则解题过程随试题难度的增大，将变得越来越复杂、烦琐. 使用等比定理的标志是，题目中的连等式满足 $\frac{\text{分子之和}}{\text{分母之和}}=$ 常数.

例 1 设 $\frac{1}{x}:\frac{1}{y}:\frac{1}{z}=4:5:6$，则使 $x+y+z=74$ 成立的 y 值是(　　).

A. 24　　B. 36　　C. $\frac{74}{3}$　　D. $\frac{37}{2}$　　E. 26

【解析】已知比例求具体值，利用比例系数. 设 $\frac{1}{x}=4k,\frac{1}{y}=5k,\frac{1}{z}=6k$，解出 x,y,z 的值得 $\frac{1}{4k}+\frac{1}{5k}+\frac{1}{6k}=74$，解得 $\frac{1}{k}=120$，则 $y=\frac{1}{5k}=\frac{120}{5}=24$.

【答案】A

【敲黑板】

(1)遇到比例问题引入比例系数 k.

(2)转化成相同未知数.

例 2 若非零实数 a,b,c,d 满足等式 $\frac{a}{b+c+d}=\frac{b}{a+c+d}=\frac{c}{a+b+d}=\frac{d}{a+b+c}=n$，则 n 的值为(　　).

A. -1 或 $\frac{1}{4}$　　B. $\frac{1}{3}$　　C. $\frac{1}{4}$　　D. -1　　E. -1 或 $\frac{1}{3}$

【解析】当 $a+b+c+d\neq 0$ 时，

$$n=\frac{a}{b+c+d}=\frac{b}{a+c+d}=\frac{c}{a+b+d}=\frac{d}{a+b+c}=\frac{a+b+c+d}{3(a+b+c+d)}=\frac{1}{3};$$

当 $a+b+c+d=0$ 时，

$$n=\frac{a}{b+c+d}=\frac{b}{a+c+d}=\frac{c}{a+b+d}=\frac{d}{a+b+c}=\frac{a}{-a}=\frac{b}{-b}=\frac{c}{-c}=\frac{d}{-d}=-1.$$

所以 n 的值为 -1 或 $\frac{1}{3}$.

【答案】E

【敲黑板】

(1)等比定理的特点：三个及三个以上的连等式.

(2)注意分母不能为 0.

基础能力练习题

一、问题求解

1. 设 a 为正奇数，则 a^2-1 必是(　　).

A. 5 的倍数　B. 6 的倍数　C. 8 的倍数　D. 9 的倍数　E. 12 的倍数

2. 当正整数 n 被 6 除时，其余数为 3，则以下不是 6 的倍数的是(　　).

A. $n-3$　B. $n+3$　C. $2n$　D. $3n$　E. $4n$

3. 1 151 除以某质数，余数为 11，则这个质数是(　　).

A. 13　B. 17　C. 19　D. 23　E. 29

4. $\left(1+\frac{1}{2}\right)\left(1-\frac{1}{2}\right)\left(1+\frac{1}{3}\right)\left(1-\frac{1}{3}\right)\cdots\left(1+\frac{1}{99}\right)\left(1-\frac{1}{99}\right)=$(　　).

A. $\frac{50}{97}$　B. $\frac{52}{97}$　C. $\frac{47}{98}$　D. $\frac{47}{99}$　E. $\frac{50}{99}$

5. 将一个长 15 cm，宽 9 cm，高 6 cm 的长方体，分割成一些小正方体且没有剩余，最少可以分成(　　)个.

A. 15　B. 20　C. 25　D. 30　E. 40

6. 有两个不为 1 的自然数 a,b，已知两数之和是 31，两数之积是 750 的约数，则 $|a-b|=$(　　).

A. 13　B. 19　C. 20　D. 23　E. 25

7. 化简 $\sqrt{4+2\sqrt{3}}+\sqrt{4-2\sqrt{3}}$ 的结果是(　　).

A. $2\sqrt{3}$　B. $2\sqrt{2}$　C. 2　D. 1　E. 4

8. 已知 $|a|=5$，$|b|=7$，$ab<0$，则 $|a-b|$ 的值为(　　).

A. 2　B. 12　C. 5　D. 7　E. 4

9. 设三个实数 a,b,c 在数轴上的位置如图所示，则 $|a|+|b|+|c|-|a+b|+|b+c|-|c-a|=$(　　).

A. $a+b+c$　B. $a+b-c$　C. $a-b-c$　D. $a-b+c$　E. $2a+b-2c$

10. 已知 x,y 都是有理数，且满足 $(2-\sqrt{2})x+(1+2\sqrt{2})y-4-3\sqrt{2}=0$，则 x,y 的值分别为(　　).

A. 1，2　B. 1，−2　C. 2，3　D. −2，−3　E. 1，3

11. 代数式 $\frac{|a|}{a}+\frac{|b|}{b}+\frac{|c|}{c}+\frac{|abc|}{abc}$ 可能的取值有(　　).

A. 4 个　B. 3 个　C. 2 个　D. 1 个　E. 5 个

12. 已知等式$(1+\sqrt{3})^3=m+n\sqrt{3}$成立，则$\frac{m}{n}=$（　　）.

A. 1　　B. $\frac{5}{3}$　　C. $\frac{4}{3}$　　D. 2　　E. $\frac{5}{2}$

13. 已知$x^2-6x+|y-3|=2x-16$，则$\frac{x}{x^2+xy+y^2}=$（　　）.

A. $\frac{4}{37}$　　B. $\frac{4}{27}$　　C. $\frac{8}{37}$　　D. $\frac{4}{47}$　　E. $\frac{8}{47}$

14. 如果$\frac{1}{a}:\frac{1}{b}:\frac{1}{c}=2:3:4$，则$(a+b):(b+c):(a+c)=$（　　）.

A. 7∶4∶6　　B. 5∶6∶7　　C. 7∶6∶10　　D. 10∶7∶9　　E. 4∶3∶2

15. 将3 700元奖金按$\frac{1}{2}:\frac{1}{3}:\frac{2}{5}$的比例分给甲、乙、丙三人，则乙应得奖金（　　）元.

A. 1 000　　B. 1 050　　C. 1 200　　D. 1 500　　E. 1 700

二、条件充分性判断

16. $\frac{n}{14}$是一个整数.

(1) n是一个整数，且$\frac{3n}{14}$也是一个整数.

(2) n是一个整数，且$\frac{n}{7}$也是一个整数.

17. $\sqrt{(5-x)(x-3)^2}=(x-3)\sqrt{5-x}$.

(1) $x\geqslant 3$.　　(2) $x\leqslant 6$.

18. $m=1$.

(1) $m=\frac{|x-1|}{x-1}+\frac{|1-x|}{1-x}+\frac{\sqrt{x-1}}{\sqrt{|x-1|}}$.

(2) $m=\frac{|x-1|}{x-1}-\frac{|1-x|}{1-x}+\frac{\sqrt{x-1}}{\sqrt{|x-1|}}$.

19. $|a|+\sqrt{a^2}+\frac{\sqrt{a^2}}{|a|}=1-2a$.

(1) $a>0$.　　(2) $a<0$.

20. 可以确定$\frac{|xyz|}{xyz}$的值.

(1) $\frac{|x|}{x}+\frac{|y|}{y}+\frac{|z|}{z}=1$.

(2) $x+y+z=0$且$xyz>0$.

21. $|1-x|-\sqrt{x^2-8x+16}=2x-5$.

(1) $x>2$. (2) $x<3$.

22. m^2n^2-1 能被 2 整除.

(1) m 是奇数. (2) n 是奇数.

23. 已知 x,y 为实数,则可以确定 x^2+y^2 的值.

(1) $\sqrt{x+y}+|xy+1|=0$.

(2) $\sqrt{x-y-1}+|xy-2|=0$.

24. 不等式 $|x-2|+|4-x|<s$ 无解.

(1) $s\leqslant 2$. (2) $s>2$.

25. 某人用 10 万元购买了甲、乙两种股票. 若甲种股票上涨 $a\%$,乙种股票下降 $b\%$时,此人购买的甲、乙两种股票总值不变,则此人购买甲种股票用了 6 万元.

(1) $a=2,b=3$. (2) $3a-2b=0(a\neq 0)$.

基础能力练习题解析

一、问题求解

1.【答案】C

【解析】设 $a=2k+1(k\in\mathbf{N}_+)$,故 $a^2-1=(2k+1)^2-1=4k^2+4k=4k(k+1)$. 因为 $k(k+1)$ 代表两个连续的自然数相乘,结果必为偶数,是 2 的倍数,故 a^2-1 一定是 8 的倍数.

2.【答案】D

【解析】由已知 $n=6k+3$,这里 k 是自然数,从而 $n-3=6k$,$n+3=6k+6=6(k+1)$,$2n=2(6k+3)=12k+6=6(2k+1)$,$4n=4(6k+3)=6(4k+2)$,即 $n-3$,$n+3$,$2n$,$4n$ 都是 6 的倍数. 而 $3n=3(6k+3)=6(3k+1)+3$ 被 6 除,其余数 $r=3$,即 $3n$ 不是 6 的倍数.

3.【答案】C

【解析】将 1 151−11=1 140 质因数分解得到 $1\ 140=2\times2\times3\times5\times19$,由于余数是 11,所以这个质数比 11 大,故这个质数为 19.

4.【答案】E

【解析】

$$\left(1+\frac{1}{2}\right)\left(1+\frac{1}{3}\right)\cdots\left(1+\frac{1}{98}\right)\left(1+\frac{1}{99}\right)=\frac{3}{2}\times\frac{4}{3}\times\cdots\times\frac{99}{98}\times\frac{100}{99}=50,$$

$$\left(1-\frac{1}{2}\right)\left(1-\frac{1}{3}\right)\cdots\left(1-\frac{1}{98}\right)\left(1-\frac{1}{99}\right)=\frac{1}{2}\times\frac{2}{3}\times\cdots\times\frac{97}{98}\times\frac{98}{99}=\frac{1}{99}.$$

因此原式$=\frac{50}{99}$.

5.【答案】D

【解析】目标“将长方体分割成小正方体且无剩余”，说明小正方体的棱长是长方体长、宽、高的公约数，当小正方体的棱长是长方体长、宽、高的最大公约数时，才能使正方体个数最少. 所以正方体的棱长为$(15,9,6)=3$ cm，故小正方体个数为$\frac{15\times9\times6}{3\times3\times3}=30$.

6.【答案】B

【解析】由题意可知，$a+b=31$，$n(a\times b)=750$，将750分解质因数可得$750=2\times3\times5\times5\times5$，又$a+b=31$，可得$750=5\times(25\times6)$，所以$|a-b|=19$.

7.【答案】A

【解析】$\sqrt{4+2\sqrt{3}}=\sqrt{3}+1$，$\sqrt{4-2\sqrt{3}}=\sqrt{3}-1$，故原式$=2\sqrt{3}$.

8.【答案】B

【解析】由题意可知，a,b异号，则$|a-b|=|a|+|b|=12$.

9.【答案】A

【解析】原式$=(-a)+(-b)+c+(a+b)+(b+c)-(c-a)=a+b+c$.

10.【答案】A

【解析】$(2-\sqrt{2})x+(1+2\sqrt{2})y-4-3\sqrt{2}=0$可变形为$(2y-x-3)\sqrt{2}+(2x+y-4)=0$，则有$\begin{cases}2y-x-3=0,\\2x+y-4=0,\end{cases}$解得$\begin{cases}x=1,\\y=2.\end{cases}$

11.【答案】B

【解析】$\frac{|a|}{a}+\frac{|b|}{b}+\frac{|c|}{c}+\frac{|abc|}{abc}=\begin{cases}0, & a,b,c\text{两正一负},\\0, & a,b,c\text{两负一正},\\-4, & a,b,c\text{三负},\\4, & a,b,c\text{三正}.\end{cases}$

12.【答案】B

【解析】$(1+\sqrt{3})^3=1^3+3\times1^2\times\sqrt{3}+3\times1\times(\sqrt{3})^2+(\sqrt{3})^3=10+6\sqrt{3}=m+n\sqrt{3}$，故$m=10,n=6,\frac{m}{n}=\frac{5}{3}$.

13.【答案】A

【解析】因为$x^2-6x+|y-3|=2x-16$，所以$(x-4)^2+|y-3|=0$，根据非负性，可得$x=4,y=3$，从而$\frac{x}{x^2+xy+y^2}=\frac{4}{37}$.

14.【答案】D

【解析】$\frac{1}{a}:\frac{1}{b}:\frac{1}{c}=2:3:4\Rightarrow a:b:c=\frac{1}{2}:\frac{1}{3}:\frac{1}{4}=6:4:3$. 赋值法，令 $a=6, b=4, c=3$，故 $(a+b):(b+c):(a+c)=10:7:9$.

15.【答案】A

【解析】因为 $\frac{1}{2}:\frac{1}{3}:\frac{2}{5}=15:10:12$，故 3 700 元被分成 $15+10+12=37$（份），所以乙应得奖金 $\frac{10}{37}\times 3\ 700=1\ 000$（元）.

【敲黑板】

此题要注意分数之比不是真正的占比，乙不是占 $\frac{1}{3}$，看到分数比要先化成整数比再进行分析.

二、条件充分性判断

16.【答案】A

【解析】通过"$\frac{n}{14}$是一个整数"，想到判断一个数是否为整数，只需要判断分子是否为分母的倍数. 条件(1)，$\frac{3n}{14}$ 是一个整数，可以得到 n 必为 14 的倍数，所以条件(1)充分；条件(2)，$\frac{n}{7}$ 是一个整数，可以得到 n 必为 7 的倍数，无法推出 n 必为 14 的倍数，所以条件(2)不充分.

17.【答案】E

【解析】由题知 $x-3\geqslant 0$ 和 $5-x\geqslant 0$，得到 $3\leqslant x\leqslant 5$，两个条件单独均不充分，联合起来也不充分.

18.【答案】A

【解析】由 $\sqrt{x-1}$ 可知 $x\geqslant 1$，又分母不为零，因此 $x>1$.

条件(1)，$m=\frac{|x-1|}{x-1}+\frac{|1-x|}{1-x}+\frac{\sqrt{x-1}}{\sqrt{|x-1|}}=1-1+1=1$，充分；

条件(2)，$m=\frac{|x-1|}{x-1}-\frac{|1-x|}{1-x}+\frac{\sqrt{x-1}}{\sqrt{|x-1|}}=1-(-1)+1=3$，不充分.

19.【答案】B

【解析】条件(1)，$a>0\Rightarrow |a|=a, \sqrt{a^2}=|a|=a, \frac{\sqrt{a^2}}{|a|}=1$，则 $|a|+\sqrt{a^2}+\frac{\sqrt{a^2}}{|a|}=$

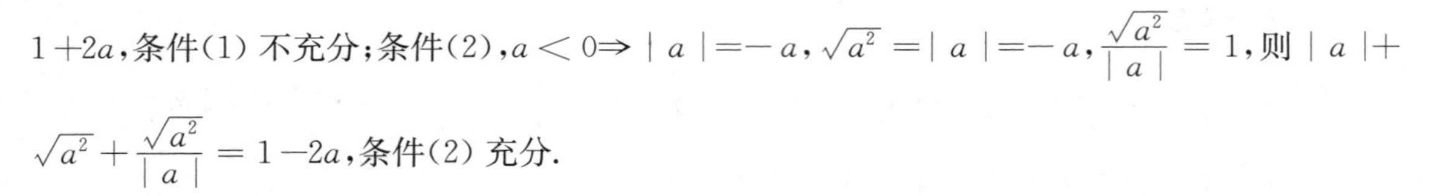

$1+2a$,条件(1)不充分;条件(2),$a<0 \Rightarrow |a|=-a$,$\sqrt{a^2}=|a|=-a$,$\dfrac{\sqrt{a^2}}{|a|}=1$,则 $|a|+\sqrt{a^2}+\dfrac{\sqrt{a^2}}{|a|}=1-2a$,条件(2)充分.

20.**【答案】**D

【解析】条件(1),$\dfrac{|x|}{x}+\dfrac{|y|}{y}+\dfrac{|z|}{z}=1$,故 x,y,z 两正一负,则$\dfrac{|xyz|}{xyz}=-1$,条件(1)充分;条件(2),$\begin{cases} xyz>0, \\ x+y+z=0, \end{cases}$ 故 x,y,z 为一正两负,则$\dfrac{|xyz|}{xyz}=1$,条件(2)充分.

21.**【答案】**C

【解析】$|1-x|-\sqrt{x^2-8x+16}=|x-1|-\sqrt{(x-4)^2}=|x-1|-|x-4|$,显然条件(1)和条件(2)单独均不充分,联合分析,若 $2<x<3$,则 $|x-1|-|x-4|=x-1-(4-x)=2x-5$,充分.

22.**【答案】**C

【解析】看到条件(1)中,"m 是奇数",n 的奇偶情况未知,显然无法确定 m^2n^2 的奇偶情况,所以条件(1)不充分;同理条件(2)也不充分;

联合条件(1)和条件(2),则有"m 是奇数,n 是奇数",结合奇数、偶数的运算性质,m^2 为奇数,n^2 为奇数,则 m^2n^2-1 为偶数,即 m^2n^2-1 能被 2 整除.

23.**【答案】**D

【解析】由条件(1)可得,$x+y=0$,$xy=-1 \Rightarrow x^2+y^2=(x+y)^2-2xy=0-2\times(-1)=2$;由条件(2)可得,$x-y=1$,$xy=2 \Rightarrow x^2+y^2=(x-y)^2+2xy=1^2+2\times 2=5$.

24.**【答案】**A

【解析】$|x-2|+|4-x| \geqslant |x-2+4-x|=2$,即 $|x-2|+|4-x|$ 最小值为 2,显然当 $s \leqslant 2$ 时,不等式无解,即条件(1)充分,当 $s>2$ 时,不等式有解,即条件(2)不充分.

25.**【答案】**D

【解析】设购买甲种股票用了 x 万元,则 $x \cdot a\%=(10-x)b\%$.由条件(1)与条件(2)都可以推出 $x=6$.

强化能力练习题

一、问题求解

1. 三名小孩中有一名学龄前儿童(年龄不足 6 岁),他们的年龄都是质数(素数),且依次相差 6 岁,则他们的年龄之和为( ).

A. 21　B. 27　C. 33　D. 39　E. 51

2. a,b,c,d,e 是大于 1 的自然数,且 $abcde=2\,000$,则 $a+b+c+d+e$ 的最大值是( ).

A. 131　B. 133　C. 143　D. 121　E. 153

3. 把一篮苹果分给四人,使四人的苹果个数依次相差 2,且他们的苹果个数之积是 1 920,则这篮苹果共有( )个.

A. 24　B. 26　C. 28　D. 30　E. 32

4. 已知 $f(x)=\frac{1}{(x+1)(x+2)}+\frac{1}{(x+2)(x+3)}+\cdots+\frac{1}{(x+9)(x+10)}$,则 $f(8)=$ ( ).

A. $\frac{1}{9}$　B. $\frac{1}{10}$　C. $\frac{1}{16}$　D. $\frac{1}{17}$　E. $\frac{1}{18}$

5. 设 a 与 b 之和的倒数的 2 019 次方等于 1,a 的相反数与 b 之和的倒数的 2 021 次方也等于 1,则 $a^{2\,019}+b^{2\,021}=$ ( ).

A. -1　B. 2　C. 1　D. 0　E. $2^{2\,019}$

6. 一个大于 1 的自然数的算术平方根为 a,则与这个自然数左右相邻的两个自然数的算术平方根分别为( ).

A. $\sqrt{a}-1,\sqrt{a}+1$　B. $a-1,a+1$

C. $\sqrt{a-1},\sqrt{a+1}$　D. $\sqrt{a^2-1},\sqrt{a^2+1}$

E. a^2-1,a^2+1

7. 已知某种商品的价格从一月份到三月份的月平均增长速度为 10%,那么该商品三月份的价格是其一月份价格的( ).

A. 21%　B. 110%　C. 120%　D. 121%　E. 133.1%

8. 若某人以 1 000 元购买 A,B,C 三种商品,且所用金额之比是 1∶1.5∶2.5,则他购买 A,B,C 三种商品的金额(单位:元)依次是( ).

A. 100,300,600　B. 250,350,400

C. 150,300,550　D. 200,300,500

E. 200,250,550

9. 某厂生产的一批产品经产品检验,优等品与二等品的比是 5∶2,二等品与次品的比是

5∶1,则该批产品的合格率(合格品包括优等品与二等品)约为(　　).

A. 92%　　B. 92.3%　　C. 94.6%　　D. 96%　　E. 97%

10. 某家庭在一年的总支出中,子女教育支出与生活资料支出的比为3∶8,文化娱乐支出与子女教育支出的比为1∶2.已知文化娱乐支出占家庭总支出的10.5%,则生活资料支出占家庭总支出的(　　).

A. 40%　　B. 42%　　C. 48%　　D. 56%　　E. 64%

11. 已知 $\sqrt{x^3+2x^2}=-x\sqrt{2+x}$,则 x 的取值范围是(　　).

A. $x<0$　　B. $x\geqslant-2$　　C. $-2\leqslant x\leqslant 0$　　D. $-2<x<0$　　E. $x>0$

12. 如果方程 $|x|=ax+1$ 有一个负根,那么 a 的取值范围是(　　).

A. $a<1$　　B. $a=1$　　C. $a>-1$

D. $a<-1$　　E. 以上均不正确

13. 方程 $|x-|2x+1||=4$ 的根是(　　).

A. $x=-5$ 或 $x=1$　　B. $x=5$ 或 $x=-1$

C. $x=3$ 或 $x=-\frac{5}{3}$　　D. $x=-3$ 或 $x=\frac{5}{3}$

E. 不存在

14. 设不等式 $|x-a|<b$ 的解集为 $\{x|-1<x<2\}$,则 a,b 的值为(　　).

A. $a=1,b=3$　　B. $a=-1,b=3$

C. $a=-1,b=-3$　　D. $a=\frac{1}{2},b=\frac{3}{2}$

E. $a=\frac{1}{2},b=\frac{1}{2}$

15. 已知 $\frac{a}{|a|}+\frac{|b|}{b}+\frac{c}{|c|}=1$,则 $\frac{bc}{|ab|}\cdot\frac{ac}{|bc|}\cdot\frac{ab}{|ca|}=$(　　).

A. 1　　B. -1　　C. 2　　D. -2　　E. 3

二、条件充分性判断

16. $\frac{n}{16}$ 是一个整数.

(1) n 是一个整数,且 $\frac{3n}{16}$ 也是一个整数.

(2) n 是一个整数,且 $\frac{n}{8}$ 也是一个整数.

17. 设 n 为正整数,则能确定 n 除以5的余数.

(1)已知 n 除以2的余数.　　(2)已知 n 除以3的余数.

18. 某机构向 12 位教师征题，共征集到 5 种题型的试题 52 道，则能确定供题教师的人数.

(1)每位供题教师提供的试题数相同.

(2)每位供题教师提供的题型不超过两种.

19. 某公司得到一笔贷款共 68 万元，用于下属三个工厂的设备改造，结果甲、乙、丙三个工厂按比例分别得到 36 万元、24 万元和 8 万元.

(1)甲、乙、丙三个工厂按 $\frac{1}{2}:\frac{1}{3}:\frac{1}{9}$ 的比例分配贷款.

(2)甲、乙、丙三个工厂按 9∶6∶2 的比例分配贷款.

20. $-1<x\leqslant\frac{1}{3}$.

(1) $\left|\frac{2x-1}{x^2+1}\right|=\frac{1-2x}{1+x^2}$.　　(2) $\left|\frac{2x-1}{3}\right|=\frac{2x-1}{3}$.

21. 已知 $g(x)=\begin{cases}1, & x>0,\\ -1, & x<0,\end{cases}$ $f(x)=|x-1|-g(x)|x+1|+|x-2|+|x+2|$，则 $f(x)$ 是与 x 无关的常数.

(1) $-1<x<0$.　　(2) $1<x<2$.

22. 已知 x_1,x_2,x_3 都是实数，$\bar{x}$ 为 x_1,x_2,x_3 的平均数，则 $|x_k-\bar{x}|\leqslant 1, k=1,2,3$.

(1) $|x_k|\leqslant 1, k=1,2,3$.　　(2) $x_1=0$.

23. $2^{x+y}+2^{a+b}=17$.

(1) a,b,x,y 满足 $y+|\sqrt{x}-\sqrt{3}|=1-a^2+\sqrt{3}b$.

(2) a,b,x,y 满足 $|x-3|+\sqrt{3}b=y-1-b^2$.

24. 设 a,b 为实数，则 $a^2+b^2=18$.

(1) a 和 b 是方程 $2x^2-8x-1=0$ 的两个根.

(2) $|a-b+3|$ 与 $|2a+b-6|$ 互为相反数.

25. x,y 是实数，$|x|+|y|=|x-y|$.

(1) $x>0,y<0$.　　(2) $x<0,y>0$.

强化能力练习题解析

一、问题求解

1.【答案】C

【解析】通过题干我们找到几个关键词“有一名不足 6 岁，且年龄都是质数”→小于 6 的质数→2,3,5. 因此，三个小孩相差 6 岁的年龄组合有三种情况：①2,8,14；②3,9,15；③5,11,17. 我们可以观察到，三种可能中只有③全是质数，由此我们可以得到他们的年龄之和是 5+11+17=33.

2.【答案】B

【解析】a,b,c,d,e 是大于 1 的自然数，且 $abcde=2\ 000$. 根据质因数分解，有 $2\ 000=2\times 2\times 2\times 2\times 5\times 5\times 5$，又因为题干要求 $a+b+c+d+e$ 的最大值，则通过"均值不等式"的性质可知，在乘积为定值的情况下，a,b,c,d,e 数值相差越大，和就越大.

所以 $a+b+c+d+e$ 的最大值为 $2+2+2+2+5\times 5\times 5=133$.

【敲黑板】

通过题干我们找到关键词"和的最大值"和"乘积为定值"，想到"均值不等式"，由其思想可以得到，积为定值时，因数之间差越大则和越大.

3.【答案】C

【解析】把 1 920 分解质因数为 $1\ 920=2\times 2\times 2\times 2\times 2\times 2\times 2\times 3\times 5$，所以每个人分得的苹果个数是 4,6,8,10. 所以这篮苹果共有 $4+6+8+10=28$(个).

4.【答案】E

【解析】根据 $\dfrac{1}{n(n+1)}=\dfrac{1}{n}-\dfrac{1}{n+1}$ 及裂项相消法，可得

$$\begin{aligned}f(x)&=\frac{1}{(x+1)(x+2)}+\frac{1}{(x+2)(x+3)}+\cdots+\frac{1}{(x+9)(x+10)}\\&=\frac{1}{x+1}-\frac{1}{x+10},\end{aligned}$$

将 $x=8$ 代入得 $f(8)=\dfrac{1}{9}-\dfrac{1}{18}=\dfrac{1}{18}$.

5.【答案】C

【解析】根据已知条件，$\left(\dfrac{1}{a+b}\right)^{2\ 019}=1$，$\left(\dfrac{1}{-a+b}\right)^{2\ 021}=1$.

则 $\begin{cases}a+b=1,\\-a+b=1,\end{cases}$ 解得 $\begin{cases}a=0,\\b=1.\end{cases}$ 所以 $a^{2\ 019}+b^{2\ 021}=1$.

6.【答案】D

【解析】由算术平方根的定义可知，这个自然数是 a^2，则与这个自然数左右相邻的两个数分别是 a^2-1 和 a^2+1，因此这两个数的算数平方根分别为 $\sqrt{a^2-1},\sqrt{a^2+1}$.

7.【答案】D

【解析】假设一月份的价格为 a，则二月份价格为 $a(1+10\%)$，三月份的价格为 $a(1+10\%)^2$，所以三月份的价格是一月份的价格的 $\dfrac{a(1+10\%)^2}{a}\times 100\%=121\%$.

8.【答案】D

【解析】将含有小数的连比整理成整数连比，有 $1:1.5:2.5=2:3:5$，则三种商品的金额分别是：

$$1\,000\times\frac{2}{2+3+5}=200;1\,000\times\frac{3}{2+3+5}=300;1\,000\times\frac{5}{2+3+5}=500.$$

【敲黑板】

遇到连比问题，需将小数的连比转化成整数连比，计算较简单.

9.【答案】C

【解析】由题意，为求合格率，我们需要知道优等品和二等品的情况，结合题干，优等品与二等品的比是 $5:2$，二等品与次品的比是 $5:1$，通过连比得，优等品：二等品：次品 $=25:10:2$，则合格率 $=\dfrac{25+10}{25+10+2}\times100\%\approx94.6\%$.

【敲黑板】

若两个比例中出现公共量，利用最小公倍数将其统一，转化为整数连比.

10.【答案】D

【解析】由已知条件，教育：生活 $=3:8$，文娱：教育 $=1:2$，利用最小公倍数将前后两个比例中都出现的“教育”统一，则教育：生活：文娱 $=6:16:3$，已知文娱占家庭总支出的 10.5%，则生活占比为 $10.5\%\div3\times16=56\%$.

11.【答案】C

【解析】整理等式 $\sqrt{x^3+2x^2}=\sqrt{x^2(x+2)}=|x|\sqrt{x+2}=-x\sqrt{x+2}$，根据绝对值定义及根号内非负可得 $x\leqslant0$，$x+2\geqslant0$，因此 x 的范围是 $-2\leqslant x\leqslant0$.

12.【答案】C

【解析】由 $|x|=ax+1$ 有一个负根，可得 $|x|=-x=ax+1$，即 $(a+1)x=-1$，所以 $x=-\dfrac{1}{a+1}<0$，解得 $a>-1$.

13.【答案】C

【解析】分类讨论 x 的范围，有两种情况.

情况一：$||x-|2x+1||=4\rightarrow x-|2x+1|=4$；

情况二：$||x-|2x+1||=4\rightarrow x-|2x+1|=-4$.

求解，情况一：$\begin{cases}2x+1\geqslant0,\\x-2x-1=4\end{cases}$ 或 $\begin{cases}2x+1<0,\\x+2x+1=4,\end{cases}$ 无解；

情况二：$\begin{cases}2x+1\geqslant 0,\\ x-2x-1=-4\end{cases}$ 或 $\begin{cases}2x+1<0,\\ x+2x+1=-4,\end{cases}$ 解得 $x=3$ 或 $x=-\dfrac{5}{3}$.

14.【答案】D

【解析】由题意知，$b>0$，原不等式的解集为 $\{x\mid a-b<x<a+b\}$，由于解集又为 $\{x\mid -1<x<2\}$，因此比较可得 $\begin{cases}a-b=-1,\\ a+b=2,\end{cases}$ 解之得 $a=\dfrac{1}{2}$，$b=\dfrac{3}{2}$.

15.【答案】A

【解析】根据绝对值的自比性，$\dfrac{bc}{|ab|}\cdot\dfrac{ac}{|bc|}\cdot\dfrac{ab}{|ca|}=\dfrac{a^2b^2c^2}{|a^2b^2c^2|}=1$.

二、条件充分性判断

16.【答案】A

【解析】条件(1)，“$\dfrac{3n}{16}$ 也是一个整数”，由 3 和 16 互为质数，可知 n 是 16 的倍数，可以得到 $\dfrac{n}{16}$ 是一个整数，所以条件(1)充分；

条件(2)，“$\dfrac{n}{8}$ 也是一个整数”，可知 n 是 8 的倍数，但不一定是 16 的倍数，因此条件(2)不充分.

17.【答案】E

【解析】由带余除法：被除数＝除数×商＋余数，条件(1)中，已知 n 除以 2 的余数，但 n 除以 5 的余数也不唯一，所以条件(1)不充分，同理条件(2)也不充分.

联合条件(1)和条件(2)，可知 n 除以 6 的余数，除以 5 的余数也不能确定. 例如，6 和 12 分别除以 6 的余数都是 0，但是 6 除以 5 的余数是 1，12 除以 5 的余数是 2. 故联合条件(1)和条件(2)也不充分.

【敲黑板】

联考数学中的“确定”是“唯一”；“能确定 n 除以 5 的余数”意味着，不仅可以知道 n 除以 5 的余数，并且该余数只能有一种情况.

18.【答案】C

【解析】条件(1)，试题数相同，则试题数×教师人数＝52，而 $52=1\times2\times2\times13$，因为教师人数不能超过 12，所以教师人数可能的值为 1，2，4，条件(1)不充分；

条件(2)，每位供题教师提供的题型不超过两种，所以至少 3 位教师，条件(2)不充分；

联合条件(1)和条件(2)，则可以确定供题教师的人数是 4，满足题干要求.

19.【答案】D

【解析】条件(1),甲、乙、丙三个工厂按 $\frac{1}{2}:\frac{1}{3}:\frac{1}{9}$ 的比例分配贷款,而 $\frac{1}{2}:\frac{1}{3}:\frac{1}{9}=\frac{9}{18}:\frac{6}{18}:\frac{2}{18}=9:6:2$[与条件(2)一致],所以甲、乙、丙三个工厂的贷款分别是 $68\times\frac{9}{17}=36$(万元),$68\times\frac{6}{17}=24$(万元),$68\times\frac{2}{17}=8$(万元),条件(1)和条件(2)均充分.

20.【答案】E

【解析】条件(1),分数进行绝对值运算之后,等式右边分子符号发生变化,可得 $2x-1\leqslant 0$,即 $x\leqslant\frac{1}{2}$,所以条件(1)不充分;

条件(2),分数进行绝对值运算之后,等式右边没有发生变化,可得 $2x-1\geqslant 0$,即 $x\geqslant\frac{1}{2}$,所以条件(2)不充分;

联合条件(1)和条件(2)得 $x=\frac{1}{2}$,不在 $-1<x\leqslant\frac{1}{3}$ 范围内,所以联合也不充分.

21.【答案】D

【解析】条件(1),当 $-1<x<0$ 时,整理式子得

$f(x)=|x-1|-g(x)|x+1|+|x-2|+|x+2|=|x-1|+|x+1|+|x-2|+|x+2|=-(x-1)+x+1-(x-2)+x+2=6$,所以条件(1)充分;

条件(2),当 $1<x<2$ 时,整理式子得

$f(x)=|x-1|-g(x)|x+1|+|x-2|+|x+2|=x-1-(x+1)-(x-2)+x+2=2$,所以条件(2)充分.

22.【答案】C

【解析】条件(1),令 $x_1=1$,$x_2=x_3=-1$,则 $\overline{x}=-\frac{1}{3}$,$|x_1-\overline{x}|=\left|1+\frac{1}{3}\right|=\frac{4}{3}$,条件(1)不充分;

条件(2),令 $x_1=0$,$x_2=x_3=3$,则 $\overline{x}=2$,$|x_1-\overline{x}|=|0-2|=2$,条件(2)不充分;

联合条件(1)和条件(2),则有

当 $k=1$ 时,$|x_1-\overline{x}|=\left|0-\frac{x_2+x_3}{3}\right|=\left|\frac{x_2+x_3}{3}\right|\leqslant\frac{2}{3}$;

当 $k=2$ 时,$|x_2-\overline{x}|=\left|x_2-\frac{x_2+x_3}{3}\right|=\left|\frac{2}{3}x_2-\frac{1}{3}x_3\right|\leqslant\frac{2}{3}|x_2|+\frac{1}{3}|x_3|\leqslant 1$;

当 $k=3$ 时,$|x_3-\overline{x}|=\left|x_3-\frac{x_2+x_3}{3}\right|=\left|\frac{2}{3}x_3-\frac{1}{3}x_2\right|\leqslant\frac{2}{3}|x_3|+\frac{1}{3}|x_2|\leqslant 1$,故联

合充分.

23.【答案】C

【解析】条件(1),令 $a=1,b=0,x=3,y=0$,满足条件(1),但 $2^{x+y}+2^{a+b}=10$,所以条件(1) 不充分;条件(2),等式中没有 a,因此 a 可以取任意值,所以条件(2) 也不充分;

联合条件(1)和条件(2),整理条件(1),可得 $y-\sqrt{3}b=1-a^2-\left|\sqrt{x}-\sqrt{3}\right|$,整理条件(2),可得 $y-\sqrt{3}b=|x-3|+b^2+1$,将上面两式联立,可得

$$1-a^2-\left|\sqrt{x}-\sqrt{3}\right|=|x-3|+b^2+1,$$

即

$$|x-3|+b^2+a^2+\left|\sqrt{x}-\sqrt{3}\right|=0,$$

根据绝对值、平方的非负性可得 $x=3,b=0,a=0,y=1$,所以$2^{x+y}+2^{a+b}=2^{3+1}+2^0=17$.

【敲黑板】

非负量之和为零,则其中每一项非负量均为零.

24.【答案】E

【解析】条件(1),方程的两个实根为 a,b,根据韦达定理可得 $a+b=4,ab=-\frac{1}{2}$,则有 $a^2+b^2=(a+b)^2-2ab=4^2+1=17$,所以条件(1)不充分;

条件(2),$|a-b+3|$ 与 $|2a+b-6|$ 互为相反数,则有$\begin{cases}a-b+3=0,\\2a+b-6=0,\end{cases}$所以$a=1,b=4$,则$a^2+b^2=17$,所以条件(2)也不充分;

两条件不能联合.

25.【答案】D

【解析】条件(1),$x>0,y<0$,则有 $|x|+|y|=x-y,|x-y|=x-y$,左右两边相等,条件(1)充分;

条件(2),$x<0,y>0$,则有 $|x|+|y|=-x+y=y-x,|x-y|=-(x-y)=y-x$,左右两边相等,条件(2)充分.

【敲黑板】

绝对值三角不等式 $|x|+|y|\geqslant|x-y|$ 中,等号成立的条件是 x,y 异号.

第二章 应用题

一、本章思维导图

- 应用题
  - 1. 利润问题
    - 进价、售价、利润
    - 变化率
    - 增减并存
    - 恢复原价
    - 连续增长或下降
  - 2. 比例问题
    - 找等量关系
    - A 比 B 多(少) $\frac{n}{m}$
    - 已知部分量求总量
    - 不变量关系
  - 3. 工程问题
    - 总量、效率、时间关系
    - 两个人工程
    - 工时费和工作效率计算
  - 4. 路程问题
    - 直线型
    - 圆圈型
    - 顺水逆水
    - 相对运动
    - 火车过人过桥
  - 5. 浓度问题
    - 蒸发、加浓、稀释
    - 等量置换
  - 6. 杠杆原理问题
    - 求平均值
    - 求人数
  - 7. 分段计费问题
    - 图表型
    - 文字型
  - 8. 集合问题
    - 二个集合
    - 三个集合
  - 9. 不定方程问题
    - 整数问题
    - 区间范围的整数问题
  - 10. 线性规划问题
    - 交点为整数
    - 交点为非整数
  - 11. 最值问题
    - 二次函数
    - 均值定理
  - 12. 至多至少问题
    - 求个体至多至少
    - 求整体至多至少
    - 求每个对象至多至少
  - 13. 年龄问题
    - 差值恒定
    - 同步增长
  - 14. 植树问题
    - 直线型
    - 圆圈型

二、往年真题分析

1 真题统计

考点 \ 数量 \ 年份(2012—2021)	12	13	14	15	16	17	18	19	20	21
利润问题	1			1		2			1	
比例问题	1	1	1	1	1	1	3	1		1
工程问题	1	2	1	1				2		1
路程问题		1	1	1	1	1		1	1	2
浓度问题			1		1					1
杠杆原理问题			1		1					
分段计费问题							1			
集合问题						2	1			
不定方程问题				2	1	2	1		2	1
线性规划问题	1	1								
最值问题					1				1	
至多至少问题	1	2							1	1
年龄问题								1		
植树问题								1		
总计/分	15	21	15	18	18	24	18	18	18	21

2 考情解读

应用题是管理类联考数学的一个难点，虽然考纲中没有明确给出应用题，但实际上各个知识点都可以应用，在考试中占据很大的比重，占 6～7 道，考题数量较多，占比近四分之一，而且近几年真题中应用题的难度加大，出题灵活，陷阱较多，所以要求广大考生在学习的时候要在掌握基本考点和基本题型的基础上多加强训练，提升解题能力，这样我们才能保证在有限的时间内会做、快做、做对.

高频题型：利润问题、比例问题、路程问题、工程问题、浓度问题、集合问题等.

低频题型：植树问题、年龄问题等.

拔高题型：至多至少问题、线性规划问题、不定方程问题以及最值问题等.

第4讲 利润问题

考点解读

1. 利润问题

(1) 利润 = 售价 − 进价.

(2) 利润率 $=\dfrac{\text{利润}}{\text{进价}}\times 100\%=\dfrac{\text{售价}-\text{进价}}{\text{进价}}\times 100\%=\left(\dfrac{\text{售价}}{\text{进价}}-1\right)\times 100\%$.

(3) 售价 = 进价 × (1 + 利润率).

(4) 进价 $=\dfrac{\text{售价}}{1+\text{利润率}}$.

2. 比、百分比问题

(1)变化率问题.

$$\begin{cases}\text{增长率}=\dfrac{\text{增长值}}{\text{原值}}=\dfrac{\text{现值}-\text{原值}}{\text{原值}}=\dfrac{\text{现值}}{\text{原值}}-1,\\ \text{下降率}=\dfrac{\text{下降值}}{\text{原值}}=\dfrac{\text{原值}-\text{现值}}{\text{原值}}=1-\dfrac{\text{现值}}{\text{原值}}.\end{cases}$$

【敲黑板】

强烈要求记住这些公式.

(2)增减并存问题.

①商品先提价 $p\%$,再降价 $p\%$.

设商品原价为 a, 则现价为 $a(1+p\%)(1-p\%)<a$.

②商品先降价 $p\%$,再提价 $p\%$.

设商品原价为 a, 则现价为 $a(1-p\%)(1+p\%)<a$.

【敲黑板】

强烈要求记结论:现值比原值小.

(3)恢复原价问题.

①商品先提价 $p\%$,再降价( )恢复原价.

设商品原价为1,降价 x,则 $1(1+p\%)(1-x)=1\Rightarrow x=\dfrac{p\%}{1+p\%}$.

②商品先降价 $p\%$,再提价( )恢复原价.

设商品原价为1,提价 x,则 $1(1-p\%)(1+x)=1\Rightarrow x=\dfrac{p\%}{1-p\%}$.

【敲黑板】

该类题型强烈要求记住公式.

(4)连续增长或下降问题.

一月产量为a，以后每月均比上个月增长$p\%$(平均增长率)，则年总产值为多少?

一月a，二月$a(1+p\%)$，三月$a(1+p\%)^2$，…，十二月$a(1+p\%)^{11}$，则全年总产值$S=a+a(1+p\%)+a(1+p\%)^2+\cdots+a(1+p\%)^{11}$ $(a\neq 0)$.

【敲黑板】

该类型题有陷阱：$a\neq 0$.

(5)比大小问题.

①甲比乙大$p\%$等价于甲=乙×$(1+p\%)$.

②甲比乙小$p\%$等价于甲=乙×$(1-p\%)$.

③甲是乙的$p\%$等价于甲=乙×$p\%$.

高能提示

1. 出题频率：级别高，难度易，得分率较高，出题形式固定，要求考生掌握基本公式之间的转化.

2. 考点分布：该考点涉及的知识点较多，进价、售价、利润、打折、销量、变化率等，其中高频考点是增长率及售价、进价问题.

3. 解题方法：根据题意设未知数，选定基准量，利用公式来建立等量关系.

题型归纳

题型一：商品盈亏问题

▶**【特征分析】**此类题型的标志是根据售价、进价、利润率、打折、销售数量之间的等量关系来建立方程.

例1 一家商店为回收资金把甲、乙两件商品均以480元/件卖出，已知甲商品赚了20%，乙商品亏了20%，则商店盈亏结果为(   ).

A. 不亏不赚　　B. 亏了50元　　C. 赚了50元

D. 赚了40元　　E. 亏了40元

【解析】本题考点在于根据甲、乙的售价、利润率，求出甲、乙的进价，再根据总利润=总售价-总进价，从而求出商店的盈亏情况，总利润$=(480+480)-\left(\frac{480}{1+20\%}+\frac{480}{1-20\%}\right)=-40$(元).

【答案】E

【敲黑板】

"赚了"说明利润为正,"亏了"说明利润为负.

例 2 某投资者以 2 万元购买甲、乙两种股票,甲股票的价格为 8 元/股,乙股票的价格为 4 元/股,它们的投资额之比是 4∶1. 在甲、乙股票价格分别为 10 元/股和 3 元/股时,该投资者全部抛出这两种股票,他共获利(　　).

A. 3 000 元　　B. 3 889 元　　C. 4 000 元　　D. 5 000 元　　E. 2 300 元

【解析】本题核心在于,总利润=每股利润×数量. 根据甲、乙投资额比例 4∶1 求出甲、乙两种股票的数量,所以甲股投资 16 000 元购买了 2 000 股,乙股投资共 4 000 元购买 1 000 股,抛出股票时,甲每股赚了 2 元,乙每股赔了 1 元,最后获利 4 000−1 000=3 000(元).

【答案】A

题型二:增减并存问题

【特征分析】

(1)商品先提价 $p\%$,再降价 $p\%$,则现价比原价低.

(2)商品先降价 $p\%$,再提价 $p\%$,则现价比原价低.

例 3 该股票涨了.

(1)某股票连续三天涨 10%后,又连续 3 天跌 10%.

(2)某股票连续三天跌 10%后,又连续 3 天涨 10%.

【解析】此题考查的是商品增减并存问题,设股票原价是 x 元.

条件(1):$x(1+10\%)^3(1-10\%)^3=1.1^3\cdot0.9^3x=0.99^3x<x$.

条件(2):$x(1-10\%)^3(1+10\%)^3=0.9^3\cdot1.1^3x=0.99^3x<x$.

【答案】E

【敲黑板】

增长和降低的百分比数值相同,结论是现在的价格均比商品原来的价格低.

题型三:恢复原价问题

【特征分析】

(1)商品先提价 $p\%$,再降价 $\frac{p\%}{1+p\%}$ 恢复原价.

(2)商品先降价 $p\%$,再提价 $\frac{p\%}{1-p\%}$ 恢复原价.

例 4 一种货币贬值 20%,一年后需增值(　　)才能保持原币值.

A. 20%　　B. 25%　　C. 22%　　D. 15%　　E. 24%

【解析】此题考查的是先贬值 $p\%$，再增值之后恢复原价的问题，根据公式 $\frac{p\%}{1-p\%}$ 得一年后增值为 $\frac{20\%}{1-20\%}=25\%$.

【答案】B

题型四：连续增长或下降问题(平均增长率问题)

▶【特征分析】该类题型会给出基准量作为参考，每个月(或每年)均比上个月(或上一年)增长或下降百分比相等，找等量关系，从而建立方程.

例5 某新兴产业在2012年末至2016年末产值的年平均增长率为 q，在2016年末至2020年末产值的年平均增长率比前四年下降40%，2020年的产值约为2012年产值的14.46($\approx 1.95^4$)倍，则 q 的值约为(　　).

A. 30%　　B. 35%　　C. 40%　　D. 45%　　E. 50%

【解析】设2012年产值为 a，2012年末到2016年末年平均增长率为 q，2016年末到2020年末年平均增长率为 $0.6q$，2016年产值为 $a(1+q)^4$，2020年产值为 $a(1+q)^4[1+(1-0.4)q]^4$，根据题意有

$$\frac{a(1+q)^4[1+(1-0.4)q]^4}{a}=(1+q)^4[1+(1-0.4)q]^4=[(1+q)(1+0.6q)]^4\approx 1.95^4,$$

即 $0.6q^2+1.6q-0.95=0$，解得 $q=0.5$.

【答案】E

【敲黑板】

$(1+q)(1+0.6q)=1.95$，用中值代入法将C选项40%代入，$(1+0.4)(1+0.6\times 0.4)<1.95$，排除A，B，则选D或E，再将E选项代入，$(1+0.5)(1+0.6\times 0.5)=1.95$.

第5讲　比例问题

考点解读

(1) $\frac{a}{b}=\frac{c}{d}\Rightarrow ad=bc$.

(2)公式：总量 $=\frac{\text{部分量}}{\text{对应占总量的比例}}$.

高能提示

1. 出题频率：级别高，难度中等，得分率较高，出题形式灵活，要求考生找到所属类型之后，再找到相应的等量关系.

2. 考点分布：高频考点涉及的题型有最简整数比问题、求总量问题及求不变量问题.

3. 解题方法：该题型一般是先确定基准量，恰当利用份数的变化来列方程，从而求出未知量.

题型归纳

题型一：已知总量求其中部分量的问题

▶**【特征分析】**该类题型的标志是给出总量和分配对象的比例份数，特点是分配对象比例份数相加，和不为1，需要通过变形的方法把分数比变成整数比.

例1 一工厂向银行借款34万元，欲按$\frac{1}{2}:\frac{1}{3}:\frac{1}{9}$的比例分配给下属甲、乙、丙三车间进行技术改造，则甲车间应得(　　).

A. 17万元　　B. 8万元　　C. 12万元　　D. 18万元　　E. 16万

【解析】根据题意得，甲、乙、丙的比例份数和$\frac{1}{2}+\frac{1}{9}+\frac{1}{3}=\frac{17}{18}\neq 1$，不是真正的比例，需要转化成最简整数比，甲∶乙∶丙$=\frac{1}{2}:\frac{1}{3}:\frac{1}{9}=9:6:2$，则甲车间应得$34\times\frac{9}{9+6+2}=18$(万元).

【答案】D

【敲黑板】

本题易误选A，用34直接乘$\frac{1}{2}$计算，错误在于比例份数不是真正的比例份数.

题型二：已知部分量求总量问题

▶**【特征分析】**该类题型的标志是涉及多个量的比例问题中仅有一个部分量给出具体数值，从而求总量的问题，方法是通过变形找出部分量对应占总量的比例份数.

例2 四只小猴吃桃，第一只猴吃桃的数量是其他三只猴的$\frac{1}{3}$，第二只猴吃桃的数量是其他三只猴的$\frac{1}{4}$，第三只猴吃桃的数量是其他三只猴的$\frac{1}{5}$，第四只猴将剩下的46个桃全部吃完，则四只猴子共吃了(　　)个桃.

A. 80　　B. 60　　C. 120　　D. 150　　E. 75

【解析】设第一只猴吃桃数量为 1 份，则其他三只猴为 3 份，第一只猴吃桃数量占总量的 $\frac{1}{4}$，同理可得第二只猴吃桃数量占总量的 $\frac{1}{5}$，第三只猴吃桃数量占总量的 $\frac{1}{6}$，则第四只猴吃桃数量占总量为 $1-\frac{1}{4}-\frac{1}{5}-\frac{1}{6}$，则总量为 $\frac{46}{1-\frac{1}{4}-\frac{1}{5}-\frac{1}{6}}=120$(个).

【答案】C

【敲黑板】

四只猴子共吃桃的数量为 4,5,6 的整数倍.

例 3　某公司投资一个项目，已知上半年完成了预算的 $\frac{1}{3}$，下半年完成了剩余部分的 $\frac{2}{3}$，此时还有 8 000 万投资未完成，则该项目的预算为(　　).

A. 3 亿元　　B. 3.6 亿元　　C. 3.9 亿元　　D. 4.5 亿元　　E. 5.1 亿元

【解析】上半年完成了预算的 $\frac{1}{3}$，下半年完成了预算的 $\frac{2}{3}\times\frac{2}{3}=\frac{4}{9}$，则总预算为 $\frac{0.8}{1-\frac{1}{3}-\frac{4}{9}}=3.6$(亿元).

【答案】B

【敲黑板】

总预算为 3 和 9 的倍数.

题型三：不变量的比例问题

▶【特征分析】此类题型的标志是比例变化中有一个对象的数量是不变的，方法是将不变量比例统一.

例 4　某国参加北京奥运会的男、女运动员比例原为 19∶12，由于先增加若干名女运动员，使男、女运动员比例变为 20∶13. 后又增加了若干名男运动员，于是男、女运动员比例最终变为 30∶19. 如果后增加的男运动员比先增加的女运动员多 3 人，则最后运动员的总人数为(　　).

A. 686　　B. 637　　C. 700　　D. 661　　E. 600

【解析】根据题意分析有两次比例发生变化，第一次增加女运动员时，男运动员的人数不变，所以要把前两次男运动员的比例份数统一(找最小公倍数)，第二次增加男运动员时，女运动员的人数不变，则要把第二次和最后一次的女运动员比例份数统一，然后根据比例变化找出增加的女运动员和增加的男运动员比例份数的关系.

刚开始，男∶女＝19∶12＝380∶240；

第一次，男∶女＝20∶13＝380∶247(增加 7 份女运动员)；

第二次，男：女=30：19=390：247（增加10份男运动员）.

因此，男比女多增加3份，对应3人.故最后运动员的总人数为390+247=637（人）.

【答案】B

【敲黑板】

只要看到不变量，一定要将不变量的比例份数统一，然后再根据比例变化找出份数对应的数量关系.技巧：最后男：女=30：19，总份数为49份，则最后总人数为49的倍数.

例5 某产品有一等品、二等品和不合格品三种，若在一批产品中一等品件数和二等品件数的比是5：3，二等品件数和不合格品件数的比是4：1，则该产品的不合格率约为（　　）.

A. 7.2%　　B. 8%　　C. 8.6%　　D. 9.2%　　E. 10%

【解析】此题标志是二等品的数量不变.一等品：二等品=5：3=20：12，二等品：不合格品=4：1=12：3，则一等品：二等品：不合格品=20：12：3，从而该产品的不合格率为$\frac{3}{20+12+3}=\frac{3}{35}\approx 8.6\%$.

【答案】C

题型四：双重多比例问题

▶**【特征分析】**不同的分类标准对应的比例问题，方法是固定其中一组比例，把比例看成份数来研究另外一组比例.

例6 某班男、女同学人数之比为3：2，在某次班级活动中将全班分成了甲、乙、丙三组，且甲、乙、丙三组人数比为10：8：7，又知甲组中男、女人数之比为3：1，乙组中男、女人数之比为5：3，则丙组中男、女人数之比为（　　）.

A. 1：2　　B. 2：7　　C. 3：4　　D. 1：6　　E. 5：9

【解析】根据题意分析得，题干涉及两种比例，男：女=3：2，甲：乙：丙=10：8：7.

固定甲、乙、丙人数的比例份数，令甲人数=10份，乙人数=8份，丙人数=7份，设丙中男为x份，则女为$7-x$份.

$$甲\begin{cases}男=10\times\frac{3}{4}=7.5份,\\ 女=10\times\frac{1}{4}=2.5份,\end{cases}乙\begin{cases}男=8\times\frac{5}{8}=5份,\\ 女=8\times\frac{3}{8}=3份,\end{cases}丙\begin{cases}男=x份,\\ 女=7-x份,\end{cases}$$

则

$$\frac{男生人数}{女生人数}=\frac{7.5+5+x}{2.5+3+7-x}=\frac{3}{2}\Rightarrow x=2.5.$$

故丙组中男、女人数之比为2.5：4.5=5：9.

【答案】E

【敲黑板】

丙组中人数总份数为 7 份，则丙中男、女同学总份数和为 7 的倍数.

第 6 讲　工程问题

考点解读

(1) 工作总量 = 工作效率 × 工作时间.

(2) 工作效率 $=\dfrac{\text{工作总量}}{\text{工作时间}}$.

(3) 工作时间 $=\dfrac{\text{工作总量}}{\text{工作效率}}$.

【敲黑板】

(1)总量一定，效率与时间成反比；

(2)时间一定，总量与效率成正比；

(3)效率可以相加减；

(4)时间不能相加减；

(5)甲单独 m 天完成，乙单独 n 天完成，则甲、乙合作的时间 $t=\dfrac{1}{\dfrac{1}{m}+\dfrac{1}{n}}=\dfrac{mn}{m+n}$.

高能提示

1. 出题频率：级别高，难度中等，得分率较高，常规题型，要求考生掌握总量、效率与时间之间的等量关系.
2. 考点分布：高频考点涉及的题型有求工时费、时间、效率问题及两个人的工程问题等.
3. 解题方法：其关键是效率，通过效率找出总量与时间的关系来建立方程.

题型归纳

题型一：总量可以看成 1，也可以看成时间的最小公倍数

【特征分析】该类题型的标志往往是给出每个分量单独完成工作的时间，甲 m 天完成，乙 n 天完成，丙 p 天完成，则设工作总量 $=[m,n,p]$ 份，再分别求出甲、乙、丙的效率.

例 1　已知甲、乙合作一项工程，甲单独做 25 天完成，乙单独做 20 天完成，甲、乙合作 5 天后，甲另有任务，乙单独再做(　　)天完成.

A. 8　　B. 9　　C. 10　　D. 11　　E. 12

【解析】由题意分析得，甲单独做 25 天完成，乙单独做 20 天完成，总量 $=[25,20]=100$ 份，甲效 $=\frac{100}{25}=4$ 份，乙效 $=\frac{100}{20}=5$ 份，则剩下的工作量乙再做的天数为 $\frac{100-(4+5)\times 5}{5}=11$.

【答案】D

例 2　搬运一个仓库的货物，甲需要 10 小时，乙需要 12 小时，丙需要 15 小时. 有同样的仓库 A 和 B，甲在 A 仓库、乙在 B 仓库同时开始搬运货物，丙开始帮助甲搬运，中途又转向帮助乙搬运. 最后两个仓库货物同时搬完，则丙帮助甲（　　）小时.

A. 2　　B. 3　　C. 4　　D. 3.5　　E. 5

【解析】由题意分析得仓库 A：甲＋丙，仓库 B：乙＋丙，则甲、乙、丙共完成 2 个工作量.

$t_{甲}=10$ 小时，$t_{乙}=12$ 小时，$t_{丙}=15$ 小时，则总量 $=[10,12,15]=60$ 份.

甲效 $=\frac{60}{10}=6$ 份，乙效 $=\frac{60}{12}=5$ 份，丙效 $=\frac{60}{15}=4$ 份.

$t_{合作}=\frac{2\times 60}{6+5+4}=8$ 小时，则丙帮助甲的时间为 $\frac{60-6\times 8}{4}=3$ 小时.

【答案】B

题型二：时间相等，效率与总量成正比的问题

▶**【特征分析】**此类题型的特点类似于路程问题中的直线型相遇问题，甲、乙两人相遇时间相等，则总量与效率成正比，即 $\frac{甲工作总量}{乙工作总量}=\frac{甲效率}{乙效率}$.

例 3　修一条公路，甲队单独施工需要 40 天完成，乙队单独施工需要 24 天完成. 现两队同时从两端开工，结果在距该路中点 7.5 公里处会合完工. 则这条公路的长度为（　　）.

A. 60 公里　　B. 70 公里　　C. 80 公里　　D. 90 公里　　E. 100 公里

【解析】设这条公路长度为 s 公里，由题干分析得甲慢，乙快，确定甲的路程是 $\left(\frac{s}{2}-7.5\right)$ 公里，乙的路程是 $\left(\frac{s}{2}+7.5\right)$ 公里，由于二人时间相等，则效率与总量成正比，即 $\frac{\frac{s}{2}-7.5}{\frac{s}{2}+7.5}=\frac{\frac{1}{40}}{\frac{1}{24}}$，解得 $s=60$.

【答案】A

题型三：两个人的工程问题

▶**【特征分析】**该类题型的标志是仅适用于两个人的合作问题，在工作总量相同的情况下，找出甲、乙之间的等量关系，甲 m 天＝乙 n 天，再相应扩大倍数即可.

例 4 一项工程由甲、乙两队合作 30 天可完成. 甲队单独做 24 天后，乙队加入，两队合作 10 天后，甲队调走，乙队继续做了 17 天才完成. 若这项工程由甲队单独做，则需要(　　).

A. 60 天　　B. 70 天　　C. 80 天　　D. 90 天　　E. 100 天

【解析】方法一：求天数问题，必须设效率，设甲效为 x，乙效为 y，由题干分析得，

$$\begin{cases}(x+y)\times 30=1,\\ 34x+27y=1\end{cases}\Rightarrow x=\frac{1}{70}.$$

方法二：$\begin{cases}\text{甲 30 天}+\text{乙 30 天完成},\\ \text{甲 34 天}+\text{乙 27 天完成}\end{cases}$ ⇒ 甲 30 天 + 乙 30 天 = 甲 34 天 + 乙 27 天，合并同类项得

甲 4 天=乙 3 天，

即

甲 40 天=乙 30 天，

故

甲 30 天+乙 30 天=甲 30 天+甲 40 天=甲 70 天.

【答案】B

题型四：求总工时费的问题

▶**【特征分析】**该类题型的标志是从两个方向来考查：一是天数，二是每天的人工费. 总人工费=天数×每天的人工费.

【敲黑板】

求时间时必须以效率为核心，设效率为未知数.

例 5 一项工作，甲、乙合作要 2 天，人工费为 2 900 元；乙、丙合作需要 4 天，人工费为2 600 元；甲、丙合作 2 天完成了全部工作量的 $\frac{5}{6}$，人工费为 2 400 元. 甲单独做该工作需要的时间与人工费分别为(　　).

A. 3 天，3 000 元　　B. 3 天，2 850 元　　C. 3 天，2 700 元

D. 4 天，3 000 元　　E. 4 天，2 900 元

【解析】根据题意，设甲的效率为 a，乙的效率为 b，丙的效率为 c，甲的人工费为 x 元/天，乙的人工费为 y 元 /天，丙的人工费为 z 元/天. 则

$$\begin{cases}(x+y)\times 2=2\ 900,\\ (y+z)\times 4=2\ 600,\\ (x+z)\times 2=2\ 400\end{cases}\Rightarrow x=1\ 000,\begin{cases}2(a+b)=1,\\ 4(b+c)=1,\\ 2(a+c)=\frac{5}{6}\end{cases}\Rightarrow a=\frac{1}{3}.$$

【答案】A

【敲黑板】

此题从两个方向来考查：一是求天数问题，一定要先设效率；二是求总人工费的问题. 总人工费＝天数×每天的人工费. 技巧：总人工费一定为 1 000 的倍数.

题型五：进水与排水问题

▶【特征分析】进水效率为正，排水效率为负.

例 6 一个游泳池有两个进水管和一个排水管，单开 A 管 3 小时可以注满水池，单开 B 管 4 小时可以注满水池，单开 C 管 6 小时放尽一池水. 如果 A 管单独开放 0.5 小时后，B,C 两管再开放，则需要再经过（　　）小时可以注满半池水.

A. 0.8　　B. 0.9　　C. 1　　D. 1.2　　E. 1.5

【解析】由题意，把总量看成时间的最小公倍数. A 先工作 0.5 小时之后，设 A,B,C 再合作 t 小时完成一半的总量，设总量为 $[3,4,6]=12$ 份，A 效 $=\frac{12}{3}=4$ 份，B 效 $=\frac{12}{4}=3$ 份，C 效 $=-\frac{12}{6}=-2$ 份. 则 A,B,C 一起注满半池水所用时间 t 为 $\frac{6-4\times 0.5}{4+3-2}=0.8$（小时）.

【答案】A

【敲黑板】

注意排水管效率为负，陷阱是实际工作的总量为半池水，故为 6 份.

第 7 讲　路程问题

考点解读

1. 公式

$$s=v\times t,\ v=\frac{s}{t},\ t=\frac{s}{v}.$$

2. 直线型的路程问题

（1）相遇问题（时间相等）.

$$t=\frac{s_{总}}{v_{甲}+v_{乙}},\ \frac{v_{甲}}{v_{乙}}=\frac{s_{甲}}{s_{乙}}.$$

【敲黑板】

强烈要求记住这些公式.

(2)追及问题(时间相等).

$$t=\frac{s_{差}}{v_{甲}-v_{乙}},\ \frac{v_{甲}}{v_{乙}}=\frac{s_{甲}}{s_{乙}}.$$

【敲黑板】

强烈要求记住这些公式.

3. 圆圈型的路程问题(从同一起点同时出发,周长为 s,相遇一次的时间为 t)

(1)追及问题(方向相同,经历时间相同).

①甲、乙每相遇一次,甲比乙多跑一圈,则第一次相遇的时间 $t=\frac{s}{v_{甲}-v_{乙}}$.

②若相遇 n 次,则有 $s_{甲}-s_{乙}=n\cdot s$,$\frac{v_{甲}}{v_{乙}}=\frac{s_{甲}}{s_{乙}}=\frac{s_{乙}+n\cdot s}{s_{乙}}=1+\frac{n\cdot s}{s_{乙}}$.

【敲黑板】

强烈要求记住这些公式.

(2)相遇问题(方向相反,经历时间相同).

①甲、乙每相遇一次,甲与乙路程之和为一圈,则第一次相遇的时间 $t=\frac{s}{v_{甲}+v_{乙}}$.

②若相遇 n 次,则有 $s_{甲}+s_{乙}=n\cdot s$,$\frac{v_{甲}}{v_{乙}}=\frac{s_{甲}}{s_{乙}}=\frac{n\cdot s-s_{乙}}{s_{乙}}=\frac{n\cdot s}{s_{乙}}-1$.

【敲黑板】

强烈要求记住这些公式.

4. 相对速度(两个物体运动时,可将一个作为参照物,看成相对静止的)

(1)同向运动:两列火车车身长 l_1 和 l_2,速度为 v_1 和 v_2.

①相对速度 $v=v_1-v_2$.

② l_1 通过 l_2 的时间 $t=\frac{l_1+l_2}{v_1-v_2}$.

(2)相向运动:两列火车车身长 l_1 和 l_2,速度为 v_1 和 v_2.

①相对速度 $v=v_1+v_2$.

② l_1 通过 l_2 的时间 $t=\frac{l_1+l_2}{v_1+v_2}$.

(3)火车通过电线杆的时间.

火车长度为 l_1,速度为 v_1,则 $t=\frac{l_1}{v_1}$.

(4)火车通过桥长的时间.

火车长度为 l_1,速度为 v_1,桥长为 l_2,则 $t=\frac{l_1+l_2}{v_1}$.

(5)火车通过人的时间.

火车长度为 l_1,速度为 v_1,人的速度为 v_2,若同向,则 $t=\frac{l_1}{v_1-v_2}$;若相向,则 $t=\frac{l_1}{v_1+v_2}$.

【敲黑板】

强烈要求记住(1)~(5)公式.

5. 顺水、逆水问题

$$v_{顺水}=v_{船}+v_{水};v_{逆水}=v_{船}-v_{水}.$$

高能提示

1. 出题频率:级别高,难度中等偏难,出题灵活,要求考生一定要熟练掌握基础考点及基础题型,达到灵活应用的程度.

2. 考点分布:直线型的相遇与追及问题.

3. 解题方法:要求考生在做题过程中首先要画图,理清题意,从前到后找出速度、路程与时间三者之间的关系.

题型归纳

题型一:时间一定,路程与速度成正比

【特征分析】该类题型的标志是时间相同,即 $\frac{v_{甲}}{v_{乙}}=\frac{s_{甲}}{s_{乙}}$.

例1 甲、乙、丙三人同时从起点出发进行1 000米自行车比赛(假设他们各自的速度保持不变),甲到终点时,乙距终点还有40米,丙距终点还有64米.那么乙到达终点时,丙距终点有(　　)米.

A. 21　　B. 25　　C. 30　　D. 35　　E. 39

【解析】根据题意可知三个人的运动时间相同,并且为相同起点出发.又因为速度不变,时间一定,路程和速度成正比.

设当乙到达终点时,丙跑了 x 米.由题可知 $\frac{v_{乙}}{v_{甲}}=\frac{960}{1\ 000}$,$\frac{v_{甲}}{v_{丙}}=\frac{1\ 000}{936}$,故$\frac{v_{丙}}{v_{乙}}=\frac{936}{960}=\frac{x}{1\ 000}$,

解得 $x=\frac{936\times 1\ 000}{960}=975$,故距离终点25米.

【答案】B

题型二：相遇追及问题

▶【特征分析】该类题型的标志往往是根据时间、路程、速度来建立等量关系.

例2 A,B 两地相距 15 千米，甲中午 12 点从 A 地出发，步行前往 B 地，20 分钟后乙从 B 地出发骑车前往 A 地，到达 A 地后乙停留 40 分钟，然后骑车从原路返回，结果甲、乙同时到达 B 地. 若乙骑车比甲步行每小时快 10 千米，则两人同时达到 B 地的时间为(　　).

A. 下午 2 点　　B. 下午 2 点半　　C. 下午 3 点　　D. 下午 3 点半　　E. 下午 4 点

【解析】由题干分析得甲走一个路程的时间恰好比乙往返走两个路程的时间多 1 小时，设甲每小时走 x 千米，则乙每小时走 $(10+x)$ 千米，从而有

$$\frac{15}{x}-\frac{30}{10+x}=1\Rightarrow x=5.$$

所用时间为$\frac{15}{5}=3$ 小时.

【答案】C

【敲黑板】

x 为 15 的约数，同时 $x+10$ 为 30 的约数，取特值即 $x=5$.

例3 甲、乙、丙三人同时同向从 A 地出发去 B 地，甲、乙两车速度分别是 60 千米/时，48 千米/时，有一辆卡车同时从 B 地迎面开来，分别在他们出发后 6 小时、7 小时、8 小时先后与甲、乙、丙相遇，则丙车的速度为(　　).

A. 35 千米/时　　B. 39 千米/时　　C. 40 千米/时　　D. 55 千米/时　　E. 63 千米/时

【解析】设丙车的速度为 x 千米 / 时，卡车速度为 y 千米 / 时，根据路程一定建立等量关系，有 $6\times(60+y)=7\times(48+y)=8\times(x+y)\Rightarrow x=39,y=24$.

【答案】B

题型三：直线型的速度变化问题

▶【特征分析】该类题型的典型标志是在相同路程的前提下，一定会涉及两种速度，而且这两种速度会引起时间差，在解题过程中直接套用公式即可.

【图形表示】

$v_1\longrightarrow$　　s

———————————— 时间差 Δt

$v_2\longrightarrow$

【万能公式】$v_1\times v_2=\frac{s}{\Delta t}\times\Delta v$，$\Delta v$ 为速度差，Δt 为时间差.

例 4　随着国民经济持续增长，我国的铁路运输进行了 6 次提速. 已知北京到广州的路程为 2 208 千米，第六次提速后的速度比第五次提速后的速度增加 20%，时间少用了两个小时，第六次提速后的速度为(　　)千米/时.

A. 184　　B. 200　　C. 220. 8　　D. 225　　E. 230

【解析】该题涉及第五次速度和第六次速度，时间差为 2 小时，属于变速度问题.

由万能公式得 $v_5 \times v_6 = \frac{2\ 208}{2} \times 0.2v_5 \Rightarrow v_6 = 220.8$ 千米 / 时.

【答案】C

例 5　一辆大巴车从甲城以匀速 v 行驶可按照预定时间到达乙城，但在距乙城还有 150 千米处因故障停留了半小时，因此需要以平均每小时增加 10 千米的速度才能按照预定时间到达乙城，则大巴车原来的速度 v 为(　　)千米/时.

A. 45　　B. 50　　C. 55　　D. 60　　E. 65

【解析】该题的标志点是在距乙城 150 千米时发生了速度的变化，速度差为 10 千米/时，引起的时间差为半小时，由万能公式得 $v \times (v+10) = \frac{150}{\frac{1}{2}} \times 10$，解得 $v = 50$(千米 / 时).

【答案】B

【敲黑板】

一定是同一段路程有速度变化才可以用万能公式，本题在最后 150 千米处才有速度变化.

例 6　一辆车从甲地开往乙地. 如果把车速提高 20%，可以比原定时间提前 1 小时到达. 如果以原速行驶 120 千米后，再将速度提高 25%，则可提前 40 分钟到达. 那么甲、乙两地相距(　　)千米.

A. 245　　B. 250　　C. 255　　D. 270　　E. 290

【解析】该题的标志是两种方案从甲地到乙地涉及两种速度，属于变速度问题.

方案一：$v \times 1.2v = \frac{s}{1} \times 0.2v \Rightarrow \frac{s}{v} = t = 6$ 小时，则原速度 v 行驶需要时间为 6 小时.

方案二：$v \times 1.25v = \frac{s-120}{\frac{2}{3}} \times 0.25v \Rightarrow v = 45$ 千米 / 时.

则 $s = 45 \times 6 = 270$(千米).

【答案】D

【敲黑板】

方案二是行驶 120 千米之后才有速度的变化；方案一的时间为 6 小时，根据 $s=v\times t$ 得 s 为 6 的倍数.

题型四：多次折返的直线型相遇问题

▶【特征分析】该类题型的典型标志是双方第一次在途中相遇之后，继续前行到对方的目的地，再折返回来在途中多次相遇，解决该类题型的方法：根据两人相遇时间相等，速度之比等于路程之比.

例 7 小晶、小涵两人同时分别从甲、乙两地出发相向而行，两人在离甲地 900 米处第一次相遇，相遇后两人仍以原速继续行驶，并且在各自到达对方出发点后立即沿原路返回，途中两人在距乙地 600 米处第二次相遇，甲、乙两地相距(　　).

A. 800 米　　B. 900 米　　C. 1 100 米　　D. 2 700 米　　E. 2 100 米

【解析】如图所示，由题干分析得，两人相遇两次，只要相遇，时间就相等，由速度之比等于路程之比来建立等量关系，由于第一次相遇之后，速度没有发生任何变化，即两次相遇速度之比相等.

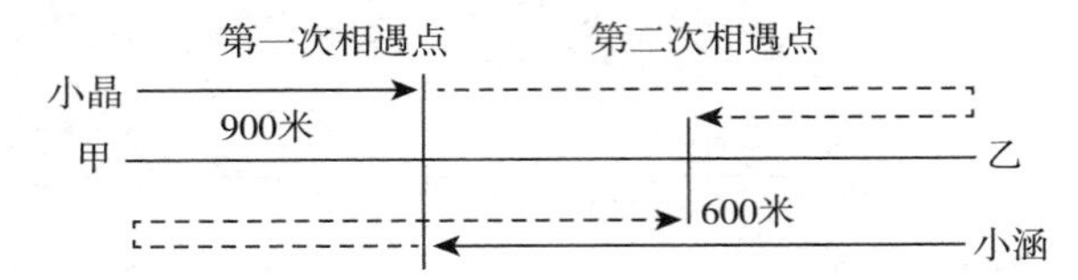

由相遇时间相等得 $\frac{v_{晶}}{v_{涵}}=\frac{s_{晶}}{s_{涵}}\Rightarrow\frac{v_{晶}}{v_{总}}=\frac{s_{晶}}{s_{总}}$.

第一次相遇 $\Rightarrow\frac{v_{晶}}{v_{总}}=\frac{s_{晶}}{s_{总}}=\frac{900}{S}$;

第二次相遇 $\Rightarrow\frac{v_{晶}}{v_{总}}=\frac{s_{晶}}{s_{总}}=\frac{S+600}{3S}$.

联立两式即得 $S=2\ 100$ 米.

【答案】E

【敲黑板】

两人多次折返的相遇问题：只要相遇，时间就相等 $\Rightarrow\frac{v_{甲}}{v_{总}}=\frac{s_{甲}}{s_{总}}$，由此找等量关系，两人第 n 次相遇 $s_{总}=(2n-1)S$.

题型五：相向运动及同向运动的圆圈型问题

▶【特征分析】该类题型往往是相向与同向运动结合在一起出题，考生们必须明确.

(1)相向运动:甲、乙每相遇一次路程和为1圈,相遇时间 $t=\frac{s}{v_{甲}+v_{乙}}$.

(2)同向运动:甲每追上乙一次路程差为1圈,追及时间 $t=\frac{s}{v_{甲}-v_{乙}}(v_{甲}>v_{乙})$.

例8 甲、乙两位长跑爱好者沿着社区花园环路慢跑,他们同时从起点出发,当方向相反时每隔48秒相遇一次,当方向相同时每隔10分钟相遇一次,若甲每分钟比乙快40米,则甲、乙两人跑步速度分别是(　　)米/分钟.

A. 470,430　　B. 380,340　　C. 370,330　　D. 280,240　　E. 270,230

【解析】由题意可知,此题涉及了相向运动及同向运动问题,则直接根据相遇时间来建立等量关系.

相向运动相遇时间为 $t=\frac{s}{v_{甲}+v_{乙}}\Rightarrow\frac{48}{60}=\frac{s}{v_{甲}+v_{乙}}$;

同向运动相遇时间为 $t=\frac{s}{v_{甲}-v_{乙}}\Rightarrow 10=\frac{s}{v_{甲}-v_{乙}}$.

联立可得　　$v_{甲}=270$ 米/分钟,$v_{乙}=230$ 米/分钟.

【答案】E

题型六:相对运动问题

【特征分析】(1)同向运动:相对速度 $v=v_1-v_2$.

(2)相向运动:相对速度 $v=v_1+v_2$.

例9 一支队伍排成长度为800米的队列行军,速度为80米/分钟,在队首的通信员以3倍于行军的速度跑步到队尾,花1分钟传达首长命令后,立即以同样的速度跑回队首,在这往返全过程中通信员所花费的时间为(　　).

A. 6.5分钟　　B. 7.5分钟　　C. 8分钟　　D. 8.5分钟　　E. 10分钟

【解析】由题干分析得,通信员从队首跑到队尾,(相向运动)时间为 $\frac{800}{80\times3+80}$(分钟).

通信员从队尾跑到队首,(同向运动)时间为 $\frac{800}{80\times3-80}$(分钟).

则最后通信员花费的时间为 $\frac{800}{80\times3+80}+\frac{800}{80\times3-80}+1=8.5$(分钟).

【答案】D

【敲黑板】

此题容易把传达任务的1分钟丢了(传达任务应该是边走边传达).

题型七：顺水、逆水问题

▶【特征分析】标志是顺水和逆水结合在一起出现，熟记 $v_{顺}=v_{船}+v_{水}$，$v_{逆}=v_{船}-v_{水}$.

例 10 已知船在静水中的速度为 28 km/h，河水的流速为 2 km/h. 则此船在相距 78 km 的两地间往返一次所需时间是（　　）.

A. 5.9 h　　B. 5.6 h　　C. 5.4 h　　D. 4.4 h　　E. 4 h

【解析】顺水：$t_1=\frac{78}{30}=2.6(\text{h})$；逆水：$t_2=\frac{78}{26}=3(\text{h})$，则

$$t=t_1+t_2=2.6+3=5.6\ (\text{h}).$$

【答案】B

第 8 讲　杠杆原理问题

考点解读

1. 本质

该类题型一般会涉及三个变量 $a,b,c\ (b<c<a)$，其中变量 a 和 b 相混合得到平均值（或中间量）c 的问题.

2. 内容

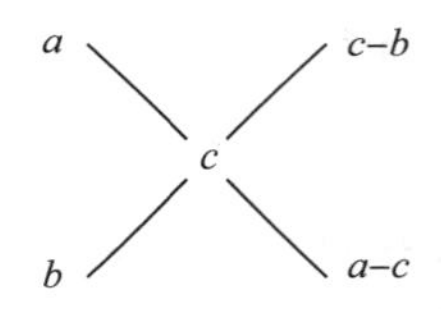

$\frac{a}{b}$（质量之比，数量之比，大小之比，人数之比）$=\frac{c-b}{a-c}$.

【敲黑板】

(1) 变量 a,b 可以指混合前的两种浓度，男生及女生成绩，优秀及非优秀成绩等.

(2) c 可以指混合之后的浓度及全班的平均成绩.

(3) 得到的为比值，与总人数无关.

高能提示

1. 出题频率：级别低，难度中等，得分率较高，出题形式灵活，要求考生灵活掌握应用原理.

2. 考点分布：一是求平均值（中间值）；二是求数量（质量，人数）.

3. 解题方法：用杠杆原理交叉法，上下分别列出每个变量的数值，然后与整体数值相减，相减得到的两个数值的最简整数比就代表每部分的数量比.

题型归纳

题型一：求人数或数量问题

▶【特征分析】该类题型的标志：已知变量 a 和变量 b，及平均值（中间值）c 的问题，求其中部分量的人数或数量问题.

例1 某班有学生 36 人，期末各科平均成绩在 85 分以上的为优秀生，若该班优秀生的平均成绩为 90 分，非优秀生的平均成绩为 72 分，全班平均成绩为 80 分，则该班优秀生的人数是（　　）.

A. 12　　B. 14　　C. 16　　D. 18　　E. 20

【解析】本题中 a，b 指的是优秀生平均成绩 90 分和非优秀生平均成绩 72 分，c 指的是全班平均成绩为 80 分. 根据杠杆原理交叉法，

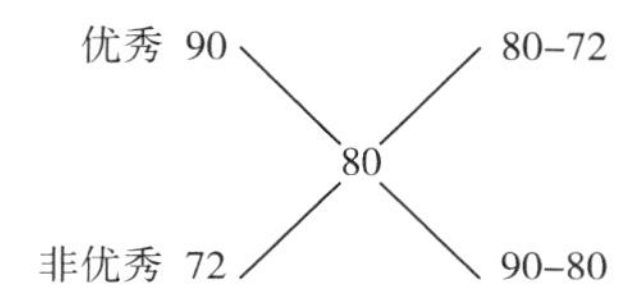

得到优秀生的人数为 $36\times\frac{4}{9}=16$（人）.

【答案】C

例2 某部门在一次联欢活动中共设了 26 个奖，奖品均价为 280 元，其中一等奖单价为 400 元，其他奖品均价为 270 元，则一等奖的个数为（　　）.

A. 6　　B. 5　　C. 4　　D. 3　　E. 2

【解析】本题中 a，b 指的是一等奖单价为 400 元和其他奖品均价为 270 元，c 指的是奖品均价为 280 元，根据杠杆原理交叉法，

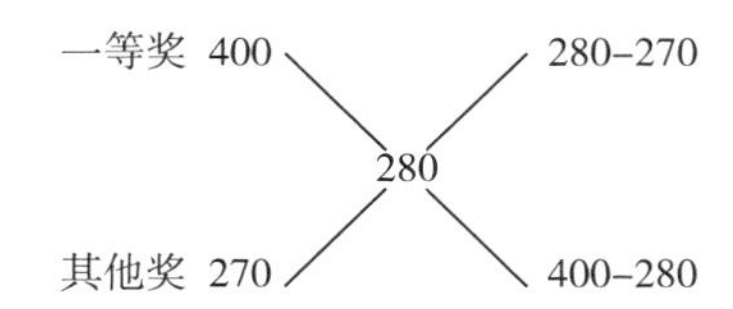

则一等奖个数为 $26\times\frac{1}{13}=2$（个）.

【答案】E

题型二：求总体平均值问题

▶【特征分析】该类题型的标志：已知变量 a 和变量 b 的数值，及变量 a 和 b 的人数（数量）之比，求总体平均值 c 的问题.

例3 甲、乙两组射手打靶，乙组平均成绩为171.6环，比甲组平均成绩高出30%，而甲组人数比乙组人数多20%，则甲、乙两组射手的总平均成绩是(　　).

A. 140环　　B. 145.5环　　C. 150环　　D. 158.5环　　E. 157.6环

【解析】本题已知甲、乙两组的平均成绩及甲、乙两组的人数之比，求总的平均成绩，可使用杠杆原理交叉法.

甲组平均成绩$\times(1+30\%)=171.6\Rightarrow$甲组平均成绩$=\frac{171.6}{1.3}=132$环.

乙组人数$\times(1+20\%)=$甲组人数$\Rightarrow\frac{\text{甲组人数}}{\text{乙组人数}}=\frac{1.2}{1}=\frac{6}{5}$.

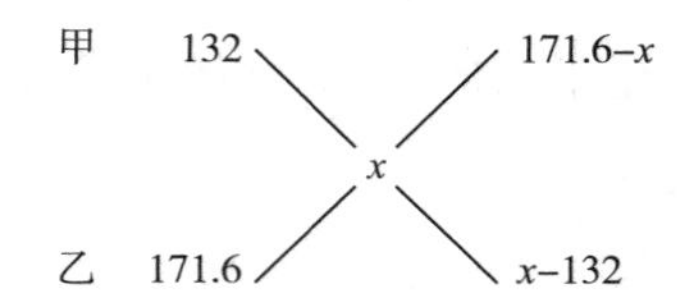

则$\frac{171.6-x}{x-132}=\frac{6}{5}\Rightarrow x=150$环.

【答案】C

第9讲　浓度问题

考点解读

(1)溶液=溶质+溶剂.

(2)浓度$=\frac{\text{溶质}}{\text{溶液}}\times100\%$.

(3)溶质=浓度×溶液.

(4)做题准则:①浓度不变原则;②物质守恒原则.

高能提示

1. 出题频率:级别低，难度易，得分率较高，出题形式固定，要求考生掌握浓度、溶质及溶剂的关系.

2. 考点分布:蒸发问题，稀释问题，加浓问题，浓度混合问题，等量置换问题等.

3. 解题方法:遵循两个原则，一是浓度不变原则，二是物质守恒原则. 记住公式:浓度$=\frac{\text{溶质}}{\text{溶液}}\times100\%$，根据题意来设未知数列方程.

题型归纳

题型一：求浓度问题

▶【特征分析】找出溶质、溶剂、溶液之间的关系，利用公式：浓度$=\frac{溶质}{溶液}\times 100\%$.

例1 将2升甲酒精和1升乙酒精混合得到丙酒精，则能确定甲、乙两种酒精的浓度.

(1)1升甲酒精和5升乙酒精混合后的浓度是丙酒精浓度的$\frac{1}{2}$倍.

(2)1升甲酒精和2升乙酒精混合后的浓度是丙酒精浓度的$\frac{2}{3}$倍.

【解析】设甲的浓度为x，乙的浓度为y，丙的浓度为z，根据物质守恒原理，混合后丙的溶质为$2x+y$，则丙的浓度为$z=\frac{2x+y}{3}$.

条件(1)，由物质守恒原理得$\frac{x+5y}{6}=\frac{1}{2}\times\frac{2x+y}{3}\Rightarrow x=4y$，不成立；

条件(2)，由物质守恒原理得$\frac{x+2y}{3}=\frac{2}{3}\times\frac{2x+y}{3}\Rightarrow x=4y$，不成立；

将条件(1)和条件(2)联合$\begin{cases}\frac{x+5y}{6}=\frac{1}{2}\times\frac{2x+y}{3},\\ \frac{x+2y}{3}=\frac{2}{3}\times\frac{2x+y}{3}\end{cases}\Rightarrow x=4y$，仍然不成立.

【答案】E

题型二：蒸发问题，稀释问题，加浓问题

▶【特征分析】特点是不变量问题，其中蒸发、稀释问题前后溶质不变，加浓问题前后溶剂不变，根据前后不变的量来找等量列方程.

例2 要从含盐12.5%的40千克盐水中蒸去(　　)千克水分才能制出含盐20%的盐水.

A. 15　　B. 16　　C. 17　　D. 18　　E. 12

【解析】根据题意，蒸发前后溶质的质量不变，由此建立方程.

设应蒸去水x千克，根据溶质守恒：$40\times 12.5\%=(40-x)\times 20\%\Rightarrow x=15$.

【答案】A

题型三：浓度混合问题

▶【特征分析】两种浓度混合在一起，得到新的浓度，方法：可以根据浓度不变原则和物质守恒原则相结合来建立等量关系.

例3 在某实验中，三个试管各盛水若干克. 现将浓度为12%的10克盐水倒入A管中，混合后，取10克倒入B管中，混合后再取10克倒入C管中，结果A,B,C三个试管中盐水的浓度

分别为6%，2%，0.5%，那么三个试管中原来盛水最多的试管及其盛水量各是(　　).

A. A试管，10克　　B. B试管，20克　　C. C试管，30克

D. B试管，40克　　E. C试管，50克

【解析】设三个试管各盛水x克、y克和z克.

A试管倒入盐水后浓度为$\frac{10\times 12\%}{x+10}=6\%$，$x+10=20$，解得$x=10$.

B试管倒入盐水后浓度为$\frac{10\times 6\%}{y+10}=2\%$，$y+10=30$，解得$y=20$.

C试管倒入盐水后浓度为$\frac{10\times 2\%}{z+10}=0.5\%$，$z+10=40$，解得$z=30$.

【答案】C

题型四：等量置换问题

▶**【特征分析】**倒出一定量溶液，再用等量水补满.

公式：原浓度$\times\frac{(V-a)(V-b)}{V^2}=$现浓度，$V$是指原溶液的体积，$a$是指第一次倒出的体积，$b$是指第二次倒出的体积，倒几次分母就是几次方.

例4　一满桶纯酒精倒出10升后，加满水搅匀，再倒出4升后，再加满水. 此时，桶中的纯酒精与水的体积之比是2∶3，则该桶的容积是(　　)升.

A. 15　　B. 18　　C. 20　　D. 22　　E. 25

【解析】纯酒精浓度为100%，根据题意分析为等量置换问题，设容积为V升，直接套公式得到$100\%\times\frac{(V-10)(V-4)}{V^2}=\frac{2}{5}$，解得$V=20$.

【答案】C

【敲黑板】

纯酒精浓度为100%，纯水浓度为0%.

第10讲　分段计费问题

考点解读

分段计费问题是指不同的范围对应着不同的计费方式，在实际中应用很广泛，比如电费、水费、邮费、个税、话费、出租车费、销售提成等.

高能提示

1. 出题频率:级别低,难度易,得分率较高,出题形式常规,要求考生找到题目中的计费标准及计费部分所在的区间.

2. 考点分布:一是图表型,二是文字型.

3. 解题方法:解题思路的关键点有两个,一个是先计算每个分界点的值,确定所给的数值落在哪个范围;另一个是对应选取正确的计费表达式,按照所给的标准进行求解.

题型归纳

题型一:图表型分段计费问题

▶【特征分析】该类题型的标志是以表格的形式出现,特点是不同区间对应提成率(税率)不同,方法是算出每个区间的提成率(税率)的最大值,再与总的提成(税率)相比较.

例1 某公司按照销售人员营业额的不同,分别给予不同的销售提成,其提成规定如下表.某员工在2012年4月份所得提成为770元,则该员工在该月的销售额为(　　)元.

A. 33 125　　B. 26 625　　C. 32 625　　D. 33 625　　E. 33 525

销售额/元	提成率/%
不超过10 000	0
10 000～15 000	2.5
15 000～20 000	3
20 000～30 000	3.5
30 000～40 000	4
40 000以上	5

【解析】不同区间对应的提成率不同,先尽最大努力让每段区间的提成最多:10 000～15 000最多提成5 000×2.5%=125(元);15 000～20 000这一段最多提成5 000×3%=150(元);20 000～30 000这一段最多提成10 000×3.5%=350(元),此时总和为125+150+350=625(元),剩下的770−625=145(元),按4%计算,可以得到145÷4%=3 625(元),因此销售额为30 000+3 625=33 625(元).

【答案】D

例2 为了调节个人收入,减少中低收入者的赋税负担,国家调整了个人工资薪金所得税的征收方案.已知原方案的起征点为2 000元/月,税费分九级征收,前四级税率见下表:

级数	全月应纳税所得额 q /元	税率/%
1	$0 < q \leqslant 500$	5
2	$500 < q \leqslant 2\ 000$	10
3	$2\ 000 < q \leqslant 5\ 000$	15
4	$5\ 000 < q \leqslant 20\ 000$	20

新方案的起征点为 3 500 元/月，税费分七级征收，前三级税率见下表：

级数	全月应纳税所得额 q /元	税率/%
1	$0 < q \leqslant 1\ 500$	3
2	$1\ 500 < q \leqslant 4\ 500$	10
3	$4\ 500 < q \leqslant 9\ 000$	20

若某人在新方案下每月缴纳的个人工资薪金所得税是 345 元，则此人每月缴纳的个人工资薪金所得税比原方案减少了（　　）元.

A. 825　　B. 480　　C. 345　　D. 280　　E. 135

【解析】表格型分段计费问题. 设此人在新方案下应纳税的部分为 $1\ 500\times3\%+3\ 000\times10\%=345$（元），则此人的薪资为 $3\ 500+4\ 500=8\ 000$（元）.

于是旧方案下工资分配：$8\ 000=2\ 000+500+1\ 500+3\ 000+1\ 000$，在旧方案下纳税为 $500\times5\%+1\ 500\times10\%+3\ 000\times15\%+1\ 000\times20\%=825$（元）.

每月缴纳的个人工资薪金所得税比原方案减少了 $825-345=480$（元）.

【答案】B

题型二：文字型分段计费问题

▶ **【特征分析】** 该类题型的标志是以文字的形式出现，方法是将文字型转化为图表型，再继续按照图表型来解决问题即可.

例 3　某单位采取分段收费的方式收取网络流量（单位：GB）费用，每月流量 20（含）以内免费，流量 20 到 30（含）的每 GB 收费 1 元，流量 30 到 40（含）的每 GB 收费 3 元，流量 40 以上的每 GB 收费 5 元. 小王这个月用了 45 GB 的流量，则他应该交费（　　）.

A. 45 元　　B. 65 元　　C. 75 元　　D. 85 元　　E. 135 元

【解析】文字型分段计费问题转化为图表型会更直观.

0～20 GB	免费
20～30 GB	1 元/GB
30～40 GB	3 元/GB
大于 40 GB	5 元/GB

$$45=20+10+10+5.$$

故应交费为 $20\times 0+1\times 10+3\times 10+5\times 5=65$(元).

【答案】B

第 11 讲 线性规划问题

考点解读

线性规划问题一直是数学联考的一个难点，其理论和方法主要在以下两类问题中得到应用：一是在人力、物力、资金等资源一定的条件下，如何使用它们来完成最多的任务；二是给一项任务，如何合理安排和规划，能以最少的人力、物力、资金等资源来完成该项任务. 在求解上采取整点最优解的求解策略.

高能提示

1. 出题频率：级别低，难度大，得分率低，出题形式灵活，在这类问题的考查上往往侧重于知识方法的考查，更多的是考查考生灵活解决问题的能力.

2. 考点分布：在有约束的前提下求目标函数的最值问题.

3. 解题方法：(1)首先根据题目条件设未知数，列出不等式或不等式组(二元一次不等式)；

(2)将不等式直接取等号，求出未知数的解；

(3)若所求解为整数解，此整数解即为方程的解，若所求解为小数解，取左右相邻的整数，验证是否符合题意即可.

题型归纳

题型一：交点为非整数点的问题

▶【特征分析】设未知数，列出不等式或不等式组，将不等式直接取等号求解，若为小数解，取左右相邻的整数，再代入目标函数验证是否符合题意即可.

例 1 某公司计划运送 180 台电视机和 110 台洗衣机下乡，现有两种货车，甲种货车每辆最多可载 40 台电视机和 10 台洗衣机，乙种货车每辆最多可载 20 台电视机和 20 台洗衣机，已知甲、乙两种货车的租金分别是每辆 400 元和 360 元，则运费最少是(   )元.

A. 2 560　　B. 2 600　　C. 2 640　　D. 2 680　　E. 2 720

【解析】此临界点为非整数点，根据题干设未知数. 设甲种货车 x 辆，乙种货车 y 辆，运费为 z，由题意可得 $\begin{cases}40x+20y\geqslant 180,\\10x+20y\geqslant 110,\end{cases}$ $z=400x+360y$.

取临界情况 $\begin{cases}40x+20y=180,\\10x+20y=110,\end{cases}$ 化简得 $\begin{cases}2x+y=9,\\x+2y=11,\end{cases}$ 解得 $x=\dfrac{7}{3}$，$y=\dfrac{13}{3}$.

分析得 $\begin{cases}x=2,\\y=5\end{cases}$ 或 $\begin{cases}x=3,\\y=4,\end{cases}$ 由于甲种货车更贵，乙种货车更便宜，因此选用前一种情况.

$$z=400\times 2+360\times 5=2\ 600.$$

【答案】B

例 2 某小区居民决定投资 15 万元修建停车位，据测算，修建一个室内车位的费用为 5 000 元，修建一个室外车位的费用为 1 000 元，考虑到实际因素，计划室外车位的数量不少于室内车位的 2 倍，也不多于室内车位的 3 倍，这笔投资最多可建车位的数量为（　　）.

A. 78　　B. 74　　C. 72　　D. 70　　E. 66

【解析】设室内车位为 x 个，室外车位为 y 个，于是线性规划最优解为

$$\begin{cases}0.5x+0.1y=15\Rightarrow 5x+y=150(\text{单位统一化成万}),\\ 2x\leqslant y\leqslant 3x\end{cases}$$

$$\Rightarrow 2x\leqslant 150-5x\leqslant 3x\Rightarrow 18.75\leqslant x\leqslant 21.4.$$

又因为 x 是整数，所以 $x=19,20,21$.

即 $\begin{cases}x=19,\\ y=55,\end{cases}\begin{cases}x=20,\\ y=50,\end{cases}\begin{cases}x=21,\\ y=45,\end{cases}$所以最多为 $x+y=74$.

【答案】B

题型二：交点为整数点的问题

▶【特征分析】设未知数，列出不等式或不等式组，将不等式直接取等号求解为整数解，则直接代入目标函数验证是否符合题意即可.

例 3 某地区平均每天产生生活垃圾 700 吨，由甲、乙两个处理厂处理. 甲厂每小时可处理垃圾 55 吨，所需费用为 550 元；乙厂每小时可处理垃圾 45 吨，所需费用为 495 元. 如果该地区每天的垃圾处理费不能超过 7 370 元，那么甲厂每天处理垃圾的时间至少需要（　　）小时.

A. 6　　B. 7　　C. 8　　D. 9　　E. 10

【解析】设甲、乙两厂每天处理垃圾需要的时间分别为 x 小时和 y 小时，则

$$\begin{cases}55x+45y=700,\\ 550x+495y\leqslant 7\ 370\end{cases}\Rightarrow\begin{cases}11x+9y=140,\\ 10x+9y\leqslant 134\end{cases}\Rightarrow 10x+140-11x\leqslant 134\Rightarrow x\geqslant 6.$$

【答案】A

第 12 讲　至多至少问题

考点解读

（1）总体固定的情况下，求每个对象至多至少问题.

（2）总体固定的情况下，求个体至多至少问题.

（3）总体固定的情况下，求整体至多至少问题.

高能提示

1. 出题频率:级别中等,难度大,得分率低,出题形式灵活而且有陷阱,要求考生灵活处理.

2. 考点分布:三种题型,一是求个体至多至少问题;二是求每个对象至多至少问题;三是求整体至多至少问题.

3. 解题方法:对于在总数固定的情况下,可以用反面分蛋糕法来算,若求某个对象至多(至少)可以转化为求其他对象最少(最多).

题型归纳

题型一:求个体或每个对象至多至少问题

▶**【特征分析】**在总数固定的情况下,求单独的个体至多(至少)问题,可以用反面来求,转化为其他对象最少(最多)问题.

例1 五名选手在一次数学竞赛中共得404分,每人得分互不相等,并且其中得分最高的选手得90分,那么得分最少的选手至多得(　　)分.(每名选手的得分都是整数)

A. 77　　B. 68　　C. 72　　D. 75　　E. 78

【解析】由题意可知所求问题为个体至多问题,设五名选手的成绩为A,B,C,D,E且$A<B<C<D<E$,则得分最少的选手成绩为A,已知E为90分,若求A至多,可以转化为求其他对象最少,即B,C,D最少,设A为x分,则B,C,D最少为$x+1,x+2,x+3$,

$$x+x+1+x+2+x+3+90=404,$$

解得$x=77$.

【答案】A

例2 某年级共有8个班.在一次年级考试中,共有21名学生不及格,每班不及格的学生最多有3名,则(一)班至少有1名学生不及格.

(1)(二)班不及格的人数多于(三)班.

(2)(四)班不及格的学生有2名.

【解析】(一)班至少有1名学生不及格,属于求个体至少问题,可以转化为其他七个班级不及格人数最多.

条件(1),(二)班的不及格人数多于(三)班,即令(二)班不及格人数最多,为3人,则(三)班不及格人数最多为2人,(四)、(五)、(六)、(七)、(八)班均为3人,设(一)班不及格人数为x人,则$x+3+2+3+3+3+3+3=21\Rightarrow x=1$.

条件(2),(四)班不及格的学生有2名,同理其他班级不及格人数最多均为3人,设(一)班有x人,则$x+2+3+3+3+3+3+3=21\Rightarrow x=1$.

【答案】D

例 3 甲班共有 30 名同学，在一次满分为 100 分的考试中，全班的平均成绩为 90 分，则成绩低于 60 分的同学至多有(　　)名.

A. 5　　B. 6　　C. 7　　D. 8　　E. 9

【解析】损失总分固定的情况下，求个体至多问题，满分是 3 000 分，全班总分是 2 700 分，损失 300 分，要使不及格的同学尽可能多，则让每个不及格的同学失去的分数尽可能少，当分数为 59 分时，损失的分数 41 分最少，设低于 60 分的同学至多有 x 名，则 $x\times(100-59)=300$，解得 $x\approx7.3$，取 $x=7$.

【答案】C

题型二：求整体至多至少问题

▶【特征分析】该类题型的标志是在总数固定的情况下，求整体至多至少问题，方法是利用已知条件变形出所求问题即可.

例 4 某单位年终共发了 100 万元奖金，奖金金额分别是一等奖 1.5 万元、二等奖 1 万元、三等奖 0.5 万元，则该单位至少有 100 人.

(1)得二等奖的人数最多.

(2)得三等奖的人数最多.

【解析】根据题意，设得一等奖、二等奖、三等奖的人数分别为 x 人，y 人，z 人，则根据题干有 $1.5x+y+0.5z=100$，所求问题为求整体三种奖项人数相加 $x+y+z$ 的至少问题，即将已知条件变形 $1.5x+y+0.5z=(x+y+z)+0.5(x-z)=100$，则 $x+y+z=100+0.5(z-x)$，只需判断 z 与 x 的大小即可.

条件(1)，得二等奖的人数最多，无法确定 z 与 x 的大小.

条件(2)，得三等奖的人数最多，$z-x>0\Rightarrow x+y+z=100+0.5(z-x)>100$，条件(2)可以推出题干成立.

【答案】B

第 13 讲　植树问题

考点解读

(1)对于直线问题，如果长度为 l 米，每隔 m 米植树，则共种 $\frac{l}{m}+1$ 棵树.

(2)对于圆圈(封闭型)问题，如果周长为 l 米，每隔 m 米植树，则共种 $\frac{l}{m}$ 棵树.

高能提示

1. 出题频率：级别低，难度易，得分率高，出题形式固定，要求考生熟记公式即可.
2. 考点分布：一是直线型；二是封闭型.
3. 解题方法：此类题型的关键是确定直线型还是封闭型，然后设未知数套公式即可.

题型归纳

题型一：直线型问题

▶**【特征分析】** 长度为 l 米，间距为 m 米，首和尾不重合，棵数 $=\frac{l}{m}+1$.

例 1 一条长为 1 800 米的道路的一边每隔 20 米已经挖好坑植树，后又改为每隔 30 米植树，则需要新挖坑 k 个，需要填上 n 个，则下列正确的为(　　).

A. $k=41$　　B. $k=39$　　C. $n=60$　　D. $n=31$　　E. $n=32$

【解析】 直线型植树问题，原来已经挖好坑为 $\frac{1\,800}{20}+1=91$(个)，现在需要 $\frac{1\,800}{30}+1=61$(个)，则每隔 $[20,30]=60$ 米植树会出现重合的坑，则原来可以利用的坑为 $\frac{1\,800}{60}+1=31$(个)，故需要新挖坑为 $61-31=30$(个)，需要填上坑为 $91-31=60$(个).

【答案】 C

题型二：圆圈型问题

▶**【特征分析】** 周长为 l 米，间距为 m 米，首尾出现重合，棵数 $=\frac{l}{m}$.

例 2 大雪后的一天，小明和爸爸共同步测一个圆形花园的周长，他俩的起点和走的方向完全相同. 小明每步长 54 厘米，爸爸每步长 72 厘米，由于两人脚步有重合的，所以各走完一圈后雪地上只留下 60 个脚印，则花园的周长为(　　)厘米.

A. 2 060　　B. 2 160　　C. 2 260　　D. 2 360　　E. 2 460

【解析】 此题属于圆圈型植树问题. 设花园周长为 l 厘米，小明留下的脚印为 $\frac{l}{54}$ 个，爸爸留下脚印为 $\frac{l}{72}$ 个，每隔 $[54,72]=216$ 厘米脚印会出现重合，重合的脚印为 $\frac{l}{216}$ 个.

则 $\frac{l}{54}+\frac{l}{72}-\frac{l}{216}=60$，解得 $l=2\,160$.

【答案】 B

【敲黑板】

花园的周长 l 为 54,72 的公倍数.

例 3 将一批树苗种在一个正方形花园边上，四周都种，如果每隔 3 米种一棵，那么剩下 10 棵树苗，如果每隔 2 米种一棵，那么恰好种满正方形的 3 条边，则这批树苗有(　　)棵.

A. 54　　B. 60　　C. 70　　D. 82　　E. 94

【解析】由题意分析得，此题是直线型与封闭型的结合，正方形四周都种树，确定为封闭型，恰好种满正方形 3 条边为直线型. 设这批树苗有 x 棵，每个边长为 l 米，

$$\begin{cases}\dfrac{4l}{3}+10=x,\\ \dfrac{3l}{2}+1=x\end{cases}\Rightarrow l=54,x=82.$$

【答案】D

第 14 讲　年龄问题

考点解读

遵循两个原则：一、差值恒定；二、同步增长.

高能提示

1. 出题频率：级别低，难度易，得分率高，出题形式固定，要求考生熟记公式即可.
2. 考点分布：一般与算术的知识点相结合.
3. 解题方法：此类题型关键是选取参照年份，和算术的一些知识点相结合，设未知数，列方程即可.

题型归纳

题型：求年龄

▶【特征分析】年龄问题一般与比例问题和完全平方数相结合.

例 1 能确定小明的年龄.

(1)小明的年龄是完全平方数.

(2)20 年后小明的年龄是完全平方数.

【解析】此题是与完全平方数相结合的年龄问题，注意该问题“确定”二字是代表唯一性的含义.

条件(1)，设小明年龄为 $m=k^2$，不充分.

条件(2)，20 年后年龄为 $m+20=n^2$，不充分.

将条件(1)和条件(2)联合，$\begin{cases}m=k^2,\\ m+20=n^2\end{cases}\Rightarrow(n+k)(n-k)=20.$

$$\begin{cases} n+k=10, \\ n-k=2 \end{cases} \Rightarrow \begin{cases} n=6, \\ k=4. \end{cases}$$

故小明的年龄为 16 岁，充分.

【答案】C

例 2 母女俩今年的年龄共 35 岁，再过 5 年，母亲的年龄为女儿的 4 倍，则母亲今年的年龄为（　　）岁.

A. 29　　B. 30　　C. 31　　D. 32　　E. 33

【解析】设母亲今年的年龄 x 岁，再过 5 年母女两人年龄同时增长 5 岁，则

$$4\times(35-x+5)=x+5\Rightarrow x=31.$$

【答案】C

第 15 讲　集合问题

考点解读

本部分主要解决交集问题.

1. 两个集合

$$A\cup B=A+B-A\cap B=\text{全集}-\overline{A}\cap\overline{B}.$$

2. 三个集合

(1) $A\cup B\cup C=A+B+C-(A\cap B+B\cap C+A\cap C)+A\cap B\cap C$

$=\text{全集}-\overline{A}\cap\overline{B}\cap\overline{C}.$

(2) $A\cup B\cup C=$ 只有 1 个 + 只有 2 个 + 只有 3 个.

(3) $A+B+C=$ 只有 1 个 +2 只有 2 个 +3 只有 3 个.

高能提示

1. 出题频率：级别高，难度中等，得分率高，出题形式固定. 要求考生掌握两种集合的图形与公式.

2. 考点分布：两个集合和三个集合问题.

3. 解题方法：两个集合问题用文氏图来解决，三个集合问题用公式来求解.

题型归纳

题型一：两个集合问题

▶【特征分析】两个集合 A,B，一般会把全集分为 4 个部分，只有 A，AB，只有 B 及 $\overline{A}\,\overline{B}$，解题方法一般是用文氏图.

例 1　某年级 60 名学生中，有 30 人参加合唱团、45 人参加运动队，其中参加合唱团而未参加运动队的有 8 人，则参加运动队而未参加合唱团的有(　　)人.

A. 15　　B. 22　　C. 23　　D. 30　　E. 37

【解析】两个集合问题用文氏图来解决更快，学生 60 人可以分为四部分，只参加合唱团，两个都参加的，只参加运动队的以及两个都没参加的，如图所示，

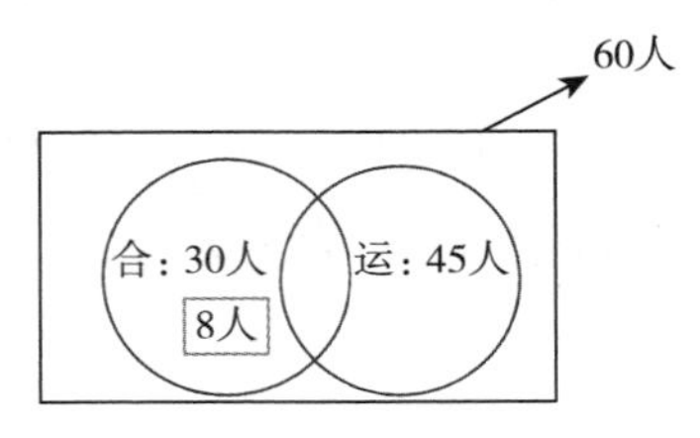

已知参加合唱团但未参加运动队的有 8 人，故参加合唱团且参加运动队的有 $30-8=22$(人).

有 45 人参加运动队，故参加运动队未参加合唱团的有 $45-22=23$(人).

【答案】C

题型二：$A\cup B\cup C=A+B+C-(A\cap B+B\cap C+A\cap C)+ABC=$全集$-\overline{A}\,\overline{B}\,\overline{C}$

▶**【特征分析】**已知 A,B,C 或 $A+B+C$，$A\cap B$，$A\cap C$，$B\cap C$，$A\cap B\cap C$，所求问题为全集或 $\overline{A}\,\overline{B}\,\overline{C}$.

例 2　某班同学参加智力竞赛，共有 A,B,C 三题，每题或得 0 分或得满分. 竞赛结果无人得 0 分，三题全部答对的有 1 人，答对两题的有 15 人. 答对 A 题的人数和答对 B 题的人数之和为 29 人，答对 A 题的人数和答对 C 题的人数之和为 25 人，答对 B 题的人数和答对 C 题的人数之和为 20 人，那么该班的人数为(　　).

A. 20　　B. 25　　C. 30　　D. 35　　E. 40

【解析】三个集合画饼问题，首先想到用公式来解决，无人得零分，说明 $\overline{A}\,\overline{B}\,\overline{C}=0$.

考查公式 $A\cup B\cup C=A+B+C-(A\cap B+B\cap C+A\cap C)+A\cap B\cap C=$ 全集 $-\overline{A}\,\overline{B}\,\overline{C}$.

$$\begin{cases}A+B=29,\\ A+C=25,\Rightarrow A+B+C=\dfrac{29+25+20}{2}=37,\\ B+C=20\end{cases}$$

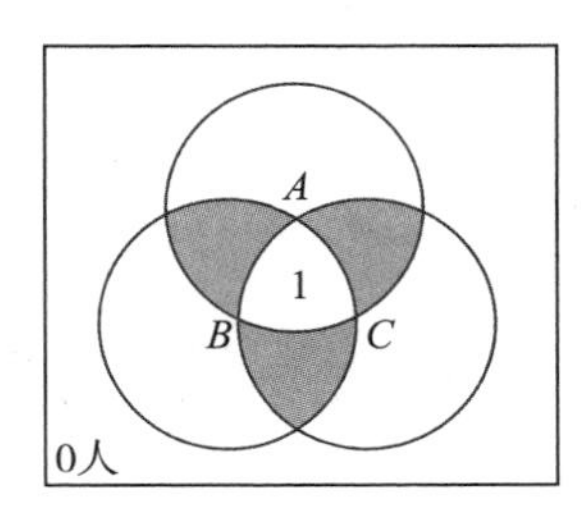

答对两题的有 15 人，为图中阴影部分，而且阴影部分为“只有 2 个”，

$$A\cap B+B\cap C+C\cap A=15+1+1+1=18(人).$$

根据公式，$A\cup B\cup C=37-18+1=20$(人).

【答案】A

例 3 老师问班上 50 名同学周末复习情况，结果有 20 人复习过数学，30 人复习过语文，6 人复习过英语，且同时复习过数学和语文的有 10 人，同时复习过语文和英语的有 2 人，同时复习过英语和数学的有 3 人. 若同时复习过这三门功课的为 0 人，则没复习过这三门功课的学生人数为(　　).

A. 7　　B. 8　　C. 9　　D. 10　　E. 11

【解析】由题意可知本题属于三个集合画饼问题.

设没有复习过三门功课的学生为 x 人.

$A\cup B\cup C=A+B+C-(A\cap B+B\cap C+A\cap C)+A\cap B\cap C=$ 全集 $-\overline{A}\,\overline{B}\,\overline{C}$，则 $20+30+6-(10+2+3)+0=50-x$，得 $x=9$.

【答案】C

题型三：$A\cup B\cup C=$只有 1 个+只有 2 个+只有 3 个

▶【特征分析】题干中出现 A,B,C 至少有一个发生，所求问题中出现“只有”二字.

例 4 有 96 位顾客至少购买了甲、乙、丙三种商品中的一种，经调查，同时购买了甲、乙两种商品的有 8 位，同时购买了甲、丙两种商品的有 12 位，同时购买了乙、丙两种商品的有 6 位，同时购买了三种商品的有 2 位，则仅购买一种商品的顾客有(　　)位.

A. 70　　B. 72　　C. 74　　D. 76　　E. 82

【解析】由题意可知本题属于三个集合画饼问题，购买甲、乙商品有 8 位，则只购买甲、乙商品的人数$=8-2=6$ 位，购买甲、丙商品有 12 位，则只购买甲、丙商品的人数$=12-2=10$ 位，购买乙、丙商品有 6 位，则只购买乙、丙商品的人数$=6-2=4$ 位，设仅购买一种商品的顾客有 x 位，根据公式 $A\cup B\cup C=$ 只有 1 个 + 只有 2 个 + 只有 3 个，得

$$96=x+(10+6+4)+2\Rightarrow x=74.$$

【答案】C

题型四：$A+B+C=$只有 1 个+2 只有 2 个+3 只有 3 个

▶【特征分析】题干已知 A,B,C 数值，所求问题中出现“只有”二字.

例 5 某公司的员工中，拥有本科毕业证、计算机等级证、汽车驾驶证的人数分别为 130 人，110 人，90 人. 又知只有一种证的人数为 140 人，三证齐全的人数为 30 人，则恰有双证的人数为(　　).

A. 45　　B. 50　　C. 52　　D. 65　　E. 100

【解析】由题干分析可知，本题已知拥有三种证件的各自的人数，所求问题中又出现“只有”二字，符合 $A+B+C=$ 只有1个 $+2$ 只有2个 $+3$ 只有3个 的公式，设恰有双证的人数为 x 人.

$$130+110+90=140+2x+3\times 30\Rightarrow x=50.$$

【答案】B

第16讲　不定方程问题

考点解读

当方程或方程组中未知数较多，而无法通过解方程的方法来确定数值，这种方程称为不定方程. 设未知数，列方程时，未知数的个数多于方程的个数，对应的解应该有很多种情况，但是在应用题中对应的解是确定的情况. 不定方程必须结合所给的一些性质，如整除、奇数、偶数、质数合数、公约数、范围大小、尾数特征等才能确定答案.

高能提示

1. 出题频率：级别高，难度中等，得分率中，出题形式灵活，有陷阱. 要求考生掌握对未知数取整数解的方法.

2. 考点分布：未知数个数多于方程个数，关键在于解集取整问题.

3. 解题方法：(1)设未知数，列方程；

(2)借助奇偶性质、整除、倍数、尾数特征分析法来求解.

题型归纳

题型一：不定方程的解是整数问题

▶**【特征分析】**一般是设未知数个数多于方程个数，解题方法是借助奇数偶数的性质或者是利用整除、倍数的特征来分析.

例1　在年底的献爱心活动中，某单位共有100人参加捐款，经统计，捐款总额是19 000元，个人捐款额有100元、500元和2 000元三种. 则该单位捐款500元的人数为(　　).

A. 13　　B. 18　　C. 25　　D. 30　　E. 38

【解析】根据总人数和总钱数来设未知数、列方程，设捐款100元的有 x 人，500元的有 y 人，2 000元的有 z 人.

$\begin{cases}x+y+z=100,\\100x+500y+2\,000z=19\,000,\end{cases}$ 化简得 $4y+19z=90$，根据奇偶性，$4y$ 为偶数，90为偶数，则 $19z$ 为偶数，从系数大的入手，令 $z=2$ 解出 $y=13$.

【答案】A

例 2 某次考试有 20 道题，做对一题得 8 分，做错一题扣 5 分，不做不计分. 某同学共得 13 分，则该同学没做的题数是（　　）.

A. 4　　B. 6　　C. 7　　D. 8　　E. 9

【解析】设该同学做对了 x 道题，做错 y 道题，没做 z 道题. 根据题干列方程，

$$\begin{cases} x+y+z=20, \\ 8x-5y=13. \end{cases}$$

根据奇偶性分析得 $8x$ 为偶数，13 为奇数，则 $5y$ 为奇数，由特值法，令 $y=7$，得 $x=6$，则 $z=7$.

【答案】C

例 3 某公司用 1 万元购买了价格分别是 1 750 元和 950 元的甲、乙两种办公设备，则购买的甲、乙办公设备的件数分别为（　　）件.

A. 3，5　　B. 5，3　　C. 4，4　　D. 2，6　　E. 6，2

【解析】设购买的甲、乙办公设备的件数分别为 x 件，y 件，

$$1\,750x+950y=10\,000 \Rightarrow 35x+19y=200.$$

35 为 5 的倍数，200 为 5 的倍数 $\Rightarrow 19y$ 为 5 的倍数，令 $y=5$，得 $x=3$.

【答案】A

题型二：不定方程的解落在区间范围的整数问题

▶【特征分析】一般是设未知数个数多于方程个数，解题方法是借助范围的尾数或质数特征来分析.

例 4 共有 n 辆车，则能确定人数.

（1）若每辆车 20 座，则有一车未满.

（2）若每辆车 12 座，则少 10 个座.

【解析】设人数为 y 人，由条件（1）得有一车未满，设该车坐了 m 人（$m<20$），则 $20(n-1)+m=y$，三个未知数，无法确定人数.

由条件（2）得 $12n+10=y$，无法确定人数.

两条件单独都不充分，则可考虑联合，$\begin{cases} 20(n-1)+m=y, \\ 12n+10=y \end{cases} \Rightarrow 8n+m=30(m<20) \Rightarrow$

$10<8n<30 \Rightarrow \begin{cases} n=2, y=34, \\ n=3, y=46, \end{cases}$ 则人数不能确定.

【答案】E

第 17 讲　最值问题

考点解读

最值问题是应用题中最难的部分，也是近几年出题的重点，占据分值比例较大，一般结合二次函数和均值定理以及不等式来求解.

高能提示

1. 出题频率：级别中等，难度大，得分率低，出题形式灵活有陷阱. 要求考生掌握最值问题解题方法.
2. 考点分布：利用二次函数和均值定理求最值.
3. 解题方法：设未知数，找等量关系列方程.

题型归纳

题型一：利用二次函数求最值

▶ **【特征分析】** 根据题意列出二次函数表达式 $y=ax^2+bx+c$，转化为 $y=a(x-x_1)(x-x_2)$，当 x 位于对称轴即 $x=\dfrac{x_1+x_2}{2}$ 时有最值.

例 1　某商店销售某种商品，该商品的进价为每件 90 元，若每件定价为 100 元，则一天内能销售出 500 件，在此基础上，定价每增加 1 元，一天便少售出 10 件，甲商店欲获得最大利润，则该商品的定价应为(　　)元.

A. 115　　B. 120　　C. 125　　D. 130　　E. 135

【解析】 求总利润的最大值问题，总利润=单件利润×数量.

设商品定价增加 x 元，利润为 y 元，此时商品的销售量为 $(500-10x)$ 件，于是

$$y=(100+x-90)(500-10x)=(10+x)(500-10x)=10(50-x)(10+x).$$

当 $x=\dfrac{-10+50}{2}=20$ 时，y 有最大值，故定价应为 $100+20=120$(元).

【答案】 B

题型二：利用均值定理解题

▶ **【特征分析】** 利用均值不等式，积为定值，和有最大值来判断. 然而此类型题关键在于对已知积为定值的构造. 对于两个正数记住结论：$a+b\geqslant 2\sqrt{ab}$.

例 2　某工厂定期购买一种原料，已知该厂每天需用该原料 6 吨，每吨价格为 1 800 元，原料的保管等费用平均每吨 3 元，每次购买原料需支付运费 900 元，若该工厂要使平均每天支付的总费用最少，则应该每(　　)天购买一次原料.

A. 11　　B. 10　　C. 9　　D. 8　　E. 7

【解析】费用的最值问题，原料每天都用保管费，由于材料越用越少，因而保管费越来越少，构成递减的等差数列. 设每 x 天购买一次原料，平均每天支付的总费用为 y 元.

$$y=\frac{900+6\times 1\,800x+3\times 6\times[x+(x-1)+\cdots+2+1]}{x}$$

$$=\frac{900+6\times 1\,800x+3\times 6\times\frac{(x+1)x}{2}}{x}=6\times 1\,800+\frac{900}{x}+9x+9.$$

当且仅当 $\frac{900}{x}=9x$，即 $x^2=100$，$x=10$ 时 y 有最小值.

【答案】B

基础能力练习题

一、问题求解

1. 一商品按九折出售,仍可获利 20%,如果该商品的进货价为 2 400 元,则该商品的标价为(　　)元.

A. 480　　B. 2 800　　C. 2 880　　D. 3 000　　E. 3 200

2. 某商品打九折会使得销售量增加 20%,则这一折扣使销售额增加的百分比是(　　).

A. 18%　　B. 15%　　C. 8%　　D. 5%　　E. 2%

3. 甲、乙二人从相距 100 千米的 A,B 两地同时出发相向而行,甲骑车,乙步行,在行走过程中,甲的车发生故障,修车用了 1 小时. 在出发 4 小时后,甲、乙二人相遇,又已知甲的速度为乙的 2 倍,且相遇时甲的车已修好,则甲骑车的速度是(　　)千米/时.

A. 10　　B. 12　　C. 15　　D. 18　　E. 20

4. 今年张老师的年龄是小华年龄的 5 倍,8 年后,张老师的年龄是小华年龄的 3 倍,则今年小华(　　)岁.

A. 4　　B. 8　　C. 16　　D. 32　　E. 18

5. 小明把浓度为 80%的盐水 80 克与浓度为 40%的盐水 40 克混合,混合后盐水的浓度约是(　　).

A. 33%　　B. 44%　　C. 66.7%　　D. 60%　　E. 66%

6. 有 10 千克蘑菇,它们的含水量是 99%,稍经晾晒,含水量下降到 98%,则晾晒后的蘑菇重(　　)千克.

A. 3　　B. 4　　C. 5　　D. 6　　E. 7

7. 小明把苹果放进两种盒子里,每个大盒子装 12 个,每个小盒子装 5 个. 如果有 99 个苹果,恰好装完,小盒子数大于 9,则两种盒子一共有(　　)个.

A. 9　　B. 12　　C. 15　　D. 7　　E. 17

8. 在某次征文比赛中,某校六年级有 80 人获一、二、三等奖,其中获三等奖的人数占六年级获奖人数的 $\frac{5}{8}$,获一、二等奖的人数比是 1∶4,则六年级有(　　)人获一等奖.

A. 4　　B. 5　　C. 6　　D. 7　　E. 8

9. 某校六年级有两个班,上学期数学平均成绩为 85 分. 已知一班 40 人,平均成绩为 87.1 分,二班 42 人,平均成绩为(　　)分.

A. 83　　B. 84　　C. 85　　D. 86　　E. 87

10. 某市电力公司为了鼓励居民用电,采用分段计费的方法计算电费,每月用电不超过 100 度时,按每度 0.57 元计算费用,每月用电超过 100 度时,其中的 100 度仍按原标准收费,超过部分按每度 0.50 元计算费用，小华家第一季度交纳电费情况如下：

一月份：76 元　　二月份：63 元　　三月份：45.6 元　　合计：184.6 元

则小华家第一季度共用电(　　)度.

A. 300　　B. 310　　C. 320　　D. 330　　E. 340

11. 现袋中红球与白球数量之比为 19∶13，放入若干只红球后，红球与白球数量之比变为 5∶3，再放入若干只白球后，红球与白球数量之比变为 13∶11. 已知放入的红球比白球少 80 个，则原来共有(　　)个球.

A. 860　　B. 900　　C. 950　　D. 960　　E. 1 000

12. 甲、乙二人同时从相距 18 千米的两地相对而行，甲每小时行走 5 千米，乙每小时行走 4 千米. 如果甲带了一只狗与甲同时出发，狗以每小时 8 千米的速度向乙跑去，遇到乙立即回头向甲跑去，遇到甲又回头向乙跑去，则二人相遇时，狗跑了(　　).

A. 4 千米　　B. 8 千米　　C. 16 千米　　D. 32 千米　　E. 18 千米

13. 师徒两人加工一批零件，原计划师傅加工零件总数的 $\frac{7}{12}$，由于师傅做得快，比原计划又多加工了 20 个，徒弟实际加工的零件数是师傅的 50%，则这批零件的个数为(　　).

A. 240　　B. 120　　C. 480　　D. 200　　E. 100

14. 小李买了一套房子，向银行借得个人住房贷款本金 15 万元，还款期限 20 年，采用等额本金还款法，截止到上个还款期已经归还 5 万本金，本月需归还本金和利息共 1 300 元，则当前的月利率是(　　).

A. 0.645%　　B. 0.675%　　C. 0.705%　　D. 0.735%　　E. 0.650%

15. 甲、乙两人同时从山脚开始爬山，到达山顶后就立即下山，他们两人下山的速度都是各自上山速度的 2 倍. 甲到山顶时乙距山顶还有 500 米，甲回到山脚时乙刚好回到半山腰，则从山脚到山顶的距离为(　　)米.

A. 2 000　　B. 3 000　　C. 4 000　　D. 3 500　　E. 4 500

二、条件充分性判断

16. 甲企业今年人均成本是去年的 60%.

(1)甲企业今年总成本比去年减少 25%，员工人数增加 25%.

(2)甲企业今年总成本比去年减少 28%，员工人数增加 20%.

17. 一条公路全长 60 千米，分成上坡、平路、下坡三段，各段路程的长度之比是 1∶2∶3，张叔叔骑车经过各段路所用时间之比是 3∶4∶5. 已知他在平路上骑车速度是每小时 25 千米. 他行完全程用了 m 小时.

(1) $m=\frac{13}{5}$.　　(2) $m=\frac{12}{5}$.

18. 小华今年 k 岁，小华父母的年龄之和是小华年龄的 8 倍，4 年前父母的年龄和是小华年龄的 14 倍.

(1) $k=8$.　　(2) $k=9$.

19. 一件商品打了九六折.

(1)该商品先提高了 20%，又降低了 20%.

(2)该商品先降低了 20%，又提高了 20%.

20. 甲、乙两车同时从 A 地开往 B 地，A，B 两地相距 k 千米，当甲车行了全程的 $\frac{1}{3}$ 时，乙车正好行了 60 千米；当甲车到达 B 地时，乙车行了全程的 $\frac{3}{5}$.

(1) $k=300$.　　(2) $k=320$.

21. 一项工程，甲队单独做 15 天完成，乙队单独做 12 天完成. 现在甲、乙合作 4 天后，剩下的工程由丙队 8 天完成.

(1)丙单独做 15 天完成.　　(2)丙单独做 20 天完成.

22. 浓度为 5%的甲种盐水 5 千克，加入浓度为 n %的乙种盐水 3 千克，又加入水 2 千克，最后浓度变为 10%.

(1) $n=20$.　　(2) $n=25$.

23. 浓度为 70%的酒精溶液 100 克，与另一溶液混合，则混合后酒精溶液的浓度是 30%.

(1)另一溶液是浓度为 20%的酒精 400 克.

(2)另一溶液是浓度为 20%的酒精 200 克.

24. 甲、乙两车同时从东、西两城出发，东、西两城相距 k 千米，甲车在超过中点 20 千米的地方与乙车相遇，甲车所走的路程与乙车所走路程的比是 7 ∶ 6.

(1) $k=500$.　　(2) $k=520$.

25. 某人用 5 元买了两块鸡腿和一瓶啤酒，当物价上涨 20%后，5 元恰好可以买一块鸡腿和一瓶啤酒，则这 5 元恰好能买一瓶啤酒.

(1)当物价又上涨 20%的时候.　　(2)当物价又上涨 25%的时候.

基础能力练习题解析

一、问题求解

1.【答案】E

【解析】商品获利 2 400×20%=480(元)，商品出售的价钱为 480+2 400=2 880(元)，则商品标价为 2 880÷0.9=3 200(元).

2.【答案】C

【解析】根据已知可设原销量为 100 件，原价为 1 元/件，则打九折后的售价为 0.9 元/件，销量为 $100\times(1+20\%)=120$(件)，故销售额为 $120\times0.9=108$(元)，则销售额增加的百分比为 $\frac{108-100}{100}=8\%$.

3.【答案】E

【解析】设乙的速度为 x 千米/时，则甲的速度为 $2x$ 千米/时. 根据题意可列方程 $4x+(4-1)\cdot 2x=100$. 解得 $x=10$，则甲骑车的速度为 20 千米/时.

4.【答案】B

【解析】今年张老师的年龄是小华年龄的 5 倍，是把今年小华的年龄作为 1 份，张老师的年龄是这样的 5 份，张老师今年的年龄比小华多 $5-1=4$(份). 再过 8 年，张老师的年龄是小华年龄的 3 倍，是把那时小华的年龄作为 1 份，张老师那时的年龄是这样的 3 份，张老师那时的年龄比小华多 $3-1=2$(份). 今年和 8 年后张老师与小华年龄差的岁数是相同的，因此过 8 年后的 1 份是今年的 $4\div2=2$(份)，那么，今年的 1 份的岁数是 $8\div(2-1)=8$，即今年小华 8 岁.

5.【答案】C

【解析】根据公式得 $\frac{80\%\times80+40\%\times40}{80+40}=\frac{80}{120}\approx66.7\%$.

6.【答案】C

【解析】原来蘑菇的含水量是 99%，即纯蘑菇的质量占 10 千克的 1%. 设晾晒后的蘑菇重为 x 千克，由含水量下降到 98%，知纯蘑菇质量占晾晒后的蘑菇重的 2%. 根据纯蘑菇质量不变，列出方程得 $10\times1\%=x\times2\%$，解得 $x=5$.

7.【答案】E

【解析】设大盒子有 x 个，小盒子有 y 个，则 $12x+5y=99$，利用整除和倍数，$12x$ 为 3 的倍数，99 为 3 的倍数 $\Rightarrow 5y$ 为 3 的倍数.

经检验，符合条件的解有：$\begin{cases}x=2,\\y=15,\end{cases}\begin{cases}x=7,\\y=3.\end{cases}$ 又已知 $y>9$，故 $x=2$，$y=15$，则 $x+y=17$.

8.【答案】C

【解析】由“获三等奖的人数占六年级获奖人数的 $\frac{5}{8}$”，把获奖总人数看作单位“1”，即三等奖的人数=获奖总人数 $\times\frac{5}{8}$，那么一、二等奖的总数也能求出. 用总数除以总份数，即可求出一份数.

$$\left(80-80\times\frac{5}{8}\right)\div(1+4)=6,$$

所以获一等奖的有 6 人.

9.【答案】A

【解析】设二班的平均成绩为 x 分，根据题意可得 $40\times87.1+42x=85\times(40+42)$，解得 $x=83$.

10.【答案】D

【解析】假设每月用的电为 x 度，由题中条件可知当 $x\leqslant100$ 时，费用为 $0.57x$. 当 $x>100$ 时，其中 100 度应交的电费为 $100\times0.57=57$(元)，剩下的 $(x-100)$ 度电应交电费 $(x-100)\cdot0.5$ 元.

从交费情况看，一、二月份用电均超过 100 度，三月份用电不足 100 度.

一月份：$57+(x-100)\cdot0.5=76$，解得 $x=138$；

二月份：$57+(x-100)\cdot0.5=63$，解得 $x=112$；

三月份：$0.57x=45.6$，解得 $x=80$.

第一季度用电：$138+112+80=330$(度).

11.【答案】D

【解析】由于原来的红球与白球数量之比为 $19:13$，则说明球的总量占 $19+13=32$(份)，故最初球的数量一定是 32 的倍数.

12.【答案】C

【解析】解题的关键在于知道狗跑的时间正好是二人的相遇时间，又知狗的速度，这样就可求出狗跑了多少千米. $18\div(5+4)=2$(小时)，$8\times2=16$(千米).

13.【答案】A

【解析】设这批零件的总数为 x，原计划师傅加工 $\frac{7}{12}x$，徒弟加工 $\frac{5}{12}x$，实际师傅加工 $\frac{7}{12}x+20$，徒弟加工 $\frac{5}{12}x-20$，根据题意有 $\left(\frac{7}{12}x+20\right)\cdot50\%=\frac{5}{12}x-20$，解得 $x=240$.

14.【答案】B

【解析】根据等额本金还款法，每月需要偿还本金 $\frac{15}{12\times20}=\frac{1}{16}$(万元). 设当前月利率为 x，则有 $\frac{1}{16}+(15-5)x=0.13$，解得 $x=0.00675=0.675\%$，选 B.

15.【答案】B

【解析】设当甲到达山顶的时候甲走的距离为 S，则此时乙走的距离为 $S-500$，甲从山顶到山脚这段时间，乙走了 $500+\frac{S}{2}$，由于下山的速度为上山的 2 倍，可以把上山的 500 米转化为下山的 1 000 米，这样乙走了 $1\ 000+\frac{S}{2}$，由题意得 $\frac{S-500}{S}=\frac{1\ 000+\frac{S}{2}}{S}$，解得 $S=3\ 000$.

二、条件充分性判断

16.【答案】D

【解析】条件(1),设去年的总成本是1,总人数为1⇒人均成本为1,则今年的人均成本为$\frac{1(1-25\%)}{1(1+25\%)}=0.6$,故充分.

条件(2),设去年的总成本是1,总人数为1⇒人均成本为1,则今年的人均成本为$\frac{1(1-28\%)}{1(1+20\%)}=0.6$,故充分.

17.【答案】B

【解析】上坡路的长度:$60\times\frac{1}{1+2+3}=10$(千米);

平路的长度:$60\times\frac{2}{1+2+3}=20$(千米);

下坡路的长度:$60-10-20=30$(千米).

由平路的时间$20\div25=\frac{4}{5}$(小时),则他行完全程用的时间:$\frac{4}{5}\div\frac{4}{3+4+5}=\frac{12}{5}$(小时).

18.【答案】A

【解析】小华父母今年的年龄和为$8k$,4年前小华的年龄为$(k-4)$岁,父母的年龄和为$(8k-8)$岁,根据题意有$14(k-4)=8k-8$,解得$k=8$.

19.【答案】D

【解析】设该商品原价为a,条件(1),商品现在的价钱为$a\cdot(1+20\%)\cdot(1-20\%)=0.96a$,即打了九六折;条件(2),商品现在的价钱为$a\cdot(1-20\%)\cdot(1+20\%)=0.96a$,也打了九六折.

20.【答案】A

【解析】当甲车到达B地时,乙车行了全程的$\frac{3}{5}$,因为时间相同,所以乙车行的路程是甲车的$\frac{3}{5}$,当甲车行了全程的$\frac{1}{3}$时,乙车行了全程的$\frac{1}{3}\times\frac{3}{5}=\frac{1}{5}$,所以60千米是全程的$\frac{1}{5}$,则$A$,$B$之间的距离为$60\div\frac{1}{5}=300$(千米).

21.【答案】B

【解析】甲队每天完成$\frac{1}{15}$,乙队每天完成$\frac{1}{12}$,两队合作4天完成$\left(\frac{1}{15}+\frac{1}{12}\right)\cdot4=\frac{3}{5}$,那么剩下的$\frac{2}{5}$由丙队单独8天完成,则丙单独做这项工作需要用$8\div\frac{2}{5}=20$(天).

22.【答案】B

【解析】根据题意可列出等式：$5 \cdot 5\% + 3 \cdot n\% = (5+3+2) \cdot 10\%$，解得 $n = 25$.

23.【答案】A

【解析】100 克 70% 的酒精溶液中含酒精 $100 \times 70\% = 70$（克）；400 克 20% 的酒精溶液中含酒精 $400 \times 20\% = 80$（克）.

混合后的酒精溶液中含酒精 $70+80=150$（克），酒精溶液总质量为 $100+400=500$（克），混合后酒精溶液浓度为 $\frac{150}{500} \times 100\% = 30\%$，显然条件(1)充分，条件(2)不充分.

24.【答案】B

【解析】东、西两城的距离为 k 千米，甲车在超过中点 20 千米的地方与乙车相遇，即甲车走的路程为 $\left(\frac{k}{2}+20\right)$ 千米. 又因甲车所走的路程与乙车所走路程的比是 $7:6$，可知甲车所走的路程占东、西两城距离的 $\frac{7}{13}$，即 $\frac{7}{13}k$ 千米.

由题意得，$\frac{k}{2} + 20 = \frac{7}{13}k$，解得 $k = 520$.

25.【答案】B

【解析】设鸡腿的价钱为 x，啤酒的价钱为 y.

原来：$2x + y = 5$，当物价上涨 20%后：$(x+y) \cdot (1+20\%) = 5$，联立可得 $x = \frac{5}{6}$，$y = \frac{10}{3}$.

当物价又上涨 p 后：$\frac{10}{3} \cdot (1+20\%) \cdot (1+p) = 5$，解得 $p = 25\%$.

强化能力练习题

一、问题求解

1. 某牧场有羊、牛、马三种动物共 320 只. 如果卖掉羊的 $\frac{1}{3}$，牛的 $\frac{1}{4}$，马的 $\frac{1}{5}$，还剩下动物共 120 只；如果卖掉羊的 $\frac{1}{5}$，牛的 $\frac{1}{4}$ 和马的 $\frac{1}{3}$，剩下动物共 116 只，则牧场中马比羊多(　　)只.

A. 20　　B. 25　　C. 30　　D. 35　　E. 40

2. 已知我国人口占全球总人口的 $a\%$，我国淡水总量占全球淡水总量的 $b\%$，那么我国人均淡水量与全球人均淡水量的比值是(　　).

A. $\frac{a}{b}$　　B. $\frac{b}{a}$　　C. $\frac{a}{a+b}$

D. $\frac{b}{a+b}$　　E. 以上均不正确

3. 100 个学生中，88 人有手机，76 人有电脑，其中有手机没有电脑的共 15 人，则 100 个学生中有电脑但没有手机的共有(　　)人.

A. 25　　B. 15　　C. 5　　D. 3　　E. 2

4. 某单位原有男、女职工若干人，第一次机构调整，女职工人数减少 15 人，余下职工人数男、女比例为 2∶1. 第二次调整，又调走 45 名男职工，这时男、女职工比例为 1∶5，则该单位原有男职工的人数为(　　).

A. 70　　B. 65　　C. 60　　D. 55　　E. 50

5. 某种新鲜水果的含水量为 98%，一天后的含水量降为 97.5%. 某商店以每斤 1 元的价格购进了 1 000 斤该新鲜水果，预计当天能售出 60%，两天内售完. 要使利润维持在 20%，则应定每斤水果的平均售价约为(　　)元.

A. 1.20　　B. 1.25　　C. 1.30　　D. 1.35　　E. 1.40

6. 某人用 100 元买辣椒种子、西瓜种子和向日葵种子共 100 包，辣椒种子 3 元 1 包，西瓜种子 4 元 1 包，向日葵种子 1 元 7 包，则辣椒种子比西瓜种子少买了(　　)包.

A. 17　　B. 57　　C. 74　　D. 20　　E. 23

7. 甲、乙两人以均匀的速度分别从 A，B 两地同时出发，相向而行，他们第一次相遇地点距 A 地 4 千米，相遇后两人继续前进，走到对方出发点后立即返回，在距 B 地 3 千米处第二次相遇，则两次相遇地点之间的距离是(　　)千米.

A. 4　　B. 3　　C. 2　　D. 5　　E. 6

8. 某快递公司为一厂家运送 500 个玻璃鱼缸，双方商定，每个鱼缸的运费为 2.4 元，但是如果运送过程中鱼缸损坏，不仅不给运费，而且每个鱼缸还要赔偿 12.6 元，最终快递公司得到报酬 1 155 元，则运送过程中损坏的鱼缸的数量为(　　).

A. 2　　B. 3　　C. 4　　D. 5　　E. 6

9. 2006 年 1 月 1 日起，某市全面推行农村合作医疗，农民每年每人只拿出 10 元就可以享受合作医疗，某人住院报销了 805 元，则报销前住院费为(　　)元.

住院费/元	报销率/%
不超过 3 000	15
3 000～4 000(包含 4 000)	25
4 000～5 000(包含 5 000)	30
5 000～10 000(包含 10 000)	35
10 000～20 000(包含 20 000)	40

A. 3 220　　B. 4 183. 33　　C. 4 350

D. 4 500　　E. 以上均不正确

10. 甲、乙两项工作，张单独完成甲工作要 10 天，单独完成乙工作要 15 天；李单独完成甲工作要 8 天，单独完成乙工作要 20 天. 如果每项工作都可以有两人合作，那么这两项工作都完成最少需要(　　)天.

A. 12　　B. 13　　C. 14　　D. 15　　E. 16

11. 若用浓度为 30%和 20%的甲、乙两种食盐溶液配成浓度为 24%的食盐溶液 500 克，则甲、乙两种溶液各取(　　).

A. 180 克、320 克　　B. 185 克、315 克　　C. 190 克、310 克

D. 195 克、305 克　　E. 200 克、300 克

12. 某容器中装满了浓度为 90%的酒精，倒出 1 升后用水将容器注满，搅拌均匀后倒出 1 升，再用水将容器注满，已知此时的酒精浓度为 40%，则该容器的容积是(　　)升.

A. 2. 5　　B. 3　　C. 3. 5　　D. 4　　E. 4. 5

13. 甲、乙两位长跑爱好者沿社区花园环路跑，两人同时、同向从同一地点 A 出发，且甲跑 9 米的时间乙只能跑 7 米，则当甲、乙恰好在 A 点第二次相遇时，乙共沿花园环路跑了(　　)圈.

A. 14　　B. 15　　C. 16　　D. 17　　E. 18

14. 甲跑 11 米所用的时间，乙只能跑 9 米，在 400 米标准田径场上，两人同时同向出发，以上述速度匀速跑离起点 A，当甲、乙第三次相遇时，乙离起点还有(　　)米.

A. 360　　B. 240　　C. 200　　D. 180　　E. 100

15. 长途汽车从 A 站出发，匀速行驶，1 小时后突然发生故障，车速降低了 40%，到 B 站终点延误达 3 小时，若汽车能多跑 50 千米后才发生故障，坚持行驶到 B 站能少延误 1 小时 20 分钟，那么 A，B 两地相距(　　)千米.

A. 412.5　　B. 125.5　　C. 146.5　　D. 152.5　　E. 137.5

二、条件充分性判断

16. 王先生今年是 30 岁.

(1)今年王先生的年龄是他父亲年龄的一半,他父亲的年龄又是王先生儿子年龄的 14 倍,且今年三人的年龄之和是 88 岁.

(2)今年王先生的年龄是他父亲年龄的一半,他父亲的年龄又是王先生儿子年龄的 15 倍,两年之后他们三人年龄之和是 100 岁.

17. A 企业的职工人数今年比前年增加了 30%.

(1) A 企业的职工人数去年比前年减少了 20%.

(2) A 企业的职工人数今年比去年增加了 50%.

18. 某校下午 2 点派车去机场接老师上课,往返需 1 小时. 老师在下午 1 点就离开机场步行向学校走来,途中遇到接他的车,便坐上车去学校,于下午 2 点 30 分到达.

(1)汽车的速度是老师步行速度的 6 倍.

(2)汽车的速度是老师步行速度的 5 倍.

19. 产品出厂前,需要在外包装上打印某些标志,甲、乙两人一起每小时可完成 600 件,则能确定甲每小时完成的件数.

(1)乙的打件速度是甲的打件速度的$\frac{1}{3}$.

(2)乙工作 5 小时可以完成 1 000 件.

20. 小明和爷爷在 400 米长的环形跑道上同一起点开始反向而行,15 分钟后两人第三次相遇, 相遇时两人距离起点的最短距离为 110 米.

(1)小明每秒钟比爷爷多走 0.2 米.

(2)两人从出发到第二次相遇,用时 10 分钟.

21. 售出一件甲商品比售出一件乙商品利润要高.

(1)售出 5 件甲商品、4 件乙商品共获利 50 元.

(2)售出 4 件甲商品、5 件乙商品共获利 47 元.

22. 某人用 10 万元购买了甲、乙两种股票,若甲种股票上涨 a %,乙种股票下降 b %时,此人购买的甲、乙两种股票总值不变,则此人购买甲种股票用了 6 万元.

(1) $a=2, b=3$.　　(2) $3a-2b=0(a\neq 0)$.

23. 一项工作,甲、乙、丙三人各自独立完成需要的天数分别为 3,4,6,则丁独立完成该项工作需要 4 天时间.

(1)甲、乙、丙、丁四人共同完成该项工作需要 1 天时间.

(2)甲、乙、丙三人各做1天,剩余部分由丁独立完成.

24.沿着周长为200米的某正方形广场边缘插旗子,红旗20面,黄旗100面.

(1)每隔10米插一面红旗,每两面红旗之间插5面黄旗.

(2)每隔10米插一面红旗,每隔2米插一面黄旗.

25.申请驾照时必须参加理论考试和路考且两种考试均通过,若在同一批学员中有70%的人通过了理论考试,80%的人通过了路考,则最后领到驾照的人有60%.

(1)10%的人两种考试都没通过.

(2)20%的人仅通过了路考.

强化能力练习题解析

一、问题求解

1.**【答案】**C

【解析】设羊、牛、马的数量分别为a,b,c,则

$$\begin{cases}\frac{1}{3}a+\frac{1}{4}b+\frac{1}{5}c=200,\\ \frac{1}{5}a+\frac{1}{4}b+\frac{1}{3}c=204,\end{cases}$$

整理可得$c-a=30$,即马比羊多30只,故选C.

2.**【答案】**B

【解析】人均淡水量=总淡水量÷总人数,即$\frac{b\%}{a\%}=\frac{b}{a}$,故选B.

3.**【答案】**D

【解析】两种都有的=有手机的-有手机没有电脑的=88-15=73(人);有电脑没有手机的=有电脑的-两种都有的=76-73=3(人).

4.**【答案】**E

【解析】第一次调整后,男、女比例为2∶1;第二次调整后,男、女比例为1∶5.

第二次调整后女职工人数不变,所以第一次比例可化为10∶5.男职工人数减少了9份,就是调走的45人,则每份5人,男职工原有10份,即50人.

5.**【答案】**C

【解析】第一天水分∶果肉=98∶2=49∶1,总份数50份.

第二天水分∶果肉=97.5∶2.5=39∶1,总份数40份,即质量变为原来的80%.已知共1 000斤,第一天卖出600斤,第二天剩余质量为400×80%=320(斤).设售价为x元,由利润为20%,有$600x+320x-1\ 000=200$,解得$x\approx 1.30$.

6.【答案】A

【解析】设买辣椒种子 x 包，买西瓜种子 y 包，买向日葵种子 z 包. 由题意可列方程组

$$\begin{cases} x+y+z=100, \\ 3x+4y+\frac{1}{7}z=100, \end{cases}$$

整理后可得 $x=30-\frac{27}{20}y$，经分析可得 $y=20, x=3, z=77$. 西瓜种子比辣椒种子多 $20-3=17$(包)，故选 A.

7.【答案】C

【解析】设甲、乙两人的速度分别为 $v_{甲}, v_{乙}$，A, B 相距 s 千米.

由第一次相遇时间相等，有 $\frac{v_{甲}}{v_{总}}=\frac{s_{甲}}{s_{总}}=\frac{4}{s}$；

由第二次相遇时间相等，有 $\frac{v_{甲}}{v_{总}}=\frac{s_{甲}}{s_{总}}=\frac{s+3}{3s}$.

则 $\frac{4}{s}=\frac{s+3}{3s} \Rightarrow s=9$，两次相遇的地点相距 $9-3-4=2$(千米).

8.【答案】B

【解析】理想状态下得到报酬 $500\times2.4=1\ 200$(元)，实际上得到 1 155 元，损失 $1\ 200-1\ 155=45$(元). 损坏的鱼缸的数量为 $\frac{1\ 200-1\ 155}{12.6+2.4}=3$.

9.【答案】C

【解析】首先计算每一段的最大报销额度，医疗费 3 000 元部分最多可报销 $3\ 000\times15\%=450$(元)，第二个计费段最多可报销 $(4\ 000-3\ 000)\times25\%=250$(元)，第三个计费段最多可报销 $(5\ 000-4\ 000)\times30\%=300$(元). 而某人报销了 805 元，说明他的医疗费用介于 4 000 到 5 000 之间，故实际医疗费用为 $\frac{805-450-250}{30\%}+1\ 000+3\ 000=4\ 350$(元).

10.【答案】A

【解析】显然，李做甲工作的工作效率高，张做乙工作的工作效率高，因此让李先做甲，张先做乙. 设乙的工作量为 60 份(15 与 20 的最小公倍数)，张每天完成 4 份，李每天完成 3 份. 李 8 天就能完成甲工作，此时张还余下乙工作 $(60-4\times8)$ 份，由张、李合作需要 $(60-4\times8)\div(4+3)=4$(天). 从而总共需要 $8+4=12$(天).

11.【答案】E

【解析】根据已知可用十字交叉法得

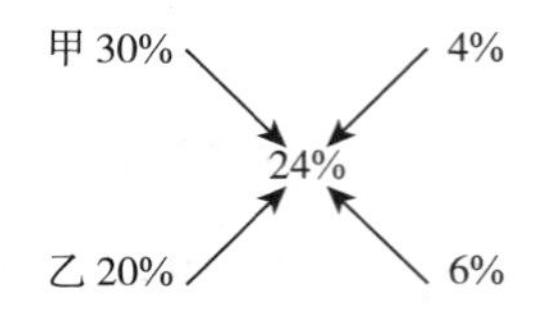

则甲、乙的质量之比为 $4\%:6\%=2:3$，由于混合后的质量和为 500 克，故甲、乙的质量分别为 200 克、300 克.

12.【答案】B

【解析】设容器的容积为 V 升，根据题意可得 $90\%\cdot\frac{V-1}{V}\cdot\frac{V-1}{V}=40\%\Rightarrow V=3$ 或 $V=\frac{3}{5}$（舍去），因此该容器的容积是 3 升.

13.【答案】A

【解析】由题意，知甲、乙二人速度比为甲速：乙速 $=9:7$，无论在 A 点第几次相遇，甲、乙二人均沿环路跑了若干圈，又因为二人跑步的用时相同，所以二人所跑的圈数之比，就是二人速度之比，第一次甲、乙于 A 点相遇，甲跑 9 圈，乙跑 7 圈，第二次甲、乙于 A 点相遇，甲跑 18 圈，乙跑 14 圈.

14.【答案】C

【解析】两人同时出发，无论第几次相遇，二人用时相同，所以距离之差为 400 米的整数倍，二人第一次相遇，甲跑的距离：乙跑的距离 $=2\,200:1\,800$，乙离起点尚有 200 米，实际上奇数次相遇位置在中点（即离 A 点 200 米处）.

15.【答案】E

【解析】设原来车速为 V 千米/时，则有 $\frac{50}{V(1-40\%)}-\frac{50}{V}=1+\frac{1}{3}$，解得 $V=25$ 千米/时，再设原来需要 t 小时到达，由已知有 $25t=25+(t+3-1)\times 25\times(1-40\%)$，解得 $t=5.5$ 小时，所以 A，B 相距 $25\times 5.5=137.5$（千米）.

二、条件充分性判断

16.【答案】B

【解析】条件(1)，设今年儿子年龄为 x 岁，爷爷年龄为 $14x$ 岁，王先生年龄为 $7x$ 岁，由题意有 $x+14x+7x=88$，可得 $7x=28$，不充分.

条件(2)，设今年儿子年龄为 x 岁，爷爷年龄为 $15x$ 岁，王先生年龄为 $7.5x$ 岁，则有 $x+15x+7.5x+6=100$，可得 $7.5x=30$，充分.

17.【答案】E

【解析】显然单独都不充分，考虑联合. 假设前年人数是 a，则去年人数是 $0.8a$，则今年人数应该是 $0.8a\times(1+50\%)=1.2a$，即今年比前年增加了 20%，不充分.

18.【答案】B

【解析】汽车全程往返需要 1 小时，则往返半程需要 30 分钟. 若老师 2 点 30 分抵达，则汽车共行驶了 30 分钟，即在中点和老师相遇，即老师 2 点 15 分走到中点，半程用时 75 分钟，汽车半程用时 15 分钟，可知汽车速度和老师速度比为 5∶1.

所以条件(1)不充分，条件(2)充分.

19.【答案】D

【解析】条件(1)，可知甲、乙的打件速度比为 3∶1，而每小时两人合作共打件 600 件，故甲的打件速度为$\frac{600}{3+1}\times 3=450$(件/时)，充分；条件(2)，可知乙的打件速度为$\frac{1\ 000}{5}=200$(件/时)，则甲的打件速度为 $600-200=400$(件/时)，充分.

20.【答案】A

【解析】条件(1)，每秒钟多走 0.2 米，则每分钟多走 12 米. 第三次相遇时，二人共走路程 $400\times 3=1\ 200$(米).

设爷爷速度为 v 米 / 分钟，有$\frac{1\ 200}{v+v+12}=15\Rightarrow v=34$ 米 / 分钟，则爷爷走的路程：$34\times 15=510$(米)>400 米，$510-400=110$(米)，充分. 条件(2)显然不充分，故选 A.

21.【答案】C

【解析】显然单独均不充分，考虑联合. 设一件甲商品的利润为 x 元，一件乙商品的利润为 y 元，则有$\begin{cases}5x+4y=50,\\4x+5y=47,\end{cases}$即 $x-y=3$，显然 $x>y$，充分.

22.【答案】D

【解析】甲种股票用了 6 万元$\Leftrightarrow 6\times a\%-4\times b\%=0\Leftrightarrow 3a-2b=0$，故两条件均充分.

23.【答案】A

【解析】条件(1)，得到丁一天完成的量为$1-\frac{1}{3}-\frac{1}{4}-\frac{1}{6}=\frac{1}{4}$，故丁需要 4 天才能独立完成，充分；条件(2)，只能得到丁还需要做的工作量，并不知道丁完成工作所用的时间，所以不充分.

24.【答案】A

【解析】条件(1)，红旗数量为 $200\div 10=20$(面)，黄旗数量为 $5\times 20=100$(面)，充分.

条件(2)，每隔 10 米会有红旗和黄旗重合，只能插一面，不充分，故选 A.

25.【答案】D

【解析】条件(1)，至少通过一种考试的人占 $1-10\%=90\%$，则根据文氏图知，拿到驾照的人即两种考试都通过的人占 $80\%+70\%-90\%=60\%$，充分. 条件(2)，仅通过路考的人占 20%，那么两种考试都通过的人占 $80\%-20\%=60\%$，充分.

第二部分　代数

一、大纲解读

模块	分值比例	内容划分	能力要求	重难点提示	不同考生备考建议
代数	20%～24% 5～6 道题目	1. 整式 (1)整式及其运算. (2)整式的因式与因式分解	掌握应用	1. 因式分解. 2. 一元二次函数. 3. 一元二次方程. 4. 均值不等式. 5. 一元二次不等式. 6. 等差及等比数列的公式和性质. 7. 数列递推性	应届生： 必须全部掌握考纲内容，并能达到灵活运用，尤其数列部分近几年出题形式灵活新颖，也是应届生拉开差距的一个考点，要求加强数列部分的练习. 在职考生： 重点掌握 1. 基本公式及其变形. 2. 因式分解的方法. 3. 一元二次函数. 4. 一元二次方程（根的判别式，韦达定理，根的分布）. 5. 一元二次不等式. 6. 等差及等比数列的基本公式和性质
		2. 分式及其运算	理解熟悉		
		3. 函数 (1)集合. (2)一元二次函数及其图像. (3)指数函数、对数函数	灵活运用		
		4. 代数方程 (1)一元一次方程. (2)一元二次方程. (3)二元一次方程组	灵活运用		
		5. 不等式 (1)不等式的性质. (2)均值不等式. (3)不等式求解. 一元一次不等式（组），一元二次不等式，简单绝对值不等式，简单分式不等式	掌握应用		
		6. 数列、等差数列、等比数列	灵活运用		

二、往年真题分析

1 真题统计

考点＼数量＼年份(2012—2021)	12	13	14	15	16	17	18	19	20	21
整式、分式及函数	2	3	3	2	3	1	3	1	2	2
方程及不等式	3	1	2	2	1	1	1	2	2	1
数列	2	2	2	2	2	2	2	3	2	2
总计/分	21	18	21	18	18	12	18	18	18	15

2 考情解读

代数部分在考试中占 5～6 道题目，其中第三章占 2～3 道考题，主要考查两个方向，一是因式定理及因式分解；二是常见的基本函数.第四章占 1～2 道考题，主要考查两个方向，一是一元二次方程问题；二是不等式问题.第五章占 2～3 道考题，近几年数列出题形式灵活新颖，主要考查两个方向，一是等差数列及等比数列；二是数列递推性.代数部分的公式较多，知识点琐碎，要求考生以思维导图的形式将这三章知识点串联起来记忆，一定要通过做题加深对公式的理解，达到灵活应用的目的.

第三章　整式、分式与函数

一、本章思维导图

- 整式、分式与函数
  - 整式
    - 常用公式
      - 平方
        - 完全平方公式－$(a\pm b)^2=a^2\pm 2ab+b^2$
        - 平方差公式－$a^2-b^2=(a+b)(a-b)$
        - 三个数和的平方－$(a+b+c)^2=a^2+b^2+c^2+2(ab+bc+ac)$
        - 重要结论1－$x^2+\frac{1}{x^2}=\left(x+\frac{1}{x}\right)^2-2$
        - 重要结论2－若$\frac{1}{a}+\frac{1}{b}+\frac{1}{c}=0$，则$(a+b+c)^2=a^2+b^2+c^2$
      - 立方
        - 立方和公式－$a^3+b^3=(a+b)(a^2-ab+b^2)$
        - 立方差公式－$a^3-b^3=(a-b)(a^2+ab+b^2)$
        - 和与差的立方公式－$(a\pm b)^3=a^3\pm 3a^2b+3ab^2\pm b^3$
    - 因式分解
      - 提公因式法
      - 公式法
      - 配方法
      - 求根法
      - 十字相乘法
      - 双十字相乘法
      - 分组分解法
    - 因式定理（整除）与余式定理
      - 因式定理－$f(x)$含有$(ax-b)$因式$\Leftrightarrow f(x)$能被$(ax-b)$整除$\Leftrightarrow f\left(\frac{b}{a}\right)=0$
      - 余式定理－$f(x)$除以$(ax-b)$的余式为$f\left(\frac{b}{a}\right)$
  - 分式及其运算
    - 定义－A,B是整式，B中含有字母，式子$\frac{A}{B}$叫作分式
    - 性质
      - $\frac{A}{B}=\frac{A\times M}{B\times M}(B\neq 0,M\neq 0)$
      - $\frac{A}{B}=\frac{A\div M}{B\div M}(B\neq 0,M\neq 0)$
    - 加减法则－$\frac{A}{C}\pm\frac{B}{C}=\frac{A\pm B}{C}$
    - 乘法法则－$\frac{A}{B}\cdot\frac{C}{D}=\frac{AC}{BD}$
    - 除法法则－$\frac{A}{B}\div\frac{C}{D}=\frac{A}{B}\cdot\frac{D}{C}=\frac{AD}{BC}$
    - 乘方法则－$\left(\frac{A}{B}\right)^n=\frac{A^n}{B^n}$

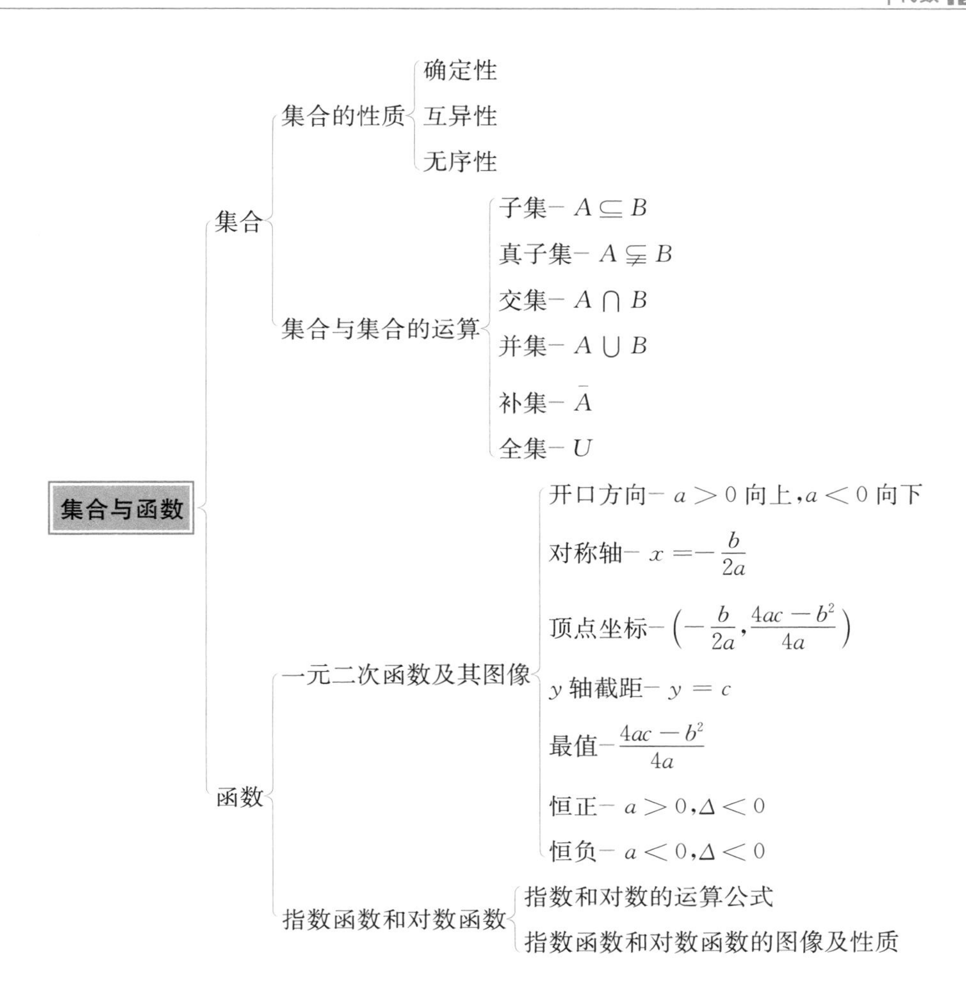

二、往年真题分析

1 真题统计

考点 \ 数量 \ 年份(2012—2021)	12	13	14	15	16	17	18	19	20	21
因式分解问题										
因式定理问题	1									
平方和立方公式应用问题			1				1		1	
分式化简求值问题		2		1						
整式化简求值问题			1	1				1		
二次函数问题		1	1		3		1		1	2

续表

考点 \ 数量 \ 年份(2012—2021)	12	13	14	15	16	17	18	19	20	21
直线与二次函数相交及相切问题	1					1				
max,min 函数问题							1			
指数函数和对数函数问题										
集合问题										
总计/分	6	9	9	6	9	3	9	3	6	6

2 考情解读

本章在考试中题量和分值较少,一般 2~3 道题目,它从两个方向来考查,一是整式和分式的基本运算,包含了乘法公式、因式分解、因式定理及分式的恒等变形;二是函数,其考点在于二次函数、指数函数和对数函数等问题.

高频题型:乘法公式问题,二次函数问题,整式化简求值问题.

低频题型:指数函数问题,对数函数问题,集合问题.

拔高题型:max,min 函数问题.

第 18 讲 整式及其运算

考点解读

1. 整式

单项式和多项式统称为整式.

2. 常用公式

(1) $(a\pm b)^2=a^2\pm 2ab+b^2$.

变形① $a^2+b^2=(a+b)^2-2ab$,$a^2+b^2=(a-b)^2+2ab$;

变形② $a^2+b^2+c^2\pm ab\pm bc\pm ac=\frac{1}{2}[(a\pm b)^2+(a\pm c)^2+(b\pm c)^2]$;

变形③ $x^2+\frac{1}{x^2}=\left(x+\frac{1}{x}\right)^2-2$.

(2) $a^2-b^2=(a+b)(a-b)$.

(3) $(a+b+c)^2=a^2+b^2+c^2+2(ab+bc+ac)$.

变形① $2(ab+bc+ac)=(a+b+c)^2-(a^2+b^2+c^2)$;

变形② $\frac{1}{a}+\frac{1}{b}+\frac{1}{c}=0\Rightarrow(a+b+c)^2=a^2+b^2+c^2$.

(4) $a^3+b^3=(a+b)(a^2-ab+b^2)$.

变形① $a^3+b^3=(a+b)^3-3ab(a+b)$;

变形② $x^3+\frac{1}{x^3}=\left(x+\frac{1}{x}\right)^3-3\left(x+\frac{1}{x}\right)$.

(5) $a^3-b^3=(a-b)(a^2+ab+b^2)$.

(6) $(a+b)^3=a^3+3a^2b+3ab^2+b^3$.

(7) $(a-b)^3=a^3-3a^2b+3ab^2-b^3$.

高能提示

1. 出题频率:级别高,难度易,得分率较高,出题形式固定,要求考生掌握基本公式并灵活应用.

2. 考点分布:完全平方和与完全平方差公式,立方和与立方差等基本公式的变形.

3. 解题方法:熟记公式及其变形和逆向使用公式.

题型归纳

题型:基本公式及其变形

【特征分析】(1)熟悉每个公式的结构特征,理解掌握公式.(2)根据待求式的特点,模仿套用公式.(3)既能正用又可逆用且能适当变形或重新组合,综合运用公式.

乘法公式常用的变形:① $(a\pm b)^2=a^2\pm 2ab+b^2\Rightarrow a^2+b^2=(a\pm b)^2\mp 2ab$;② $a^2-b^2=(a+b)(a-b)$;③ $a^3+b^3=(a+b)^3-3ab(a+b)$;④ $(a+b+c)^2=a^2+b^2+c^2+2(ab+bc+ac)$.

例1 已知 $x+\frac{1}{x}=4$,则 $x^2+\frac{1}{x^2}=(\quad)$,$x^3+\frac{1}{x^3}=(\quad)$,$x^4+\frac{1}{x^4}=(\quad)$.

A. 14,51,192 B. 14,52,190 C. 14,52,194 D. 12,51,190 E. 13,52,190

【解析】

$$x^2+\frac{1}{x^2}=\left(x+\frac{1}{x}\right)^2-2=14,$$

$$x^3+\frac{1}{x^3}=\left(x+\frac{1}{x}\right)^3-3\left(x+\frac{1}{x}\right)=52,$$

$$x^4+\frac{1}{x^4}=\left(x^2+\frac{1}{x^2}\right)^2-2=194.$$

【答案】C

例2 如果 $a^2+b^2+2c^2+2ac-2bc=0$,则 $a+b$ 的值为( ).

A. 0 B. 1 C. -1 D. -2 E. 2

【解析】$a^2+b^2+2c^2+2ac-2bc=(a+c)^2+(b-c)^2=0$,根据非负性,所以 $a=-c$,$b=c$,

从而 $a+b=0$.

【答案】A

【敲黑板】

当题目对 a,b,c 无特殊要求时，或为任意实数时，可采用特值法来解决，如本题，令 $a=0,b=0,c=0$ 代入题干验证选项即可.

例 3 $(1+3)(1+3^2)(1+3^4)\cdots(1+3^{32})+\frac{1}{2}=($　　$)$.

A. 3^{64}　　B. $\frac{3^{64}}{2}$　　C. $-\frac{3^{64}}{2}$　　D. -3^{64}　　E. 以上均不正确

【解析】构造平方差公式，分子分母同乘 $(3-1)$，有

$$\frac{(3-1)\left[(3+1)(3^2+1)(3^4+1)\cdots(3^{32}+1)+\frac{1}{2}\right]}{3-1}$$

$$=\frac{(3^2-1)(3^2+1)(3^4+1)\cdots(3^{32}+1)+1}{3-1}=\frac{3^{64}}{2}.$$

【答案】B

例 4 若实数 a,b,c 满足 $a^2+b^2+c^2=3$，则 $(a-b)^2+(b-c)^2+(a-c)^2$ 的最大值为 (　　).

A. 6　　B. 8　　C. 9　　D. 7　　E. 10

【解析】由 $(a+b+c)^2=a^2+b^2+c^2+2ab+2bc+2ac$，得

$$2(ab+bc+ac)=(a+b+c)^2-(a^2+b^2+c^2),$$

则
$$(a-b)^2+(b-c)^2+(a-c)^2=2(a^2+b^2+c^2)-2(ab+bc+ac)$$
$$=3(a^2+b^2+c^2)-(a+b+c)^2\leqslant 9.$$

故当 $a+b+c=0$ 时，$(a-b)^2+(b-c)^2+(a-c)^2$ 取到最大值 9.

【答案】C

【敲黑板】

首先利用完全平方公式展开再配方，最后利用非负性求解最值. 本题的关键在于三个数字的完全平方公式：$(a+b+c)^2=a^2+b^2+c^2+2ab+2bc+2ac$ 的变形使用.

例 5 已知 $x^2+y^2=9, xy=4$，则 $\frac{x+y}{x^3+y^3+x+y}=($　　$)$.

A. $\frac{1}{2}$　　B. $\frac{1}{5}$　　C. $\frac{1}{6}$　　D. $\frac{1}{13}$　　E. $\frac{1}{14}$

【解析】该题考查立方和公式的应用.

原式$=\dfrac{x+y}{(x+y)(x^2-xy+y^2)+(x+y)}=\dfrac{1}{x^2-xy+y^2+1}=\dfrac{1}{6}$.

【答案】C

例 6 若 $a+b+c=2,\dfrac{1}{a+2}+\dfrac{1}{b+3}+\dfrac{1}{c+4}=0$,则$(a+2)^2+(b+3)^2+(c+4)^2=$ (   ).

A. 90　　B. 121　　C. 112　　D. 123　　E. 134

【解析】由结论:若 $\dfrac{1}{a}+\dfrac{1}{b}+\dfrac{1}{c}=0$,则 $a^2+b^2+c^2=(a+b+c)^2$,得

$$(a+2)^2+(b+3)^2+(c+4)^2=(a+2+b+3+c+4)^2=11^2=121.$$

【答案】B

第 19 讲　整式的因式与余式

考点解读

1. 因式定理

$f(x)$ 含有$(ax-b)$因式 $\Leftrightarrow f(x)$ 能被$(ax-b)$整除 $\Leftrightarrow f\left(\dfrac{b}{a}\right)=0$.

特别地,$f(x)$ 含有$(x-a)$因式 $\Leftrightarrow f(x)$ 能被$(x-a)$整除 $\Leftrightarrow f(a)=0$.

2. 因式分解

把一个多项式化成几个整式的积的形式,这种变形叫作分解因式(又叫因式分解).

常用的方法:公式法、提公因式法、配方法、十字相乘法、双十字相乘法、求根法、分组分解法等.

3. 余式定理

多项式 $f(x)$ 除以 $(ax-b)$ 的余式为 $f\left(\dfrac{b}{a}\right)$.

特别地,多项式 $f(x)$ 除以 $(x-a)$ 的余式为 $f(a)$.

高能提示

1. 出题频率:级别低,难度易,得分率高,出题形式固定,要求考生掌握因式分解的方法.
2. 考点分布:因式定理及因式分解.
3. 解题方法:利用公式法、提公因式法、配方法、十字相乘法、双十字相乘法、待定系数法等进行因式分解.

题型归纳

题型一：利用因式定理求系数问题

▶【特征分析】一个多项式 $f(x)$ 含有因式 $(x-a)$ 或能被因式 $(x-a)$ 整除，方法都是令因式 $(x-a)$ 为 $0 \Rightarrow f(a)=0$.

例1 已知多项式 $f(x)=x^3+a^2x^2+ax-1$ 能被 $(x+1)$ 整除，则实数 a 的值为（　　）.

A. 2 或 -1　　B. 2　　C. -1

D. ± 2　　E. ± 1

【解析】 $f(x)=x^3+a^2x^2+ax-1$ 能被 $(x+1)$ 整除，根据因式定理，$f(x)$ 含有因式 $(x+1)$，则 $f(x)=x^3+a^2x^2+ax-1=(x+1)(\quad)$.

令 $x+1=0 \Rightarrow f(-1)=-1+a^2-a-1=0 \Rightarrow a=2$ 或 -1.

【答案】 A

例2 若 x^3+x^2+ax+b 能被 x^2-3x+2 整除，则（　　）.

A. $a=4, b=4$　　B. $a=-4, b=-4$

C. $a=10, b=-8$　　D. $a=-10, b=8$

E. $a=-2, b=0$

【解析】 $x^2-3x+2=(x-1)(x-2)$.

令 $f(x)=x^3+x^2+ax+b=(x-1)(x-2)(\quad)$，根据因式定理，令 $x-1=0$，$x-2=0$，得 $f(1)=0$，$f(2)=0$，即

$$\begin{cases}1+1+a+b=0,\\ 8+4+2a+b=0\end{cases} \Rightarrow \begin{cases}a=-10,\\ b=8.\end{cases}$$

【答案】 D

题型二：因式分解

▶【特征分析1】形如 $ax^2+bx+c=0$，方法：十字相乘法.

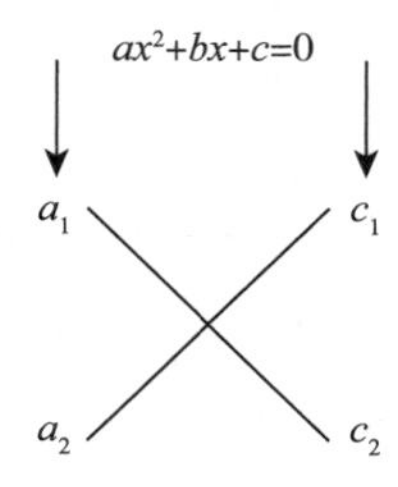

若 $a_1c_2+a_2c_1=b$，则 $(a_1x+c_1)(a_2x+c_2)=0$.

例3 在实数范围内，将多项式 $(x+1)(x+2)(x+3)(x+4)-120$ 分解因式，得（　　）.

A. $(x+1)(x-6)(x^2-5x+16)$

B. $(x-1)(x+6)(x^2+5x+16)$

C. $(x+1)(x+6)(x^2-5x+16)$

D. $(x-1)(x+6)(x^2+5x-16)$

E. 以上均不正确

【解析】原式$=(x+1)(x+4)(x+2)(x+3)-120$

$$=(x^2+5x+5-1)(x^2+5x+5+1)-120=(x^2+5x+5)^2-121$$

$$=(x-1)(x+6)(x^2+5x+16).$$

【答案】B

【敲黑板】

可采用特值法，令 $x=-1$，原式 $=-120$，排除 A，C，令 $x=0$，原式 $=-96$，故排除 D.

【特征分析 2】形如 $ax+bxy+cy+d=0$，方法：十字相乘法.

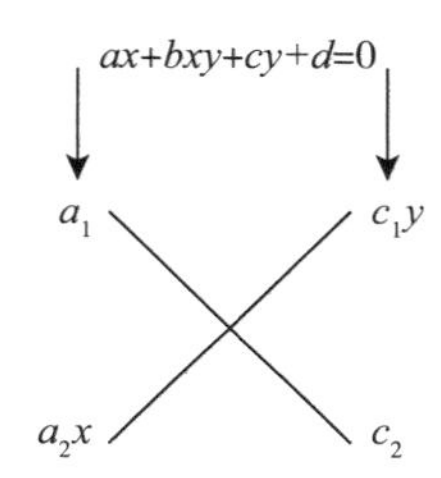

若$\begin{cases}a_1c_2=d,\\a_2c_1=b\end{cases}\Rightarrow(a_1+c_1y)(a_2x+c_2)=0.$

例 4 x,y 为整数，且 $2x-xy+3y-6=0$，则 xy 的乘积为（　　）.

A. 1　　B. 2　　C. 3　　D. 6　　E. 无法确定

【解析】原式分解为 $(2-y)(x-3)=0$.

【答案】E

例 5 x,y 为整数，且 $x-xy+y-1=0$，则 xy 的乘积为（　　）.

A. 1　　B. 2　　C. 3　　D. 6　　E. 无法确定

【解析】原式分解为 $(1-y)(x-1)=0$.

【答案】E

例 6 方程 $6xy+4x-9y-7=0$ 的整数解有（　　）种情况.

A. 1　　B. 2　　C. 3　　D. 4　　E. 无数

【解析】将原式中的-7 拆分成$-6-1$，分解得 $(2x-3)(2+3y)-1=0$，由题意得$\begin{cases}2x-3=1,\\2+3y=1\end{cases}$或

$\begin{cases}2x-3=-1,\\2+3y=-1,\end{cases}$ 解得 $\begin{cases}x=2,\\y=-\dfrac{1}{3}\end{cases}$（舍去）或 $\begin{cases}x=1,\\y=-1,\end{cases}$ 所以只有一组整数解，选 A.

【答案】A

例 7　设 m,n 是正整数，则能确定 $m+n$ 的值.

(1) $\dfrac{1}{m}+\dfrac{3}{n}=1$.　　　　(2) $\dfrac{1}{m}+\dfrac{2}{n}=1$.

【解析】条件(1)变形 $\dfrac{1}{m}+\dfrac{3}{n}=1\Rightarrow n-mn+3m-3=-3$，因式分解得 $(n-3)(1-m)=-3$. 由于 m,n 为正整数，$m\neq1$，所以 $(1-m)<0$，则

$$\begin{cases}1-m=-1,\\n-3=3\end{cases}\Rightarrow\begin{cases}m=2,\\n=6\end{cases}\text{或}\begin{cases}1-m=-3,\\n-3=1\end{cases}\Rightarrow\begin{cases}m=4,\\n=4.\end{cases}$$

同理，由条件(2)可得 $\begin{cases}m=2,\\n=4\end{cases}$ 或 $\begin{cases}m=3,\\n=3.\end{cases}$

【答案】D

▶【特征分析 3】形如 $ax^2+bxy+cy^2+dx+ey+f=0$，方法：双十字相乘法.

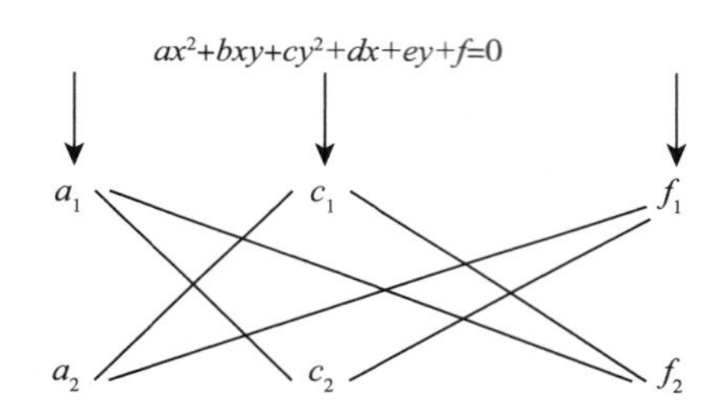

$$\begin{cases}a_1c_2+a_2c_1=b,\\c_1f_2+c_2f_1=e,\Rightarrow(a_1x+c_1y+f_1)(a_2x+c_2y+f_2)=0.\\a_1f_2+a_2f_1=d\end{cases}$$

例 8　可将 $2x^2-7xy-22y^2-5x+35y-3$ 因式分解为（　　）.

A. $(x+2y-3)(2x-11y+1)$

B. $(x-2y-3)(2x-11y+1)$

C. $(x+2y+3)(2x-11y+1)$

D. $(x+2y-3)(2x+11y+1)$

E. 以上均不正确

【解析】原式 $=(x+2y-3)(2x-11y+1)$.

【答案】A

例 9 已知 x,y 是 20 以内的质数,且满足 $x^2+2y^2-3xy-21x+23y+38=0$,则满足条件的数组$(x,y)$ 共有(　　)组.

A. 1　　B. 2　　C. 3　　D. 4　　E. 无数

【解析】原方程因式分解得 $(x-y-2)(x-2y-19)=0$,则有 $x-y=2$ 或 $x-2y=19$.

当 $x-y=2$ 时,得数组(x,y):(5,3),(7,5),(13,11),(19,17).

当 $x-2y=19$ 时,没有满足条件的质数.

【答案】D

题型三:余式定理

▶**【特征分析】**多项式 $f(x)\div(x-a)=$ 商 + 余式,变形:令 $f(x)=$ 商 $\times(x-a)+$ 余式,强制法:令除式$(x-a)=0\Rightarrow x=a$,代回原式 $f(a)=$ 商 $\times(a-a)+$ 余式 $\Rightarrow f(a)=$ 余式.

例 10 已知多项式 $f(x)=x^3+a^2x^2+ax-1$ 除以 $x+1$ 余 -2,则实数 a 的值为(　　).

A. 1　　B. 1 或 0　　C. -1　　D. -1 或 0　　E. 1 或 -1

【解析】$f(x)=x^3+a^2x^2+ax-1=$ 商 $\times(x+1)-2$.

令 $x+1=0$ 得 $f(-1)=-1+a^2-a-1=-2$,解得 $a=1$ 或 0.

【答案】B

例 11 设 $f(x)$ 为实系数多项式,除以 $x-1$,余式为 1,除以 $x-2$,余式为 3,则 $f(x)$ 除以 $(x-1)(x-2)$ 的余式为(　　).

A. $x+1$　　B. $x-1$　　C. $2x-1$　　D. $2x+1$　　E. $2x+3$

【解析】已知 $f(1)=1$,$f(2)=3$,设 $f(x)=(x-1)(x-2)\times$ 商 $+(ax+b)$,有

$$\begin{cases}f(1)=a+b=1,\\f(2)=2a+b=3\end{cases}\Rightarrow\begin{cases}a=2,\\b=-1,\end{cases}$$

故余式为 $2x-1$.

【答案】C

【敲黑板】

因为 $f(x)$ 除以 $(x-1)(x-2)$,除式含有 $x-1$ 和 $x-2$,则将 $f(1)=1$,$f(2)=3$ 代入选项验证 C 成立.

例 12 设多项式 $f(x)$ 除以 $x-1$,x^2-2x+3 的余式分别是 2,$4x+6$,则 $f(x)$ 除以 $(x-1)(x^2-2x+3)$ 的余式为(　　).

A. $4x^2+12x-6$　　B. $-4x^2+12x-6$

C. $-4x^2+12x+6$　　D. $-4x^2-12x-6$

E. $4x^2-12x-6$

【解析】根据题意，设 $f(x)=(x-1)(x^2-2x+3)q(x)+a(x^2-2x+3)+4x+6$，再由 $f(1)=2a+10=2\Rightarrow a=-4$，所以余式为 $-4x^2+12x-6$.

【答案】B

【敲黑板】

因为除式 $(x-1)(x^2-2x+3)$ 含有 $x-1$，则将 $f(1)=2$ 代入选项验证B成立.

第 20 讲　分式及其运算

考点解读

1. 分式的定义

用 A,B 表示两个整式，$A\div B$ 就可以表示成 $\frac{A}{B}$ 的形式，如果 B 中含有字母，式子 $\frac{A}{B}$ 就叫作分式，其中 A 为分子，B 为分母.

2. 分式的基本性质

分式的分子和分母同时乘以或除以同一个不为零的整式，分式的值不变.

3. 分式的运算法则

(1)同分母分式加减法则：分母不变，将分子相加减.

(2)异分母分式加减法则：通分后，再按照同分母分式的加减法则计算.

(3)分式的乘法法则：用分子的积作分子，分母的积作分母.

(4)分式的除法法则：把除式变为其倒数再与被除式相乘.

(5)分式的乘方法则：把分式的分子、分母分别乘方.

高能提示

1. 出题频率：级别低，难度易，得分率高，出题形式固定，需要格外注意分母不为零的问题，要求考生掌握分式的基本运算方法和分式求值.

2. 考点分布：分式化简求值.

3. 解题方法：会进行分式的加、减、乘、除及混合运算，掌握分式的化简、求值的方法和技巧.

题型归纳

题型：分式化简

▶【特征分析】分式表达式的化简计算主要包括多项式求和的裂项抵消化简、分式的等比定理应用、常见非负性的应用及因式分解等.

例 1 化简 $\frac{1}{x^2+3x+2}+\frac{1}{x^2+5x+6}+\cdots+\frac{1}{x^2+201x+10\ 100}$ 为(　　).

A. $\frac{100}{(x-1)(x-101)}$

B. $\frac{100}{(x+1)(x-101)}$

C. $\frac{100}{(x+1)(x+101)}$

D. $\frac{100}{(x-1)(x+101)}$

E. $\frac{101}{(x-1)(x+101)}$

【解析】 $\frac{1}{x^2+3x+2}+\frac{1}{x^2+5x+6}+\cdots+\frac{1}{x^2+201x+10\ 100}$

$$=\frac{1}{(x+1)(x+2)}+\frac{1}{(x+2)(x+3)}+\cdots+\frac{1}{(x+100)(x+101)}$$

$$=\left(\frac{1}{x+1}-\frac{1}{x+2}\right)+\left(\frac{1}{x+2}-\frac{1}{x+3}\right)+\cdots+\left(\frac{1}{x+100}-\frac{1}{x+101}\right)$$

$$=\frac{1}{x+1}-\frac{1}{x+101}=\frac{100}{(x+1)(x+101)}.$$

【答案】C

【敲黑板】

形如 $f(x)=\frac{p}{mx^2+nx+q}=\frac{p}{(ax+b)(ax+c)}=\frac{p}{c-b}\left(\frac{1}{ax+b}-\frac{1}{ax+c}\right)$，尤其是 $f(x)=\frac{1}{x(x+m)}=\frac{1}{m}\left(\frac{1}{x}-\frac{1}{x+m}\right)$，需掌握拆项裂项法的题型技巧，也可优先采用特值法，选项与题干保持一致. 对于本题，当 $x=1$ 时，题干有意义，选项 A,D,E 分母无意义，当 $x=101$ 时，题干有意义，选项 B 分母无意义.

例 2 对于使 $\frac{ax+9}{bx+13}(ab\neq 0)$ 有意义的一切 x 的值，这个分式为一个定值.

(1) $9a-13b=0$.

(2) $13a-9b=0$.

【解析】根据题干分析 $x\in \mathbf{R}$ 时，分式值不变，利用等比定理化简题干，得

$$\frac{ax+9}{bx+13}=\frac{ax}{bx}=\frac{9}{13}\Rightarrow 13a-9b=0.$$

条件(2)与题干保持一致.

【答案】B

例 3 $\frac{a^2-b^2}{19a^2+96b^2}=\frac{1}{134}$.

(1) a,b 均为实数,且 $|a^2-2|+(a^2-b^2-1)^2=0$.

(2) a,b 均为实数,且 $\frac{a^2b^2}{a^4-2b^4}=1$.

【解析】由条件(1)得 $\begin{cases}a^2-2=0,\\a^2-b^2-1=0\end{cases}\Rightarrow\begin{cases}a^2=2,\\b^2=1,\end{cases}$ 代入验证得等式成立.

由条件(2)得

$a^4-a^2b^2-2b^4=0\Rightarrow(a^2-2b^2)(a^2+b^2)=0\Rightarrow a^2=2b^2$ 或 $a^2=b^2=0$(舍去),成立.

【答案】D

【敲黑板】

常见非负性 $|a|+\sqrt{b}+c^2=0\Rightarrow a=0,b=0,c=0$. 因式分解的十字相乘法是此题考查的重点.

第 21 讲　集合与函数

考点解读

一、集合

1. 集合的概念

(1)集合:将能够确切指定的一些对象看成一个整体,这个整体就叫作集合,简称集.

(2)元素:集合中各个对象叫作这个集合的元素.

2. 元素与集合的关系

(1)属于:如果 a 是集合 A 的元素,称 a 属于 A,记作 $a\in A$.

(2)不属于:如果 a 不是集合 A 的元素,称 a 不属于 A,记作 $a\notin A$.

3. 集合中元素的性质

(1)确定性:按照明确的判断标准给定一个元素或者在这个集合里或者不在,不能模棱两可.

(2)互异性:集合中的元素没有重复.

(3)无序性:集合中的元素没有一定的顺序(通常用正常的顺序写出).

4. 集合与集合的运算

(1) 交集：一般地，由所有属于 A 且属于 B 的元素所组成的集合，叫作 A,B 的交集. 记作 $A\cap B$(读作“A 交 B”)，即 $A\cap B=\{x\mid x\in A,且\ x\in B\}$.

(2) 并集：一般地，由所有属于集合 A 或属于集合 B 的元素所组成的集合，叫作 A,B 的并集. 记作：$A\cup B$(读作“A 并 B”)，即 $A\cup B=\{x\mid x\in A,或\ x\in B\}$.

(3) 补集：设 S 是一个集合，A 是 S 的一个子集，由 S 中所有不属于 A 的元素组成的集合，叫作 S 中子集 A 的补集(或余集)，记作 $\complement_S A$ 或 $\overline{A}$，即 $\complement_S A=\{x\mid x\in S\ 且\ x\notin A\}$.

(4) 全集：如果集合 S 含有我们所要研究的各个集合的全部元素，这个集合就可以看作一个全集，通常用 U 来表示.

5. 集合的性质

(1)若集合中含有 n 个元素，则这个集合的子集有 2^n 个，真子集有 2^n-1 个.

(2)若 $A\subseteq B$，则 $A\cap B=A$，$A\cup B=B$.

高能提示

1. 出题频率：级别低，难度易，集合主要涉及一些基本概念，基础运算.
2. 考点分布：子集、真子集的关系，一般与算术知识点相结合.
3. 解题方法：掌握集合的概念并会应用.

二、一元二次函数 $y=ax^2+bx+c(a\neq 0)$

图像：抛物线

(1)开口方向：$a>0$ 向上，$a<0$ 向下.

(2)对称轴：$x=-\dfrac{b}{2a}$.

(3)顶点坐标：$\left(-\dfrac{b}{2a},\dfrac{4ac-b^2}{4a}\right)$.

(4)截距：图像与坐标轴交点坐标.

① y 轴截距：令 $x=0$，则 $y=c$.

② x 轴截距：令 $y=0$，则 $ax^2+bx+c=0$.

当 $\Delta=b^2-4ac>0$ 时，有两个不同交点；

当 $\Delta=b^2-4ac=0$ 时，有一个交点；

当 $\Delta=b^2-4ac<0$ 时，无交点.

③零点情况：$f(x)=ax^2+bx+c=a(x-x_1)(x-x_2)$，令 $f(x)=0\Rightarrow ax^2+bx+c=0$，方程的根 x_1 和 x_2 即为零点.

(5)最值：$\begin{cases} a>0\text{时，有最小值}\dfrac{4ac-b^2}{4a}, \\ a<0\text{时，有最大值}\dfrac{4ac-b^2}{4a}. \end{cases}$

(6)恒正，恒负.

①恒正 $\begin{cases} a>0, \\ \Delta=b^2-4ac<0. \end{cases}$

②恒负 $\begin{cases} a<0, \\ \Delta=b^2-4ac<0. \end{cases}$

高能提示

1. 出题频率：级别高，难度中，得分率高，一般会与方程和不等式相结合出题.
2. 考点分布：二次函数的对称轴和最值问题.
3. 解题方法：熟记二次函数的相关公式，掌握二次函数图像的特征.

三、指数函数和对数函数

1. 指数和对数的运算公式

名称	指数	对数
定义	$a^b=N$	$\log_a N=b$(b 叫作以 a 为底 N 的对数)
关系式	$a^b=N \Leftrightarrow \log_a N=b(a>0,a\neq1,N>0)$	
运算性质	(1)$a^r\cdot a^s=a^{r+s}$. (2)$(a^r)^s=a^{rs}$. (3)$(ab)^r=a^rb^r$. (4)$a^0=1,a^{-p}=\dfrac{1}{a^p}(a\neq0)$	(1)$\log_a M+\log_a N=\log_a(MN)$. (2)$\log_a M-\log_a N=\log_a\dfrac{M}{N}$. (3)$\log_a M^n=n\log_a M$. (4)(换底公式)$\log_a N=\dfrac{\log_b N}{\log_b a}$

2. 指数函数和对数函数的图像及性质

名称	指数函数	对数函数
表达式	$y=a^x(a>0,a\neq1)$	$y=\log_a x(a>0,a\neq1)$
图像	$y=a^x$ $(0<a<1)$　$y=a^x$ $(a>1)$　y　1　O　x	y　$y=\log_a x(a>1)$　1　O　x　$y=\log_a x(0<a<1)$

续表

名称	指数函数	对数函数
性质	(1) 定义域:$\mathbf{R}$. (2) 值域:$(0,+\infty)$. (3) 恒过点$(0,1)$. (4) 当$a>1$时,在$\mathbf{R}$上是增函数;当$0<a<1$时,在$\mathbf{R}$上是减函数	(1) 定义域:$(0,+\infty)$. (2) 值域:$\mathbf{R}$. (3) 恒过点$(1,0)$. (4) 当$a>1$时,在$(0,+\infty)$上是增函数;当$0<a<1$时,在$(0,+\infty)$上是减函数
关系	$y=a^x$与$y=\log_a x$互为反函数,两者图像关于$y=x$对称	

高能提示

1. 出题频率:级别低,难度易,不会单独出题,要求考生熟练掌握指数函数和对数函数的性质,并能灵活应用.

2. 考点分布:一般会与方程和不等式相结合出题.

3. 解题方法:熟记指数、对数的基本公式、性质,指数、对数方程一般要经过换元,化同底,转化为一元二次方程来分析,注意换元前后定义域的取值范围.

题型归纳

题型一:集合与集合的关系

【特征分析】 熟练掌握子集与真子集的区别,根据集合的性质会求交集、并集等.

例 1 若$A=\{(x,y)\mid y=x\}$,$B=\left\{(x,y)\left|\ \frac{y}{x}=1\right.\right\}$,则$A$和$B$的关系是(　　).

A. $B\subsetneqq A$　　B. $A\subseteq B$　　C. $A\notin B$　　D. $A=B$　　E. $A\subsetneqq B$

【解析】集合与集合之间关系有两种情况:子集与真子集.

因为集合A中的点满足$y=x$,集合B中的点满足$y=x$且$x\neq 0$,所以B是A的真子集.

【答案】A

【敲黑板】

此题考查的是真子集的特点,首先真子集是在子集的前提下,真子集的范围比子集的范围小并且元素不能等于其本身.

例 2 已知$A=\{-4,2,a-1,a^2\}$,$B=\{9,a-5,1-a\}$,且$A\cap B=\{9\}$,则$a=$(　　).

A. 10　　B. 3　　C. -10　　D. -3　　E. 3或10

【解析】该题入手点为$A\cap B=\{9\}$,且应用集合的确定性、无序性、互异性.

由题意知$a-1=9$或$a^2=9$,所以$a=10$或3或-3.

① 若$a=10$,则$A=\{-4,2,9,100\}$,$B=\{9,5,-9\}$.

② 若 $a=3$，则 $A=\{-4,2,2,9\}$，舍去.

③ 若 $a=-3$，则 $A=\{-4,2,-4,9\}$，舍去.

【答案】A

> 【敲黑板】
>
> 此题考查的是交集的问题，利用了元素的互异性来解题.

题型二：求二次函数系数问题

▶【特征分析】该类题型的特点是(1)给出二次函数图像的开口方向及恒过点的坐标；(2)根据二次函数的对称轴、截距、最值等特征来解题.

例 3 已知 $y=ax^2+bx+c$ 的图像如图所示，则该抛物线解析式应为(　　).

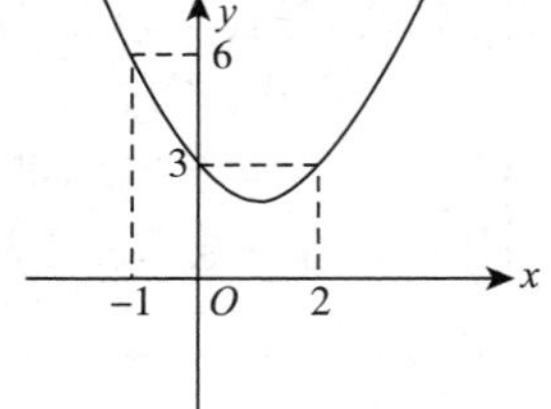

A. $y=x^2-2x-3$　　B. $y=x^2-4x+3$

C. $y=x^2-2x+3$　　D. $y=x^2-x+3$

E. $y=x^2+2x+3$

【解析】根据图像知 $y=ax^2+bx+c$ 过点 $(0,3)$，$(-1,6)$ 和 $(2,3)$，代入解得 $a=1$，$b=-2$，$c=3$，故解析式为 $y=x^2-2x+3$.

【答案】C

例 4 已知抛物线 $y=x^2+bx+c$ 的对称轴为 $x=1$，且过点 $(-1,1)$，则(　　).

A. $b=-2, c=-2$　　B. $b=2, c=2$

C. $b=-2, c=2$　　D. $b=-1, c=1$

E. $b=1, c=1$

【解析】根据对称轴公式 $x=-\frac{b}{2a}=-\frac{b}{2}=1 \Rightarrow b=-2$. 又因为点 $(-1,1)$ 在抛物线上，即 $1-b+c=1$，解得 $c=-2$.

【答案】A

例 5 设 a,b 为实数. 则 $a=1, b=4$.

(1)曲线 $y=ax^2+bx+1$ 与 x 轴的两个交点的距离为 $2\sqrt{3}$.

(2)曲线 $y=ax^2+bx+1$ 关于直线 $x+2=0$ 对称.

【解析】条件(1)，设两个交点为 $(x_1,0)$，$(x_2,0)$，则两个交点之间的距离为 $|x_1-x_2|=\frac{\sqrt{b^2-4a}}{|a|}=2\sqrt{3}$，不充分.

条件(2)，二次函数对称轴为 $x=-\frac{b}{2a}=-2 \Rightarrow b=4a$，不充分.

条件(1)和(2)联合$\begin{cases}\dfrac{\sqrt{b^2-4a}}{|a|}=2\sqrt{3}, \\ -\dfrac{b}{2a}=-2\end{cases}\Rightarrow a=1, b=4$,充分.

【答案】C

题型三:求最值问题

▶【特征分析】最值的核心问题在于对称轴方程,从两个方向来判断.(1)当对称轴在定义域上,利用开口方向和最值公式;(2)当对称轴不在定义域上,需要画图像来讨论.

例 6　一元二次函数 $y=x(1-x)$ 的最大值为(　　).

A. 0.05　　B. 0.10　　C. 0.15　　D. 0.20　　E. 0.25

【解析】已知 $y=x(1-x)=-x^2+x$,开口向下,定义域为全体实数,故当 $x=0.5$ 时取得最大值 0.25.

【答案】E

例 7　设实数 x, y 满足 $x+2y=3$,则 x^2+y^2+2y 的最小值为(　　).

A. 4　　B. 5　　C. 6　　D. $\sqrt{5}-1$　　E. $\sqrt{5}+1$

【解析】将 $x=3-2y$ 代入,得 $x^2+y^2+2y=5y^2-10y+9$,看成 y 的二次函数,利用二次函数最值公式,得最小值为 $\dfrac{4ac-b^2}{4a}=4$.

【答案】A

例 8　设二次函数 $y=ax^2+bx+c$,当 $x=3$ 时取得最大值 10,并且它的图像在 x 轴上所截得的线段长为 4,那么 $a+b+c=$(　　).

A. 1　　B. 4　　C. 5　　D. 2　　E. 0

【解析】因为当 $x=3$ 时取得最大值 10,且它的图像在 x 轴上所截得的线段长为 4,故图像与 x 轴交点为 $(1,0)$ 和 $(5,0)$,将 $x=1$ 代入得 $a+b+c=0$.

【答案】E

例 9　设 x, y 是实数,则可以确定 x^3+y^3 的最小值.

(1) $xy=1$.　　(2) $x+y=2$.

【解析】该题考查两点:一是立方和公式,二是二次函数最值问题.

由题干:$x^3+y^3=(x+y)^3-3xy(x+y)$.

条件(1),不能确定最小值,不充分.

条件(2),$x+y=2\Rightarrow y=2-x$,则原式 $=8-6xy=8-12x+6x^2$,是开口向上的抛物线,有最小值,为 2,充分.

【答案】B

题型四：二次函数 $y=ax^2+bx+c$ 零点问题

▶【特征分析】抛物线与 x 轴相交于两点 $(x_1,0)$ 和 $(x_2,0)$，即

$$y=ax^2+bx+c=a(x-x_1)(x-x_2).$$

方法：令 $y=0$，即 $a(x-x_1)(x-x_2)=0 \Rightarrow$ 两个零点为 $x=x_1$ 和 $x=x_2$.

例 10 已知 $f(x)=x^2+ax+b$，则 $0\leqslant f(1)\leqslant 1$.

(1) $f(x)$ 在区间 $[0,1]$ 上有两个零点.

(2) $f(x)$ 在区间 $[1,2]$ 上有两个零点.

【解析】此题考查的是二次函数零点问题.

令 $f(x)=x^2+ax+b=(x-x_1)(x-x_2)$，它的两个零点是 x_1 和 x_2，有

$$f(1)=(1-x_1)(1-x_2).$$

由条件(1)得 $\begin{cases}0\leqslant x_1\leqslant 1,\\0\leqslant x_2\leqslant 1\end{cases}\Rightarrow\begin{cases}0\leqslant(1-x_2)\leqslant 1,\\0\leqslant(1-x_1)\leqslant 1.\end{cases}$

$$f(1)=(1-x_1)(1-x_2)\Rightarrow 0\leqslant f(1)\leqslant 1.$$

同理，由条件(2)也可以推出题干成立.

【答案】D

> 【敲黑板】
>
> 只要看到 $f(x)=ax^2+bx+c$，涉及零点问题，马上令 $f(x)=0$，解出方程的根，即为 f 的零点.

例 11 设函数 $f(x)=(ax-1)(x-4)$，$a\neq 0$，则在 $x=4$ 左侧附近有 $f(x)<0$.

(1) $a>\dfrac{1}{4}$.　　　　(2) $a<4$.

【解析】此题考查二次函数零点问题. 令 $f(x)=0\Rightarrow x_1=\dfrac{1}{a}$，$x_2=4$.

条件(1)，由 $a>\dfrac{1}{4}$，开口方向向上 $\Rightarrow\dfrac{1}{a}<4$，则在 $x=4$ 左侧附近有 $f(x)<0$.

条件(2)，由 $a<4$，不能确定正负情况，即不能确定开口方向，则无法判定 $f(x)$ 在 $x=4$ 左侧附近的正负情况.

【答案】A

题型五：指数和对数的计算

▶【特征分析】指数和对数基本公式的应用.

例 12 已知 $3^x+3^{-x}=4$，则 27^x+27^{-x} 的值是（　　）.

A. 64　　B. 60　　C. 52　　D. 48　　E. 36

【解析】因为 $3^x+3^{-x}=4$,所以 $27^x+27^{-x}=(3^x+3^{-x})^3-3(3^x+3^{-x})=52$,选 C.

【答案】C

例 13　方程 $(x^2+x-1)^{x+4}=1$ 的所有整数解的个数是(　　).

A. 2　　B. 3　　C. 4　　D. 5　　E. 6

【解析】$f(x)^{g(x)}=1\Rightarrow\begin{cases}f(x)\neq 0, g(x)=0,\\ f(x)=1, g(x)\text{ 的值域为全体实数},\\ f(x)=-1, g(x)\text{ 的值域为全体偶数}.\end{cases}$

分三种情况.

第一种:$x+4=0$ 且 $x^2+x-1\neq 0$,则 $x=-4$;

第二种:$x^2+x-1=1$,则 $x=-2$ 或 $x=1$;

第三种:$x^2+x-1=-1$ 且 $x+4$ 是偶数,则 $x=0$.

综上所述,方程整数解的个数为 4.

【答案】C

例 14　已知 $\lg(x+y)+\lg(2x+3y)-\lg 3=\lg 4+\lg x+\lg y$,则 $x:y$ 的值为(　　).

A. 2 或 $\frac{1}{3}$　　B. $\frac{1}{2}$ 或 3　　C. $\frac{1}{2}$　　D. $\frac{3}{2}$　　E. 3

【解析】原式化为 $\lg\frac{(x+y)(2x+3y)}{3}=\lg(4xy)\Rightarrow\frac{(x+y)(2x+3y)}{3}=4xy$,令 $y=1$,可解出 $x=\frac{1}{2}$ 或 3.

【答案】B

基础能力练习题

一、问题求解

1. 集合 $A=\{0,2,a\}$，$B=\{1,a^2\}$，若 $A\cup B=\{0,1,2,4,16\}$，则 a 的值为（　　）.

A. 0　　B. 1　　C. 2　　D. 3　　E. 4

2. 已知 $f(x)=\frac{1}{(x+1)(x+2)}+\frac{1}{(x+2)(x+3)}+\cdots+\frac{1}{(x+9)(x+10)}$，则 $f(8)=$（　　）.

A. $\frac{1}{9}$　　B. $\frac{1}{10}$　　C. $\frac{1}{16}$　　D. $\frac{1}{17}$　　E. $\frac{1}{18}$

3. 设 n 为正整数，$(-2)^{2n+1}+2(-2)^{2n}$ 的计算结果是（　　）.

A. 0　　B. 1　　C. 2^{2n+1}　　D. -2^{2n+1}　　E. 2

4. $(-3x^ny)^2\cdot 3x^{n-1}y$ 的计算结果是（　　）.

A. $9x^{3n-1}y^2$　　B. $12x^{3n-1}y^3$　　C. $27x^ny^3$　　D. $27x^{3n-1}y^3$　　E. $27x^{3n+1}y^3$

5. 若 a,b,c 为互不相等的实数，且 $abc=1$，那么 $\frac{a}{ab+a+1}+\frac{b}{bc+b+1}+\frac{c}{ca+c+1}=$（　　）.

A. -1　　B. 0　　C. 1　　D. 0 或 1　　E. ±1

6. 已知 $x-2y=-2$，$b=-4\ 089$，则 $2bx^2-8bxy+8by^2-8b=$（　　）.

A. -1　　B. 0　　C. 1　　D. 2　　E. 2 008

7. 已知 $a=2\ 017x+2\ 018$，$b=2\ 017x+2\ 019$，$c=2\ 017x+2\ 020$，则多项式 $a^2+b^2+c^2-ab-bc-ac=$（　　）.

A. 0　　B. 1　　C. 2　　D. 3　　E. 2 008

8. 若 $\frac{1}{2y^2+3y+7}=\frac{1}{8}$，则 $\frac{1}{4y^2+6y-9}=$（　　）.

A. $\frac{1}{2}$　　B. $-\frac{1}{17}$　　C. $-\frac{1}{7}$　　D. $\frac{1}{7}$　　E. $\frac{1}{17}$

9. 若多项式 $f(x)=x^3+a^2x^2+x-3a$ 能被 $x-1$ 整除，则实数 $a=$（　　）.

A. 0　　B. 1　　C. 0 或 1　　D. 2 或 -1　　E. 1 或 2

10. 化简分式 $\left(x-y+\frac{4xy}{x-y}\right)\left(x+y-\frac{4xy}{x+y}\right)$ 的结果是（　　）.

A. y^2-x^2　　B. x^2-y^2　　C. x^2-4y^2　　D. $4x^2-y^2$　　E. x^2+y^2

11. 已知 a,b,c 是不全相等的任意实数，若 $x=a^2-bc$，$y=b^2-ac$，$z=c^2-ab$，则 x,y,z（　　）.

A. 都大于 0　　B. 至少有一个大于 0

C. 至少有一个小于 0　　D. 都不小于 0

E. 以上均不正确

12. 已知集合 $U=\mathbf{R}$,集合 $A=\{x|3\leqslant x<7\}$,$B=\{x|x^2-7x+10<0\}$,则$\overline{A\cap B}=$(　　).

A. $(-\infty,3)\cup(5,+\infty)$　　B. $(-\infty,3)\cup[5,+\infty)$

C. $(-\infty,3]\cup[5,+\infty)$　　D. $(-\infty,3]\cup(5,+\infty)$

E. $(-\infty,-3)\cup[5,+\infty)$

13. 已知 $a+b+c=0$,$a+2b+3c=0$,且 $abc\neq0$,则 $\dfrac{ab+bc+ca}{b^2}$ 的值为(　　).

A. $-\dfrac{3}{4}$　　B. $\dfrac{3}{4}$　　C. $-\dfrac{1}{2}$　　D. $\dfrac{1}{2}$　　E. $\dfrac{1}{5}$

14. 若 $\dfrac{x}{y}=-2$,则 $\dfrac{x^2-2xy-3y^2}{x^2-6xy-7y^2}$ 的值为(　　).

A. $-\dfrac{4}{9}$　　B. $-\dfrac{5}{9}$　　C. $\dfrac{1}{2}$　　D. $\dfrac{5}{9}$　　E. $\dfrac{4}{9}$

15. 如果多项式 $f(x)=x^3+px^2+qx+6$ 有一次因式 $x+1$ 和 $x-\dfrac{3}{2}$,则第三个一次因式是(　　).

A. $x-2$　　B. $x+2$　　C. $x-4$　　D. $x+4$　　E. $x+1$

二、条件充分性判断

16. $\dfrac{a}{a^2+7a+1}=\dfrac{1}{10}$.

(1) $a+\dfrac{1}{a}=3$.　　(2) $a+\dfrac{1}{a}=2$.

17. x^4+mx^2-px+2 能被 x^2+3x+2 整除.

(1) $m=-6,p=3$.　　(2) $m=3,p=-6$.

18. 已知 $(x+2)(x^2+ax+b)$ 中不含 x 的二次项和一次项.

(1) $a=2,b=-4$.　　(2) $a=-2,b=4$.

19. 若 $f(x)=x^3+px^2+qx+6$,则 $pq=10$.

(1) $f(x)$ 含有因式 $x-1$.　　(2) $f(x)$ 含有因式 $x-3$.

20. $x^2+mxy+6y^2-10y-4=0$ 的图形是两条直线.

(1) $m=7$.　　(2) $m=-7$.

21. 对于使 $\dfrac{ax+7}{bx+11}(ab\neq0)$ 有意义的一切 x 的值,这个分式为一个定值.

(1) $7a-11b=0$.　　(2) $11a-7b=0$.

22. 设 x 是非零实数，则 $x^3+\dfrac{1}{x^3}=18$.

(1) $x+\dfrac{1}{x}=3$.　　(2) $x^2+\dfrac{1}{x^2}=7$.

23. 已知 $x+y\neq 0$，则分式 $\dfrac{2x}{x+y}$ 的值保持不变.

(1) y 和 x 都扩大为原来的 3 倍.　　(2) y 和 x 都扩大了原来的 3 倍.

24. $\dfrac{1}{(x-1)x}+\dfrac{1}{x(x+1)}+\cdots+\dfrac{1}{(x+9)(x+10)}=\dfrac{11}{12}$.

(1) $x=2$.　　(2) $x=-11$.

25. $|4x^2-5x+1|-4|x^2+2x+2|+3x+7=-20\ 100$.

(1) $x=2\ 010$.　　(2) $x=2\ 012$.

基础能力练习题解析

一、问题求解

1.【答案】E

【解析】由题意得 $\{a,a^2\}=\{4,16\}$，易知只有 $\begin{cases}a=4,\\ a^2=16\end{cases}$ 满足题意，于是 $a=4$.

2.【答案】E

【解析】$f(x)=\left(\dfrac{1}{x+1}-\dfrac{1}{x+2}\right)+\left(\dfrac{1}{x+2}-\dfrac{1}{x+3}\right)+\cdots+\left(\dfrac{1}{x+9}-\dfrac{1}{x+10}\right)=\dfrac{1}{x+1}-\dfrac{1}{x+10}$，因此 $f(8)=\dfrac{1}{9}-\dfrac{1}{18}=\dfrac{1}{18}$.

3.【答案】A

【解析】$(-2)^{2n+1}+2(-2)^{2n}=-2\cdot(-2)^{2n}+2(-2)^{2n}=0$.

4.【答案】D

【解析】去括号整理即可.

5.【答案】C

【解析】由 $abc=1$ 知 $a=\dfrac{1}{bc}$，所以 $\dfrac{a}{ab+a+1}+\dfrac{b}{bc+b+1}+\dfrac{c}{ca+c+1}=\dfrac{\frac{1}{bc}}{\frac{1}{bc}\cdot b+\frac{1}{bc}+1}+\dfrac{b}{bc+b+1}+\dfrac{c}{\frac{1}{bc}\cdot c+c+1}=\dfrac{1}{bc+b+1}+\dfrac{b}{bc+b+1}+\dfrac{bc}{bc+b+1}=1$.

6.【答案】B

【解析】 $2bx^2-8bxy+8by^2-8b=2b(x^2-4xy+4y^2-4)=2b[(x-2y)^2-4]$

$$=2b[(-2)^2-4]=0.$$

7.【答案】D

【解析】$a^2+b^2+c^2-ab-bc-ac=\frac{1}{2}[(a-b)^2+(b-c)^2+(c-a)^2]=3.$

8.【答案】C

【解析】由题意：$2y^2+3y=1\Rightarrow 4y^2+6y-9=-7\Rightarrow \frac{1}{4y^2+6y-9}=-\frac{1}{7}.$

9.【答案】E

【解析】由题意：$f(1)=1+a^2+1-3a=0$，解得 $a=1$ 或 2.

10.【答案】B

【解析】$\left(x-y+\frac{4xy}{x-y}\right)\left(x+y-\frac{4xy}{x+y}\right)=\frac{(x+y)^2}{x-y}\cdot\frac{(x-y)^2}{x+y}=x^2-y^2.$

11.【答案】B

【解析】$x+y+z=a^2+b^2+c^2-bc-ac-ab=\frac{1}{2}[(a-b)^2+(a-c)^2+(b-c)^2]>0.$

12.【答案】B

【解析】先将集合 B 化简，$B=\{x\mid x^2-7x+10<0\}=\{x\mid 2<x<5\}$，则 $A\cap B=\{x\mid 3\leqslant x<5\}$，因此 $\overline{A\cap B}=(-\infty,3)\cup[5,+\infty)$.

13.【答案】A

【解析】$a+b+c=0$，$a+2b+3c=0$，两式相减得 $b+2c=0$，即 $b=-2c$，所以 $a-2c+c=0$，即 $a=c$，那么 $\frac{ab+bc+ca}{b^2}=\frac{-2c^2-2c^2+c^2}{(-2c)^2}=\frac{-3c^2}{4c^2}$，因为 $abc\neq 0$，所以 $c\neq 0$，原式 $=-\frac{3}{4}$.

14.【答案】D

【解析】$\frac{x^2-2xy-3y^2}{x^2-6xy-7y^2}=\frac{\left(\frac{x}{y}\right)^2-2\left(\frac{x}{y}\right)-3}{\left(\frac{x}{y}\right)^2-6\left(\frac{x}{y}\right)-7}=\frac{5}{9}.$

15.【答案】C

【解析】设 $x^3+px^2+qx+6=(x+1)\left(x-\frac{3}{2}\right)(x+c)$，根据常数项，令 $x=0$，可得 $c=-4$.

二、条件充分性判断

16.【答案】A

【解析】$\frac{a}{a^2+7a+1}=\frac{1}{10}\Leftrightarrow\frac{1}{a+\frac{1}{a}+7}=\frac{1}{10}\Leftrightarrow a+\frac{1}{a}=3$，故条件(1)充分，条件(2)不充分.

17.【答案】A

【解析】设 $f(x)=x^2+3x+2=(x+1)(x+2)$，故 $f(-1)=f(-2)=0$，设 $g(x)=x^4+mx^2-px+2$，则有 $g(-1)=g(-2)=0$，从而有$\begin{cases}(-1)^4+m\cdot(-1)^2-p\cdot(-1)+2=0,\\(-2)^4+m\cdot(-2)^2-p\cdot(-2)+2=0,\end{cases}$解得 $m=-6,p=3$，故只有条件(1)充分.

18.【答案】B

【解析】条件(1)，$(x+2)(x^2+2x-4)=x^3+4x^2-8$，含有 x^2 项，不充分；

条件(2)，$(x+2)(x^2-2x+4)=x^3+8$，不含有 x 的二次项和一次项，充分.

19.【答案】C

【解析】条件(1)，$f(x)$ 含有因式 $x-1\Rightarrow f(1)=p+q+7=0$，不充分；

条件(2)，$f(x)$ 含有因式 $x-3\Rightarrow f(3)=27+9p+3q+6=0$，不充分；考虑联合，解上述两个方程所构成的方程组，得 $p=-2,q=-5$，因此 $pq=10$，充分.

20.【答案】D

【解析】条件(1)，$x^2+7xy+6y^2-10y-4=(x+y-2)(x+6y+2)=0$，因此 $x+y-2=0$ 或 $x+6y+2=0$，图形为两条直线，充分；

条件(2)，与条件(1)同理运用双十字相乘法，可知条件(2)充分.

21.【答案】B

【解析】条件(1)，$7a-11b=0\Rightarrow a=\frac{11}{7}b\Rightarrow\frac{ax+7}{bx+11}=\frac{11}{7}\frac{bx+\frac{49}{11}}{bx+11}$ 与 x 有关，不充分；

条件(2)，$11a-7b=0\Rightarrow a=\frac{7}{11}b\Rightarrow\frac{ax+7}{bx+11}=\frac{7}{11}\frac{bx+11}{bx+11}=\frac{7}{11}$，充分.

22.【答案】A

【解析】条件(1)，$x+\frac{1}{x}=3\Rightarrow x^3+\frac{1}{x^3}=\left(x+\frac{1}{x}\right)^3-3\left(x+\frac{1}{x}\right)=18$，充分；

条件(2)，$x^2+\frac{1}{x^2}=\left(x+\frac{1}{x}\right)^2-2=7\Rightarrow x+\frac{1}{x}=\pm 3\Rightarrow x^3+\frac{1}{x^3}=\left(x+\frac{1}{x}\right)^3-3\left(x+\frac{1}{x}\right)=\pm 18$，不充分.

23.【答案】D

【解析】条件(1),当 x,y 扩大为原来的 3 倍,$x\to 3x,y\to 3y,\dfrac{2\cdot 3x}{3x+3y}=\dfrac{2x}{x+y}$,充分;

条件(2),当 x,y 扩大了原来的 3 倍,$x\to 4x,y\to 4y,\dfrac{2\cdot 4x}{4x+4y}=\dfrac{2x}{x+y}$,亦充分.

24.【答案】D

【解析】此题可利用公式 $\dfrac{1}{m(m+1)}=\dfrac{1}{m}-\dfrac{1}{m+1}$,化简后再进行求解.

原式 $=\left(\dfrac{1}{x-1}-\dfrac{1}{x}\right)+\left(\dfrac{1}{x}-\dfrac{1}{x+1}\right)+\cdots+\left(\dfrac{1}{x+9}-\dfrac{1}{x+10}\right)=\dfrac{11}{12}$,即 $\dfrac{1}{x-1}-\dfrac{1}{x+10}=\dfrac{11}{12}$,解得 $x_1=2,x_2=-11$.

25.【答案】A

【解析】当 $x=2\ 010$ 或 $2\ 012$ 时,$4x^2-5x+1$ 和 x^2+2x+2 都大于零,故方程可以直接去掉绝对值符号得到 $-10x=-20\ 100$,当 $x=2\ 010$ 时,充分,故选 A.

强化能力练习题

一、问题求解

1. 若 $\log_2 a<0$，$\left(\frac{1}{2}\right)^b>1$，则（　　）.

A. $a>1,b>0$　　B. $a>1,b<0$

C. $0<a<1,b>0$　　D. $0<a<1,b<0$

E. $a<1,b<0$

2. 若 $a=3^{555}$，$b=4^{444}$，$c=5^{333}$，则 a,b,c 的大小关系是（　　）.

A. $a>b>c$　　B. $b>c>a$　　C. $b>a>c$　　D. $c>b>a$　　E. $a>c>b$

3. 已知 $x^2-3x+1=0$，则 $\left|x-\frac{1}{x}\right|=$（　　）.

A. $\sqrt{2}$　　B. $\sqrt{3}$　　C. 1　　D. 2　　E. $\sqrt{5}$

4. 若 $x^2-2xy-3y^2+3x-5y+2=0$ 能表示两条直线方程，则这两条直线斜率之积为（　　）.

A. $-\frac{1}{3}$　　B. $\frac{1}{3}$　　C. 3　　D. -3　　E. 1

5. 已知 $(2\ 020-a)(2\ 018-a)=2\ 019$，那么 $(2\ 020-a)^2+(2\ 018-a)^2=$（　　）.

A. 4 002　　B. 4 012　　C. 4 042　　D. 4 040　　E. 4 000

6. 已知全集 $U=\mathbf{R}$，集合 $A=\{x\mid x^2<4\}$，$B=\{x\mid x^2-2x>0\}$，则 $A\cap\overline{B}=$（　　）.

A. $(-\infty,2)$　　B. $(0,2)$　　C. $[0,2)$

D. $[0,2]$　　E. 以上均不正确

7. 多项式 x^3+ax^2+bx-6 的两个因式是 $x-1$ 和 $x-2$，则其第三个一次因式为（　　）.

A. $x-6$　　B. $x-3$　　C. $x+1$　　D. $x+2$　　E. $x+3$

8. 若 $0<x<1$，则 $\sqrt{\left(x-\frac{1}{x}\right)^2+4}-\sqrt{\left(x+\frac{1}{x}\right)^2-4}=$（　　）.

A. $\frac{2}{x}$　　B. $-\frac{2}{x}$　　C. $-2x$　　D. $2x$　　E. $3x$

9. 已知 $x=\frac{\sqrt{3}+\sqrt{2}}{\sqrt{3}-\sqrt{2}}$，$y=\frac{\sqrt{3}-\sqrt{2}}{\sqrt{3}+\sqrt{2}}$，则 $\frac{x^3-xy^2}{x^4y+2x^3y^2+x^2y^3}$ 的值为（　　）.

A. $\frac{2}{5}\sqrt{3}$　　B. $\frac{3}{5}\sqrt{6}$　　C. $\frac{3}{5}\sqrt{2}$　　D. $\frac{4}{5}\sqrt{6}$　　E. $\frac{2}{5}\sqrt{6}$

10. 已知 $(1-x)^5=a_0+a_1x+a_2x^2+a_3x^3+a_4x^4+a_5x^5$，则 $(a_0+a_2+a_4)(a_1+a_3+a_5)$ 的值等于（　　）.

A. -256　　B. 256　　C. 128　　D. -128　　E. 280

11. 若 $-4 < x < 1$,则 $\dfrac{x^2-2x+2}{2x-2}$ 有(　　).

A. 最小值 1　　B. 最大值 1　　C. 最小值 -1

D. 最大值 -1　　E. 以上均不正确

12. 已知 $a^{-m}=2, b^n=3$,则 $(a^{-2m}\cdot b^{-n})^{-3}$ 的值是(　　).

A. $\dfrac{27}{64}$　　B. $\dfrac{81}{32}$　　C. $\dfrac{9}{128}$　　D. $\dfrac{9}{64}$　　E. $\dfrac{25}{64}$

13. $f(x)=x^4+x^3-3x^2-4x-1$ 和 $g(x)=x^3+x^2-x-1$ 的最大公因式是(　　).

A. $x+1$　　B. $x-1$

C. $(x-1)(x+1)$　　D. $(x-1)(x+1)^2$

E. $(x+1)^2$

14. 下列等式中不一定成立的是(　　).

A. $a^2\cdot a\cdot a^3=(a^3)^2$　　B. $(ab)^m=a^m\cdot b^m$

C. $[(x+y)^2]^3=[(x+y)^3]^2$　　D. $(a^3)^{m+1}=a^3\cdot a^{m+1}$

E. $a^0=1(a\neq 0)$

15. 若 $2x^2+3x-a^2$ 与 $2x^3-3x^2-2x+3$ 有一次公因式,则 a 必不等于下列哪一个数(　　).

A. $\sqrt{5}$　　B. $-\sqrt{5}$　　C. 3　　D. -3　　E. 1

二、条件充分性判断

16. $x-2$ 是多项式 $f(x)=x^3+2x^2-ax+b$ 的因式.

(1) $a=1, b=2$.　　(2) $a=2, b=3$.

17. $x^2+y^2+z^2-xy-yz-xz=75$.

(1) $x-y=5$.　　(2) $z-y=10$.

18. $\dfrac{1}{xy}>\dfrac{1}{6}$.

(1) $x<3$ 且 $y<2$.　　(2) x,y 均为正实数.

19. 能够确定 $x^2+\dfrac{1}{x^2}=7$.

(1) $x+\dfrac{1}{x}=3$.　　(2) $x+\dfrac{1}{x}=2$.

20. $\dfrac{a^3}{a^6+1}=\dfrac{1}{18}$.

(1) $a^2-3a+1=0$.　　(2) $a^2+3a+1=0$.

21. $m=9$.

(1)已知 $a^{\frac{1}{2}}=\frac{4}{9}(a>0)$，则 $\log_{\frac{2}{3}}a=m$.

(2) $\left(\lg\frac{1}{4}-\lg 25\right)\div 100^{-\frac{1}{2}}=m$.

22. $x>0,y>0$，能够确定$\frac{1}{x}+\frac{1}{y}=4$.

(1) x,y 的算术平均值为 6，比例中项为$\sqrt{3}$.

(2) x^2,y^2 的算术平均值为 7，几何平均值为 1.

23. $f(x)$ 除以 $(x-1)(x+2)$ 的余式为 $-x+4$.

(1) $f(x)$ 除以 $x-1$ 的余数为 3.　　(2) $f(x)$ 除以 $x+2$ 的余数为 6.

24. 规定一种新运算“$\otimes$”，运算规则是：$a\otimes b=(a^2-b^2)\div(ab)$，则$\frac{25}{6}\otimes(3\otimes 2)=m$.

(1) $m=24$.　　(2) $m=\frac{24}{5}$.

25. $-1<x\leqslant\frac{1}{2}$.

(1) $\left|\frac{2x-1}{x^2+1}\right|=\frac{1-2x}{x^2+1}$.　　(2) $\left|\frac{2x-1}{3}\right|=\frac{2x-1}{3}$.

强化能力练习题解析

一、问题求解

1.【答案】D

【解析】由 $\log_2 a<0=\log_2 1$，得 $0<a<1$；由 $\left(\frac{1}{2}\right)^b>1=\left(\frac{1}{2}\right)^0$，得 $b<0$.

2.【答案】C

【解析】$a=3^{555}=(3^5)^{111}=243^{111}$，$b=4^{444}=(4^4)^{111}=256^{111}$，$c=5^{333}=(5^3)^{111}=125^{111}$，故 $b>a>c$.

3.【答案】E

【解析】$x^2-3x+1=0\Leftrightarrow x+\frac{1}{x}=3$，$\left|x-\frac{1}{x}\right|=\sqrt{x^2+\frac{1}{x^2}-2}=\sqrt{\left(x+\frac{1}{x}\right)^2-4}=\sqrt{5}$.

4.【答案】A

【解析】由双十字相乘法，可得 $x^2-2xy-3y^2+3x-5y+2=(x+y+2)(x-3y+1)=0\Rightarrow x+y+2=0$ 或 $x-3y+1=0\Rightarrow k_1=-1,k_2=\frac{1}{3}$，因此 $k_1\cdot k_2=-\frac{1}{3}$.

5.【答案】C

【解析】$(2\ 020-a)^2+(2\ 018-a)^2=[(2\ 020-a)-(2\ 018-a)]^2+2(2\ 020-a)\times(2\ 018-a)=4+2\times2\ 019=4\ 042.$

6.【答案】C

【解析】直接解不等式得 $A=\{x\mid -2<x<2\}$，$B=\{x\mid x<0$ 或 $x>2\}$，因此 $\overline{B}=\{x\mid 0\leqslant x\leqslant 2\}$，所以 $A\cap\overline{B}=\{x\mid 0\leqslant x<2\}$.

7.【答案】B

【解析】设 $x^3+ax^2+bx-6=(x-1)(x-2)(x+c)$，观察常数项，令 $x=0$，可得 $2c=-6$，解得 $c=-3$，因此第三个一次因式为 $x-3$.

8.【答案】D

【解析】由 $0<x<1$，可得 $0<x<\frac{1}{x}$，因此

$$\sqrt{\left(x-\frac{1}{x}\right)^2+4}-\sqrt{\left(x+\frac{1}{x}\right)^2-4}=\sqrt{\left(x+\frac{1}{x}\right)^2}-\sqrt{\left(x-\frac{1}{x}\right)^2}=x+\frac{1}{x}+x-\frac{1}{x}=2x.$$

9.【答案】E

【解析】$\frac{x^3-xy^2}{x^4y+2x^3y^2+x^2y^3}=\frac{x(x^2-y^2)}{x^2y(x^2+2xy+y^2)}=\frac{x(x+y)(x-y)}{x^2y(x+y)^2}=\frac{x-y}{xy(x+y)}$，由题意，$x=\frac{\sqrt{3}+\sqrt{2}}{\sqrt{3}-\sqrt{2}}=(\sqrt{3}+\sqrt{2})^2=5+2\sqrt{6}$，$y=\frac{\sqrt{3}-\sqrt{2}}{\sqrt{3}+\sqrt{2}}=(\sqrt{3}-\sqrt{2})^2=5-2\sqrt{6}$，可得 $x+y=10$，$xy=1$，$x-y=4\sqrt{6}$，故原式 $=\frac{2}{5}\sqrt{6}$.

10.【答案】A

【解析】取 $x=1$，可得 $(a_0+a_2+a_4)+(a_1+a_3+a_5)=0$，取 $x=-1$，可得 $(a_0+a_2+a_4)-(a_1+a_3+a_5)=2^5=32$，因此 $a_0+a_2+a_4=16$，$a_1+a_3+a_5=-16$，所以 $(a_0+a_2+a_4)(a_1+a_3+a_5)=-256$.

11.【答案】D

【解析】由 $-4<x<1$，可得 $1-x>0$，由均值定理，有 $\frac{1-x}{2}+\frac{1}{2(1-x)}\geqslant 1$，因此 $\frac{x^2-2x+2}{2x-2}=\frac{x-1}{2}+\frac{1}{2(x-1)}=-\left[\frac{1-x}{2}+\frac{1}{2(1-x)}\right]\leqslant -1$，所以有最大值 -1.

12.【答案】A

【解析】$(a^{-2m}\cdot b^{-n})^{-3}=(2^2\times 3^{-1})^{-3}=\frac{27}{64}$.

13.【答案】A

【解析】$f(x)=x^4+x^3-3x^2-4x-1=x^3(x+1)-(x+1)(3x+1)=(x+1)(x^3-3x-1)$，同理，$g(x)=x^3+x^2-x-1=(x-1)(x+1)^2$，$f(x)$ 和 $g(x)$ 有最大公因式 $x+1$.

14.【答案】D

【解析】$(a^3)^{m+1}=a^{3m+3}$，$a^3\cdot a^{m+1}=a^{m+4}$，令 $3m+3=m+4$，得 $m=\frac{1}{2}$，故当且仅当 $m=\frac{1}{2}$ 时，$(a^3)^{m+1}=a^3\cdot a^{m+1}$.

15.【答案】E

【解析】$2x^3-3x^2-2x+3=x^2(2x-3)-(2x-3)=(x-1)(x+1)(2x-3)$，将 $x=1,-1,\frac{3}{2}$ 分别代入 $2x^2+3x-a^2=0$，解得 $a=\pm\sqrt{5}$ 或 ± 3.

二、条件充分性判断

16.【答案】E

【解析】$x-2$ 是 $f(x)=x^3+2x^2-ax+b$ 的因式 $\Leftrightarrow f(2)=8+8-2a+b=0$.

两条件单独显然不充分，联合亦不充分.

17.【答案】C

【解析】两条件单独显然不充分，考虑联合，得 $z-x=5$，因此

$$x^2+y^2+z^2-xy-yz-xz=\frac{1}{2}[(x-y)^2+(z-x)^2+(z-y)^2]=75.$$

18.【答案】C

【解析】条件(1)，取 $x=1,y=-1$，则 $\frac{1}{xy}=-1<\frac{1}{6}$，不充分；

条件(2)，显然不充分；考虑联合，可得 $0<xy<6$，因此 $\frac{1}{xy}>\frac{1}{6}$，充分.

19.【答案】A

【解析】条件(1)，$x+\frac{1}{x}=3\Rightarrow x^2+\frac{1}{x^2}=\left(x+\frac{1}{x}\right)^2-2=7$，充分；

条件(2)，$x+\frac{1}{x}=2\Rightarrow x^2+\frac{1}{x^2}=\left(x+\frac{1}{x}\right)^2-2=2$，不充分.

20.【答案】A

【解析】条件(1)，$a^2-3a+1=0\Rightarrow a+\frac{1}{a}=3\Rightarrow \frac{a^3}{a^6+1}=\frac{1}{a^3+\frac{1}{a^3}}=\frac{1}{\left(a+\frac{1}{a}\right)^3-3\left(a+\frac{1}{a}\right)}=\frac{1}{18}$，充分；条件(2)，同理可得不充分.

21.【答案】E

【解析】条件(1)，可得 $a=\frac{16}{81}\Rightarrow m=\log_{\frac{2}{3}}a=4$，不充分；

条件(2)，$m=\lg\frac{1}{100}\div\frac{1}{\sqrt{100}}=-2\div\frac{1}{10}=-20$，不充分；联合亦不充分.

22.【答案】D

【解析】条件(1)，$x+y=12, xy=3\Rightarrow\frac{1}{x}+\frac{1}{y}=\frac{x+y}{xy}=4$，充分；

条件(2)，$x^2+y^2=(x+y)^2-2xy=14, xy=1\Rightarrow x+y=4\Rightarrow\frac{1}{x}+\frac{1}{y}=\frac{x+y}{xy}=4$，充分.

23.【答案】C

【解析】设 $f(x)=(x-1)(x+2)\cdot q(x)+ax+b$，条件(1)，$f(x)$ 除以 $x-1$ 的余数为 $f(1)=a+b=3$，不能同时确定 a,b 的大小，不充分；

条件(2)，$f(x)$ 除以 $x+2$ 的余数为 $f(-2)=-2a+b=6$，不能同时确定 a,b 的大小，不充分；考虑联合，$\begin{cases}a+b=3,\\-2a+b=6,\end{cases}$ 解得 $\begin{cases}a=-1,\\b=4,\end{cases}$ 因此余式为 $-x+4$，充分.

24.【答案】B

【解析】$3\otimes 2=(3^2-2^2)\div 6=\frac{5}{6}$，$\frac{25}{6}\otimes\frac{5}{6}=\left[\left(\frac{25}{6}\right)^2-\left(\frac{5}{6}\right)^2\right]\div\left(\frac{25}{6}\cdot\frac{5}{6}\right)=\frac{24}{5}$，条件(1)不充分，条件(2)充分.

25.【答案】C

【解析】条件(1)，$2x-1\leqslant 0\Rightarrow x\leqslant\frac{1}{2}$，不充分；条件(2)，$2x-1\geqslant 0\Rightarrow x\geqslant\frac{1}{2}$，不充分；考虑联合，得 $x=\frac{1}{2}$，充分.

第四章 方程不等式

一、本章思维导图

- 方程不等式
  - 代数方程
    - 一元一次方程－$ax=b(a\neq 0)\Rightarrow x=\frac{b}{a}$
    - 一元二次方程
      - 解法
        - 求根公式－$x=\frac{-b\pm\sqrt{b^2-4ac}}{2a}$
        - 因式分解
      - 根的判别式
        - $\Delta=b^2-4ac>0$，方程有两个不相等的实数根
        - $\Delta=b^2-4ac=0$，方程有两个相等的实数根
        - $\Delta=b^2-4ac<0$，方程无实数根
      - 韦达定理
        - $x_1+x_2=-\frac{b}{a}$，$x_1x_2=\frac{c}{a}$
        - $x_1^2+x_2^2=(x_1+x_2)^2-2x_1x_2$
        - $\frac{1}{x_1}+\frac{1}{x_2}=-\frac{b}{c}$
        - $|x_1-x_2|=\frac{\sqrt{b^2-4ac}}{|a|}$
    - 二元一次方程组解法
      - 加减消元
      - 代数消元
  - 不等式
    - 基本性质
      - 传递性－若 $x>y$，$y>z$，则 $x>z$
      - 加法原则－若 $x>y$，则 $x+z>y+z$
      - 乘法原则－若 $x>y$，$z>0$，则 $xz>yz$；若 $x>y$，$z<0$，则 $xz<yz$
      - 正数乘方原则－若 $x>y>0$，则 $x^n>y^n(n\in\mathbf{R}^+)$
      - 正数倒数原则－若 $x>y>0$，则 $\frac{1}{y}>\frac{1}{x}>0$
    - 均值不等式
      - $\frac{x_1+x_2+\cdots+x_n}{n}\geqslant\sqrt[n]{x_1x_2\cdots x_n}(x_i>0,i=1,2,\cdots,n)$
      - 和定，积有最大值；积定，和有最小值
    - 不等式求解
      - 一元一次不等式－$ax>b$，$a>0\Rightarrow x>\frac{b}{a}$；$a<0\Rightarrow x<\frac{b}{a}$
      - 一元二次不等式
        - 已知解集，求参数
        - 解集为空集或全体实数
      - 绝对值不等式
        - $|f(x)|<a(a>0)\Leftrightarrow -a<f(x)<a$
        - $|f(x)|>a(a>0)\Leftrightarrow f(x)<-a$ 或 $f(x)>a$
      - 分式不等式－先移项，再通分

二、往年真题分析

1 真题统计

考点 \ 数量 \ 年份(2012—2021)	12	13	14	15	16	17	18	19	20	21
方程根的情况	1	1	1	1				1		
均值不等式	1							1	1	
不等式范围与最值						1				
绝对值不等式			1				1			
表达式大小比较	1			1	1				1	1
总计/分	9	3	6	6	3	3	3	6	6	3

2 考情解读

方程及不等式是必考考点，一般 1～2 道题目，从两个方向来考查，一是一元二次方程问题的韦达定理、根的分布情况；二是不等式问题的绝对值不等式、均值不等式等.

高频题型：一元二次方程、均值不等式.

低频题型：一元一次方程、二元一次方程组、分式方程及分式不等式.

拔高题型：均值不等式中求最值问题.

第 22 讲　方程

考点解读

一、一元一次方程

定义：含有一个未知数，且未知数最高次数是 1 的方程，其一般形式为 $ax=b(a\neq0)$，方程的解为 $x=\dfrac{b}{a}$.

高能提示

1. 出题频率：级别低，难度易，知识点简单，不会单独出题.
2. 考点分布：与其他方程或不等式解方程组及不等式组相结合出题.
3. 解题方法：一元一次方程通过变形，变成标准式 $ax=b(a\neq0)$，然后具体问题具体分析.

二、一元二次方程

1. 定义

$ax^2+bx+c=0(a\neq 0)$，两根为 x_1,x_2.

2. 解法

(1)因式分解.

(2)求根公式 $x=\dfrac{-b\pm\sqrt{b^2-4ac}}{2a}$.

3. 根的判别式

$$\Delta=b^2-4ac\begin{cases}\Delta>0,\text{方程有两个不相等的实数根},\\ \Delta=0,\text{方程有两个相等的实数根},\\ \Delta<0,\text{方程无实数根}.\end{cases}$$

4. 根与系数的关系

(1) $x_1+x_2=-\dfrac{b}{a}$.

(2) $x_1x_2=\dfrac{c}{a}$.

(3) $\dfrac{1}{x_1}+\dfrac{1}{x_2}=-\dfrac{b}{c}$.

(4) $x_1^2+x_2^2=(x_1+x_2)^2-2x_1x_2$.

(5) $(x_1-x_2)^2=(x_1+x_2)^2-4x_1x_2$.

(6) $|x_1-x_2|=\dfrac{\sqrt{b^2-4ac}}{|a|}$.

5. 根的分布

(1)两个正根 $\begin{cases}\Delta\geqslant 0,\\ x_1+x_2=-\dfrac{b}{a}>0,\\ x_1x_2=\dfrac{c}{a}>0.\end{cases}$

(2)两个负根 $\begin{cases}\Delta\geqslant 0,\\ x_1+x_2=-\dfrac{b}{a}<0,\\ x_1x_2=\dfrac{c}{a}>0.\end{cases}$

(3)一正一负根 $\begin{cases}\Delta>0,\\ x_1x_2=\dfrac{c}{a}<0,\end{cases}$ 技巧：a,c 异号.

$$\begin{cases} |正|>|负| \Rightarrow x_1+x_2=-\dfrac{b}{a}>0, x_1x_2=\dfrac{c}{a}<0, \\ |负|>|正| \Rightarrow x_1+x_2=-\dfrac{b}{a}<0, x_1x_2=\dfrac{c}{a}<0. \end{cases}$$

(4)有两个根,一个根比 m 大,一个根比 m 小,则 $a \cdot f(m)<0$.

(5)有理根,$\Delta=b^2-4ac$ 为完全平方数.

(6)整数根 $\begin{cases} \Delta=b^2-4ac \text{ 为完全平方数}, \\ x_1+x_2=-\dfrac{b}{a} \text{ 为整数}, \\ x_1x_2=\dfrac{c}{a} \text{ 为整数}. \end{cases}$

高能提示

1. 出题频率:级别高,难度中等,得分率高,一般与二次函数和不等式相结合出题.
2. 考点分布:根的分布情况及韦达定理的应用.
3. 解题方法:熟记根的判别式、韦达定理、根的分布的特征,掌握一元二次方程的应用.

三、分式方程

1. 定义

分母里含有未知数或含有未知数整式的有理方程叫作分式方程.

2. 解法

分式方程两边都乘以最简公分母,将分式方程转化为整式方程.

3. 增根问题

(1)增根的产生:分式方程分母为 0 的解.

(2)验根.

高能提示

1. 出题频率:级别低,难度中等,近十年没有出题.
2. 考点分布:增根或无解问题.
3. 解题方法:去分母,将分式方程变成整式方程,最后验根.

题型归纳

题型一:含参数的一元一次方程

▶**【特征分析】**该类题型的标志是将方程中的未知数表达式其中一部分看错,求解参数问题.

例 1 某同学在解方程 $\dfrac{ax+1}{3}-\dfrac{x+1}{2}=1$ 时,误将式中的 $x+1$ 看成 $x-1$,得出的解为

$x=1$,那么 a 的值和原方程的解应是(　　).

A. $a=1,x=7$　　B. $a=2,x=5$　　C. $a=2,x=7$

D. $a=5,x=2$　　E. $a=5,x=\frac{1}{7}$

【解析】将错解代入看错方程的表达式,解出参数值,即把 $x=1$ 代入 $\frac{ax+1}{3}-\frac{x-1}{2}=1$,解得 $a=2$,再将 $a=2$ 代入 $\frac{ax+1}{3}-\frac{x+1}{2}=1$ 中,得到 $x=7$.

【答案】C

题型二:韦达定理的应用

▶**【特征分析】**韦达定理是一元二次方程中根与系数关系的重要定理,考生需掌握该定理及其公式变形:

$$x_1+x_2=-\frac{b}{a},x_1x_2=\frac{c}{a},\frac{1}{x_1}+\frac{1}{x_2}=-\frac{b}{c},x_1^2+x_2^2=(x_1+x_2)^2-2x_1x_2,|x_1-x_2|=\frac{\sqrt{\Delta}}{|a|}.$$

例 2　已知 m,n 为有理数,且 $\sqrt{5}-2$ 是方程 $x^2+mx+n=0$ 的一个根,则 $m+n$ 的值为(　　).

A. 3　　B. 4　　C. 5　　D. 6　　E. 7

【解析】根据题干分析得另外一个根为 $-\sqrt{5}-2$,则

$$\begin{cases}(\sqrt{5}-2)+(-\sqrt{5}-2)=-m,\\(\sqrt{5}-2)(-\sqrt{5}-2)=n\end{cases}\Rightarrow\begin{cases}m=4,\\n=-1,\end{cases}\text{即 } m+n=3.$$

【答案】A

【敲黑板】

a,b,c 为有理数,对于方程 $ax^2+bx+c=0$,只要看到一根为 $m+\sqrt{n}$,马上写另外一个根为 $m-\sqrt{n}$.

例 3　设方程 $3x^2-8x+a=0$ 的两个实根为 x_1 和 x_2,若 $\frac{1}{x_1}$ 和 $\frac{1}{x_2}$ 的算术平均值为 2,则 a 的值是(　　).

A. -2　　B. -1　　C. 1　　D. $\frac{1}{2}$　　E. 2

【解析】考查韦达定理与平均值的应用. 因为 $\frac{1}{x_1}+\frac{1}{x_2}=4$,由韦达定理得 $\frac{x_1+x_2}{x_1x_2}=\frac{8}{a}=4$,所以 $a=2$.

【答案】E

例 4 若方程 $x^2+px+37=0$ 恰有两个正整数解 x_1 和 x_2，则 $\frac{(x_1+1)(x_2+1)}{p}$ 的值是（　　）.

A. -2　　B. -1　　C. $-\frac{1}{2}$　　D. 1　　E. 2

【解析】考查质数与韦达定理的应用. $x_1x_2=37$，因为它们均为正整数，所以一个为 1，另一个为 37. $p=-(x_1+x_2)=-38$，故 $\frac{(x_1+1)(x_2+1)}{p}=\frac{38\times2}{-38}=-2$.

【答案】A

例 5 已知方程 $3x^2+bx+c=0(c\neq0)$ 的两个根为 α,β，方程 $3x^2-bx+c$ 的两个根为 $\alpha+\beta$，$\alpha\beta$，则 b,c 的值为（　　）.

A. 2，6　　B. 3，6　　C. $-2,-6$

D. $-3,-6$　　E. 以上均不正确

【解析】根据韦达定理得：α,β 与 $\alpha+\beta,\alpha\beta$ 互为相反数，不妨设

$$\begin{cases}\alpha=-(\alpha+\beta),\\ \beta=-\alpha\cdot\beta\end{cases}\Rightarrow\begin{cases}\alpha=-1,\\ \beta=2,\end{cases}\text{则}\begin{cases}\alpha+\beta=-\frac{b}{3},\\ \alpha\cdot\beta=\frac{c}{3}\end{cases}\Rightarrow\begin{cases}b=-3,\\ c=-6.\end{cases}$$

【答案】D

【敲黑板】

此题考查两个方程根的关系，$ax^2+bx+c=0$ 与 $ax^2-bx+c=0$ 彼此两根之间互为相反数.

例 6 x_1,x_2 是方程 $x^2-(k-2)x+(k^2+3k+5)=0$ 的两个实根，则 $x_1^2+x_2^2$ 的最大值是（　　）.

A. 16　　B. 17　　C. 18

D. 19　　E. 以上均不正确

【解析】根据韦达定理，有

$$x_1^2+x_2^2=(k-2)^2-2(k^2+3k+5)=-k^2-10k-6=-(k+5)^2+19,$$

$$\Delta=b^2-4ac=(k-2)^2-4(k^2+3k+5)=-3k^2-16k-16\geqslant0\Rightarrow-4\leqslant k\leqslant-\frac{4}{3},$$

故当 $k=-4$ 时有最大值 18.

【答案】C

题型三：根的分布特征

【特征分析】此类题型是根据有无实数根、正负根、整数根、有理根及根的取值范围等情况来求参数问题.

例 7 关于 x 的方程 $(m-2)x^2-(3m+6)x+6m=0$，若有两个异号根，且负根绝对值大于正根，则 m 的取值范围为(　　).

A. $-\frac{2}{5}\leqslant m<0$

B. $-\frac{2}{5}\leqslant m<1$

C. $-\frac{2}{5}\leqslant m<10$

D. $\frac{2}{5}\leqslant m<10$

E. $0<m<2$

【解析】该题考查的是异号根问题. 负根绝对值大于正根，则 $\begin{cases}x_1+x_2=\dfrac{3m+6}{m-2}<0,\\ x_1x_2=\dfrac{6m}{m-2}<0.\end{cases}$

【答案】E

> 【敲黑板】
>
> 技巧：只要看到有两个异号根，马上找 a,c 异号即可. 特值法：令 $m=-\frac{2}{5}$，则 a,c 同号，排除 A,B,C 选项；令 $m=2$，x^2 系数为 0，排除 D 选项，选 E.

例 8 若关于 x 的一元二次方程 $mx^2-(m-1)x+m-5=0$ 有两个实根 α,β，且满足 $-1<\alpha<0$ 和 $0<\beta<1$，则 m 的取值范围是(　　).

A. $3<m<4$

B. $4<m<5$

C. $5<m<6$

D. $m>6$ 或 $m<5$

E. $m>5$ 或 $m<4$

【解析】考查根的分布问题. 已知根的具体范围求参数的取值情况，方法：一定要将一元二次方程转化为一元二次函数，然后再将两根各自分布区间端点对应的函数值的乘积与 0 进行比较.

令 $f(x)=mx^2-(m-1)x+m-5$，根据抛物线图像，有

$$\begin{cases}f(-1)f(0)=(3m-6)(m-5)<0,\\ f(0)f(1)=(m-5)(m-4)<0,\end{cases}$$

解得 $4<m<5$.

【答案】B

【敲黑板】

由题干分析两个根一正一负,技巧是 a,c 异号,C,D,E 选项是 a,c 同号,故排除.

例 9　方程 $2ax^2-2x-3a+5=0$ 的一个根大于 1,另一个根小于 1.

(1) $a>3$.　　　　(2) $a<0$.

【解析】根据题干分析得,一个根大于 1,另一个根小于 1,则

$$2a\cdot(2a-2-3a+5)<0\Rightarrow a>3 \text{ 或 } a<0.$$

【答案】D

【敲黑板】

熟记根的分布特点,只要看到一个根比 m 大,另一个根比 m 小,马上套用公式 $a\cdot f(m)<0$.

例 10　方程 $x^2-(a+8)x+8a-1=0$ 有两个整数根,则整数 a 的值为(　　).

A. -8　　B. 8　　C. 7

D. 9　　E. 以上均不正确

【解析】将原方程变形为 $(x-a)(x-8)=1$,所以$\begin{cases}x-a=1,\\x-8=1\end{cases}$或$\begin{cases}x-a=-1,\\x-8=-1,\end{cases}$故 $x=9$ 或 $7,a=8$.

【答案】B

【敲黑板】

看到整数根,马上想到(1)因式分解,(2)利用 Δ 为完全平方数,两根之和为整数,两根之积为整数.此题因式分解最合适.

题型四:分式方程

▶【特征分析】该类题型需要通分去分母,把分式方程变成整式方程,注意分式方程无解,产生增根的情况.

例 11　关于 x 的方程 $\dfrac{3-2x}{x-3}+\dfrac{2+mx}{3-x}=-1$ 无解,则所有满足条件的实数 m 之和为(　　).

A. -4　　B. $-\dfrac{5}{3}$　　C. -2　　D. $-\dfrac{8}{3}$　　E. -1

【解析】将方程通分可得 $3-2x-mx-2+x-3=0\Rightarrow(m+1)x=-2$.

若 $m+1=0$,则原方程无解,故 $m=-1$;

若$m+1\neq 0$,则$x=\frac{-2}{m+1}$,若分式方程无解,则$\frac{-2}{m+1}=3\Rightarrow m=-\frac{5}{3}$.

【答案】D

【敲黑板】

只要看到分式方程无解,马上令分母为0产生增根.

例12 已知关于x的方程$\frac{1}{x^2-x}+\frac{k-5}{x^2+x}=\frac{k-1}{x^2-1}$无解,那么$k=$(　　).

A. 3或6　　B. 6或9　　C. 3或9　　D. 3,6或9　　E. 1或3

【解析】将原式变形为

$$\frac{1}{x(x-1)}+\frac{k-5}{x(x+1)}=\frac{k-1}{(x+1)(x-1)},$$

方程两端同乘$x(x-1)(x+1)$,得

$$(x+1)+(k-5)(x-1)=(k-1)x,$$

于是$x=\frac{6-k}{3}$,此方程无解是由于有增根产生,即分母为0,故$x=0$时$\Rightarrow\frac{6-k}{3}=0\Rightarrow k=6$;

$x=1$时$\Rightarrow\frac{6-k}{3}=1\Rightarrow k=3$;$x=-1$时$\Rightarrow\frac{6-k}{3}=-1\Rightarrow k=9$.

【答案】D

【敲黑板】

只要看到分式方程无解,马上想到分母为0,需要把分式方程化成整式方程.此题技巧:化成整式方程之后为一元一次方程,所以一个x对应一个k,即方程的三个增根对应三个k.

第23讲　均值不等式

考点解读

1. 算术平均值

设n个数$x_1,x_2,\cdots,x_n$,称$\overline{x}=\frac{x_1+x_2+\cdots+x_n}{n}$为这$n$个数的算术平均值.

2. 几何平均值

设n个正数$x_1,x_2,\cdots,x_n$,称$x_g=\sqrt[n]{x_1x_2\cdots x_n}$为这$n$个正数的几何平均值.

【敲黑板】

几何平均值是对于正数而言的.

3. 均值不等式

(1)当 $x_1,x_2,\cdots,x_n$ 为 n 个正数时,它们的算术平均值不小于它们的几何平均值,即

$$\frac{x_1+x_2+\cdots+x_n}{n}\geqslant\sqrt[n]{x_1x_2\cdots x_n}(x_i>0,i=1,2,\cdots,n),$$

当且仅当 $x_1=x_2=\cdots=x_n$ 时,等号成立.

(2)均值不等式的口诀:一正数、二定值、三相等.

高能提示

1. 出题频率:级别高,难度大,要求考生在理解公式的基础上会应用.也可以与应用题、方程、几何相结合求最值问题.

2. 考点分布:求平均值及最值问题.

3. 解题方法:遵循三点,(1)正数,(2)保证定值,(3)各项相等.

题型归纳

题型一:已知算术平均值和几何平均值,求参数问题

【特征分析】首先掌握算术平均值和几何平均值的计算公式,注意在几何平均值中,要求每个元素都为正数.

例1 三个实数 $1,x-2$ 和 x 的几何平均值与 $4,5$ 和 -3 的算术平均值相等,则 x 的值为( ).

A. -2　　B. 4　　C. 2　　D. -2 或 4　　E. 2 或 4

【解析】由题意得到 $\sqrt[3]{1(x-2)x}=\frac{4+5-3}{3}\Rightarrow x=-2$ 或 $x=4$. 在几何平均值的概念中,要求每个元素都为正数,故 $x=4$.

【答案】B

【敲黑板】

只要看到几何平均值字样,马上想到各项均为正数,排除 A,C,D,E,选 B.

题型二:求最值问题

【特征分析】此类题型标志是各项为正数,往往与求最值结合在一起,由均值不等式可知,当积为定值时,和有最小值;当和为定值时,积有最大值;当且仅当各项相等时,等号成立.

例 2　函数 $y=3x+\frac{4}{x^2}(x>0)$ 的最小值为(　　).

A. $3\sqrt[3]{9}$　　B. $2\sqrt[3]{9}$　　C. $\sqrt[3]{9}$　　D. $4\sqrt[3]{9}$　　E. 6

【解析】此题标志是 $x>0$，所求问题是最小值，考查的是均值不等式.

$$y=\frac{3x}{2}+\frac{3x}{2}+\frac{4}{x^2}\geqslant 3\sqrt[3]{\frac{3x}{2}\cdot\frac{3x}{2}\cdot\frac{4}{x^2}}=3\sqrt[3]{9},$$

当 $\frac{3x}{2}=\frac{3x}{2}=\frac{4}{x^2}$ 时，即 $x=\sqrt[3]{\frac{8}{3}}$ 时取到最小值.

【答案】A

【敲黑板】

只要看到各项为正数，所求问题为最值，马上想到均值不等式，求和的最小值，一定要保证积为定值，此题的变形拆分是解题的关键，在拆分时，为了保证取到最值，要进行平均拆分.

例 3　$f(x)=2x+\frac{a}{x^2}(a>0)$ 在 $(0,+\infty)$ 内的最小值为 $f(x_0)=12$，则 $x_0=$(　　).

A. 5　　B. 4　　C. 3　　D. 2　　E. 1

【解析】此题的标志为 $x>0$，$a>0$，且为求最值问题，利用均值不等式将题干拆分为 $f(x)=x+x+\frac{a}{x^2}$，则 $x=x=\frac{a}{x^2}$ 时，$f(x)$ 取最小值 $3\sqrt[3]{a}=12$，则 $a=64$，$x_0=4$.

【答案】B

【敲黑板】

只要看到各项为正数，所求问题为最值问题，马上想到均值不等式.

例 4　设 a,b 是正实数，则 $\frac{1}{a}+\frac{1}{b}$ 存在最小值.

(1)已知 ab 的值.

(2)已知 a,b 是方程 $x^2-(a+b)x+2=0$ 的不同实根.

【解析】此题标志是 a,b 为正实数，所求问题为最小值，所以考查均值不等式.

条件(1)，$\frac{1}{a}+\frac{1}{b}\geqslant 2\sqrt{\frac{1}{a}\times\frac{1}{b}}$，当 $a=b$ 时，等号成立.

条件(2)，根据根与系数的关系，a,b 为方程的不同实数根，则 $ab=2(a\neq b)$，$\frac{1}{a}+\frac{1}{b}\geqslant 2\sqrt{\frac{1}{a}\times\frac{1}{b}}$，当 $a=b$ 时，等号成立，但此时 $a\neq b$，故不成立.

【答案】A

【敲黑板】

只要看到各项为正数，所求问题为最值问题，马上想到均值不等式，且等号成立的条件是各项相等.

第 24 讲　其他不等式

考点解读

1. 不等式定义

由不等号 $>$，$<$，$\geqslant$，$\leqslant$ 及 $\neq$ 连接起来的式子叫作不等式.

2. 不等式的基本性质

(1)传递性：若 $x>y,y>z$，则 $x>z$.

(2)加法原则：若 $x>y$，则 $x+z>y+z$.

(3)乘法原则：若 $x>y,z>0$，则 $xz>yz$；若 $x>y,z<0$，则 $xz<yz$.

(4)正数乘方原则：若 $x>y>0$，则 $x^n>y^n(n\in\mathbf{R}^+)$.

(5)正数倒数原则：若 $x>y>0$，则 $\dfrac{1}{y}>\dfrac{1}{x}>0$.

3. 二次函数与一元二次方程及一元二次不等式的关系

$a>0$	$\Delta>0$	$\Delta=0$	$\Delta<0$
$y=ax^2+bx+c$ 的图像	y, x_1, x_2, O, x	y, O, $x_1=x_2$, x	y, O, x
$ax^2+bx+c=0$ 的根	有两个相异实根 $x_1,x_2(x_1<x_2)$	有两个相等实根 $x_1=x_2=-\dfrac{b}{2a}$	无实根
$ax^2+bx+c>0$ 的解集	$\{x\mid x<x_1$ 或 $x>x_2\}$	$\left\{x\middle| x\neq-\dfrac{b}{2a}\right\}$	$\mathbf{R}$
$ax^2+bx+c<0$ 的解集	$\{x\mid x_1<x<x_2\}$	$\varnothing$	$\varnothing$

高能提示

1. 出题频率：级别低，难度中等，经常与一元二次方程，一元二次函数结合在一起出题.
2. 考点分布：解集为全体实数或者解集为空集.
3. 解题方法：保证二次项系数为正，再根据判别式符号判断对应方程根的情况，然后再结合相应二次函数的图像写出不等式的解集.

4. 绝对值不等式

绝对值不等式的本质是先脱掉绝对值符号，转化为一般不等式再去解题，其方法如下：

(1)脱衣法(分段讨论法).

$$|f(x)|=\begin{cases}f(x), & f(x)\geqslant 0,\\ -f(x), & f(x)<0.\end{cases}$$

(2)公式法.

$$|f(x)|<a(a>0)\Rightarrow -a<f(x)<a,$$

$$|f(x)|>a(a>0)\Rightarrow f(x)>a \text{ 或 } f(x)<-a.$$

(3)平方法.

$$|f(x)|>|g(x)|\Rightarrow |f(x)|^2>|g(x)|^2$$

$$\Rightarrow [f(x)+g(x)][f(x)-g(x)]>0.$$

高能提示

1. 出题频率：级别高，难度大，出题灵活，可以与一元二次不等式相结合出题.
2. 考点分布：定义法、公式法、分段讨论法.
3. 解题方法：核心是去掉绝对值符号.

5. 分式不等式

简单的分式不等式主要考查的是其解法，分母恒正时，可以直接去分母；分母不恒为正时应先移项，使右边为0，再通分并将分母、分子分解因式再求解. 它的标准型分为如下几种情况.

(1) $\dfrac{f(x)}{g(x)}\geqslant 0\Rightarrow f(x)\cdot g(x)\geqslant 0[g(x)\neq 0]$.

(2) $\dfrac{f(x)}{g(x)}\leqslant 0\Rightarrow f(x)\cdot g(x)\leqslant 0[g(x)\neq 0]$.

(3) $\dfrac{f(x)}{g(x)}\geqslant p(x)\Rightarrow \dfrac{f(x)-p(x)\cdot g(x)}{g(x)}\geqslant 0$

$$\Rightarrow [f(x)-p(x)\cdot g(x)]\cdot g(x)\geqslant 0[g(x)\neq 0].$$

(4) $\dfrac{f(x)}{g(x)}\leqslant p(x)\Rightarrow \dfrac{f(x)-p(x)\cdot g(x)}{g(x)}\leqslant 0$

$$\Rightarrow [f(x)-p(x)\cdot g(x)]\cdot g(x)\leqslant 0[g(x)\neq 0].$$

高能提示

1. 出题频率：级别低，难度低，一般不会单独出题.
2. 考点分布：穿线法.
3. 解题方法：一般要先移项，再通分合并求解.

题型归纳

题型一：已知一元二次不等式的解集，求参数的问题

▶【特征分析】一元二次不等式的解集就是讨论对应的一元二次方程根的情况.

例 1 已知 $-2x^2+5x+c\geqslant 0$ 的解集为 $-\frac{1}{2}\leqslant x\leqslant 3$，则 $c=$（　　）.

A. $\frac{1}{3}$　　B. 3　　C. $-\frac{1}{3}$　　D. -3　　E. 2

【解析】由 $-2x^2+5x+c\geqslant 0$ 的解集为 $-\frac{1}{2}\leqslant x\leqslant 3$，可知方程 $-2x^2+5x+c=0$ 的两根分别为 $-\frac{1}{2}$ 和 3，根据韦达定理 $x_1x_2=\frac{c}{-2}=-\frac{3}{2}\Rightarrow c=3$.

【答案】B

题型二：一元二次不等式解集为空集或全体实数问题

▶【特征分析】$ax^2+bx+c>(<)0$ 的解集为全体实数的充要条件为

$$\begin{cases}a>(<)0,\\ \Delta<0.\end{cases}$$

例 2 不等式 $|x^2+2x+a|\leqslant 1$ 的解集为空集.

(1) $a<0$.　　(2) $a>2$.

【解析】考查二次不等式恒成立问题. 首先将 $|x^2+2x+a|\leqslant 1$ 的解集为空集转化为 $|x^2+2x+a|>1$ 的解集为全体实数，所以 $\begin{cases}x^2+2x+a>1\Rightarrow\Delta<0\Rightarrow a>2,\\ x^2+2x+a<-1\text{ 解集非全体实数，不成立.}\end{cases}$

【答案】B

【敲黑板】

只要看到 $f(x)\leqslant a$ 解集为空集，马上转化为 $f(x)>a$ 解集为全体实数.

例 3 已知 $(a^2-1)x^2-(a-1)x-1<0$ 的解集为 $\mathbf{R}$，则实数 a 的取值范围中包含（　　）个整数.

A. 1　　B. 2　　C. 3　　D. 4　　E. 5

【解析】 $\begin{cases}a^2-1<0,\\(a-1)^2+4(a^2-1)<0\end{cases}\Rightarrow -\frac{3}{5}<a<1.$

当 $a^2-1=0$ 时，$a=\pm1$，当 $a=1$ 时，代入题干得 $-1<0$ 恒成立 $\Rightarrow -\frac{3}{5}<a\leqslant 1.$

【答案】B

【敲黑板】

只要看到 $ax^2+bx+c<(>)0$ 恒成立问题，马上讨论 $\begin{cases}a<0(a>0),\\\Delta=b^2-4ac<0.\end{cases}$

题型三：绝对值不等式的解法

▶【特征分析】先脱掉绝对值符号，再利用分段讨论法、公式法、平方法，转化为一般不等式解题.

例 4 $x^2-x-5>|2x-1|$.

(1) $x>4$.　　(2) $x<-1$.

【解析】脱掉绝对值符号，分段讨论.

当 $2x-1\geqslant 0$ 即 $x\geqslant\frac{1}{2}$ 时，$|2x-1|=2x-1$.

故 $x^2-x-5>2x-1$，得 $x^2-3x-4>0$，联立 $x\geqslant\frac{1}{2}$ 解得 $x>4$，因此条件(1)单独充分.

当 $2x-1<0$ 即 $x<\frac{1}{2}$ 时，$|2x-1|=1-2x$.

故 $x^2-x-5>1-2x\Leftrightarrow x^2+x-6>0$，联立 $x<\frac{1}{2}$ 解得 $x<-3$，故条件(2)单独不充分.

【答案】A

例 5 不等式 $|x-1|+x\leqslant 2$ 的解集为(　　).

A. $(-\infty,1]$　B. $\left(-\infty,\frac{3}{2}\right]$　C. $\left[1,\frac{3}{2}\right]$　D. $[1,+\infty)$　E. $\left[\frac{3}{2},+\infty\right)$

【解析】此题的本质是去掉绝对值符号，利用分段讨论法. 当 $x\geqslant 1$ 时，不等式化为 $x-1+x\leqslant 2$，得 $1\leqslant x\leqslant\frac{3}{2}$；当 $x<1$ 时，不等式化为 $1-x+x\leqslant 2\Rightarrow 1\leqslant 2$ 恒成立. 二者取并集得 $x\leqslant\frac{3}{2}$.

【答案】B

【敲黑板】

只要看到绝对值符号，马上想到特值法，令 $x=0$，代入题干得 $1\leqslant 2$ 成立，排除C,D,E. 令 $x=\frac{3}{2}$，$2\leqslant 2$ 恒成立，选 B.

题型四：分式不等式的解法

▶【特征分析】该类题型不要轻易去分母，需要先移项再通分化简得 $\frac{A}{B}>(<)0\Rightarrow A\times B>(<)0$. 若遇到分式中分母为一元二次函数时，一定要先验证分母判别式的情况.

例 6　设 $0<x<1$，则不等式 $\frac{3x^2-2}{x^2-1}>1$ 的解集是(　　).

A. $0<x<\frac{1}{\sqrt{2}}$　　B. $\frac{1}{\sqrt{2}}<x<1$　　C. $0<x<\sqrt{\frac{2}{3}}$

D. $\sqrt{\frac{2}{3}}<x<1$　　E. 以上均不正确

【解析】分式不等式先移项，再通分，最后采用穿线法.

$$\frac{3x^2-2}{x^2-1}>1\Rightarrow\frac{3x^2-2}{x^2-1}-1>0\Rightarrow\frac{2x^2-1}{x^2-1}>0\Rightarrow(2x^2-1)(x^2-1)>0,$$

由 $0<x<1$，根据穿线法可得 $0<x<\frac{1}{\sqrt{2}}$.

【答案】A

例 7　$x\in\mathbf{R}$，不等式 $\frac{3x^2+2x+2}{x^2+x+1}>k$ 恒成立，k 的取值范围是(　　).

A. $k>2$　　B. $0<k<2$　　C. $k<0$　　D. $k\leqslant 2$　　E. $k<2$

【解析】由于 $x^2+x+1>0$，所以直接去分母，得 $3x^2+2x+2>k(x^2+x+1)$，移项得 $(3-k)x^2+(2-k)x+2-k>0$，要使不等式在实数范围内恒成立需满足

$$\begin{cases}3-k>0,\\ \Delta=(2-k)^2-4(3-k)(2-k)<0,\end{cases}$$

解得 $k<2$.

【答案】E

【敲黑板】

注意分母判别式 $\Delta<0$，x^2 的系数为正，于是分母恒正，可以直接去分母.

基础能力练习题

一、问题求解

1. 方程 $kx^2-3x+2=0$ 有两个相等的实数根，则必有（　　）.

A. $k=0$　　B. $k\geqslant 0$　　C. $k=\frac{9}{8}$　　D. $k=-\frac{9}{8}$　　E. $k<0$

2. 关于 x 的方程 $2x^2-mx-4=0$ 的两根为 x_1 和 x_2，且 $\frac{1}{x_1}+\frac{1}{x_2}=2$，则实数 $m=$（　　）.

A. -8　　B. 8　　C. 4　　D. -4　　E. 6

3. 方程 $x^2-2x+c=0$ 的两根之差的平方等于16，则 c 的值是（　　）.

A. 3　　B. -3　　C. 6　　D. 0　　E. 2

4. 不等式 $\frac{3x+1}{x-3}<1$ 的解集是（　　）.

A. $-3<x<3$　　B. $-2<x<3$　　C. $-13<x<3$

D. $-3<x<14$　　E. 以上均不正确

5. 不等式 $ax^2+bx+2>0$ 的解集是 $\left(-\frac{1}{2},\frac{1}{3}\right)$，则 $a-b=$（　　）.

A. 0　　B. -14　　C. 14　　D. -10　　E. 10

6. 已知 a,b,c 是三角形的三边长，关于 x 的方程 $(c+a)x^2+2bx+(c-a)=0$ 有两个相等的实数根，则该三角形是（　　）.

A. 等腰三角形　　B. 等边三角形　　C. 直角三角形

D. 等腰直角三角形　　E. 无法确定

7. 已知方程 $ax+by=11$ 有两组解 $\begin{cases}x=5,\\y=2\end{cases}$ 和 $\begin{cases}x=1,\\y=-4,\end{cases}$ 则 $\log_9 a^b=$（　　）.

A. -1　　B. -5　　C. -7　　D. 1　　E. -1 或 -5

8. 设 x_1 和 x_2 是方程 $x^2-2(k+1)x+k^2+2=0$ 的两个实数根，且 $(x_1+1)(x_2+1)=8$，则 k 的值是（　　）.

A. 2　　B. 3　　C. 4　　D. 5　　E. 1

9. 已知 α,β 是方程 $x^2-x-1=0$ 的两个根，则 $\alpha^4+3\beta=$（　　）.

A. 5　　B. 6　　C. $5\sqrt{2}$　　D. $6\sqrt{2}$　　E. -1

10. 已知方程 $x^2+ax+b=0$ 的两个实根之比为 3∶4，判别式 $\Delta=2$，则其两个实根的平方和是（　　）.

A. 50　　B. 40　　C. 45　　D. 60　　E. 30

11. 已知关于 x 的方程 $x^2+2(m-2)x+m^2+4=0$ 有两个实数根，且这两个根的平方和比两根的乘积大 21，则 $m=$（　　）.

A. 17　　B. -1　　C. -17　　D. 1 或 -17　　E. 17 或 -1

12. 满足不等式 $(x+4)(x+6)>3$ 的所有实数 x 的集合是（　　）.

A. $[4,+\infty)$　　B. $(4,+\infty)$　　C. $(-\infty,-2]$

D. $(-\infty,-1)$　　E. $(-\infty,-7)\cup(-3,+\infty)$

13. 满足不等式 $(x+4)(x+6)+3>0$ 的所有实数 x 的集合为（　　）.

A. $[4,+\infty)$　　B. $(4,+\infty)$　　C. $(-\infty,-2]$

D. $(-\infty,-1)$　　E. $(-\infty,+\infty)$

14. $x^2+x-6>0$ 的解集是（　　）.

A. $(-\infty,-3)$　　B. $(-3,2)$　　C. $(2,+\infty)$

D. $(-\infty,-3)\cup(2,+\infty)$　　E. 以上均不正确

15. 已知 $a=2^{-\frac{1}{3}}$，$b=\log_2\frac{1}{3}$，$c=\log_{\frac{1}{2}}\frac{1}{3}$，则（　　）.

A. $a>b>c$　　B. $a>c>b$　　C. $c>b>a$

D. $c>a>b$　　E. $b>c>a$

二、条件充分性判断

16. 不等式 $(x-2)(x+2)>1$ 成立.

(1) $x<2$.　　(2) $x>3$.

17. 方程 $x^2-2mx+m^2-4=0$ 有两个不相等的实数根.

(1) $m>4$.　　(2) $m>3$.

18. 若 k 是方程的根，则 $k=-1$.

(1) $2\,019x^2+2\,020x+1=0$.　　(2) $2\,020x^2+2\,021x+1=0$.

19. x^2-y^2 的值可以唯一确定.

(1) $x+y=2x$.　　(2) $x+y=0$.

20. 能确定 $2m-n=4$.

(1) $\begin{cases}x=2,\\y=1\end{cases}$ 是二元一次方程组 $\begin{cases}mx+ny=8,\\nx-my=1\end{cases}$ 的解.

(2) m,n 满足 $\begin{cases}2m+n=16,\\m+2n=17.\end{cases}$

21. $(x^2-2x-8)(2-x)(2x-x^2-6)>0$.

(1) $x\in(-3,-2)$.　　(2) $x\in[2,3]$.

22. a,b 为实数，则 $a^2+b^2=16$.

(1)a 和 b 是方程 $2x^2-8x-1=0$ 的两个根.

(2)$|a-b+3|$ 与 $|2a+b-6|$ 互为相反数.

23. 方程 $4x^2+(a-2)x+a-5=0$ 有两个不相等的负实根.

(1) $a<6$.　　　　(2) $a>5$.

24. 关于 x 的方程 $\sqrt{2x+1}=x+m$ 有两个不等实根.

(1) $\frac{1}{2}\leqslant m<\frac{3}{4}$.　　　　(2) $\frac{1}{4}\leqslant m<1$.

25. 关于 x 的一元二次方程 $x^2+4x+m-1=0$，则 $|m|=m$.

(1) α,β 为方程的两个实根，$|\alpha-\beta|=2\sqrt{2}$.

(2) α,β 为方程的两个实根，$\alpha^2+\beta^2+\alpha\beta=1$.

基础能力练习题解析

一、问题求解

1.**【答案】**C

【解析】$\Delta=0\Rightarrow 9-8k=0\Rightarrow k=\frac{9}{8}$，故选 C.

2.**【答案】**A

【解析】由韦达定理得 $\begin{cases}x_1+x_2=\frac{m}{2},\\x_1\cdot x_2=-2,\end{cases}$ $\frac{1}{x_1}+\frac{1}{x_2}=\frac{x_1+x_2}{x_1x_2}=2\Rightarrow m=-8$，故选 A.

3.**【答案】**B

【解析】$(x_1-x_2)^2=(x_1+x_2)^2-4x_1x_2=4-4c=16\Rightarrow c=-3$，故选 B.

4.**【答案】**B

【解析】原式 $\Leftrightarrow\frac{3x+1}{x-3}-1<0\Leftrightarrow\frac{2x+4}{x-3}<0\Leftrightarrow(x+2)(x-3)<0$，所以解集为 $-2<x<3$，故选 B.

5.**【答案】**D

【解析】由题意可知 $\left(x+\frac{1}{2}\right)\left(x-\frac{1}{3}\right)<0\Rightarrow 6x^2+x-1<0$，所以原不等式为 $-12x^2-2x+2>0$，$\begin{cases}a=-12,\\b=-2\end{cases}\Rightarrow a-b=-10$，故选 D.

6.【答案】C

【解析】$\Delta=4b^2-4(c+a)(c-a)=0\Rightarrow c^2=a^2+b^2$，该三角形是直角三角形，故选 C.

7.【答案】A

【解析】将两组解代入方程可知$\begin{cases}a=3,\\b=-2,\end{cases}$则$\log_9 a^b=\log_9\dfrac{1}{9}=-1$，故选 A.

8.【答案】E

【解析】$\Delta=[2(k+1)]^2-4(k^2+2)\geqslant 0\Rightarrow k\geqslant\dfrac{1}{2}$，$x_1+x_2=2(k+1)$，$x_1x_2=k^2+2$，则

$(x_1+1)(x_2+1)=x_1x_2+x_1+x_2+1=k^2+2k+5=8\Rightarrow\begin{cases}k=1,\\k=-3(舍),\end{cases}$ 故选 E.

9.【答案】A

【解析】$\alpha^2-\alpha-1=0\Rightarrow\alpha^2=\alpha+1$，所以

$$\alpha^4=(\alpha^2)^2=(\alpha+1)^2=\alpha^2+2\alpha+1=\alpha+1+2\alpha+1=3\alpha+2,$$

则 $\alpha^4+3\beta=3\alpha+3\beta+2=3(\alpha+\beta)+2=3\times1+2=5$，故选 A.

10.【答案】A

【解析】设两个实根分别为 $x_1=3k$，$x_2=4k$. 根据韦达定理 $3k+4k=-a$，$3k\cdot 4k=b$，即 $a=-7k$，$b=12k^2$，$\Delta=a^2-4b=(-7k)^2-4\cdot12k^2=2\Rightarrow k=\pm\sqrt{2}$.

所以 $x_1^2+x_2^2=25k^2=50$，故选 A.

11.【答案】B

【解析】$\Delta=4(m-2)^2-4(m^2+4)\geqslant0\Rightarrow m\leqslant 0$. 由条件 $(x_1^2+x_2^2)-x_1x_2=21$，得

$$(x_1+x_2)^2-3x_1x_2=4(m-2)^2-3(m^2+4)=21,$$

解得 $m=-1$.

12.【答案】E

【解析】$x^2+10x+21>0\Rightarrow(x+3)(x+7)>0\Rightarrow x>-3$ 或 $x<-7$.

13.【答案】E

【解析】$(x+4)(x+6)+3=x^2+10x+27$，$\Delta<0$，即不等式恒成立，故选 E.

14.【答案】D

【解析】$x^2+x-6>0\Rightarrow(x+3)(x-2)>0\Rightarrow x<-3$ 或 $x>2$，故选 D.

15.【答案】D

【解析】$0<2^{-\frac{1}{3}}<1$，$\log_2\dfrac{1}{3}<0$，$\log_{\frac{1}{2}}\dfrac{1}{3}=\log_2 3>1$，所以 $b<a<c$，故选 D.

二、条件充分性判断

16.【答案】B

【解析】$x^2-5>0 \Rightarrow x<-\sqrt{5}$ 或 $x>\sqrt{5}$，故选 B.

17.【答案】D

【解析】$\Delta=4m^2-4(m^2-4)=16>0$，判别式恒正，所以 $m\in\mathbf{R}$，故选 D.

18.【答案】C

【解析】条件(1)，$2\,019-2\,020+1=0$，则 $x_1=-1$，由韦达定理得 $x_2=-\dfrac{1}{2\,019}$，不充分；

条件(2)，$2\,020-2\,021+1=0$，则 $x_1=-1$，由韦达定理得 $x_2=-\dfrac{1}{2\,020}$，不充分；

联合可知，公共根为 $x=-1$，充分，故选 C.

19.【答案】D

【解析】由条件(1)可知 $x-y=0$，则 $x^2-y^2=(x+y)(x-y)=0$，充分；

由条件(2)可知 $x^2-y^2=(x+y)(x-y)=0$，充分. 故选 D.

20.【答案】D

【解析】条件(1)，$\begin{cases}2m+n=8,\\2n-m=1\end{cases}\Rightarrow\begin{cases}m=3,\\n=2,\end{cases}$ 则 $2m-n=4$，充分；

条件(2)，解得 $\begin{cases}m=5,\\n=6,\end{cases}$ 则 $2m-n=4$，充分. 故选 D.

21.【答案】E

【解析】

$$(x^2-2x-8)(x-2)(x^2-2x+6)>0\Rightarrow(x+2)(x-4)(x-2)(x^2-2x+6)>0,$$

其中 x^2-2x+6 恒为正；

穿线法：

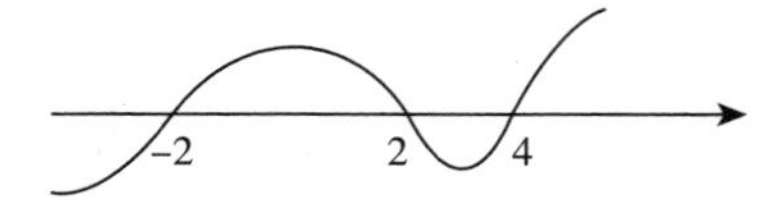

解集为 $-2<x<2$ 或 $x>4$. 条件(1)不充分，条件(2)不充分，联合起来也不充分，故选 E.

22.【答案】E

【解析】条件(1)，根据韦达定理得到：$a^2+b^2=(a+b)^2-2ab=17$，不充分；

条件(2)，$|a-b+3|+|2a+b-6|=0$，根据非负性得到 $\begin{cases}a-b+3=0,\\2a+b-6=0\end{cases}\Rightarrow\begin{cases}a=1,\\b=4,\end{cases}$ 也不充分，选 E.

23.【答案】C

【解析】$\begin{cases}\Delta=(a-2)^2-16(a-5)>0,\\x_1+x_2=\dfrac{2-a}{4}<0,\\x_1x_2=\dfrac{a-5}{4}>0,\end{cases}$ 解得 $5<a<6$ 或 $a>14$，故选 C.

24.【答案】A

【解析】原方程可化为 $\begin{cases}x^2+2(m-1)x+m^2-1=0,\\x+m\geqslant 0,\end{cases}$ 要使方程在 $[-m,+\infty)$ 上有两个不相等的实数根，则

$$\begin{cases}\Delta=4(m-1)^2-4(m^2-1)>0,\\f(-m)\geqslant 0,\\-(m-1)>-m,\end{cases}$$

解得 $\dfrac{1}{2}\leqslant m<1$，故选 A.

25.【答案】A

【解析】由条件(1)得 $|\alpha-\beta|=\sqrt{16-4(m-1)}=2\sqrt{2}$，即 $m=3$；

由条件(2)得 $(\alpha+\beta)^2-\alpha\beta=1$，再结合题干得 $\alpha+\beta=-4$，$\alpha\beta=m-1$，解得 $m=16$.

判别式 $\Delta=16-4(m-1)\geqslant 0$，所以只能取 $m=3$，条件(1)充分，故选 A.

强化能力练习题

一、问题求解

1. 已知方程 $3x^2+5x+1=0$ 的两个根为 α,β，则 $\sqrt{\frac{\beta}{\alpha}}+\sqrt{\frac{\alpha}{\beta}}=$（　　）.

A. $-\frac{5\sqrt{3}}{3}$　　B. $\frac{5\sqrt{3}}{3}$　　C. $\frac{\sqrt{3}}{5}$　　D. $-\frac{\sqrt{3}}{5}$　　E. $\frac{2\sqrt{3}}{5}$

2. 已知方程 $x^2+5x+k=0$ 的两实根之差为 3，则实数 $k=$（　　）.

A. 4　　B. 5　　C. 6　　D. 7　　E. 8

3. 设 x_1,x_2 是关于 x 的一元二次方程 $x^2+ax+a=2$ 的两个实数根，则 $(x_1-2x_2)(x_2-2x_1)$ 的最大值为（　　）.

A. $\frac{9}{4}$　　B. $-\frac{9}{4}$　　C. $\frac{63}{8}$　　D. $-\frac{63}{8}$　　E. $\frac{\sqrt{5}+1}{2}$

4. 已知 m,n 是方程 $x^2-3x+1=0$ 的两个实根，则 $2m^2+4n^2-6n=$（　　）.

A. 4　　B. 12　　C. 15　　D. 17　　E. 18

5. 设 x,y 都为正整数，且满足 $\sqrt{x-116}+\sqrt{x+100}=y$，则 y 的最大值是（　　）.

A. 108　　B. 194　　C. 234　　D. 254　　E. 274

6. 不等式 $2x^2+(2a-b)x+b\geqslant 0$ 的解集为 $x\leqslant 1$ 或 $x\geqslant 2$，则 $a+b=$（　　）.

A. 1　　B. 3　　C. 5　　D. 7　　E. 8

7. 关于 x 的方程 $\lg(x^2+11x+8)-\lg(x+1)=1$ 的解为（　　）.

A. 1　　B. 2　　C. 3　　D. 3 或 2　　E. 1 或 2

8. 已知 m 为有理数，方程 $x^2+4(1-m)x+3m^2-2m+4k=0$ 的根为有理数，则 k 的值为（　　）.

A. $-\frac{1}{4}$　　B. $-\frac{1}{2}$　　C. $-\frac{3}{4}$　　D. -1　　E. $-\frac{5}{4}$

9. 设关于 x 的方程 $ax^2+(a+2)x+9a=0$ 有两个不等的实数根 x_1 和 x_2，且 $x_1<1<x_2$，那么 a 的取值范围是（　　）.

A. $-\frac{2}{7}<a<\frac{2}{5}$　　B. $a>\frac{2}{5}$　　C. $a<-\frac{2}{7}$

D. $-\frac{2}{11}<a<0$　　E. $a\geqslant 2$

10. 若 $y^2-2\left(\sqrt{x}+\frac{1}{\sqrt{x}}\right)y+3<0$ 对一切正实数 x 恒成立，则 y 的取值范围为（　　）.

A. $1<y<3$　　B. $2<y<4$　　C. $1<y<4$　　D. $3<y<5$　　E. $2<y<4$

11. 已知方程 $x^2-4x+a=0$ 有两个实根，其中一个根小于3，另一个根大于3，则 a 的取值范围是（　　）.

A. $a\leqslant 3$　　B. $a>3$　　C. $a<3$　　D. $0<a<3$　　E. $a\neq 1$

12. 若 $ab\neq 1$，且有 $5a^2+2\ 001a+9=0$ 及 $9b^2+2\ 001b+5=0$，则 $\frac{a}{b}$ 的值是（　　）.

A. $\frac{9}{5}$　　B. $\frac{5}{9}$　　C. $-\frac{2\ 001}{5}$　　D. $-\frac{2\ 002}{5}$　　E. $-\frac{9}{5}$

13. 已知实数 x,y,z 满足 $x^2+y^2+z^2=4$，则 $(2x-y)^2+(2y-z)^2+(2z-x)^2$ 的最大值为（　　）.

A. 12　　B. 20　　C. 28　　D. 36　　E. 44

14. 已知二次方程 $x^2-2ax+10x+2a^2-4a-2=0$ 有实根，则其两根之积的最小值为（　　）.

A. -4　　B. -3　　C. -2　　D. -1　　E. -6

15. 若 x_1,x_2 都满足条件 $|2x-1|+|2x+3|=4$，且 $x_1<x_2$，则 x_1-x_2 的取值范围是（　　）.

A. $(-6,-3)$　　B. $[-2,0)$　　C. $(-2,0]$

D. $(-2,0)$　　E. $(0,2)$

二、条件充分性判断

16. $\frac{|a-b|}{|a|+|b|}<1$.

(1) $\frac{a}{|a|}-\frac{b}{|b|}=0$.　　(2) $\frac{a}{|a|}+\frac{b}{|b|}=0$.

17. 不等式组 $\begin{cases}x^2-4x+3<0,\\x^2-6x+8<0\end{cases}$ 的解均满足不等式 $2x^2-9x+m<0$.

(1) $m\leqslant 9$.　　(2) $m>9$.

18. 二次项系数不相等的两个方程 $(a-1)x^2-(a^2+2)x+(a^2+2a)=0$ 和 $(b-1)x^2-(b^2+2)x+(b^2+2b)=0$（其中 a,b 为正整数）恰有一个公共根.

(1) $a=4,b=2$.　　(2) $a=2,b=4$.

19. 方程 $\sqrt{x-p}=x$ 有两个不相等的正根.

(1) $p\geqslant 0$.　　(2) $p<\frac{1}{4}$.

20. 不等式 $ax^2+(a-6)x+2>0$ 对所有实数 x 成立.

(1) $0<a<3$.　　(2) $1<a<5$.

21. $\frac{b+c}{|a|}+\frac{a+c}{|b|}+\frac{a+b}{|c|}=1$.

(1)实数 a,b,c 满足 $a+b+c=0$. (2)实数 a,b,c 满足 $abc>0$.

22. $f(x)$ 的最小值为$\frac{8}{3}$.

(1) $f(x)=2x+\frac{2}{3x^3}$. (2) $f(x)=x^2-2x+\frac{11}{3}$.

23. $\frac{a}{d}<\frac{b}{c}$.

(1) $a>b>0$. (2) $c<d<0$.

24. 设 a,b 为实数，则 $a=1,b=4$.

(1)曲线 $y=ax^2+bx+1$ 与 x 轴相交的两个交点的距离为 $2\sqrt{3}$.

(2)曲线 $y=ax^2+bx+1$ 关于直线 $x+2=0$ 对称.

25. 一元二次方程 $x^2+bx+c=0$ 的两个根为一正一负.

(1) $c<0$. (2) $b^2-4c>0$.

强化能力练习题解析

一、问题求解

1.**【答案】**B

【解析】$\alpha+\beta=-\frac{5}{3}$，$\alpha\beta=\frac{1}{3}$，可知 α,β 同为负数.

$$\left(\sqrt{\frac{\beta}{\alpha}}+\sqrt{\frac{\alpha}{\beta}}\right)^2=\frac{\beta}{\alpha}+\frac{\alpha}{\beta}+2\sqrt{\frac{\beta}{\alpha}\frac{\alpha}{\beta}}=\frac{\alpha^2+\beta^2}{\alpha\beta}+2=\frac{(\alpha+\beta)^2-2\alpha\beta}{\alpha\beta}+2=\frac{25}{3},$$

所以$\sqrt{\frac{\beta}{\alpha}}+\sqrt{\frac{\alpha}{\beta}}=\frac{5\sqrt{3}}{3}$，故选 B.

2.**【答案】**A

【解析】$\Delta=25-4k>0\Rightarrow k<\frac{25}{4}$，设两根为 x_1,x_2，令 $x_1>x_2$，则 $x_1-x_2=3$，$(x_1-x_2)^2=(x_1+x_2)^2-4x_1x_2=9$，因为 $x_1+x_2=-5$，$x_1x_2=k$，所以可求 $k=4<\frac{25}{4}$，故选 A.

3.**【答案】**D

【解析】$\Delta=a^2-4(a-2)=a^2-4a+8=(a-2)^2+4>0$ 恒成立，由根与系数的关系得，$x_1+x_2=-a$，$x_1x_2=a-2$，$(x_1-2x_2)(x_2-2x_1)=-2(x_1+x_2)^2+9x_1x_2=-2a^2+9a-18$ 有最大值 $-\frac{63}{8}$.

4.【答案】B

【解析】由韦达定理得 $m+n=3, mn=1$.

$2m^2+4n^2-6n=2(m^2+n^2)+2(n^2-3n)$，由条件可知 $n^2-3n=-1$，所以 $2(m^2+n^2)+2(n^2-3n)=2[(m+n)^2-2mn]+2\times(-1)=12$，故选 B.

5.【答案】A

【解析】因为 $x-116, x+100, y$ 都为整数，所以 $\sqrt{x-116}, \sqrt{x+100}$ 必为整数，设 $x-116=m^2, x+100=n^2$（$m<n, m, n$ 为正整数），两式相减得 $n^2-m^2=(n+m)(n-m)=216$. 又因为 $m+n, n-m$ 的奇偶性相同，而 216 不可能为 2 个奇数的积，故 $m+n, n-m$ 必为偶数，要使 $m+n$ 取最大值，$n-m$ 只能取最小的偶数，则 $n-m=2$，故 $y=m+n$ 的最大值为 $216\div2=108$.

6.【答案】B

【解析】方程 $2x^2+(2a-b)x+b=0$ 的两个根为 $x_1=1, x_2=2$，可以求出 $a=-1, b=4$.

7.【答案】A

【解析】$x^2+11x+8=10(x+1)$，$x=1$ 或 $x=-2$（舍）.

8.【答案】E

【解析】$x^2+4(1-m)x+3m^2-2m+4k=0$ 的根为有理数，则 $\Delta=4m^2-24m+16-16k$ 为完全平方数，即 $4-4k=9$，$k=-\frac{5}{4}$.

9.【答案】D

【解析】由题干分析得 $x_1<1<x_2$，说明一个根比 1 大，一个根比 1 小 $\Rightarrow a\times f(1)<0$.

$$a\times(a+a+2+9a)<0\Rightarrow -\frac{2}{11}<a<0.$$

10.【答案】A

【解析】由原式得 $\frac{y^2+3}{2y}<\sqrt{x}+\frac{1}{\sqrt{x}}$，因为 $\sqrt{x}+\frac{1}{\sqrt{x}}\geqslant2$，所以当 $\frac{y^2+3}{2y}<2$ 时恒成立，解得 $1<y<3$.

11.【答案】C

【解析】题干分析得方程有两个根，一个根比 3 大，另外一个根比 3 小，则

$$1\times f(3)<0\Rightarrow 9-12+a<0\Rightarrow a<3.$$

12.【答案】A

【解析】由 $9b^2+2\ 001b+5=0$ 得 $5\cdot\frac{1}{b^2}+2\ 001\cdot\frac{1}{b}+9=0$，即 a 与 $\frac{1}{b}$ 是方程 $5x^2+2\ 001x+9=0$ 的两个根，且 $a\neq\frac{1}{b}$，则 a 与 $\frac{1}{b}$ 是这个方程的两个相异实根，所以 $a\cdot\frac{1}{b}=\frac{9}{5}$，故选 A.

13.【答案】C

【解析】$(2x-y)^2+(2y-z)^2+(2z-x)^2=5(x^2+y^2+z^2)-4(xy+yz+xz)=20-2[(x+y+z)^2-(x^2+y^2+z^2)]$，当 $x+y+z=0$ 时，取最大值 28.

14.【答案】A

【解析】两根之积 $x_1x_2=2a^2-4a-2$ 看成开口向上的抛物线，在对称轴 $a=1$ 处有最小值 -4. 验证当 $a=1$ 时，方程有实根，满足题干. 此类利用韦达定理求参数值的相关问题，务必注意 $\Delta\geqslant 0$，即要保证方程有实根.

15.【答案】B

【解析】显然当 x 在两个零点之间，即 $-1.5\leqslant x\leqslant 0.5$ 时等式成立，又 $x_1<x_2$，x_1 的最小值为 -1.5，x_2 的最大值为 0.5，且 $x_1-x_2<0$，得 $-2\leqslant x_1-x_2<0$.

二、条件充分性判断

16.【答案】A

【解析】考查三角不等式，题干结论成立的条件为 $ab>0$，条件(1)保证了 $ab>0$，所以条件(1)充分，条件(2)不充分. 选择 A.

17.【答案】A

【解析】题干不等式组的解为 $2<x<3$，因此要求 $2x^2-9x+m=0$ 的一个根小于等于 2，另一个根大于等于 3，即 $f(2)\leqslant 0, f(3)\leqslant 0$，解得 $m\leqslant 9$，选择 A.

18.【答案】E

【解析】把两条件分别代入题干中方程可知，两个条件对于题干是等价的. 经检验，两个方程有两个公共根，所以选择 E.

19.【答案】E

【解析】$\sqrt{x-p}=x\Rightarrow x-p=x^2\Rightarrow x^2-x+p=0$ 有两个不等正根，所以

$$\Delta=1-4p>0, x_1x_2=p>0,$$

解得 $0<p<\frac{1}{4}$. 单独均不充分，联合也不充分.

20.【答案】E

【解析】不等式 $ax^2+(a-6)x+2>0$ 恒成立需分两种情况讨论.

当 $a=0$，$-6x+2>0\Rightarrow x<\frac{1}{3}$，不成立；当 $a\neq 0$，$\begin{cases}a>0,\\ \Delta<0\end{cases}\Rightarrow 2<a<18$，选择 E.

21.【答案】C

【解析】单独显然不充分，联合时，可得 a,b,c 必为两负一正，则

$$\frac{b+c}{|a|}+\frac{a+c}{|b|}+\frac{a+b}{|c|}=-\left(\frac{a}{|a|}+\frac{b}{|b|}+\frac{c}{|c|}\right)=1,$$

充分. 选 C.

22.【答案】B

【解析】条件(1)中 $f(x)=2x+\frac{2}{3x^3}$ 没有最小值,不充分;

条件(2)中 $f(x)=x^2-2x+\frac{11}{3}=(x-1)^2+\frac{8}{3}$,存在最小值 $\frac{8}{3}$,充分. 选 B.

23.【答案】C

【解析】条件(1)、条件(2)明显单独都不充分,考虑联合,$a>b>0$,$c<d<0 \Rightarrow ac<bd$,同时除以 cd,可以得到 $\frac{a}{d}<\frac{b}{c}$,充分,答案选 C.

24.【答案】C

【解析】单独显然不充分,联合起来. 由条件(1)得 $y=ax^2+bx+1$ 与 x 轴相交的两个交点的距离为$\frac{\sqrt{\Delta}}{|a|}=2\sqrt{3}$;由条件(2)得 $-\frac{b}{2a}=-2 \Rightarrow b=4a$,$a=1$,$b=4$,充分.

25.【答案】A

【解析】两根之积小于零,即 $c<0$.

第五章　数列

一、本章思维导图

- **数列**
  - **数列的概念与性质**
    - 数列的前 n 项和—$S_n=a_1+a_2+a_3+a_4+\cdots+a_n$
    - a_n 与 S_n 的关系—$a_n=\begin{cases}a_1=S_1, & n=1,\\ S_n-S_{n-1}, & n\geqslant 2\end{cases}$
  - **等差数列**
    - 定义—$a_{n+1}-a_n=d$(常数)
    - 通项公式—$a_n=a_1+(n-1)d=a_k+(n-k)d=dn+(a_1-d)$
    - 前 n 项和—$S_n=\frac{(a_1+a_n)n}{2}=na_1+\frac{n(n-1)}{2}d=\frac{d}{2}n^2+\left(a_1-\frac{d}{2}\right)n$
    - 常用性质
      - $m,n,l,k\in\mathbf{Z}^+,m+n=l+k$,则 $a_m+a_n=a_l+a_k$
      - 若 S_n 为等差数列前 n 项的和,则 $S_n,S_{2n}-S_n,S_{3n}-S_{2n},\cdots$ 仍为等差数列
      - 若$\{a_n\}$为等差数列,其前 n 项和为 S_n;$\{b_n\}$为等差数列,其前 n 项和为 T_n,则$\frac{a_k}{b_k}=\frac{S_{2k-1}}{T_{2k-1}}$
    - 等差数列的判定
      - 特殊值法
      - a_n 和 S_n 的特征判断法
      - 定义法
      - 中项公式法
  - **等比数列**
    - 定义—$\frac{a_{n+1}}{a_n}=q,q\neq 0$
    - 通项公式—$a_n=a_1q^{n-1},q\neq 0$
    - 前 n 项和—$S_n=\begin{cases}na_1, & q=1,\\ \frac{a_1(1-q^n)}{1-q}, & q\neq 0 且 q\neq 1\end{cases}$
    - 常用性质
      - 若 $m,n,l,k\in\mathbf{Z}^+,m+n=l+k$,则 $a_m\cdot a_n=a_l\cdot a_k$
      - 若 S_n 为等比数列前 n 项和,则 $S_n,S_{2n}-S_n,S_{3n}-S_{2n},\cdots$ 仍为等比数列,其公比为 q^n
      - $\frac{S_n}{S_m}=\frac{1-q^n}{1-q^m}(q\neq 1)$
    - 等比数列的判定
      - 特殊值法
      - a_n 和 S_n 的特征判断法
      - 定义法
      - 中项公式法

二、往年真题分析

1 真题统计

年份(2012—2021) 数量 考点	12	13	14	15	16	17	18	19	20	21
等差数列基本问题			1	2			1	1	1	
等比数列问题							1			1
等差和等比数列结合问题	1		1							
数列与函数、方程的综合题		1				1				
递推公式问题		1			1			1	1	
数列应用题	1				1	1		1		1
总计/分	6	6	6	6	6	6	6	9	6	6

2 考情解读

数列题是每年必考的题目，一般为 2～3 道. 主要围绕四个方向出题：一是等差数列、等比数列的基本公式和性质；二是数列的应用题；三是利用数列递推性构造新的数列；四是数列的综合题(数列与二次函数、方程、均值不等式相结合).

高频题型：等差、等比数列性质，数列应用题.

拔高题型：利用数列递推性构造新的数列，数列的综合题.

第 25 讲　数列基本定义和性质

考点解读

1. 数列的定义

按一定次序排列的一列数叫作数列. 一般形式：$a_1,a_2,a_3,\cdots,a_n,a_{n+1},\cdots$，简记为$\{a_n\}$.

2. 通项公式

$a_n=f(n)$(第 n 项 a_n 与项数 n 之间的函数关系).

3. 递推公式

a_n 与其前后项之间的关系式称为递推公式. 若已知数列的递推关系式及首项，则可以写出其他项，因此递推公式是确定数列的一种重要方式.

4. 数列前 n 项和

记为 $S_n=a_1+a_2+a_3+\cdots+a_n=\sum\limits_{i=1}^{n}a_i$.

5. a_n 与 S_n 的关系

$$a_n=\begin{cases}S_1, & n=1,\\ S_n-S_{n-1}, & n\geqslant 2.\end{cases}$$

高能提示

1. 出题频率：级别低，难度中，要求考生掌握前 n 项和的定义及求解方法.
2. 考点分布：元素与求和的关系.
3. 解题方法：万能公式 $a_n=\begin{cases}a_1=S_1, & n=1,\\ S_n-S_{n-1}, & n\geqslant 2.\end{cases}$

题型归纳

题型：数列的一般性质

▶ **【特征分析】** 根据公式：$a_n=\begin{cases}a_1=S_1, & n=1,\\ S_n-S_{n-1}, & n\geqslant 2.\end{cases}$

例 1 若数列 $\{a_n\}$ 的前 n 项和 $S_n=4n^2+n-2$，则它的通项 $a_n=$(　　).

A. $8n-3$　　B. $4n+1$　　C. $8n-2$

D. $8n-5$　　E. $\begin{cases}3, & n=1,\\ 8n-3, & n\geqslant 2\end{cases}$

【解析】 根据万能公式 $a_n=\begin{cases}a_1=S_1, & n=1,\\ S_n-S_{n-1}, & n\geqslant 2,\end{cases}$ 有 $n=1$ 时，$a_1=S_1=4+1-2=3$；

$n\geqslant 2$ 时，$a_n=S_n-S_{n-1}=4n^2+n-2-4(n-1)^2-(n-1)+2=8n-3$.

【答案】 E

例 2 已知数列 $\{a_n\}$ 的前 n 项和 $S_n=2+3^{n-1}$，则 $a_6=$(　　).

A. 81　　B. 162　　C. 243　　D. 27　　E. 54

【解析】 当 $n=1$ 时，$a_1=S_1=2+3^{1-1}=3$；

当 $n\geqslant 2$ 时，$a_n=S_n-S_{n-1}=(2+3^{n-1})-(2+3^{n-2})=2\times 3^{n-2}$.

故 $a_n=\begin{cases}3, & n=1,\\ 2\times 3^{n-2}, & n\geqslant 2,\end{cases}$ 则 $a_6=2\times 3^4=162$.

【答案】 B

第 26 讲　等差数列

考点解读

1. 定义

如果在数列 $\{a_n\}$ 中，从第二项开始，每一项与它的前面一项的差相等，即 $a_{n+1}-a_n=d$（常数），则称数列 $\{a_n\}$ 为等差数列，d 为公差.

2. 通项公式

$$a_n=a_1+(n-1)d=a_k+(n-k)d=dn+(a_1-d).$$

当 $d\neq 0$ 时，$a_n=dn+(a_1-d)$，其特点如下.

(1) a_n 是关于 n 的一次函数，斜率为公差 d，一次项系数与常数项之和为 $d+(a_1-d)=a_1$.

(2)该一次函数的图像为一条直线.

$$\begin{cases} d>0,\text{该函数为单调递增函数,} \\ d<0,\text{该函数为单调递减函数.} \end{cases}$$

(3)最值问题 $\begin{cases} \text{若 } a_1<0, d>0, \text{则 } a_n=0 \text{ 时，前 } n \text{ 项和 } S_n \text{ 有最小值,} \\ \text{若 } a_1>0, d<0, \text{则 } a_n=0 \text{ 时，前 } n \text{ 项和 } S_n \text{ 有最大值.} \end{cases}$

3. 等差中项

a,A,b 成等差数列 $\Rightarrow 2A=a+b$，此时称 A 为 a,b 的等差中项.

4. 前 n 项和公式（重点）

$$\begin{cases} S_n=\dfrac{(a_1+a_n)n}{2} \Rightarrow \text{等差数列平均值 } \bar{x}=\dfrac{a_1+a_2+\cdots+a_n}{n}=\dfrac{a_1+a_n}{2}, \\ S_n=\dfrac{d}{2}n^2+\left(a_1-\dfrac{d}{2}\right)n. \end{cases}$$

所以当公差 $d\neq 0$ 时，可将其抽象成关于 n 的二次函数 $f(n)=\dfrac{d}{2}n^2+\left(a_1-\dfrac{d}{2}\right)n$.

其特点如下.

(1)常数项为零，函数图像过原点.

(2)抛物线开口方向由 d 的符号决定.

(3)二次项系数为公差的一半 $\dfrac{d}{2}$.

(4)对称轴 $x=\dfrac{1}{2}-\dfrac{a_1}{d}$（求最值）.

(5)若 $d\neq 0$，则等差数列的前 n 项和只能为二次函数. 二次函数各项系数与常数项之和是 $\dfrac{d}{2}+\left(a_1-\dfrac{d}{2}\right)=a_1$；若 $d=0$，则退化成一次函数.

5. 等差数列的性质

(1)若 $m,n,l,k\in\mathbf{Z}^{+}$,$m+n=l+k$,则 $a_m+a_n=a_l+a_k$.

(2)若 $\{a_n\}$ 为等差数列,S_n 为其前 n 项的和,则 S_n,$S_{2n}-S_n$,$S_{3n}-S_{2n}$,… 仍为等差数列,其公差为 n^2d.

(3)若 $\begin{cases}\{a_n\}\text{为等差数列,其前 }n\text{ 项和为 }S_n,\\ \{b_n\}\text{为等差数列,其前 }n\text{ 项和为 }T_n,\end{cases}$ 则 $\dfrac{a_k}{b_k}=\dfrac{S_{2k-1}}{T_{2k-1}}$.

高能提示

1. 出题频率:级别高,难度中等,出题形式灵活,其难点是构造新的等差数列.
2. 考点分布:等差数列性质及前 n 项和公式,等差数列应用题等问题.
3. 解题方法:关键的量是 a_1 与 d,只要掌握这两个量并能灵活应用,基本问题就可以解决.

题型归纳

题型一:等差数列的判定

▶**【特征分析】**可以从两个方向来判定.

一是 $a_n=dn+(a_1-d)$,$d\neq 0$,a_n 是关于 n 的一次函数;二是 $S_n=\dfrac{d}{2}n^2+\left(a_1-\dfrac{d}{2}\right)n$,$d\neq 0$,$S_n$ 是关于 n 的二次函数.

例 1 下列通项公式表示的数列为等差数列的是(   ).

A. $a_n=\dfrac{n}{n-1}$

B. $a_n=n^2-1$

C. $a_n=5n+(-1)^n$

D. $a_n=3n-1$

E. $a_n=\sqrt{n}-\sqrt[3]{n}$

【解析】一般来说,等差数列的通项可看成是关于 n 的一次函数,故只有 D 满足要求.

【答案】D

【敲黑板】

要掌握数列的定义,等差数列要看 $a_{n+1}-a_n$ 是否为常数.此外还要从表达式上掌握数列的特征,因为等差数列通项 $a_n=a_1+(n-1)d=d\cdot n+(a_1-d)$,当 $d\neq 0$ 时,可以看成关于 n 的一次函数.

例 2 设数列 $\{a_n\}$ 的前 n 项和为 S_n,则数列 $\{a_n\}$ 是等差数列.

(1)$S_n=n^2+2n$,$n=1,2,3,\cdots$.

(2)$S_n=n^2+2n+1$,$n=1,2,3,\cdots$.

【解析】等差数列的前 n 项和可以看成二次函数，且常数项为 0.

【答案】A

【敲黑板】

数列 $\{a_n\}$ 的前 n 项和，$S_n = an^2 + bn + c(a \neq 0)$，$c = 0$ 时，$\{a_n\}$ 是等差数列；$c \neq 0$ 时，从第二项开始成等差数列.

题型二：已知等差数列求参数问题

▶【特征分析】五个参数 a_1, n, d, a_n, S_n，知道其中任意三个量就可以求另外两个参数.

例 3 在等差数列 $\{a_n\}$ 中，$a_1 = 2, a_4 + a_5 = -3$，该等差数列的公差是（　　）.

A. -2　　B. -1　　C. 1　　D. 2　　E. 3

【解析】根据等差数列通项公式得 $a_1 + 3d + a_1 + 4d = -3 \Rightarrow d = -1$.

【答案】B

例 4 如果数列 $x, a_1, a_2, a_3, \cdots, a_m, y$ 和数列 $x, b_1, b_2, b_3, \cdots, b_n, y$ 都是等差数列，则 $a_2 - a_1$ 与 $b_4 - b_2$ 的比值为（　　）.

A. $\frac{n}{2m}$　　B. $\frac{n+1}{2m}$　　C. $\frac{n+1}{2(m+1)}$　　D. $\frac{n+1}{m+1}$　　E. $\frac{n-1}{m+1}$

【解析】$x, a_1, a_2, a_3, \cdots, a_m, y$ 为等差数列，则 $y = x + (m+2-1)d_1 \Rightarrow d_1 = \frac{y-x}{m+1}$.

$x, b_1, b_2, b_3, \cdots, b_n, y$ 为等差数列，则 $y = x + (n+2-1)d_2 \Rightarrow d_2 = \frac{y-x}{n+1}$.

故 $\frac{a_2 - a_1}{b_4 - b_2} = \frac{d_1}{2d_2} = \frac{n+1}{2(m+1)}$.

【答案】C

例 5 在等差数列 $\{a_n\}$ 中，$a_4 = 9, a_9 = -6$，则满足 $S_n = 54$ 的所有 n 的值为（　　）.

A. 4 或 9　　B. 4　　C. 9　　D. 3 或 8　　E. 8

【解析】根据题意可知 $\begin{cases} a_4 = a_1 + (4-1)d = 9, \\ a_9 = a_1 + (9-1)d = -6, \end{cases}$ 解得 $\begin{cases} a_1 = 18, \\ d = -3. \end{cases}$

由前 n 项和公式得 $S_n = \frac{d}{2}n^2 + \left(a_1 - \frac{d}{2}\right)n = 54 \Rightarrow n^2 - 13n + 36 = 0$，解得 $n = 4$ 或 $n = 9$.

【答案】A

例 6 设 $\{a_n\}$ 是等差数列，则能唯一确定数列 $\{a_n\}$.

(1) $a_1 + a_6 = 0$.　　(2) $a_1 a_6 = -1$.

【解析】题干要求确定唯一性：根据题意可知 $a_n = a_1 + (n-1)d$，说明 a_1 和 d 必须唯一.

条件(1)，$a_1 + a_1 + 5d = 0$，无法确定 a_1 和 d.

条件(2)，$a_1 \times (a_1 + 5d) = -1$，无法确定 a_1 和 d.

联合条件(1)和条件(2)，$\begin{cases} a_1 + a_6 = 0, \\ a_1 \times a_6 = -1 \end{cases} \Rightarrow \begin{cases} a_1 = 1, \\ a_6 = -1 \end{cases}$ 或 $\begin{cases} a_1 = -1, \\ a_6 = 1, \end{cases}$ 不唯一.

【答案】E

题型三：等差数列的性质

▶【特征分析】(1)若 $m,n,l,k \in \mathbf{Z}^+$，$m+n=l+k$，则 $a_m + a_n = a_l + a_k$.

(2)若$\{a_n\}$为等差数列，S_n 为前 n 项和，则 $S_n, S_{2n}-S_n, S_{3n}-S_{2n}, \cdots$ 仍为等差数列，其公差为 $n^2 d$.

(3)若$\begin{cases} \{a_n\} \text{ 为等差数列，其前 } n \text{ 项和为 } S_n, \\ \{b_n\} \text{ 为等差数列，其前 } n \text{ 项和为 } T_n, \end{cases}$ 则$\dfrac{a_k}{b_k} = \dfrac{S_{2k-1}}{T_{2k-1}}$.

例 7　已知等差数列 $\{a_n\}$ 中的 a_1 与 a_{10} 是方程 $x^2 - 3x - 5 = 0$ 的两个根，则 $a_3 + a_8 =$ (　　).

A. 3　　B. 4　　C. 5　　D. 6　　E. 9

【解析】根据根与系数关系，$a_1 + a_{10} = -\dfrac{b}{a} = 3 = a_3 + a_8$.

【答案】A

例 8　已知数列 $\{a_n\}$ 为等差数列，且 $a_2 - a_5 + a_8 = 9$，则 $a_1 + a_2 + \cdots + a_9 =$ (　　).

A. 27　　B. 45　　C. 54　　D. 81　　E. 62

【解析】根据等差数列性质，$a_2 - a_5 + a_8 = 9 \Rightarrow a_5 = 9$，则

$$a_1 + a_2 + a_3 + \cdots + a_9 = \frac{9(a_1 + a_9)}{2} = 9a_5 = 81.$$

【答案】D

例 9　等差数列 $\{a_n\}$，$\{b_n\}$ 的前 n 项和分别为 S_n 和 T_n，若 $\dfrac{S_n}{T_n} = \dfrac{7n+1}{4n+27}$ $(n \in \mathbf{Z}^+)$，则 $\dfrac{a_6}{b_6} =$ (　　).

A. $\dfrac{7}{4}$　　B. $\dfrac{3}{2}$　　C. $\dfrac{4}{3}$　　D. $\dfrac{78}{71}$　　E. $\dfrac{5}{4}$

【解析】根据等差数列的性质，$\dfrac{a_6}{b_6} = \dfrac{S_{11}}{T_{11}} = \dfrac{7 \times 11 + 1}{4 \times 11 + 27} = \dfrac{78}{71}$.

【答案】D

例 10　已知 $\{a_n\}$ 为等差数列，S_n 为前 n 项和，若 $S_4 = 30$，$S_8 = 90$，则 S_{12} 为 (　　).

A. 150　　B. 160　　C. 180　　D. 190　　E. 200

【解析】根据等差数列的性质得 $S_4, S_8-S_4, S_{12}-S_8$ 成等差数列，则 $30, 90-30, S_{12}-90$ 成等差数列 $\Rightarrow S_{12}-90+30=2\times60\Rightarrow S_{12}=180$.

【答案】C

题型四：等差数列求平均值问题

▶【特征分析】根据平均值公式 $\bar{x}=\dfrac{a_1+a_2+a_3+\cdots+a_n}{n}=\dfrac{\dfrac{n\times(a_1+a_n)}{2}}{n}=\dfrac{a_1+a_n}{2}$.

例 11 在 1 到 100 之间，能被 9 整除的整数的平均值是（　　）.

A. 27　　B. 36　　C. 45　　D. 54　　E. 63

【解析】在 1 到 100 之间，能被 9 整除的整数有 9，18，27，36，…，99，成等差数列，它们的平均值 $=\dfrac{9+99}{2}=54$.

【答案】D

【敲黑板】

只要看到等差数列求平均值马上写 $\bar{x}=\dfrac{\text{首项}+\text{末项}}{2}$.

例 12 在一次数学考试中，某班前 6 名同学的成绩恰好成等差数列，若前 6 名同学的平均成绩为 95 分，前 4 名同学成绩之和为 388 分，则第 6 名同学的成绩为（　　）分.

A. 92　　B. 91　　C. 90　　D. 89　　E. 88

【解析】根据题干分析得，前 6 名同学的平均成绩为 95 分，则 $\bar{x}=\dfrac{a_1+a_6}{2}=95\Rightarrow a_1+a_6=190$，同理，前 4 名同学成绩的平均分为 $\dfrac{388}{4}=97=\dfrac{a_1+a_4}{2}\Rightarrow a_1+a_4=194$，故

$$\begin{cases}a_1+a_6=190,\\a_1+a_4=194\end{cases}\Rightarrow\begin{cases}a_1+a_1+5d=190,\\a_1+a_1+3d=194\end{cases}\Rightarrow\begin{cases}a_1=100,\\d=-2\end{cases}\Rightarrow a_6=90\text{ 分}.$$

【答案】C

题型五：等差数列求和的最值问题

▶【特征分析】从两个方向判定. 一是根据通项公式 $a_n=dn+(a_1-d)$.

当 $a_1<0, d>0$ 时，S_n 存在最小值；当 $a_1>0, d<0$ 时，S_n 存在最大值. 一般找到元素前后变号的项来判断最值.

二是根据 $S_n=\dfrac{d}{2}n^2+\left(a_1-\dfrac{d}{2}\right)n$，由函数图像的对称轴及开口方向来判断最值.

例 13 若等差数列 $\{a_n\}$ 满足 $a_1=8$，且 $a_2+a_4=a_1$，则 $\{a_n\}$ 前 n 项和的最大值为（　　）.

A. 15　　B. 16　　C. 17　　D. 18　　E. 20

【解析】由等差数列性质得 $a_2+a_4=a_1+a_5$，故 $a_5=0$，则 S_5 为最大值.

$$S_5=\frac{5(a_1+a_5)}{2}=\frac{5\times 8}{2}=20.$$

【答案】E

例 14　已知 $\{a_n\}$ 是公差大于零的等差数列，S_n 是 $\{a_n\}$ 的前 n 项和，则 $S_n\geqslant S_{10}$，$n=1,2,\cdots$.

(1) $a_{10}=0$.　　(2) $a_{11}a_{10}<0$.

【解析】由 $d>0$ 知 $\{a_n\}$ 为递增的等差数列，条件(1)，$a_{10}=0$，则 $a_1,a_2,\cdots,a_9$ 均小于 0，a_{11}，$a_{12},\cdots$ 均大于 $0\Rightarrow\begin{cases}n=9\text{ 时}, & S_9=S_{10},\\ n\neq 9,10\text{ 时}, & S_n>S_{10}.\end{cases}$ 故成立.

条件(2)，$a_{11}a_{10}<0\Rightarrow a_{10}<0,a_{11}>0$，$a_1,a_2,\cdots,a_9$ 均小于 0，$a_{12},a_{13},\cdots$ 均大于 0 $\Rightarrow\begin{cases}n=10\text{ 时},S_{10}=S_{10},\\ n\neq 10\text{ 时},S_n>S_{10}.\end{cases}$ 故成立.

【答案】D

例 15　在等差数列 $\{a_n\}$ 中，S_n 表示前 n 项和，若 $a_1=20$，$S_{10}=S_{15}$，则 S_n 的最大值是(　　).

A. 110　　B. 130　　C. 135　　D. 140　　E. 142

【解析】根据已知条件分析得 $d<0$，$S_n=\frac{d}{2}n^2+\left(a_1-\frac{d}{2}\right)n$，图像是过原点的抛物线，$S_{10}=S_{15}\Rightarrow\begin{cases}\text{对称轴 } n=\frac{10+15}{2}=12.5\Rightarrow n=12\text{ 或 }13\text{ 时 }S_n\text{ 有最大值},\\ S_{15}-S_{10}=a_{11}+a_{12}+\cdots+a_{15}=0=5a_{13}\Rightarrow a_{13}=0.\end{cases}$ 最大值 $S_{13}=\frac{13(a_1+a_{13})}{2}=130$.

【答案】B

第 27 讲　等比数列

考点解读

1. 定义

如果在数列 $\{a_n\}$ 中，从第二项开始，每一项和它的前面一项比值相等，即 $\frac{a_{n+1}}{a_n}=q(q\neq 0)$，则称数列 $\{a_n\}$ 为等比数列，q 为公比.

2. 通项公式

$$a_n=a_1q^{n-1}=\frac{a_1}{q}q^n(q\neq 0).$$

3. 等比中项

若 a,G,b 成等比数列,则 $G^2=ab$,此时称 G 为 a,b 的等比中项.

4. 前 n 项和公式

$$S_n=\begin{cases}na_1, & q=1,\\ \dfrac{a_1(1-q^n)}{1-q}=-\dfrac{a_1}{1-q}\times q^n+\dfrac{a_1}{1-q}, & q\neq 0\text{ 且 }q\neq 1.\end{cases}$$

5. 无穷递减等比数列所有项和

对于无穷递减等比数列 $(0<q<1)$,当 $n\to\infty$ 时,$q^n\to 0$, 从而所有项和为 $S=\dfrac{a_1}{1-q}$.

6. 等比数列的性质

(1)若 $m,n,l,k\in\mathbf{Z}^+,m+n=l+k$,则 $a_m\cdot a_n=a_l\cdot a_k$.

(2)若 S_n 为等比数列前 n 项和,则 $S_n,S_{2n}-S_n,S_{3n}-S_{2n},\cdots$ 仍为等比数列,其公比为 q^n.

(3) $\dfrac{S_n}{S_m}=\dfrac{1-q^n}{1-q^m}(q\neq 1)$.

高能提示

1. 出题频率:级别高,难度中等,其难点是利用数列的递推性构造新的等比数列.
2. 考点分布:等比数列性质及前 n 项和公式,应用题等.
3. 解题方法:关键的量是 a_1 与 q,只要掌握这两个量及其变形并能灵活应用,基本问题就可以解决.

题型归纳

题型一:等比数列的判定

▶【特征分析】 $q\neq 1$ 时,$S_n=\dfrac{a_1(1-q^n)}{1-q}=-\dfrac{a_1}{1-q}\times q^n+\dfrac{a_1}{1-q}=a\times q^n+b\Rightarrow a+b=0$.

例 1 一个等比数列前 n 项和 $S_n=2q^n+c,q\neq 0$ 且 $q\neq 1,q,c$ 为常数,那么 $c=$(　　).

A. 2　　B. 4　　C. -4　　D. -3　　E. -2

【解析】根据等比数列前 n 项和 $S_n=a\times q^n+b\Rightarrow a+b=0\Rightarrow 2+c=0\Rightarrow c=-2$.

【答案】E

例 2 已知数列 $\{a_n\}$ 前 n 项和 $S_n=q^n(q\in\mathbf{R},n\in\mathbf{Z}^+)$,那么数列 $\{a_n\}$(　　).

A. 是等差数列

B. 是等比数列

C. 当 $q\neq 0$ 时是等比数列

D. 当 $q\neq 0$ 时是等比数列,$q\neq 1$ 时既不是等差数列也不是等比数列

E. 不是等比数列

【解析】根据等比数列前 n 项和 $S_n = a \times q^n + b \Rightarrow a + b = 0$，得 $S_n = q^n$ 不是等比数列.

【答案】E

题型二：等比数列的基本定义

▶【特征分析】五个参数 a_1, n, q, a_n, S_n，知道其中任意三个量就可以求另外两个参数.

例 3 已知等比数列 $\{a_n\}$ 满足 $a_1 = 3, a_1 + a_3 + a_5 = 21$，则 $a_3 + a_5 + a_7 =$ (　　).

A. 21　　B. 42　　C. 63　　D. 84　　E. 120

【解析】由已知条件分析，

$$a_1 + a_3 + a_5 = a_1(1 + q^2 + q^4) = 21 \Rightarrow 1 + q^2 + q^4 = 7 \Rightarrow (q^2 + 3)(q^2 - 2) = 0 \Rightarrow q^2 = 2,$$

$$a_3 + a_5 + a_7 = a_3(1 + q^2 + q^4) = a_1 q^2 \times 7 = 3 \times 2 \times 7 = 42.$$

【答案】B

例 4 已知等差数列 $\{a_n\}$ 的公差不为 0，且第 3,4,7 项构成等比数列，则 $\frac{a_2 + a_6}{a_3 + a_7} =$ (　　).

A. $\frac{3}{5}$　　B. $\frac{2}{3}$　　C. $\frac{3}{4}$　　D. $\frac{4}{5}$　　E. $\frac{5}{4}$

【解析】已知数列求元素之比. 由第 3，4，7 项构成等比数列，得到 $a_3 a_7 = a_4^2$，故 $(a_4 - d)(a_4 + 3d) = a_4^2 \Rightarrow a_4 = 1.5d$，则 $\frac{a_2 + a_6}{a_3 + a_7} = \frac{2a_4}{2a_5} = \frac{a_4}{a_5} = \frac{1.5d}{2.5d} = \frac{3}{5}$.

【答案】A

例 5 已知等比数列 $\{a_n\}$ 中的 $a_5 + a_1 = 34, a_5 - a_1 = 30$，则 $a_3 =$ (　　).

A. 5　　B. -5　　C. -8　　D. 8　　E. ± 9

【解析】$\begin{cases} a_5 + a_1 = 34, \\ a_5 - a_1 = 30 \end{cases} \Rightarrow \begin{cases} a_5 = 32, \\ a_1 = 2 \end{cases} \Rightarrow q^4 = 16, a_3 = a_1 \times q^2 = 8.$

【答案】D

题型三：等比数列的性质

▶【特征分析】(1)若 $m, n, l, k \in \mathbf{Z}^+, m + n = l + k$，则 $a_m \cdot a_n = a_l \cdot a_k$.

(2)若 S_n 为等比数列前 n 项和，则 $S_n, S_{2n} - S_n, S_{3n} - S_{2n}, \cdots$ 仍为等比数列，其公比为 q^n.

例 6 等比数列 $\{a_n\}$满足 $a_n > 0, a_2 a_4 + 2a_3 a_5 + a_2 a_8 = 25$，则 $a_3 + a_5 =$ (　　).

A. 5　　B. -5　　C. -8　　D. 8　　E. ± 9

【解析】$a_n > 0, a_2 a_4 + 2a_3 a_5 + a_2 a_8 = a_3^2 + 2a_3 a_5 + a_5^2 = (a_3 + a_5)^2 = 25 \Rightarrow a_3 + a_5 = 5$.

【答案】A

例 7 已知在等比数列 $\{a_n\}$ 中，前 10 项的和 $S_{10} = 10$，前 20 项的和 $S_{20} = 30$，则前 30 项

的和 $S_{30}=($　　$)$.

A. 40　　B. 50　　C. 60　　D. 70　　E. 80

【解析】$S_{10},S_{20}-S_{10},S_{30}-S_{20}$ 成等比数列，则 $10,30-10,S_{30}-30$ 成等比数列，故

$$10(S_{30}-30)=20\times 20\Rightarrow S_{30}=70.$$

【答案】D

题型四：无穷递减等比数列求和

▶【特征分析】该类题型的标志是 $0<q<1,n\rightarrow\infty$，一定是与所有项之和紧密相连，只要知道首项 a_1 和公比 q，利用公式 $S=\frac{a_1}{1-q}$ 求解即可.

例 8　一个小球从 100 米高处做自由落体运动，落到地面上会弹起来，已知其每次弹起的高度都是前一次下落高度的一半，当小球完全停止在地面上时，小球总共走过的路程是(　　)米.

A. 200　　B. 250　　C. 300　　D. 350　　E. 400

【解析】小球每次弹起的高度是前一次下落高度的一半，也就是说再次下落时，下落高度也是前一次下落高度的一半，因此小球每次下落高度构成无穷递减等比数列，公比为 $\frac{1}{2}$；同理，从第一次弹起开始算，每一次弹起的高度都是前一次弹起高度的一半，因此弹起高度也构成无穷递减等比数列，公比为 $\frac{1}{2}$；除第一次下落的 100 米外，其余路程由两个无穷递减等比数列构成，它们的首项均为 50，公比均为 $\frac{1}{2}$.

因此，小球开始下落到最终停止走过的总路程是 $100+2\times\frac{50}{1-\frac{1}{2}}=300$(米).

【答案】C

【敲黑板】

此题陷阱为容易把首项看成 100，而且首项为 50 时，路程容易忘记乘 2 倍.

例 9　已知四边形 $A_1B_1C_1D_1$ 是平行四边形，A_2,B_2,C_2,D_2 分别是四边形 $A_1B_1C_1D_1$ 四边的中点，A_3,B_3,C_3,D_3 分别是四边形 $A_2B_2C_2D_2$ 四边的中点，依次下去，得到四边形序列 $A_nB_nC_nD_n$ $(n=1,2,3,\cdots)$. 设 $A_nB_nC_nD_n$ 的面积为 S_n，且 $S_1=12$，则 $S_1+S_2+S_3+\cdots=$ (　　).

A. 20　　B. 25　　C. 30　　D. 24　　E. 40

【解析】取任意四边形各边中点构建新的四边形，则有 $\frac{新四边形面积}{原四边形面积}=\frac{1}{2}$，即 $\frac{S_{A_2B_2C_2D_2}}{S_{A_1B_1C_1D_1}}=\frac{1}{2}$，

故 $S_1, S_2, S_3, \cdots$ 可以看成首项为12，公比为 $\frac{1}{2}$ 的无穷递减等比数列，根据无穷递减等比数列所有项和公式得 $S_1+S_2+S_3+\cdots=\frac{a_1}{1-q}=\frac{12}{1-\frac{1}{2}}=24$.

【答案】D

题型五：等差数列与等比数列相结合出题

▶**【特征分析】**该类题型通常把等差、等比数列通项公式相结合，利用均值定理及其推广来比较部分元素大小.

例10 数列 $\{a_n\}$，$\{b_n\}$ 分别为等比数列与等差数列，$a_1=b_1=1$，则 $b_2 \geqslant a_2$.

(1) $a_2>0$. (2) $a_{10}=b_{10}$.

【解析】显然两条件单独均不充分，考虑联合，由于 $a_2>0$，可得等比数列 $\{a_n\}$ 的公比 $q>0$，且各项均为正数.

由 $\begin{cases} a_{10}=q^9, \\ b_{10}=1+9d, \end{cases}$ 又因为 $a_{10}=b_{10}$，所以 $1+9d=q^9>0$，$d=\frac{q^9-1}{9}$，由均值定理的推广，可得 $b_2=1+d=\frac{q^9+8}{9}=\frac{q^9+1+1+\cdots+1}{9}\geqslant\sqrt[9]{q^9}=q=a_2$，充分.

【答案】C

第28讲 其他数列

考点解读

1. 类等差数列

形如 $a_{n+1}-a_n=f(n)$.

2. 类等比数列

形如 $a_{n+1}=qa_n+m$（m 为常数）.

题型归纳

题型一：数列递推性

▶**【特征分析】**a_n 与其前后项之间的关系式称为递推公式，若已知数列的递推关系式及首项，则可以写出其他项，根据题干给出的递推公式寻找数字变化的规律，进而得到元素的值. 因此递推公式是确定数列的一种重要方式.

例1 设数列 $\{a_n\}$ 满足 $a_1=1$，$a_{n+1}=a_n+\frac{n}{3}(n\geqslant1)$，则 $a_{100}=$（　　）.

A. 1 650　　B. 1 651　　C. $\frac{5\ 050}{3}$　　D. 3 300　　E. 3 301

【解析】由题意，$a_2-a_1=\frac{1}{3}, a_3-a_2=\frac{2}{3}, a_4-a_3=\frac{3}{3}, \cdots, a_{100}-a_{99}=\frac{99}{3}$，将这些等式相加，可得 $a_{100}-a_1=\frac{1+2+3+\cdots+99}{3}=1\ 650$，因此 $a_{100}=1\ 651$.

【答案】B

例 2　已知数列 $\{a_n\}$ 满足 $a_1=1, a_2=2$，且 $a_{n+2}=a_{n+1}-a_n (n=1,2,3,\cdots)$，则 $a_{100}=$ (　　).

A. 1　　B. -1　　C. 2　　D. -2　　E. 0

【解析】由题干分析得

$$a_3=a_2-a_1=2-1=1, a_4=a_3-a_2=1-2=-1,$$

$$a_5=a_4-a_3=-1-1=-2, a_6=a_5-a_4=-2-(-1)=-1,$$

$$a_7=a_6-a_5=-1-(-2)=1.$$

得到规律是每六项循环一次，即 $a_{100}=a_4=-1$.

【答案】B

例 3　设数列 $\{a_n\}$ 满足 $a_1=0, a_{n+1}-2a_n=1$，则 $a_{100}=$ (　　).

A. $2^{99}-1$　　B. 2^{99}　　C. $2^{99}+1$　　D. $2^{100}-1$　　E. $2^{100}+1$

【解析】此题需要通过构造新数列的形式来反推原数列通项公式，因此方法是利用恒等变形，$a_1=0, a_{n+1}-2a_n=1 \Rightarrow a_{n+1}=2a_n+1$. 当 $n\geqslant 1$ 时，$a_{n+1}+c=2(a_n+c) \Rightarrow c=1 \Rightarrow a_{n+1}+1=2(a_n+1)$，令 $b_n=a_n+1$，则 $\{b_n\}$ 是公比为 2 的等比数列，且 $b_1=a_1+1=1, b_n=1\times 2^{n-1}=a_n+1 \Rightarrow a_n=2^{n-1}-1 \Rightarrow a_{100}=2^{99}-1$.

【答案】A

【敲黑板】

只要看到此类型 $a_{n+1}=qa_n+d(q\neq 1)$，马上变形为 $a_{n+1}+c=q(a_n+c)$ 的形式，其中 $c=\frac{d}{q-1}$，然后利用等比数列特点求解.

题型二：数列与抛物线、方程相结合问题

▶**【特征分析】**等差、等比数列与抛物线相结合求最值问题，与一元二次方程相结合判别根的情况问题.

例 4 设 a,b 是两个不相等的实数，则函数 $f(x)=x^2+2ax+b$ 的最小值小于零.

(1) $1,a,b$ 成等差数列.　　(2) $1,a,b$ 成等比数列.

【解析】$f(x)=x^2+2ax+b$ 的最小值为 $\frac{4b-4a^2}{4}=b-a^2$.

由条件(1)得，$2a=1+b$，则 $b-a^2=2a-1-a^2=-(1-a)^2$，因为 $a\neq b$，所以 $a\neq 1$，$f(x)$ 的最小值小于零，充分；

由条件(2)得，$a^2=1\cdot b$，则 $b-a^2=0$，不充分.

【答案】A

例 5 设 a,b 为常数. 则关于 x 的二次方程 $(a^2+1)x^2+2(a+b)x+b^2+1=0$ 具有重实根.

(1) $a,1,b$ 成等差数列.　　(2) $a,1,b$ 成等比数列.

【解析】条件(1)即 $a+b=2$，举反例 $\begin{cases}a=0,\\b=2,\end{cases}$ $x^2+4x+5=0$ 无重实根，不充分.

条件(2)，由 $a,1,b$ 成等比数列得 $ab=1$，则 x 的二次方程 $(a^2+1)x^2+2(a+b)x+b^2+1=0$ 的判别式 $\Delta=4(a+b)^2-4(a^2+1)(b^2+1)=-4(a^2b^2-2ab+1)=-4(ab-1)^2=0$，故条件(2)充分.

【答案】B

题型三：数列应用题

▶【特征分析】该类题型的常见模型：增长率、银行储蓄、信贷、产值、分期付款等，这一类问题需要建立数列的递推关系，利用等差、等比数列来解题.

例 6 某人在保险柜中存放了 M 元现金，第一天取出它的 $\frac{2}{3}$，以后每天取出前一天所取的 $\frac{1}{3}$，共取了 7 天，7 天后保险柜中剩余的现金为(　　).

A. $\frac{M}{3^7}$ 元　　B. $\frac{M}{3^6}$ 元　　C. $\frac{2M}{3^6}$ 元

D. $\left[1-\left(\frac{2}{3}\right)^7\right]M$ 元　　E. $\left[1-7\left(\frac{2}{3}\right)^7\right]M$ 元

【解析】等比数列求和. 第一天取出 $\frac{2}{3}M$(元)，第二天取出 $\frac{2}{3}\times\frac{1}{3}\times M=\frac{2}{9}M$(元)，第三天取出 $\frac{2}{3}\times\frac{1}{3}\times\frac{1}{3}M=\frac{2}{27}M$(元)，…，故最后剩余的现金为

$$M\left\{1-\left[\frac{2}{3}+\frac{2}{9}+\frac{2}{27}+\cdots+\frac{2}{3}\times\left(\frac{1}{3}\right)^6\right]\right\}=\frac{M}{3^7}(\text{元}).$$

【答案】A

【敲黑板】

首先找到每天取出金额与前一天的关系，作为等比数列的公比，然后根据总数减去每天取出的得到剩下的现金.

例 7 某公司以分期付款的方式购买一套定价为 1 100 万元的设备，首期付款 100 万元，之后每月付款 50 万元，并支付上期余款的利息，月利率 1%，该公司为此设备支付了（　　）.

A. 1 195 万元　　B. 1 200 万元　　C. 1 205 万元　　D. 1 215 万元　　E. 1 300 万元

【解析】首期付款 100 万元之后每月付款 50 万元，这样需要还款 20 个月，每期除 50 万元本金以外，额外需还利息，且每期利息

$a_1 = 1\ 000 \times 1\%$（万元），$a_2 = (1\ 000 - 50) \times 1\%$（万元），…，$a_{20} = 50 \times 1\%$（万元）.

$$S = 1\ 100 + (1\ 000 + 950 + 900 + 850 + 800 + \cdots + 50) \times 1\%$$
$$= 1\ 100 + \frac{(1\ 000 + 50) \times 20}{2} \times 1\% = 1\ 205\text{（万元）}.$$

【答案】C

基础能力练习题

一、问题求解

1. 等差数列 $\{a_n\}$ 的前 n 项和为 S_n，若 $a_2=1,a_3=3$，则 $S_4=$(　　).

A. 5　　B. 6　　C. 7　　D. 8　　E. 10

2. 若一个等差数列前三项的和为 34，最后三项的和为 146，且所有项的和为 390，则这个数列有(　　)项.

A. 12　　B. 13　　C. 14　　D. 15　　E. 16

3. 已知数列 $\{a_n\}$ 是等比数列，且 $a_n>0,n\in\mathbf{N}^*,a_3a_5+2a_4a_6+a_5a_7=81$，则 $a_4+a_6=$(　　).

A. 9　　B. 12　　C. 14　　D. 15　　E. 16

4. 在等差数列 $\{a_n\}$ 中，已知 $a_1=\frac{1}{3},a_2+a_5=4,a_n=33$，则 $n=$(　　).

A. 48　　B. 49　　C. 50　　D. 51　　E. 52

5. 在等比数列 $\{a_n\}$ 中，$a_2+a_4=8,a_6+a_8=4$，则 $a_{10}+a_{12}+a_{14}+a_{16}=$(　　).

A. 5　　B. 3　　C. 12　　D. 6　　E. 14

6. 在等比数列 $\{a_n\}$ 中，若 $a_7\cdot a_{12}=5$，则 $a_8\cdot a_9\cdot a_{10}\cdot a_{11}=$(　　).

A. 10　　B. 25　　C. 50　　D. 75　　E. 80

7. 在各项均为正数的等比数列 $\{a_n\}$ 中，$a_1=3$，前三项的和为 21，则 $a_3+a_4+a_5=$(　　).

A. 33　　B. 72　　C. 84　　D. 146　　E. 189

8. 在等比数列 $\{a_n\}$ 中，$S_2=7,S_6=91$，则 $S_4=$(　　).

A. 28　　B. 32　　C. -21　　D. 28 或 -21　　E. 35

9. 在等差数列 $\{a_n\}$ 中，$a_2+a_3+a_{10}+a_{11}=64$，则 $S_{12}=$(　　).

A. 64　　B. 81　　C. 128　　D. 192　　E. 188

10. 在等差数列 $\{a_n\}$ 中，若 $a_1+a_4+a_7=39,a_3+a_6+a_9=27$，则数列 $\{a_n\}$ 的前 9 项之和为(　　).

A. 297　　B. 144　　C. 88　　D. 66　　E. 99

11. 数列 $\{a_n\}$ 满足 $a_1=1,a_{n+1}=a_n+3$，若 $a_n=2\,014$，则 $n=$(　　).

A. 669　　B. 670　　C. 671　　D. 672　　E. 673

12. 已知 $\{a_n\}$ 是等差数列，其前 n 项和为 S_n，若 $a_3=7$，$S_4=24$，则 $\{a_n\}$ 的通项公式 $a_n=$(　　).

A. $2n+3$　　B. $2n+1$　　C. $n+4$　　D. $3n-2$　　E. $4n-5$

13. $11+22\frac{1}{2}+33\frac{1}{4}+44\frac{1}{8}+55\frac{1}{16}+66\frac{1}{32}+77\frac{1}{64}=$( ).

A. $308\frac{15}{16}$　　B. $308\frac{31}{32}$　　C. $308\frac{63}{64}$　　D. $308\frac{127}{128}$　　E. $308\frac{7}{8}$

14. 在等差数列 $\{a_n\}$ 中，$a_1+a_7=42$，$a_{10}-a_3=21$，则前 10 项的和 $S_{10}=$( ).

A. 720　　B. 257　　C. 255　　D. 259　　E. 260

15. 已知数列 $\{a_n\}$：$1,\sqrt{2},2,\cdots$ 为等比数列，则当 $a_m=8\sqrt{2}$ 时，$m=$( ).

A. 6　　B. 7　　C. 8　　D. 9　　E. 10

二、条件充分性判断

16. $\frac{a+b}{a^2+b^2}=-\frac{1}{3}$.

(1) $a^2,1,b^2$ 成等差数列.　　(2) $\frac{1}{a},1,\frac{1}{b}$ 成等比数列.

17. $a_n=2n$.

(1) $\{a_n\}$ 为等差数列.　　(2) $a_1+a_3=8$，$a_2+a_4=12$.

18. 实数 a,b,c 成等比数列.

(1)关于 x 的一元二次方程 $ax^2-2bx+c=0$ 有两个相等实根.

(2) $\lg a,\lg b,\lg c$ 成等差数列.

19. 已知方程组 $\begin{cases}x+y=a,\\y+z=4,\\z+x=2,\end{cases}$ 则 x,y,z 成等差数列.

(1) $a=1$.　　(2) $a=0$.

20. 等比数列 $\{a_n\}$ 的公比为 q，则 $q>1$.

(1)对于任意正整数 n，都有 $a_{n+1}>a_n$.

(2) $a_1>0$.

21. 已知数列 $\{a_n\}$ 为等差数列，公差为 d，$a_1+a_2+a_3+a_4=12$，则 $a_4=0$.

(1) $d=-2$.　　(2) $a_2+a_4=4$.

22. 数列 $\{a_n\}$ 的前 n 项和为 $S_n=an^2+bn$($n\in\mathbf{N}^*$，a,b 为正实数).

(1)数列 $\{a_n\}$ 是公差为 $2a$，首项为 $a+b$ 的等差数列.

(2)数列 $\{a_n\}$ 是公差为 $\frac{a}{2}$，首项为 $a+b$ 的等差数列.

23. 数列 $\{a_n\}$ 是等比数列.

(1)数列 $\{a_n^2\}$ 是等比数列.　　(2)数列 $\{2a_n\}$ 是等比数列.

24. $a_1+a_2+\cdots+a_{10}=15$.

(1)数列 $\{a_n\}$ 的通项公式是 $a_n=(-1)^n(3n-2)$.

(2)数列 $\{a_n\}$ 的通项公式是 $a_n=(-1)^n(3n-1)$.

25. 等比数列的前 4 项和 $S_4=15$.

(1)等比数列的首项为 1.　　　　　　(2)等比数列的公比为 3.

基础能力练习题解析

一、问题求解

1.【答案】D

【解析】设等差数列的公差为 d,则 $d=a_3-a_2=2$. 所以 $a_1=a_2-d=-1$,$a_4=a_3+d=5$,故 $S_4=a_1+a_2+a_3+a_4=8$, 选 D.

2.【答案】B

【解析】由题意可知,$a_1+a_2+a_3+a_{n-2}+a_{n-1}+a_n=3(a_1+a_n)=180$,所以 $S_n=\frac{(a_1+a_n)n}{2}=30n=390$,解得 $n=13$.

3.【答案】A

【解析】因为 $a_n>0,n\in\mathbf{N}^*$,$a_3a_5+2a_4a_6+a_5a_7=81$,所以 $a_4^2+2a_4a_6+a_6^2=(a_4+a_6)^2=81$,得 $a_4+a_6=9$, 故选 A.

4.【答案】C

【解析】$a_2+a_5=a_1+a_6=4\Rightarrow a_6=\frac{11}{3}\Rightarrow d=\frac{2}{3}$,则

$$n=\frac{a_n-a_1}{d}+1=\frac{33-\frac{1}{3}}{\frac{2}{3}}+1=50.$$

5.【答案】B

【解析】
$$\begin{cases}\dfrac{a_6+a_8}{a_2+a_4}=\dfrac{a_6(1+q^2)}{a_2(1+q^2)}=q^4=\dfrac{1}{2},\\[2ex] \dfrac{a_{10}+a_{12}}{a_6+a_8}=\dfrac{a_{10}(1+q^2)}{a_6(1+q^2)}=q^4=\dfrac{1}{2}\Rightarrow a_{10}+a_{12}=2,\\[2ex] \dfrac{a_{14}+a_{16}}{a_{10}+a_{12}}=\dfrac{a_{14}(1+q^2)}{a_{10}(1+q^2)}=q^4=\dfrac{1}{2}\Rightarrow a_{14}+a_{16}=1.\end{cases}$$

故 $a_{10}+a_{12}+a_{14}+a_{16}=2+1=3$.

6.【答案】B

【解析】$a_7 \cdot a_{12} = a_8 \cdot a_{11} = a_9 \cdot a_{10} = 5$，所以 $a_8 \cdot a_9 \cdot a_{10} \cdot a_{11} = 25$.

7.【答案】C

【解析】$S_3 = \dfrac{3(1-q^3)}{1-q} = 21 \Rightarrow q = 2$，所以 $a_3 + a_4 + a_5 = 12 + 24 + 48 = 84$. 故选 C.

8.【答案】A

【解析】$S_2, S_4 - S_2, S_6 - S_4$ 成等比数列，所以 $7, S_4 - 7, 91 - S_4$ 成等比数列，则 $(S_4 - 7)^2 = 7(91 - S_4)$，解得 $S_4 = 28$ 或 $S_4 = -21$.

因为 $S_4 = a_1 + a_2 + a_1 q^2 + a_2 q^2 = (a_1 + a_2)(1 + q^2) = S_2(1 + q^2) > 0$，所以 $S_4 = 28$. 故选 A.

9.【答案】D

【解析】$a_2 + a_{11} = a_3 + a_{10} = a_1 + a_{12} = 32$，所以 $S_{12} = \dfrac{12(a_1 + a_{12})}{2} = 192$. 故选 D.

10.【答案】E

【解析】由 $a_1 + a_4 + a_7 = 39$，得 $a_4 = 13$，由 $a_3 + a_6 + a_9 = 27$，得 $a_6 = 9$，所以 $a_5 = \dfrac{a_4 + a_6}{2} = 11$，则 $S_9 = 9a_5 = 99$. 故选 E.

11.【答案】D

【解析】由题意可知，$\{a_n\}$ 是首项 $a_1 = 1$，公差 $d = 3$ 的等差数列，则通项公式为 $a_n = 3n - 2$. 由 $a_n = 3n - 2 = 2\,014$，得 $n = 672$. 故选 D.

12.【答案】B

【解析】依题设，得 $\begin{cases} a_1 + 2d = 7, \\ 4a_1 + \dfrac{4 \times 3}{2} d = 24, \end{cases}$ 解得 $\begin{cases} a_1 = 3, \\ d = 2. \end{cases}$ 所以通项公式为 $a_n = 2n + 1$. 故选 B.

13.【答案】C

【解析】

$$11 + 22\frac{1}{2} + 33\frac{1}{4} + 44\frac{1}{8} + 55\frac{1}{16} + 66\frac{1}{32} + 77\frac{1}{64}$$

$$= 11 \times (1+2+3+4+5+6+7) + \frac{1}{2} + \frac{1}{4} + \frac{1}{8} + \frac{1}{16} + \frac{1}{32} + \frac{1}{64}$$

$$= 11 \times 28 + \frac{63}{64} = 308\frac{63}{64}.$$

故选 C.

14.【答案】C

【解析】由题设，有 $\begin{cases} 2a_1 + 6d = 42, \\ 7d = 21, \end{cases}$ 解得 $\begin{cases} a_1 = 12, \\ d = 3, \end{cases}$ 所以 $S_{10} = 10a_1 + \dfrac{10 \times 9}{2} d = 255$. 故选 C.

15.【答案】C

【解析】观察可知，通项公式 $a_n = 2^{\frac{n-1}{2}}$，因为 $a_m = 8\sqrt{2} = 2^{\frac{7}{2}}$，所以 $m = 8$. 故选 C.

二、条件充分性判断

16.【答案】E

【解析】特值法验证.

条件(1)，取 $a = b = 1$，则满足条件，但是 $\dfrac{a+b}{a^2+b^2} = 1$，不充分；

条件(2)，取 $a = b = 1$，则满足条件，但是 $\dfrac{a+b}{a^2+b^2} = 1$，不充分.

联合条件(1)和条件(2)，同样取 $a = b = 1$，不充分. 故选 E.

17.【答案】C

【解析】显然条件(1)，(2)单独均不充分，联合可知，在等差数列 $\{a_n\}$ 中，得 $a_2 = 4, a_3 = 6$，则 $a_1 = 2, d = 2$，所以 $a_n = 2n$，充分. 故选 C.

18.【答案】B

【解析】条件(1)，一元二次方程有两个相等实根，则 $\Delta = (-2b)^2 - 4ac = 0$，且 $a \neq 0$，所以 $b^2 = ac$，但是如果 $b = c = 0$，则 a, b, c 不是等比数列，所以条件(1)不充分；条件(2)，$2\lg b = \lg a + \lg c \Rightarrow \lg b^2 = \lg ac \Leftrightarrow b^2 = ac$，且 $a, b, c \neq 0$，充分. 故选 B.

19.【答案】B

【解析】$(y+z)-(z+x) = y-x = 2$，$(z+x)-(x+y) = z-y = 2-a$. 条件(1)，当 $a = 1$ 时，$y-x \neq z-y$，不充分；条件(2)，当 $a = 0$ 时，$y-x = z-y$，充分. 故选 B.

20.【答案】C

【解析】条件(1)，(2)单独均不充分，考虑联合，由于递增的正等比数列公比 $q > 1$，所以充分，故选 C.

21.【答案】D

【解析】条件(1)，$d = -2$，得到 $a_1 + a_2 + a_3 + a_4 = 4a_4 - 6d = 12 \Rightarrow a_4 = 0$，充分；

条件(2)，$a_2 + a_4 = 2a_4 - 2d = 4$，结合 $a_1 + a_2 + a_3 + a_4 = 4a_4 - 6d = 12$，得 $a_4 = 0$，故条件(2)也充分.

22.【答案】A

【解析】$a_1 = S_1 = a + b$，$n \geqslant 2$ 时，

$$\begin{aligned} a_n &= S_n - S_{n-1} = (an^2 + bn) - [a(n-1)^2 + b(n-1)] \\ &= (an^2 + bn) - (an^2 - 2an + a + bn - b) = 2an - a + b, \end{aligned}$$

所以 $a_n = 2an - a + b \, (n \in \mathbf{N}^*)$，故条件(1)充分而条件(2)不充分，选 A.

23.【答案】B

【解析】条件(1)不充分，例如 2，4，8，16 为等比数列，但$\sqrt{2}$，2，$-2\sqrt{2}$，4 显然不是等比数列；条件(2)，$\{2a_n\}$ 为等比数列，即有 $\frac{2a_{n+1}}{2a_n}=q$ 成立，故 $\frac{a_{n+1}}{a_n}=q$，即 $\{a_n\}$ 为公比为 q 的等比数列，所以充分，选 B.

24.【答案】D

【解析】条件(1)，$a_1+a_2+\cdots+a_{10}=-1+4-7+10+\cdots-25+28=3\times5=15$，充分；条件(2)，$a_1+a_2+\cdots+a_{10}=-2+5-8+11+\cdots-26+29=3\times5=15$，充分.

25.【答案】E

【解析】显然本题需要考虑联合，首项为 1，公比为 3 的等比数列的前 4 项和，$S_4=\frac{1\times(1-3^4)}{1-3}=40$，不充分，故而选 E.

强化能力练习题

一、问题求解

1. 在等差数列 $\{a_n\}$ 中，$a_3+a_4+a_5=12$，那么 $a_1+a_2+\cdots+a_7=$(　　).

A. 14　　B. 21　　C. 28　　D. 35　　E. 40

2. 设 S_n 为等比数列 $\{a_n\}$ 的前 n 项和，已知 $3S_3=a_4-2$，$3S_2=a_3-2$，则公比 $q=$(　　).

A. 3　　B. 4　　C. 5　　D. 6　　E. 7

3. 若方程 $(a^2+c^2)x^2-2c(a+b)x+b^2+c^2=0$ 有实根，且 a,b,c 均不为 0，则(　　).

A. a,b,c 成等比数列　　B. a,c,b 成等比数列

C. b,a,c 成等比数列　　D. a,b,c 成等差数列

E. b,a,c 成等差数列

4. P 是边长为 a 的正方形，P_1 是以 P 的四边中点为顶点的正方形，P_2 是以 P_1 的四边中点为顶点的正方形，P_i 是以 P_{i-1} 的四边中点为顶点的正方形，则 P_6 的面积为(　　).

A. $\frac{a^2}{16}$　　B. $\frac{a^2}{32}$　　C. $\frac{a^2}{40}$　　D. $\frac{a^2}{48}$　　E. $\frac{a^2}{64}$

5. 已知等比数列 $\{a_n\}$ 的公比为正数，且 $a_3a_9=2a_5^2$，$a_2=1$，则 $a_1=$(　　).

A. $\frac{1}{2}$　　B. $\frac{\sqrt{2}}{2}$　　C. $\sqrt{2}$　　D. 2　　E. 4

6. 已知等比数列 $\{a_n\}$ 满足 $a_n>0$，且 $a_5\cdot a_{2n-5}=2^{2n}(n\geqslant 3)$，则当 $n\geqslant 1$ 时，$\log_2 a_1+\log_2 a_3+\cdots+\log_2 a_{2n-1}=$(　　).

A. $n(2n-1)$　　B. $(n+1)^2$　　C. n^2　　D. $(n-1)^2$　　E. $2n-1$

7. 设公差不为零的等差数列 $\{a_n\}$ 的前 n 项和为 S_n，若 a_4 是 a_3 与 a_7 的等比中项，$S_8=32$，则 $S_{10}=$(　　).

A. 18　　B. 24　　C. 60　　D. 90　　E. 100

8. 设等比数列 $\{a_n\}$ 的前 n 项和为 S_n，若 $\frac{S_6}{S_3}=3$，则 $\frac{S_9}{S_6}=$(　　).

A. 2　　B. $\frac{7}{3}$　　C. $\frac{8}{3}$　　D. 3　　E. 4

9. 已知 $\{a_n\}$ 为等差数列，$a_1+a_3+a_5=105$，$a_2+a_4+a_6=99$，$\{a_n\}$ 的前 n 项和为 S_n，则使得 S_n 取到最大值的 n 是(　　).

A. 21　　B. 20　　C. 19　　D. 18　　E. 27

10. 无穷等比数列 $1,\frac{\sqrt{2}}{2},\frac{1}{2},\frac{\sqrt{2}}{4},\cdots$所有项的和等于(　　).

A. $2-\sqrt{2}$　　B. $2+\sqrt{2}$　　C. $\sqrt{2}+1$　　D. $\sqrt{2}-1$　　E. $\sqrt{2}$

11. 已知 $\{a_n\}$ 为等比数列，$a_4+a_7=2, a_5a_6=-8$，则 $a_1+a_{10}=$（　　）.

A. 7　　B. 5　　C. -5　　D. -7　　E. -9

12. 若 $(1+x)+(1+x)^2+\cdots+(1+x)^n=a_1(x-1)+2a_2(x-1)^2+\cdots+na_n(x-1)^n$，则 $a_1+2a_2+3a_3+\cdots+na_n=$（　　）.

A. $\frac{3^n-1}{2}$　　B. $\frac{3^{n+1}-1}{2}$　　C. $\frac{3^{n+1}-3}{2}$　　D. $\frac{3^n-3}{2}$　　E. $\frac{3^n-3}{4}$

13. 已知等差数列 $\{a_n\}$ 的前 n 项和为 $S_n, a_5=5, S_5=15$，则数列 $\left\{\frac{1}{a_na_{n+1}}\right\}$ 的前 100 项和为（　　）.

A. $\frac{100}{101}$　　B. $\frac{99}{101}$　　C. $\frac{99}{100}$　　D. $\frac{101}{100}$　　E. $\frac{102}{101}$

14. 已知数列 $\{a_n\}$ 的前 n 项和 $S_n=2n^2-3n$，而 $a_1, a_3, a_5, a_7, \cdots$ 组成一个新的数列 $\{c_n\}$，其通项公式为（　　）.

A. $c_n=4n-3$　　B. $c_n=8n-1$　　C. $c_n=4n-5$

D. $c_n=8n-9$　　E. 以上结论均不正确

15. 已知两个等差数列 $\{a_n\}$ 和 $\{b_n\}$ 的前 n 项和分别为 A_n 和 B_n，且 $\frac{A_n}{B_n}=\frac{7n+45}{n+3}$，则使得 $\frac{a_n}{b_n}$ 为整数的正整数 n 的个数是（　　）.

A. 2　　B. 3　　C. 4　　D. 5　　E. 6

二、条件充分性判断

16. 整数列 a, b, c, d 中 a, b, c 成等比数列，b, c, d 成等差数列.

(1) $b=10, d=6a$.　　(2) $b=-10, d=6a$.

17. $S_6=126$.

(1)数列 $\{a_n\}$ 的通项是 $a_n=10(3n-4)$.

(2)数列 $\{a_n\}$ 的通项是 $a_n=2^n$.

18. $x_n=1-\frac{1}{2^n}(n=1,2,\cdots)$.

(1) $x_1=\frac{1}{2}, x_{n+1}=\frac{1}{2}(1-x_n)$.　　(2) $x_1=\frac{1}{2}, x_{n+1}=\frac{1}{2}(1+x_n)$.

19. 已知数列 $\{a_n\}$ 满足 $a_{n+1}=\frac{a_n+2}{a_n+1}(n=1,2,\cdots)$，则 $a_2=a_3=a_4$.

(1) $a_1=\sqrt{2}$.　　(2) $a_1=-\sqrt{2}$.

20. $a_1a_8<a_4a_5$.

(1) $\{a_n\}$ 为等差数列且 $a_1>0$.　　　(2) $\{a_n\}$ 为等差数列且公差 $d\neq 0$.

21. 该公司 2003 年六月份的产值是一月份产值的 a 倍($a\neq 1$).

(1)在 2003 年上半年,某公司月产值的平均增长率为 $\sqrt[5]{a}$.

(2)在 2003 年上半年,某公司月产值的平均增长率为 $\sqrt[6]{a}-1$.

22. $\left|\dfrac{a+b}{a^2+b^2}\right|=1$.

(1) $a^2,1,b^2$ 成等差数列.　　　(2) $\dfrac{1}{a},1,\dfrac{1}{b}$ 成等比数列.

23. 在等差数列 $\{a_n\}$ 中,其前 n 项和为 S_n,则 $S_{2\,008}=-2\,008$.

(1) $a_1=-2\,008$.　　　(2) $\dfrac{S_{12}}{12}-\dfrac{S_{10}}{10}=2$.

24. 在数列 $\{a_n\}$ 中,$a_1=-60,a_{n+1}=a_n+3$,则 $|a_1|+|a_2|+\cdots+|a_n|=765$.

(1) $n=10$.　　　(2) $n=11$.

25. 可以确定数列 $\left\{a_n-\dfrac{2}{3}\right\}$ 是等比数列.

(1) α,β 是方程 $a_nx^2-a_{n+1}x+1=0$ 的两个实根,且满足 $6\alpha-2\alpha\beta+6\beta=3$.

(2) a_n 是等比数列 $\{b_n\}$ 的前 n 项和,其中 $q=-\dfrac{1}{2},b_1=1$.

强化能力练习题解析

一、问题求解

1.【答案】C

【解析】$a_3+a_4+a_5=12=3a_4$,所以 $a_1+a_2+\cdots+a_7=\dfrac{7}{2}(a_1+a_7)=7a_4=28$.

2.【答案】B

【解析】两式相减得,$3a_3=a_4-a_3,a_4=4a_3$,所以 $q=\dfrac{a_4}{a_3}=4$.

3.【答案】B

【解析】该题考查的是数列的判断,方程 $(a^2+c^2)x^2-2c(a+b)x+b^2+c^2=0$ 有实根,则判别式 $\Delta=[-2c(a+b)]^2-4(a^2+c^2)(b^2+c^2)\geqslant 0\Rightarrow 2abc^2-a^2b^2-c^4\geqslant 0$,配方可得 $(c^2-ab)^2\leqslant 0\Rightarrow c^2=ab$,又由于 a,b,c 均不为 0,因此 a,c,b 成等比数列.

4.【答案】E

【解析】每个正方形面积为前一个正方形面积的 $\dfrac{1}{2}$,从而有 P_6 的面积为 $\left(\dfrac{1}{2}\right)^6a^2=\dfrac{a^2}{64}$.

5.【答案】B

【解析】设公比为 q，由已知得 $a_1q^2 \cdot a_1q^8 = 2(a_1q^4)^2$，所以 $q^2 = 2$，又因为等比数列 $\{a_n\}$ 的公比为正数，所以 $q = \sqrt{2}$，$a_1 = \frac{a_2}{q} = \frac{\sqrt{2}}{2}$，选 B.

6.【答案】C

【解析】由 $a_5 \cdot a_{2n-5} = 2^{2n}(n \geqslant 3)$ 得 $a_n^2 = 2^{2n}$，$a_n > 0$，所以 $a_n = 2^n$，则 $\log_2 a_1 + \log_2 a_3 + \cdots + \log_2 a_{2n-1} = 1 + 3 + \cdots + (2n-1) = n^2$，选 C.

7.【答案】C

【解析】由 $a_4^2 = a_3a_7$ 得 $(a_1+3d)^2 = (a_1+2d)(a_1+6d)$，则 $2a_1 + 3d = 0$，再 $S_8 = 8a_1 + \frac{56}{2}d = 32$，得 $2a_1 + 7d = 8$，则 $d = 2$，$a_1 = -3$，故 $S_{10} = 60$. 故选 C.

8.【答案】B

【解析】设公比为 q，则 $\frac{S_6}{S_3} = \frac{(1+q^3)S_3}{S_3} = 1 + q^3 = 3 \Rightarrow q^3 = 2$，$\frac{S_9}{S_6} = \frac{1+q^3+q^6}{1+q^3} = \frac{7}{3}$.

9.【答案】B

【解析】由 $a_1 + a_3 + a_5 = 105$ 得 $3a_3 = 105$，$a_3 = 35$；同理 $a_4 = 33$，所以 $d = -2$，$a_n = a_4 + (n-4) \times (-2) = 41 - 2n$，令 $\begin{cases} a_n \geqslant 0, \\ a_{n+1} \leqslant 0, \end{cases}$ 得 $n = 20$.

10.【答案】B

【解析】无穷递减等比数列求和公式 $\frac{a_1}{1-q} = \frac{1}{1-\frac{\sqrt{2}}{2}} = 2 + \sqrt{2}$.

11.【答案】D

【解析】$a_4 + a_7 = 2$，$a_5a_6 = a_4a_7 = -8 \Rightarrow a_4 = 4$，$a_7 = -2$ 或 $a_4 = -2$，$a_7 = 4$.

$$a_4 = 4, a_7 = -2 \Rightarrow a_1 = -8, a_{10} = 1 \Rightarrow a_1 + a_{10} = -7.$$

$$a_4 = -2, a_7 = 4 \Rightarrow a_{10} = -8, a_1 = 1 \Rightarrow a_1 + a_{10} = -7.$$

12.【答案】C

【解析】令 $x = 2$，则

$$\begin{aligned} a_1 + 2a_2 + 3a_3 + \cdots + na_n &= a_1(2-1) + 2a_2(2-1)^2 + \cdots + na_n(2-1)^n \\ &= 3 + 3^2 + \cdots + 3^n = \frac{3(1-3^n)}{1-3} = \frac{3^{n+1}-3}{2}. \end{aligned}$$

13.【答案】A

【解析】由 $a_5 = 5$，$S_5 = 15$ 可得

$$\begin{cases}a_1+4d=5,\\5a_1+\frac{5\times4}{2}d=15\end{cases}\Rightarrow\begin{cases}a_1=1,\\d=1\end{cases}\Rightarrow a_n=n.$$

所以 $$\frac{1}{a_na_{n+1}}=\frac{1}{n(n+1)}=\frac{1}{n}-\frac{1}{n+1},$$

$$S_{100}=\left(1-\frac{1}{2}\right)+\left(\frac{1}{2}-\frac{1}{3}\right)+\cdots+\left(\frac{1}{100}-\frac{1}{101}\right)=1-\frac{1}{101}=\frac{100}{101}.$$

14.【答案】D

【解析】根据等差数列性质，新数列仍成等差数列，公差为原来的 2 倍，即 $d=2d_0=8$，确定首项 $c_1=a_1=S_1=-1$，所以 $c_n=8n-9$.

15.【答案】D

【解析】由常用公式 $\frac{a_n}{b_n}=\frac{A_{2n-1}}{B_{2n-1}}=\frac{7(2n-1)+45}{(2n-1)+3}=\frac{7n+19}{n+1}=7+\frac{12}{n+1}$，所以当 $n=1,2,3,5,11$ 时，$\frac{a_n}{b_n}$ 为整数，故选 D.

二、条件充分性判断

16.【答案】E

【解析】因为 c 的值未知，所以条件(1)和条件(2)均不充分，无法联合，选 E.

17.【答案】B

【解析】条件(1)中数列为等差数列，通过前 n 项和公式计算，不充分；条件(2)中数列为等比数列，首项 $a_1=2$，公比 $q=2$，$S_6=\frac{a_1(1-q^6)}{1-q}=\frac{2\times(1-2^6)}{1-2}=126$，充分.

18.【答案】B

【解析】考查递推公式求解数列通项. 条件(1)中 $x_2=\frac{1}{2}\left(1-\frac{1}{2}\right)=\frac{1}{4}$，而题干中 $x_2=1-\frac{1}{2^2}=\frac{3}{4}$，显然不充分；条件(2)中，由 $x_{n+1}=\frac{1}{2}(1+x_n)$ 构造新等比数列. 因为 $x_{n+1}-1=\frac{1}{2}(x_n-1)$，所以 $\{x_n-1\}$ 成等比数列，首项为 $-\frac{1}{2}$，公比为 $\frac{1}{2}$，则有 $x_n-1=-\frac{1}{2}\left(\frac{1}{2}\right)^{n-1}$，即 $x_n=1-\frac{1}{2^n}$，充分.

19.【答案】D

【解析】条件(1)，$a_1=\sqrt{2}$，代入递推公式得 $a_2=\frac{a_1+2}{a_1+1}=1+\frac{1}{a_1+1}=1+\frac{1}{\sqrt{2}+1}=\sqrt{2}$，$a_3=a_4=\sqrt{2}$，充分；同理条件(2)也充分，选择 D.

20.【答案】B

【解析】条件(1)，取 $\{a_n\}$ 为常数列，显然不充分；由条件(2)可得 $a_1a_8-a_4a_5=a_1(a_1+7d)-(a_1+3d)(a_1+4d)=-12d^2<0$，充分.

21.【答案】E

【解析】设平均增长率为 x，则有 $(1+x)^5=a$，得 $x=\sqrt[5]{a}-1$，两个数值均不正确.

22.【答案】C

【解析】由条件(1)得 $a^2+b^2=2$；由条件(2)得 $\frac{1}{a}\cdot\frac{1}{b}=1$，单独均不充分，考虑联合，则 $(a+b)^2=a^2+2ab+b^2=2+2=4$，所以 $a+b=\pm 2$，则 $\left|\frac{a+b}{a^2+b^2}\right|=\left|\frac{\pm 2}{2}\right|=1$.

23.【答案】C

【解析】显然条件(1)，(2)单独均不充分，考虑联合，有 $\frac{S_{12}}{12}-\frac{S_{10}}{10}=2\Rightarrow\frac{a_1+a_{12}}{2}-\frac{a_1+a_{10}}{2}=2\Rightarrow d=2$，则 $S_{2\,008}=2\,008a_1+\frac{2\,007}{2}d\cdot 2\,008=-2\,008$.

24.【答案】E

【解析】由 $a_{n+1}=a_n+3$ 得 $a_n=-60+3(n-1)$，可知当 $n\geqslant 21$ 时，$a_n\geqslant 0$. 由条件(1)得 $|a_1|+|a_2|+\cdots+|a_n|=|a_1|+|a_2|+\cdots+|a_{10}|=60+57+\cdots+33=\frac{93}{2}\times 10=465$；由条件(2)得 $|a_1|+|a_2|+\cdots+|a_n|=|a_1|+|a_2|+\cdots+|a_{11}|=60+57+\cdots+33+30=\frac{90}{2}\times 11=495$；因此单独均不充分，两条件无法联合.

25.【答案】D

【解析】条件(1)，$\alpha+\beta=\frac{a_{n+1}}{a_n}$，$\alpha\beta=\frac{1}{a_n}$，代入得

$$6\,\frac{a_{n+1}}{a_n}-\frac{2}{a_n}=3\Rightarrow 6\left(a_{n+1}-\frac{2}{3}\right)=3\left(a_n-\frac{2}{3}\right)\Rightarrow\frac{a_{n+1}-\frac{2}{3}}{a_n-\frac{2}{3}}=\frac{1}{2}.$$

条件(2)，$a_n=\frac{1\times\left[1-\left(-\frac{1}{2}\right)^n\right]}{1-\left(-\frac{1}{2}\right)}=\frac{2}{3}-\frac{2}{3}\times\left(-\frac{1}{2}\right)^n\Rightarrow a_n-\frac{2}{3}=\frac{1}{3}\times\left(-\frac{1}{2}\right)^{n-1}$，

$\left\{a_n-\frac{2}{3}\right\}$ 是首项为 $\frac{1}{3}$，公比为 $-\frac{1}{2}$ 的等比数列，充分.

第三部分　几何

一、大纲解读

模块	分值比例	内容划分	能力要求	重难点提示	不同考生备考建议
几何	24%～28% 6～7 道题目	1. 平面图形 (1)三角形. (2)四边形. 矩形，平行四边形，梯形. (3)圆与扇形	灵活运用	平面几何 1. 求面积. 2. 求长度. 3. 判断三角形形状. 解析几何 1. 距离. 2. 位置关系. 3. 对称. 4. 最值问题(难点)	应届生： 必须全面掌握考纲内容，并能灵活应用，尤其是解析几何综合性提高，求最值问题难度加大，也是应届生拉开差距的一个考点，要求考生加强对解析几何的练习. 在职考生： 重点掌握 (1)平面几何. (2)立体几何. 解析几何，考生只需掌握基础知识点和基础题型
		2. 平面解析几何 (1)平面直角坐标系. (2)直线方程与圆的方程. (3)两点间距离公式与点到直线的距离公式	灵活运用		
		3. 空间几何体 (1)长方体. (2)柱体. (3)球体	掌握		

二、往年真题分析

1 真题统计

考点 \ 数量 \ 年份(2012—2021)	12	13	14	15	16	17	18	19	20	21
平面几何	2	2	3	2	4	3	3	2	3	2
解析几何	2	2	2	3	2	1	3	3	2	2
立体几何	1	1	2	2	2	2	1	2	1	1
总计/分	15	15	21	21	24	18	21	21	18	15

2 考情解读

几何部分在考试中占比较大，6～7 道题目，近几年真题难度和数量均略有增加，出题形式更加灵活，几何分为三个方向来考查，一是平面几何，考查重点是平面几何图形的面积；二是解析几何，考查重点是直线方程、圆的方程、直线与圆的位置关系、圆与圆的位置关系；三是立体几何，考查重点是长方体、柱体、球体的表面积、体积的计算.

高频题型：阴影部分面积、线段长度、圆与直线的位置关系、图形的对称、立体几何的表面积、体积等.

低频题型：点与圆的位置关系及圆与圆的位置关系问题.

拔高题型：解析几何中求最值问题，恒过定点问题.

第六章 平面几何

一、本章思维导图

- **平面几何**
  - **三角形**
    - 三角形边的关系－任意两边之和大于第三边，任意两边之差小于第三边
    - 三角形的面积公式－$S=\frac{1}{2}ah=\sqrt{p(p-a)(p-b)(p-c)}=\frac{1}{2}ab\sin\angle C, p=\frac{1}{2}(a+b+c)$
    - 三角形性质
      - 全等－SSS，SAS，ASA
      - 相似
        - AA
        - 夹角相等，夹角两边成比例
    - 特殊三角形
      - 直角三角形－常见勾股数
        - (3,4,5)；(6,8,10)；(5,12,13)
        - (7,24,25)；(8,15,17)
      - 等腰三角形－角平分线、中线、高线三线合一
      - 等边三角形－$S=\frac{\sqrt{3}}{4}a^2$，a 为边长，三边相等
    - 求三角形面积方法
      - 等底同高定理
      - 全等和相似定理
      - 鸟头定理（共用顶角或顶角互补）
      - 燕尾定理（共边问题）
      - 蝶形定理
      - 不规则图形转化为规则图形
    - 三角形四心
      - 内心－三条角平分线交点
      - 外心－三边垂直平分线交点
      - 重心－三边中线交点
      - 垂心－三条高线交点
  - **四边形**
    - 平行四边形－两组对边平行且相等，对角线互相平分
    - 菱形－对角线互相垂直且平分，面积等于对角线乘积的一半
    - 矩形－两组对边互相垂直，对角线互相平分
    - 正方形－四条边相等的长方形
    - 梯形－蝶形定理
  - **圆与扇形**
    - 角度制与弧度制的换算
    - 弦和弧及切线的定义
    - 圆周角、圆心角、弦切角的定义
    - 弓形
    - 扇形

二、往年真题分析

1 真题统计

考点 \ 数量 \ 年份(2012—2021)	12	13	14	15	16	17	18	19	20	21
边长相关问题	1	1	1	1	1			1	1	1
判断三角形形状		1					1			
求面积问题	1		2	1	3	3	2	1	2	1
三角形四心问题										
总计/分	6	6	9	6	12	9	9	6	9	6

2 考情解读

平面几何部分是必考考点，占 2～3 道题目，出题形式比较简单，主要掌握各类型求解三角形的面积及性质，规则四边形及圆与扇形的性质，要求考生掌握基础知识并多做题目达到灵活应用.

高频题型：求阴影部分面积、线段长度、角度及判别三角形形状问题.

低频题型：平行四边形、菱形等.

拔高题型：三角形四心、正弦定理及余弦定理等.

第 29 讲　三角形

考点解读

1. 角的关系

(1)三角形内角之和为 180°.

(2)三角形任何一个外角等于和它不相邻的两个内角之和.

(3) n 边形内角之和为 $(n-2)\times180^\circ$.

2. 三边关系

任意两边之和大于第三边；任意两边之差小于第三边.

3. 面积公式

$$S=\frac{1}{2}ah=\sqrt{p(p-a)(p-b)(p-c)}=\frac{1}{2}ab\sin\angle C,$$

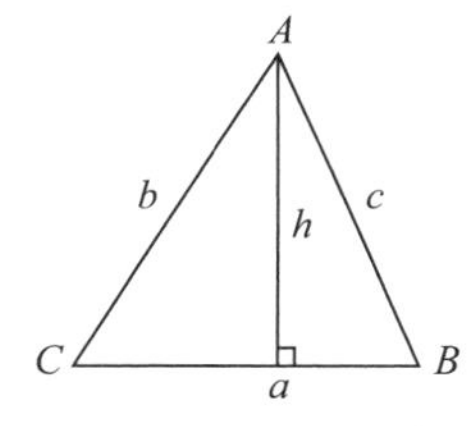

如图所示，其中 h 是 BC 边上的高，$p=\frac{1}{2}(a+b+c)$.

4. 三角形的全等

定义:能完全重合的两个三角形叫作全等三角形.

(1)全等条件.

①三边对应相等.

②两边及夹角对应相等.

③两角及夹边对应相等.

(2)只要看到折叠翻转马上找全等.

5. 三角形的相似

定义:对应角相等,对应边成比例的两个三角形叫作相似三角形.

【敲黑板】

(1)三角形相似的条件.

①两角对应相等.

②三条边对应成比例.

③有一角相等,且夹这个等角的两边对应成比例.

(2)只要看到平行马上找相似.

(3)三角形相似的性质.

①相似三角形(相似图形)对应边的比相等(即为相似比).

②相似三角形(相似图形)的高、中线、角平分线的比也等于相似比.

③相似三角形(相似图形)的周长比等于相似比.

④相似三角形(相似图形)的面积比等于相似比的平方.

6. 特殊三角形

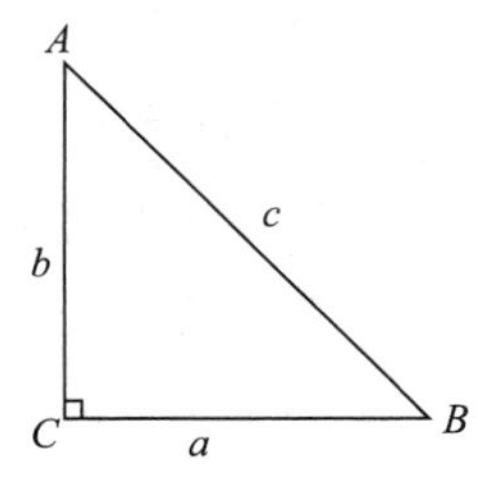

(1)直角三角形.

①角和边的关系:$\angle A+\angle B=90^\circ, c^2=a^2+b^2$.

②面积 $S=\frac{1}{2}ab$.

③特殊直角三角形.

a. $30^\circ, 60^\circ, 90^\circ, a:b:c=1:\sqrt{3}:2$.

b. $45^\circ, 45^\circ, 90^\circ, a:b:c=1:1:\sqrt{2}, S=\frac{1}{4}c^2$.

(2)等边三角形.

①高与边的比为 $\sqrt{3}:2=\frac{\sqrt{3}}{2}:1$.

②边长为 a 的等边三角形的面积为 $S=\frac{\sqrt{3}}{4}a^2$.

7. 三角形的四心

内心：内切圆圆心，三条角平分线的交点.

外心：外接圆圆心，三条边的垂直平分线(中垂线)的交点.

重心：三条中线的交点.

垂心：三条高线的交点.

高能提示

1. 出题频率：级别高，难度中等，得分率高，三角形是平面几何的重点，也是其他平面图形的基础，它涉及的知识点和考点较多，考生需灵活掌握.

2. 考点分布：判断三角形形状，求角度或线段长度及求三角形的面积等.

3. 解题方法：牢记三角形的相关定理公式(边的关系、性质，求面积的方法和四心等内容)，并且会灵活展开和应用.

题型归纳

题型一：三角形的角和边

【特征分析】灵活掌握平行线、三角形性质，迅速找到图形中的边角关系.

例 1 如图所示，在 Rt$\triangle ABC$ 中，$\angle ACB=90^\circ$，DE 过点 C 且平行于 AB，若 $\angle BCE=35^\circ$，则 $\angle A$ 的度数为(　　).

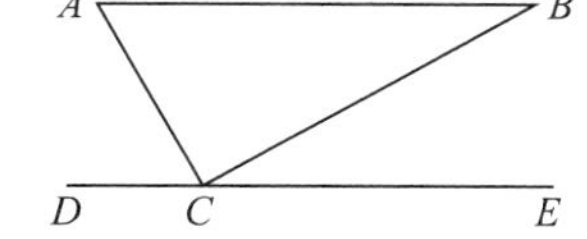

A. 25°　　B. 35°　　C. 45°

D. 55°　　E. 65°

【解析】由平行线性质得 $\angle B=\angle BCE=35^\circ$，又 $\angle A+\angle B=90^\circ$，得 $\angle A=55^\circ$.

【答案】D

例 2 长为 $3a-1$，$4a+1$，$12-a$ 的三条线段能组成一个三角形，则 a 的取值范围是(　　).

A. $1<a<4$　　B. $\frac{3}{2}<a<5$　　C. $\frac{3}{2}<a<7$

D. $0<a<5$　　E. $a>5$

【解析】由三角形三边关系，任意两边之和大于第三边，得

$$\begin{cases}3a-1+4a+1>12-a,\\4a+1+12-a>3a-1,\\3a-1+12-a>4a+1\end{cases}\Rightarrow \frac{3}{2}<a<5.$$

【答案】B

题型二：求三角形及阴影部分面积

【特征分析 1】 利用三角形面积公式，

$$S=\frac{1}{2}ah=\sqrt{p(p-a)(p-b)(p-c)}=\frac{1}{2}ab\sin\angle C,\ p=\frac{1}{2}(a+b+c).$$

例 3 如图所示，在 $\triangle ABC$ 中，$\angle ABC=30^\circ$，将线段 AB 绕点 B 旋转至 DB，使 $\angle DBC=60^\circ$，则 $\triangle DBC$ 和 $\triangle ABC$ 的面积之比为(　　).

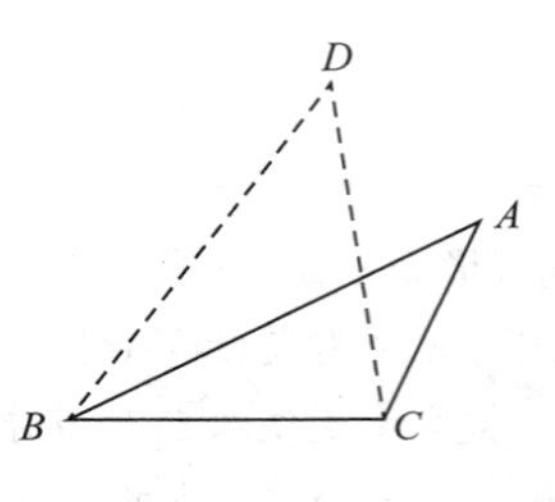

A. 1　　B. $\sqrt{2}$　　C. 2　　D. $\frac{\sqrt{3}}{2}$　　E. $\sqrt{3}$

【解析】 线段 AB 绕点 B 旋转至 DB，则 $AB=DB$，根据三角形面积公式得

$$\frac{S_{\triangle DBC}}{S_{\triangle ABC}}=\frac{\frac{1}{2}DB\times BC\times\sin\angle DBC}{\frac{1}{2}AB\times BC\times\sin\angle ABC}=\frac{\sin 60^\circ}{\sin 30^\circ}=\sqrt{3}.$$

【答案】 E

例 4 $PQ\cdot RS=12$.

(1) 如图所示，$QR\cdot PR=12$.　　(2) 如图所示，$PQ=5$.

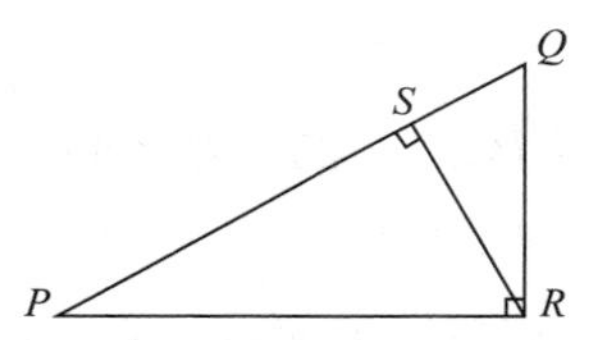

【解析】 由面积相等，知 $PQ\cdot RS=QR\cdot PR=12$.

【答案】 A

【特征分析 2】 共用底边，顶点在一条平行于底边的直线上的两个三角形，等底同高面积相等. 如图所示，有 $S_{\triangle ACD}=S_{\triangle BCD}$.

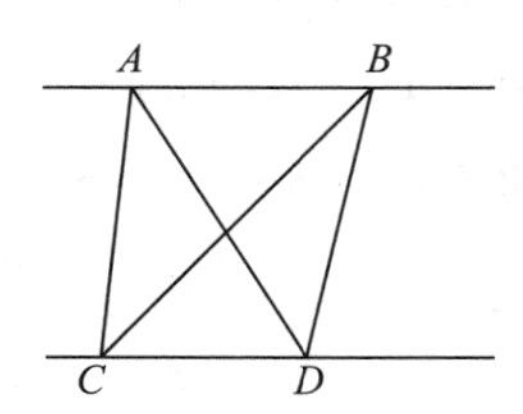

例 5 如图所示，边长为 3，5 的两个正方形放在一起，则 $\triangle AEG$ 的面积为（　　）.

A. $\frac{15}{2}$　　B. 10　　C. $\frac{25}{2}$　　D. $\frac{35}{2}$　　E. 17

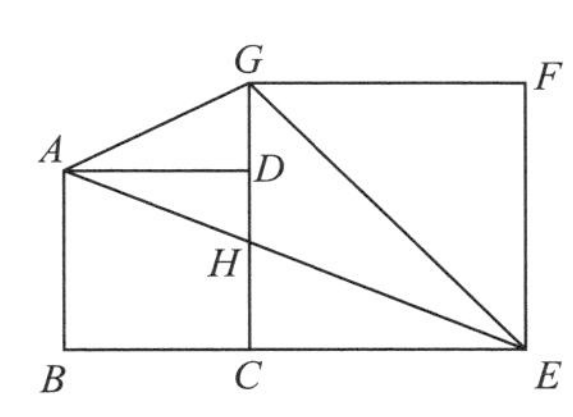

【解析】连接 AC，得 AC 平行于 GE，顶点 A 与 C 共线，$\triangle AGE$ 与 $\triangle CGE$ 共用底边 GE，则

$$S_{\triangle AGE}=S_{\triangle CGE}=\frac{25}{2}.$$

【答案】C

▶ **【特征分析 3】**共用顶点，底边共线的两个三角形，面积之比等于底边之比. 如图所示，有

$$S_1 : S_2 = a : b.$$

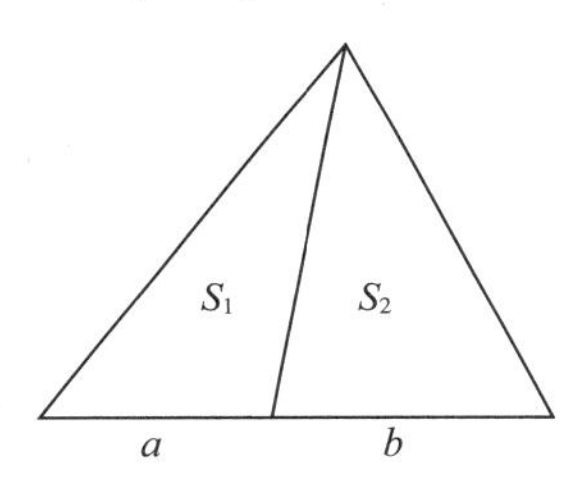

例 6 如图所示，$BD=2EB$，且阴影部分面积为 42，则 $\triangle ABC$ 的面积为（　　）.

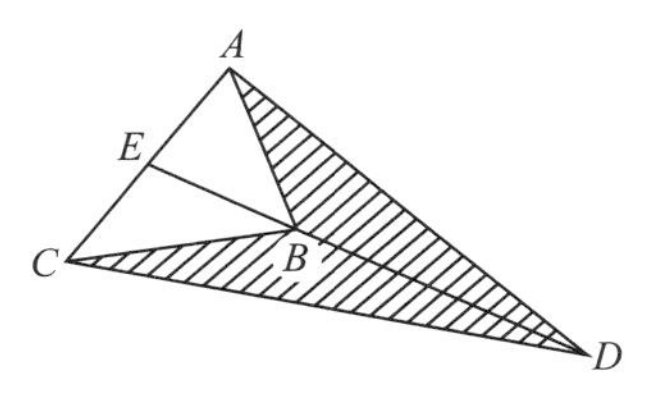

A. 19　　B. 20　　C. 21　　D. 23　　E. 25

【解析】$\triangle AEB$ 与 $\triangle ABD$ 等高，则 $S_{\triangle AEB} : S_{\triangle ABD}=BE : BD$. $\triangle ECB$ 与 $\triangle CBD$ 等高，则 $S_{\triangle ECB} : S_{\triangle CBD}=BE : BD$.

所以 $S_{\triangle ABC}=S_{\triangle AEB}+S_{\triangle ECB}=\frac{1}{2}(S_{\triangle ABD}+S_{\triangle CBD})=21$.

【答案】C

例 7 如图所示，已知 $AE=3AB$，$BF=2BC$，若 $\triangle ABC$ 的面积是 2，则 $\triangle AEF$ 的面积为（　　）.

A. 14　　B. 12　　C. 10　　D. 8　　E. 6

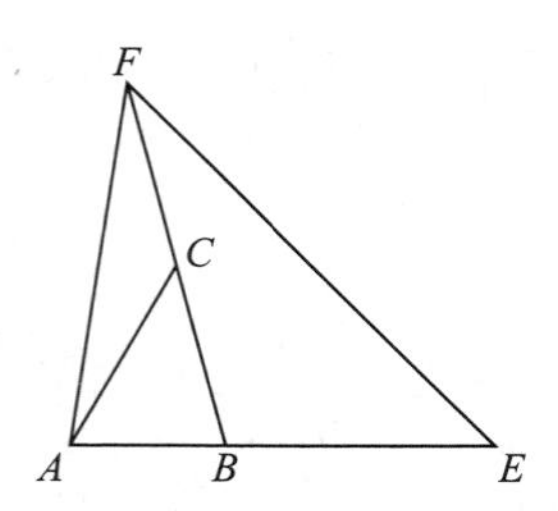

【解析】根据共用顶点，底边共线的两个三角形面积之比等于底边之比. 由 $BC:CF=1:1$ 可知，$S_{\triangle ACF}=S_{\triangle ABC}=2$，故 $\triangle ABF$ 的面积为 4，因为 $AB:BE=1:2$，故 $\triangle FBE$ 的面积为 8，因此 $\triangle AEF$ 面积为 12.

【答案】B

例 8 如图所示，若 $\triangle ABC$ 的面积为 1，$\triangle AEC$，$\triangle DEC$，$\triangle BED$ 的面积相等，则 $\triangle AED$ 的面积为（　　）.

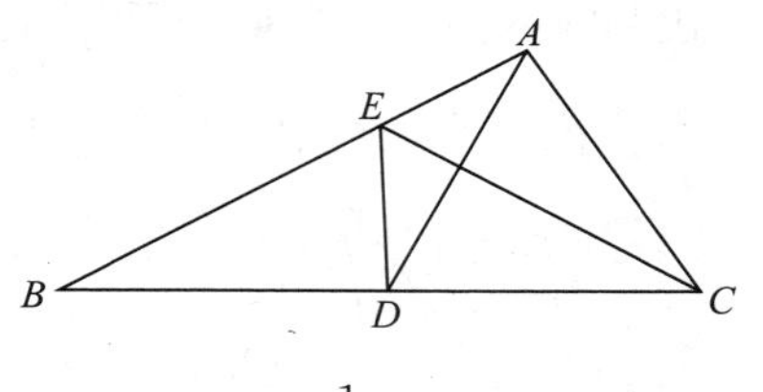

A. $\frac{1}{3}$　　B. $\frac{1}{6}$　　C. $\frac{1}{5}$　　D. $\frac{1}{4}$　　E. $\frac{2}{5}$

【解析】本题利用三角形等高，三角形的面积之比等于底边之比.

由题意知，$S_{\triangle AEC}=\frac{1}{3}\Rightarrow AE=\frac{1}{3}AB$，$S_{\triangle BED}=S_{\triangle CED}=\frac{1}{3}\Rightarrow BD=\frac{1}{2}BC$，故

$$S_{\triangle AED}=S_{\triangle ABD}-S_{\triangle BED}=\frac{1}{6}.$$

【答案】B

▶【特征分析 4】看到平行马上找三角形相似，看到折叠翻转马上找三角形全等.

例 9 如图所示，在直角三角形 ABC 中，$AC=4$，$BC=3$，$DE//BC$，已知梯形 $BCED$ 的面积为 3，则 DE 长为（　　）.

A. $\sqrt{3}$　　B. $\sqrt{3}+1$　　C. $4\sqrt{3}-4$　　D. $\frac{3\sqrt{2}}{2}$　　E. $\sqrt{2}+1$

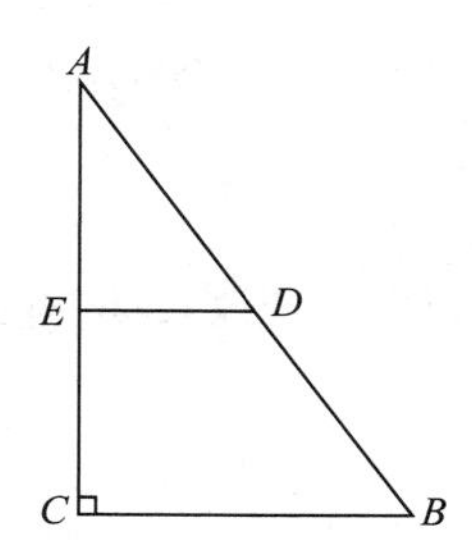

【解析】$DE//BC \Rightarrow \triangle ADE$ 相似于 $\triangle ABC$. 根据题意 $S_{\triangle ABC}=\frac{4\times 3}{2}=6$，$S_{梯形BCED}=3$，所以 $S_{\triangle ADE}=6-3=3$，根据相似得到 $\frac{S_{\triangle ADE}}{S_{\triangle ABC}}=\left(\frac{DE}{BC}\right)^2=\frac{1}{2}\Rightarrow DE=\frac{3\sqrt{2}}{2}$.

【答案】D

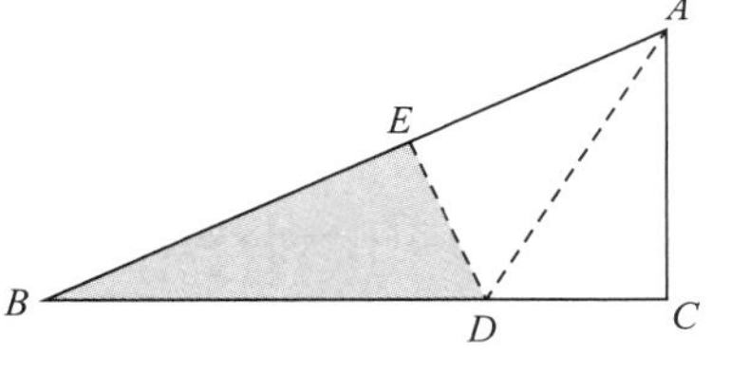

例 10　直角三角形 ABC 的斜边 $AB=13$，直角边 $AC=5$，把 AC 对折到 AB 上去与斜边重合，点 C 与点 E 重合，折痕为 AD（如图），则图中阴影部分的面积为（　　）.

A. 20　　B. $\frac{40}{3}$　　C. $\frac{38}{3}$　　D. 14　　E. 12

【解析】只要看到折叠翻转，马上找全等，$\triangle ACD$ 全等于 $\triangle AED \Rightarrow AE=AC=5$，$BE=8$，则 $S_{\triangle BDE}:S_{\triangle ADE}:S_{\triangle ADC}=8:5:5\Rightarrow S_{\triangle ABC}=8k+5k+5k=\frac{1}{2}AC\times BC=\frac{1}{2}\times 5\times 12$，则 $S_{阴BDE}=8k=\frac{40}{3}$.

【答案】B

▶ **【特征分析 5】**鸟头定理：两个三角形有一组对应角相等或互补，则它们的面积比等于对应角两边乘积之比. 如图所示，有结论：$\frac{S_{\triangle ADE}}{S_{\triangle ABC}}=\frac{\frac{1}{2}AD\times AE\times \sin\angle DAE}{\frac{1}{2}AB\times AC\times \sin\angle BAC}=\frac{AD\times AE}{AB\times AC}$.

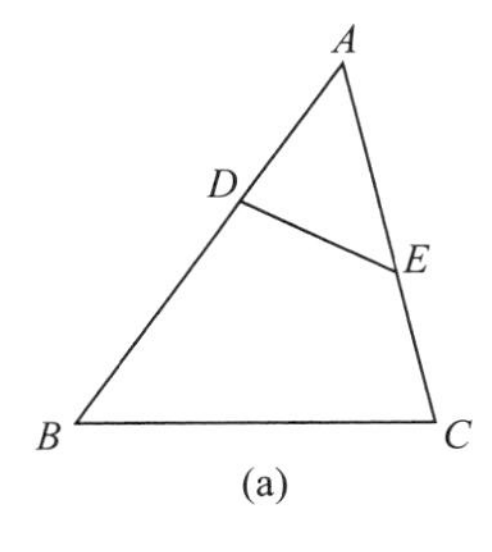

(a)

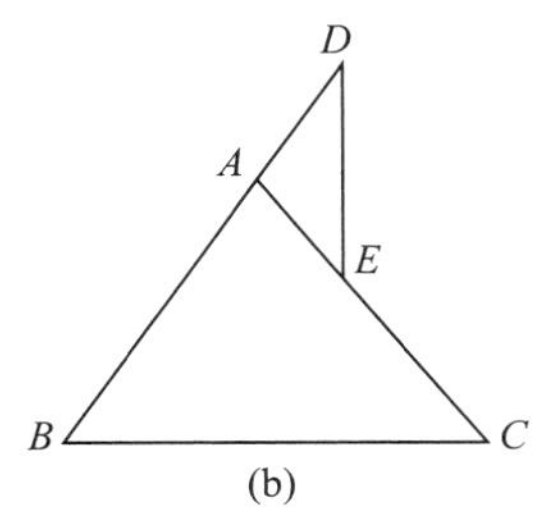

(b)

例 11　如图所示，在 $\triangle ABC$ 中，D，E 分别是 AB，AC 上的点，$AD=1$，$DB=5$，$AE=3$，$EC=4$. 已知 $\triangle ADE$ 的面积为 1，则 $\triangle ABC$ 的面积为（　　）.

A. 14　　B. 16　　C. 17　　D. 18　　E. 19

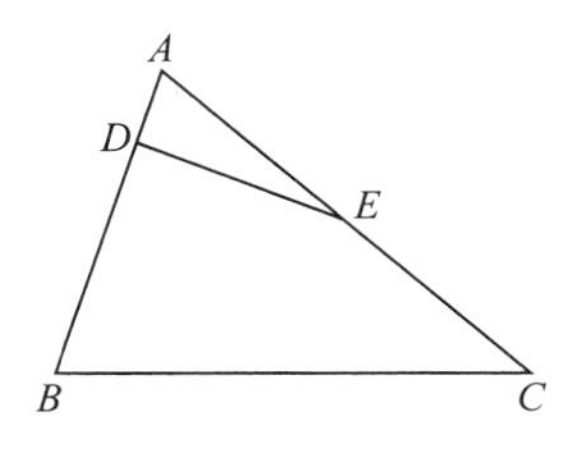

【解析】如图所示，$\triangle ADE$ 与 $\triangle ABC$ 共用顶角 $\angle A$，根据鸟头定理得

$$\frac{S_{\triangle ADE}}{S_{\triangle ABC}}=\frac{AD\times AE}{AB\times AC}=\frac{1}{1+5}\times\frac{3}{3+4}=\frac{1}{14},$$

则 $S_{\triangle ABC}=14$.

【答案】A

例 12 如图所示，在三角形 ABC 中，E 是 AC 上的点，D 是 BA 延长线上的点，$AE=1$，$AD=2$，$EC=3$，$AB=4$，如果三角形 ABC 的面积是 12，则 $S_{\triangle ADE}$ 为（　　）.

A. 2　　B. 3　　C. 1.5　　D. 4　　E. 5

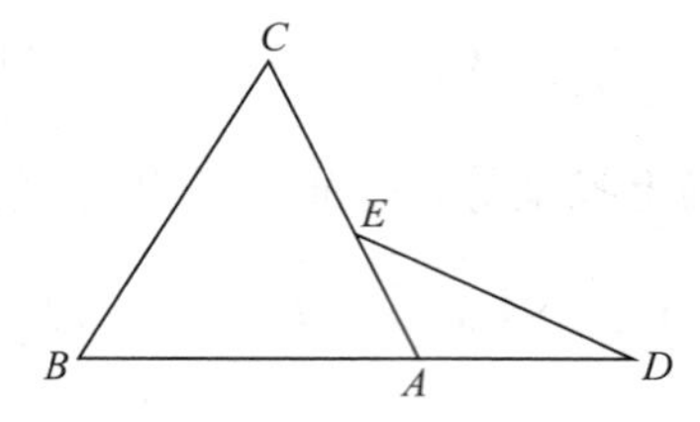

【解析】根据鸟头定理得

$$\frac{S_{\triangle ADE}}{S_{\triangle ABC}}=\frac{AD\times AE}{AB\times AC}=\frac{2}{4}\times\frac{1}{1+3}=\frac{1}{8},$$

则 $S_{\triangle ADE}=1.5$.

【答案】C

▶ **【特征分析 6】**燕尾定理：三角形内部三条线相交于一点，两个三角形共用一条边，另外一组边不在一条直线上，则两个共边的三角形面积之比等于底边的两条线段长度之比. 如图所示，有

$$\frac{S_{\triangle AOB}}{S_{\triangle AOC}}=\frac{S_{\triangle BOD}}{S_{\triangle DOC}}=\frac{BD}{DC},$$

$$\frac{S_{\triangle AOB}}{S_{\triangle COB}}=\frac{S_{\triangle AOE}}{S_{\triangle COE}}=\frac{AE}{CE},$$

$$\frac{S_{\triangle AOC}}{S_{\triangle BOC}}=\frac{S_{\triangle AOF}}{S_{\triangle BOF}}=\frac{AF}{FB}.$$

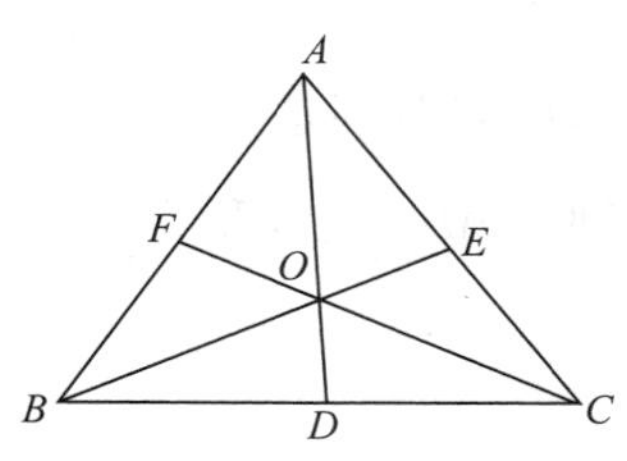

例 13 如图所示，$\triangle AOB$ 的面积为 10，$BD=5$，$CD=4$，则 $S_{\triangle AOC}$ 为（　　）.

A. 6　　B. 7　　C. 8　　D. 9　　E. 10

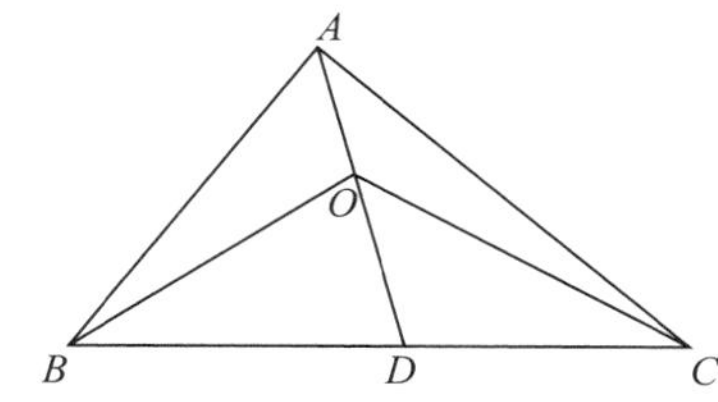

【解析】根据燕尾定理得 $\frac{S_{\triangle AOB}}{S_{\triangle AOC}}=\frac{BD}{DC}=\frac{5}{4}$，则 $S_{\triangle AOC}=8$.

【答案】C

▶【特征分析 7】不规则图形一定转化为规则图形.

例 14 如图所示，正方形 $ABCD$ 边长为 4. 分别以 A、C 为圆心，4 为半径画圆弧，则阴影部分面积是（　　）.

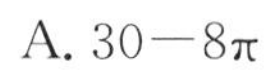

A. $30-8\pi$　　B. $8\pi-16$　　C. $4\pi-8$

D. $32-8\pi$　　E. $8\pi-8$

【解析】由 ① 与 ② 对称且

$$S_{②}=S_{扇形BAD}-S_{\triangle ABD}=\frac{\pi}{4}\times 4^2-\frac{1}{2}\times 4\times 4=4\pi-8,$$

故 $S_{阴}=2S_{②}=8\pi-16$.

【答案】B

例 15 如图所示，在长方形 $ABCD$ 中，$AB=10$ 厘米，$BC=5$ 厘米. 分别以 AB 和 AD 为半径作 $\frac{1}{4}$ 圆，则图中阴影部分的面积为（　　）.

A. $\left(25-\frac{25}{4}\pi\right)$ 平方厘米　　B. $\left(25+\frac{125}{2}\pi\right)$ 平方厘米

C. $\left(50+\frac{25}{4}\pi\right)$ 平方厘米　　D. $\left(\frac{125}{4}\pi-50\right)$ 平方厘米

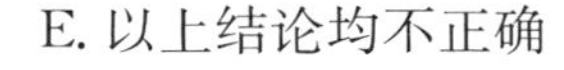

E. 以上结论均不正确

【解析】$S_{①}=S_{扇形ABE}-S_{曲边四边形ABCM}$，$S_{②}=S_{扇形ADF}-S_{曲边三角形ADM}$，则

$$S_{①}+S_{②}=S_{扇形ABE}+S_{扇形ADF}-S_{长方形ABCD}=\left(\frac{125}{4}\pi-50\right)(平方厘米).$$

【答案】D

例 16 如图所示，在正方形 $ABCD$ 中，弧 AOC 是四分之一圆周，$EF//AD$. 若 $DF=a$，$CF=b$，则阴影部分的面积为（　　）.

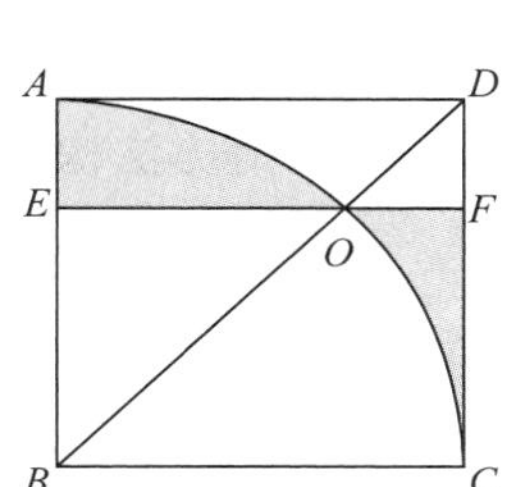

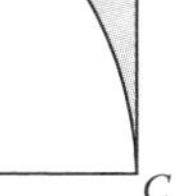

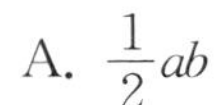

A. $\frac{1}{2}ab$　　B. ab　　C. $2ab$

D. b^2-a^2　　E. $(b-a)^2$

【解析】割补法，如图所示，过点O作OG垂直于BC，交BC于点G，由图形的对称性可知，阴影部分面积$S=S_{矩形OFCG}=ab$.

【答案】B

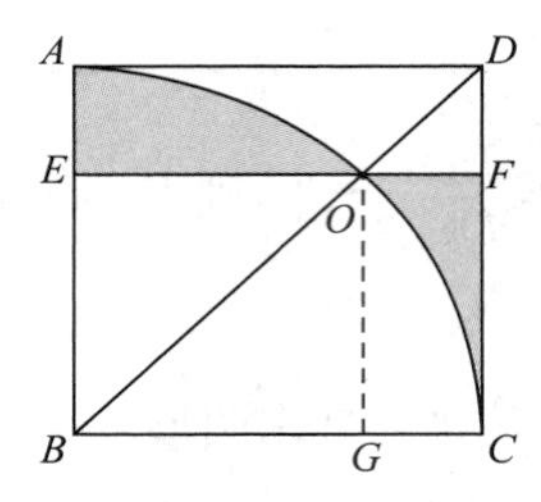

题型三：判断三角形的形状

▶【特征分析】主要借助三角形的内角关系和三边关系所满足的条件，结合三角形的性质判断三角形的形状，重点掌握等边三角形、等腰三角形、直角三角形的特征.

例 17 若$\triangle ABC$的三边长a,b,c满足$a^2+b^2+c^2=ab+ac+bc$，则$\triangle ABC$为（　　）.

A. 等腰三角形　　B. 直角三角形　　C. 等边三角形

D. 等腰直角三角形　　E. 以上结论均不正确

【解析】由$a^2+b^2+c^2=ab+ac+bc$，得

$$2a^2+2b^2+2c^2-2ab-2ac-2bc=0,$$

即

$$(a-b)^2+(b-c)^2+(c-a)^2=0\Rightarrow a=b=c,$$

所以$\triangle ABC$为等边三角形.

【答案】C

例 18 已知三角形ABC的三条边长分别为a,b,c. 则三角形ABC是直角三角形.

(1) $(a-b)(c^2-a^2-b^2)=0$.　　(2) $S=\frac{1}{2}ab$.

【解析】条件(1)，$(a-b)(c^2-a^2-b^2)=0\Rightarrow a=b$或$c^2=a^2+b^2$，不充分.

条件(2)，$S=\frac{1}{2}ab$，充分.

【答案】B

题型四：求线段长度的问题

▶【特征分析】在求解平面图形线段长度的问题时，往往利用三角形全等、相似、中线定理、面积公式等方法构建等量关系.

例 19 如图所示，$\triangle ABC$是直角三角形，S_1,S_2,S_3为正方形，已知a,b,c分别是S_1,S_2,S_3的边长，则（　　）.

A. $a=b+c$　　B. $a^2=b^2+c^2$　　C. $a^2=2b^2+2c^2$

D. $a^3=b^3+c^3$ E. $a^3=2b^3+2c^3$

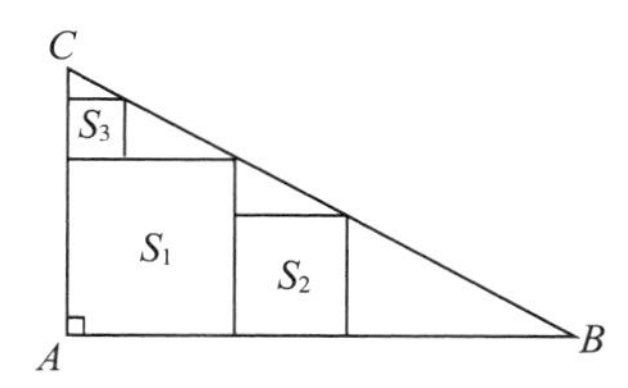

【解析】看到平行线，马上想到三角形相似，如图所示，利用相似可得 $\frac{c}{a-b}=\frac{a-c}{b}\Rightarrow a=b+c$.

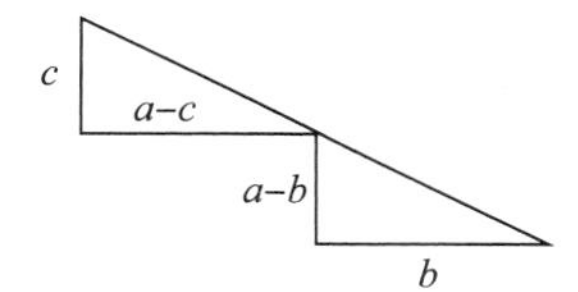

【答案】A

例 20 如图所示，梯形 $ABCD$ 的上底与下底分别为 5，7，E 为 AC 与 BD 的交点，MN 过点 E 且平行于 AD，则 $MN=$（　　）.

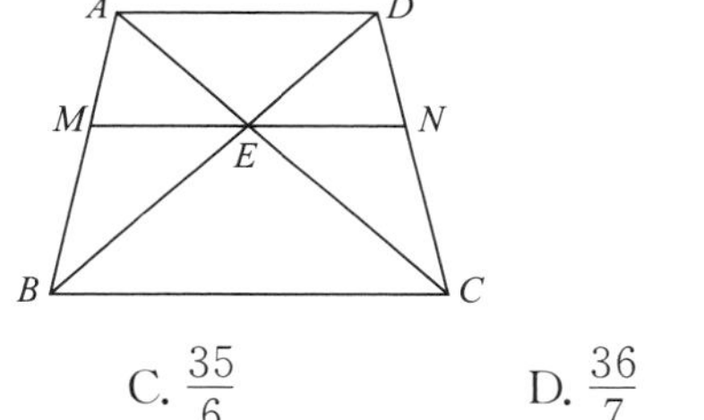

A. $\frac{26}{5}$ B. $\frac{11}{2}$ C. $\frac{35}{6}$ D. $\frac{36}{7}$ E. $\frac{40}{7}$

【解析】根据平行线性质得，AD 平行于 $BC\Rightarrow\triangle ADE$ 相似于 $\triangle CBE\Rightarrow\frac{DE}{BE}=\frac{AD}{CB}=\frac{5}{7}$，$ME$ 平行于 $AD\Rightarrow\triangle MBE$ 相似于 $\triangle ABD\Rightarrow\frac{BE}{BD}=\frac{ME}{AD}=\frac{7}{12}\Rightarrow ME=\frac{35}{12}$.

同理可得 $NE=\frac{35}{12}$. 所以 $MN=ME+NE=\frac{35}{6}$.

【答案】C

题型五：三角形四心（内心、外心、重心、垂心）问题

▶ **【特征分析】**三角形的四心是一个难点，关键在于掌握四心本质上是哪些线的交点，其中内心、外心、重心是必考点.

(1)内心：内切圆圆心，三条角平分线的交点.

(2)外心：外接圆圆心，三条边的垂直平分线（中垂线）的交点.

(3)重心：三条中线的交点.

(4)垂心：三条高线的交点.

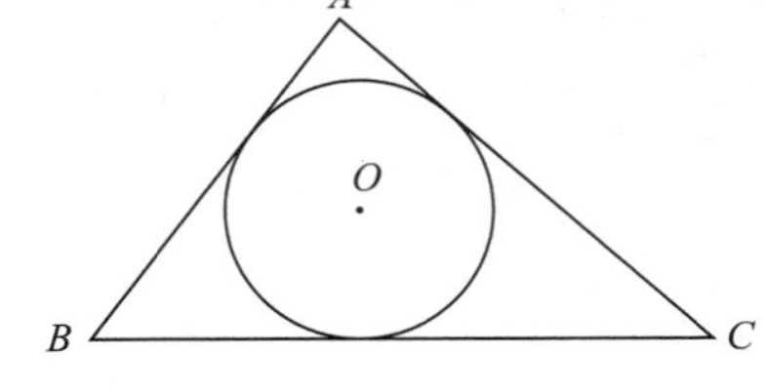

例 21 如图所示，圆 O 是三角形 ABC 的内切圆，若三角形 ABC 的面积与周长的大小之比为 1∶2，则圆 O 的面积为(　　).

A. π　　B. 2π　　C. 3π

D. 4π　　E. 5π

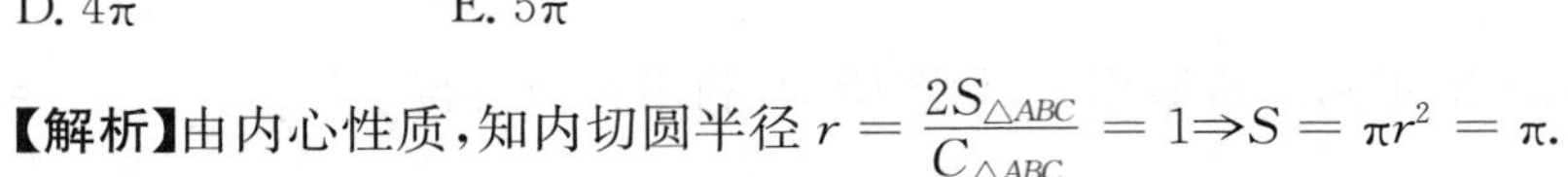

【解析】由内心性质，知内切圆半径 $r=\frac{2S_{\triangle ABC}}{C_{\triangle ABC}}=1\Rightarrow S=\pi r^2=\pi$.

【答案】A

例 22 有一个角是 30°的直角三角形的小直角边长 a，它的内切圆的半径为(　　).

A. $\frac{1}{2}a$　　B. $\frac{\sqrt{3}}{2}a$　　C. a　　D. $\frac{\sqrt{3}+1}{2}a$　　E. $\frac{\sqrt{3}-1}{2}a$

【解析】一个角为 30°的直角三角形三边长分别为 $a,\sqrt{3}a,2a$，设内切圆半径为 r，则三角形面积为 $\frac{1}{2}r(a+2a+\sqrt{3}a)=\frac{1}{2}a\times\sqrt{3}a$，故 $r=\frac{\sqrt{3}-1}{2}a$.

【答案】E

例 23 已知 M 是一个平面有限点集，则平面上存在到 M 中各点距离相等的点.

(1) M 中只有三个点.

(2) M 中的任意三点都不共线.

【解析】由条件(1)得 M 中只有三个点，并没有说明三点是否共线，故不成立.

由条件(2)得 M 中的任意三点都不共线，并没有说明只有三点，故不成立.

将条件(1)和条件(2)联合，只有三个点且三个点不共线，则说明 M 中的点可组成三角形，则三角形外接圆的圆心到三个顶点距离相等.

【答案】C

例 24 如图所示，在 Rt△ABC 中，$\angle C=90°$，$AB=10$，若以点 C 为圆心，CB 长为半径的圆恰好经过 AB 的中点 D，则 AC 的长等于(　　).

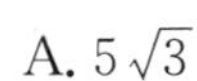

A. $5\sqrt{3}$　　B. 5　　C. $5\sqrt{2}$

D. 6　　E. 7

【解析】连接 CD，则有 $CD=BC=BD=AD=\frac{1}{2}AB=5$.

根据勾股定理有 $AC=\sqrt{10^2-5^2}=\sqrt{75}=5\sqrt{3}$.

【答案】A

第 30 讲　四边形

考点解读

1. 平行四边形

两组对边分别平行且相等，设边长为 a,b，以 b 为底边的高为 h，则面积 $S=bh$，周长 $C=2(a+b)$.

2. 菱形、矩形、梯形

(1)菱形：设四边边长为 a，以 a 为底边的高为 h，则面积 $S=ah=\frac{1}{2}l_1l_2$，l_1,l_2 分别为对角线的长度.

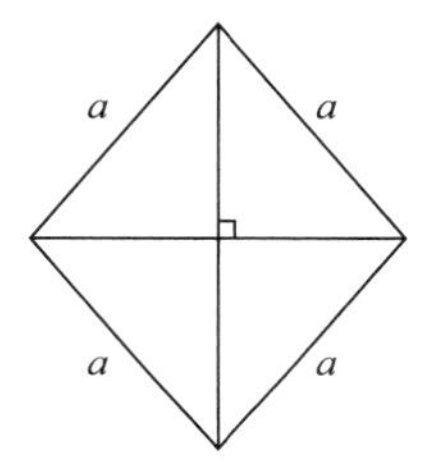

(2)矩形(正方形)：设两边边长分别为 a,b，则面积 $S=ab$，周长 $C=2(a+b)$，对角线 $l=\sqrt{a^2+b^2}$.

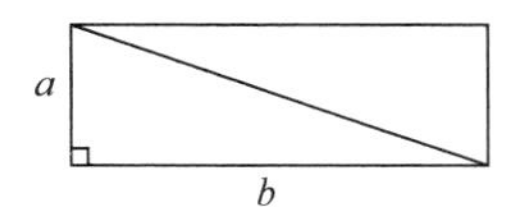

(3)梯形：上底为 a，下底为 b，高为 h，则中位线 $l=\frac{1}{2}(a+b)$，面积 $S=\frac{1}{2}(a+b)h$.

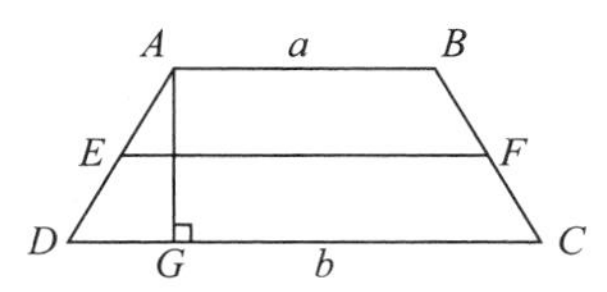

高能提示

1. 出题频率：级别中，难度易，得分率高，四边形通常与三角形和圆相结合进行出题，考生需要掌握求四边形面积的方法.

2. 考点分布：求平行四边形、菱形、矩形、梯形的面积.

3. 解题方法：把四边形分解成多个三角形，利用三角形的定理公式来解题.

题型归纳

题型一：平行四边形的性质

▶【特征分析】(1)对角线互相平分. (2)对角线分成的四个三角形面积相等. (3)过对角线中

心的直线将其面积分成相等的两部分.

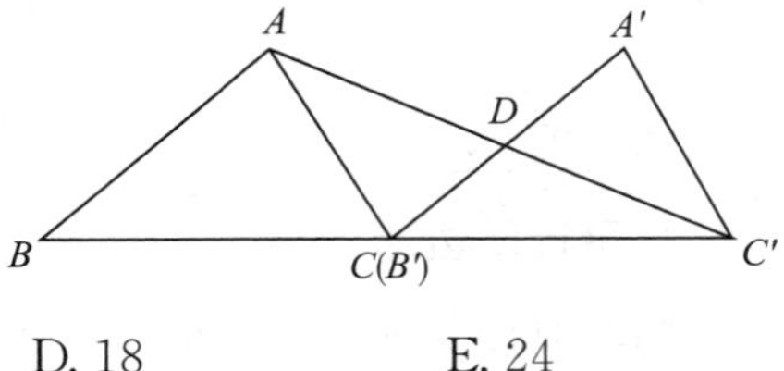

例 1 如图所示，已知 $\triangle ABC$ 的面积为 36，将 $\triangle ABC$ 沿 BC 平移到 $\triangle A'B'C'$，使 B' 和 C 重合，连接 AC'，交 $A'C$ 于 D，则 $\triangle C'DC$ 的面积为（　　）.

A. 6　　B. 9　　C. 12　　D. 18　　E. 24

【解析】因为三角形 ABC 与三角形 $A'B'C'$ 全等，故三角形 $A'B'C'$ 的面积也为 36，四边形 $AA'C'B'$ 为平行四边形，故 $\triangle C'DC$ 面积为 18.

【答案】D

例 2 如图所示，在直角坐标系 xOy 中，矩形 $OABC$ 的顶点 B 的坐标是(6,4)，则直线 l 将矩形 $OABC$ 分成了面积相等的两部分.

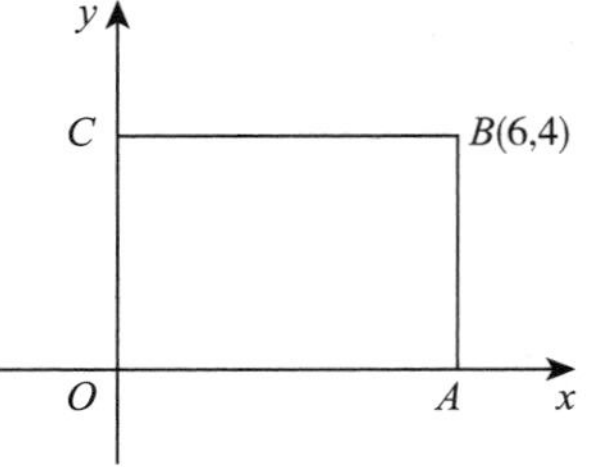

(1) $l: x-y-1=0$.　　(2) $l: x-3y+3=0$.

【解析】根据性质：平行四边形为中心对称图形，通过其中心的任意直线，分成的两个图形面积均相等，矩形 $OABC$ 对角线的交点为(3,2)，直线 l 只需通过(3,2)即可，故条件(1)与条件(2)均满足.

【答案】D

题型二：梯形性质，蝶形定理

▶**【特征分析】**看到平行线找相似，根据三角形相似的性质、面积关系得到梯形的蝶形定理. 如图所示，有

$$\frac{S_1}{S_2}=\left(\frac{a}{b}\right)^2, S_3=S_4, \frac{S_1}{S_3}=\frac{S_4}{S_2} \Rightarrow S_1 \times S_2=S_3 \times S_4.$$

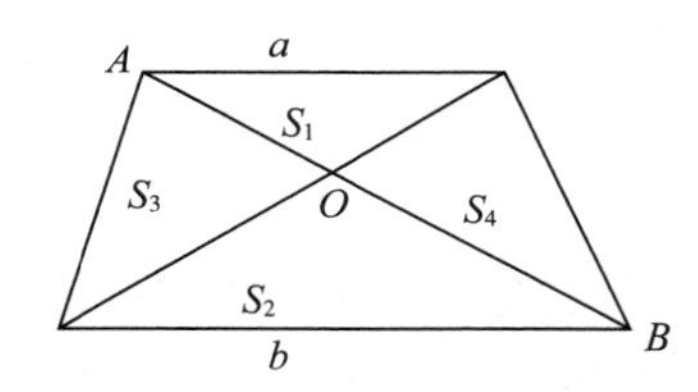

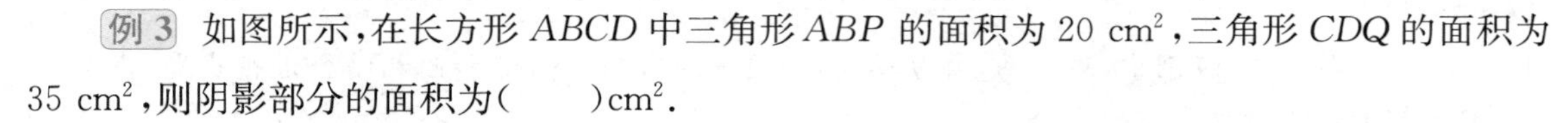

例 3 如图所示，在长方形 $ABCD$ 中三角形 ABP 的面积为 20 cm^2，三角形 CDQ 的面积为 35 cm^2，则阴影部分的面积为（　　）cm^2.

A. 50　　B. 51　　C. 52　　D. 53　　E. 55

【解析】根据梯形的蝶形定理，有

$$S_{①}=S_{\triangle ABP}=20(cm^2), S_{②}=S_{\triangle DQC}=35(cm^2),$$

则 $S_{阴}=20+35=55(cm^2)$.

【答案】E

例 4 如图所示，在四边形 $ABCD$ 中，$AB//CD$，AB 与 CD 的边长分别为 4 和 8. 若三角形 ABE 的面积为 4，则四边形 $ABCD$ 的面积为(　　).

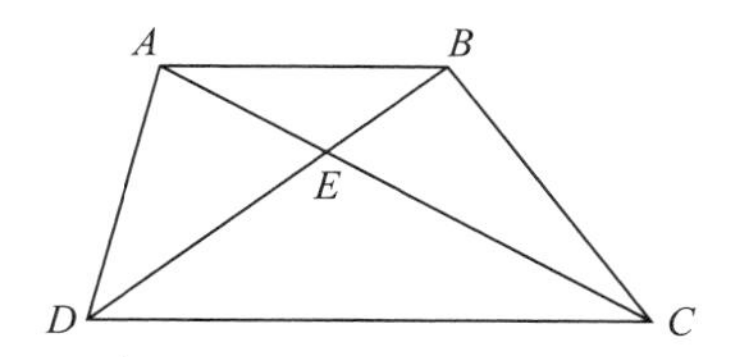

A. 24　　B. 25　　C. 26

D. 36　　E. 28

【解析】$AB//CD \Rightarrow \triangle ABE$ 相似于 $\triangle CDE$，得 $\dfrac{S_{\triangle ABE}}{S_{\triangle CDE}} = \left(\dfrac{AB}{CD}\right)^2 = \dfrac{1}{4} \Rightarrow S_{\triangle DEC} = 16$，根据梯形的蝶形定理得 $S_{\triangle AED} \times S_{\triangle BEC} = S_{\triangle ABE} \times S_{\triangle CDE} = 4 \times 16 = 64 \Rightarrow S_{\triangle ADE} = S_{\triangle BEC} = 8$. 故

$$S_{四边形ABCD} = 36.$$

【答案】D

例 5 如图所示，长方形 $ABCD$ 的两条边长分别为 8 m 和 6 m，四边形 $OEFG$ 的面积是 4 m^2，则阴影部分的面积为(　　).

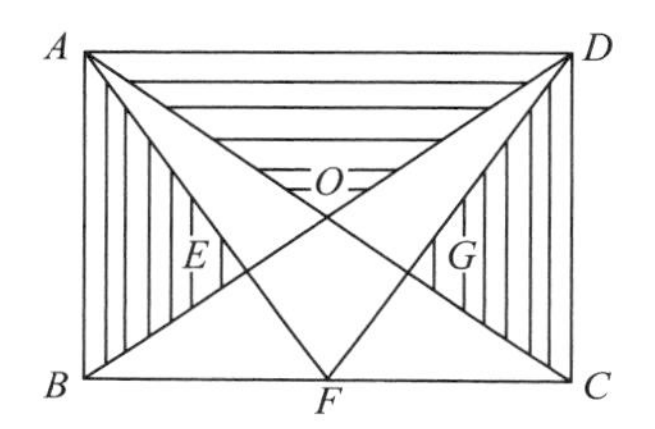

A. 32 m^2　　B. 28 m^2　　C. 24 m^2

D. 20 m^2　　E. 16 m^2

【解析】四边形 $ADCF$ 为梯形，根据梯形的蝶形定理得 $S_{\triangle DGC} = S_{\triangle AFG}$，故 $S_{阴} = S_{\triangle ABD} + S_{四边形OEFG} = 24 + 4 = 28\ (m^2)$.

【答案】B

题型三：面积最值问题

▶**【特征分析】**面积求最值，通常根据边长、性质找到等量关系，利用二次函数或均值不等式进行求解.

例 6 直角边长之和为 12 的直角三角形面积的最大值等于(　　).

A. 16　　B. 18　　C. 20　　D. 22　　E. 不能确定

【解析】因 $a + b = 12$，又 $a + b \geqslant 2\sqrt{ab}$，$ab \leqslant 36$，$S = \dfrac{ab}{2}$，故 $S_{max} = 18$.

【答案】B

例 7 如图所示，四边形 $ABCD$ 的对角线 AC，BD 相交于 O，$S_{\triangle AOB} = 4$，$S_{\triangle COD} = 9$，则四边形 $ABCD$ 面积的最小值为(　　).

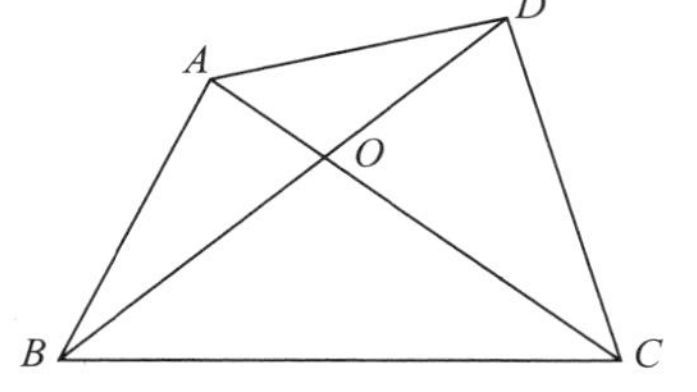

A. 22　　B. 25　　C. 28

D. 30　　E. 32

【解析】根据蝶形定理有 $S_{\triangle AOD} \times S_{\triangle BOC} = S_{\triangle AOB} \times S_{\triangle COD} = 36$，则

$$S_{四边形ABCD} = S_{\triangle AOB} + S_{\triangle COD} + S_{\triangle AOD} + S_{\triangle BOC} \geqslant 13 + 2\sqrt{S_{\triangle AOD} \times S_{\triangle BOC}} = 25.$$

【答案】B

例 8 某户要建一个长方形的羊栏，则羊栏的面积大于 $500\ m^2$.

(1)羊栏的周长为 120 m.　　　　(2)羊栏对角线的长不超过 50 m.

【解析】求矩形面积的最值. 用 a,b 表示羊栏的长与宽，要求 $ab>500$.

条件(1)，$a+b=60\geqslant 2\sqrt{ab}\Rightarrow \sqrt{ab}\leqslant 30$，不充分.

条件(2)，$\sqrt{a^2+b^2}\leqslant 50\Rightarrow a^2+b^2\leqslant 2\,500$，又 $a^2+b^2>2ab$，去掉等号是因为 a,b 不相等，所以 $ab<\frac{2\,500}{2}$，也不充分.

联合条件(1)和条件(2)，$3\,600=(a+b)^2=a^2+2ab+b^2\leqslant 2\,500+2ab$，所以 $ab\geqslant 550$，充分.

【答案】C

第 31 讲　圆和扇形

考点解读

1. 常见角度制和弧度制的转换关系

1 弧度$=\frac{180}{\pi}$，$1^\circ=\frac{\pi}{180}$.

度	30°	45°	60°	90°	120°	180°	360°
弧度	$\frac{\pi}{6}$	$\frac{\pi}{4}$	$\frac{\pi}{3}$	$\frac{\pi}{2}$	$\frac{2\pi}{3}$	π	2π

2. 圆

圆心为 O，半径为 r，则周长为 $C=2\pi r$，面积为 $S=\pi r^2$.

3. 扇形弧长

$l=r\theta=\frac{\alpha}{360}\times 2\pi r$，其中 θ 为扇形角的弧度数，α 为扇形角的度数，r 为扇形半径.

4. 扇形面积

$S=\frac{\alpha}{360}\times\pi r^2=\frac{1}{2}lr$，其中 α 为扇形角的度数，r 为扇形半径，l 为扇形弧长.

5. 弦

连接圆上任意两点的线段叫作弦，经过圆心的弦叫作直径，直径是一个圆里最长的弦.

6. 弧

圆上任意两点之间的部分.

7. 切线

和圆只有一个公共交点的直线叫作圆的切线.

8. 圆周角

顶点在圆上,并且两边都和圆相交的角.

9. 圆心角

顶点在圆心,并且两边都和圆相交的角.

10. 弦切角

顶点在圆上,一边和圆相交,另一边和圆相切的角叫作弦切角.

11. 弓形

由弦及其所对的弧组成的图形叫作弓形.

12. 扇形

一条弧和经过这条弧两端的两条半径所围成的图形叫作扇形.

高能提示

1. 出题频率:级别高,难度易,得分率高,圆与扇形、三角形结合在一起求面积问题.
2. 考点分布:圆弧相关的面积、对应的弧长.
3. 解题方法:不规则图形转化为规则图形、割补法、分块编号法等.

题型归纳

题型:求阴影部分面积

【特征分析】 利用割补法将图中阴影面积分割后,再进行重新组合,变成规则图形进行计算.

例 1 如图所示,C 是以 AB 为直径的半圆上一点,再分别以 AC 和 BC 为直径作半圆,若 $AB=5$, $AC=3$,则图中阴影部分的面积是( ).

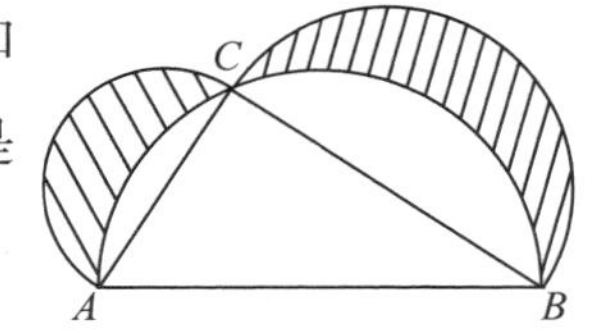

A. 3π B. 4π C. 6π

D. 6 E. 4

【解析】阴影面积计算采用割补法,将阴影面积拆分成三个半圆的面积计算. 由勾股定理知 $BC=\sqrt{5^2-3^2}=4$,则阴影面积为

$$\frac{1}{2}\times\pi\times(1.5)^2+\frac{1}{2}\times\pi\times2^2+\frac{1}{2}\times3\times4-\frac{1}{2}\times\pi\times(2.5)^2=6.$$

【答案】D

基础能力练习题

一、问题求解

1. 若三角形三边长分别为 3，8，$1-2a$，则 a 的取值范围是（　　）.

A. $-6<a<-3$　　B. $-5<a<-2$　　C. $2<a<5$

D. $a<-3$ 或 $a>-2$　　E. 以上结论均不正确

2. 如图所示，小正方形边长为 a，则阴影部分面积为（　　）.

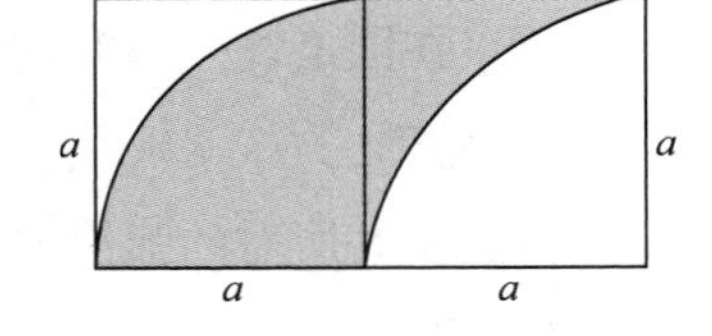

A. a^2　　B. $\frac{3}{4}\pi a^2$　　C. πa^2

D. $\frac{3}{4}\pi a^2-a^2$　　E. $2a^2-\frac{\pi}{4}a^2$

3. 如图所示，若 $AB=AC$，$BG=BH$，$AK=KG$，则 $\angle BAC=$（　　）.

A. 18°　　B. 36°　　C. 45°

D. 72°　　E. 以上结论均不正确

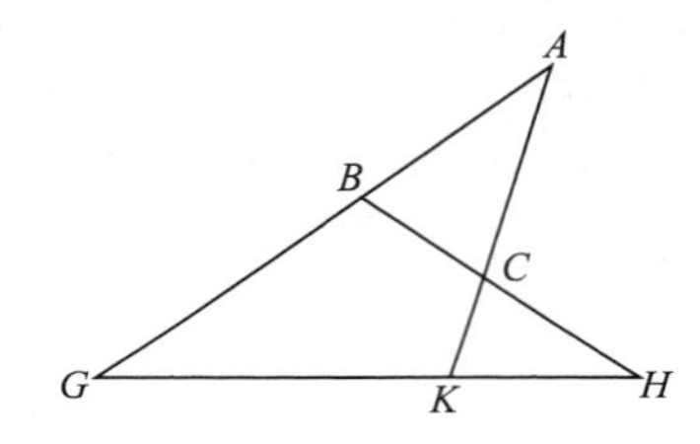

4. 如图所示，一个大正方形和一个小正方形拼成的图形，已知小正方形的边长是 6，阴影部分的面积是 66，则空白部分的面积为（　　）.

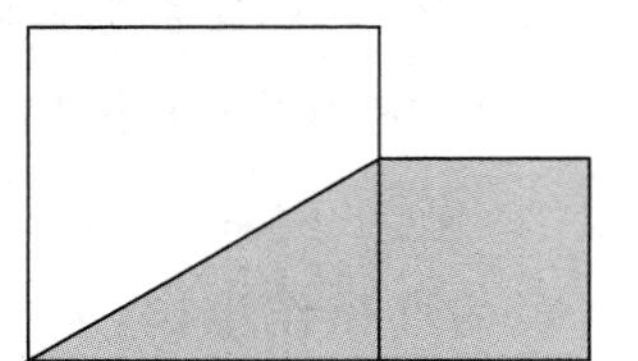

A. 70　　B. 80　　C. 75

D. 85　　E. 60

5. 如图所示，正方形的网格中，$\angle 1+\angle 2=$（　　）.

A. 15°　　B. 30°　　C. 45°

D. 72°　　E. 以上结论均不正确

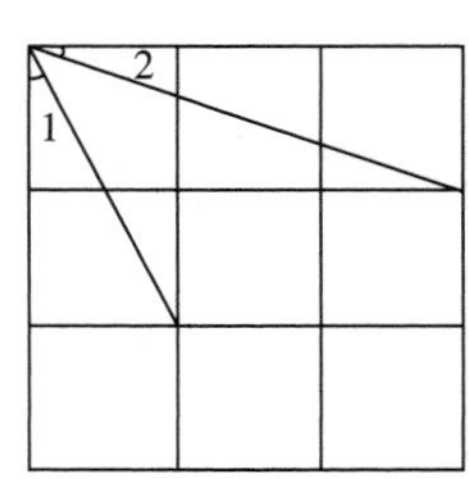

6. 如图所示，已知正方形边长为 x，则图中阴影部分面积为（　　）.

A. $2x^2\left(1-\frac{\pi}{4}\right)$　　B. $x^2\left(\frac{3}{2}-\frac{\pi}{4}\right)$

C. $x^2\left(\frac{1}{2}-\frac{\pi}{8}\right)$　　D. $x^2\left(1-\frac{\pi}{4}\right)$

E. $\frac{1}{2}x^2\left(1-\frac{\pi}{4}\right)$

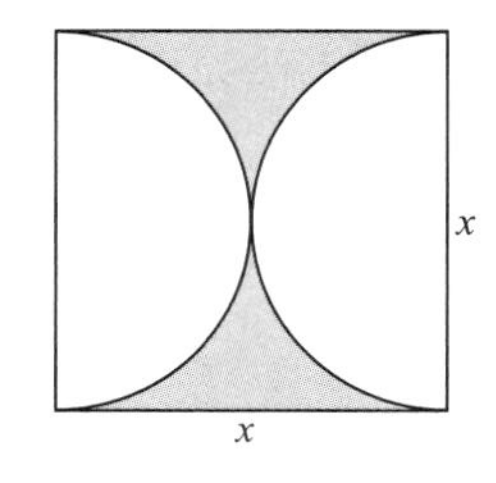

7. 菱形 $ABCD$ 的面积为 24，且对角线长度之比为 3∶4，则菱形 $ABCD$ 的边长为(　　).

A. 3　　B. 4　　C. 5　　D. 6　　E. 7

8. 如图所示，D,E,F 分别是等边三角形 ABC 各边上的点，且 $AD=BE=CF$，则三角形 DEF 的形状是(　　).

A. 等边三角形　　B. 等腰三角形

C. 直角三角形　　D. 等腰直角三角形

E. 无法判断

9. 如图所示，图中大正方形的面积比小正方形的面积多 24，则小正方形的面积为(　　).

A. 30　　B. 35　　C. 45　　D. 25　　E. 40

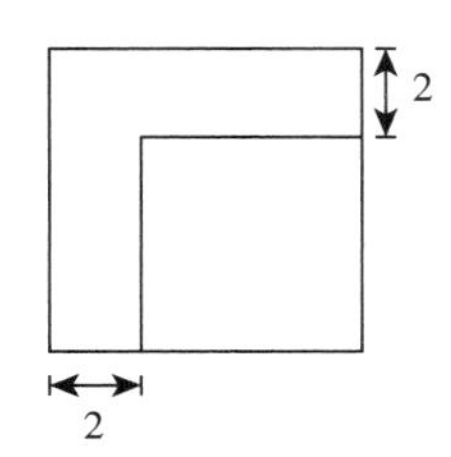

10. 如图所示，已知正方形外接圆 O，且阴影部分的面积为 8，则圆 O 的面积为(　　).

A. 50.24　　B. 30.12　　C. 75.36

D. 66.32　　E. 以上结论均不正确

11. 设计一个商标图案：先作矩形 $ABCD$，使 $AB=2BC$，$AB=8$，再以点 A 为圆心、AD 的长为半径作半圆，交 BA 的延长线于 F，连接 FC. 如图所示，图中阴影部分就是商标图案，则该商标图案的面积等于(　　).

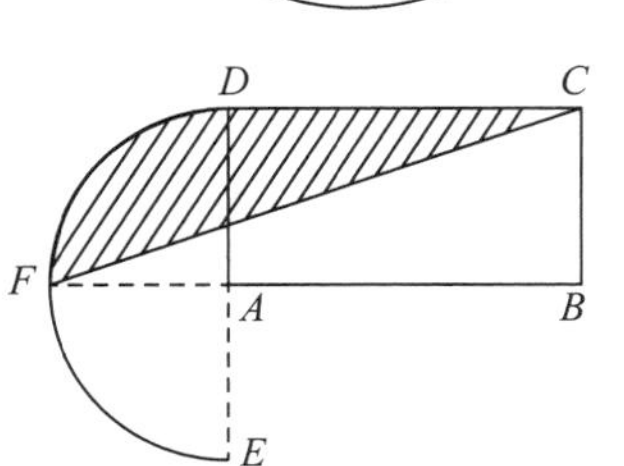

A. $4\pi+8$　　B. $4\pi+16$　　C. $3\pi+8$

D. $3\pi+16$　　E. $5\pi+8$

12. 如图所示，在 8×8 正方形网格纸板上画出四角星，则阴影部分的面积占整个正方形面积的(　　).

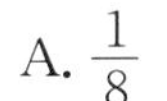

A. $\frac{1}{8}$　　B. $\frac{1}{10}$　　C. $\frac{1}{9}$　　D. $\frac{2}{9}$　　E. $\frac{1}{12}$

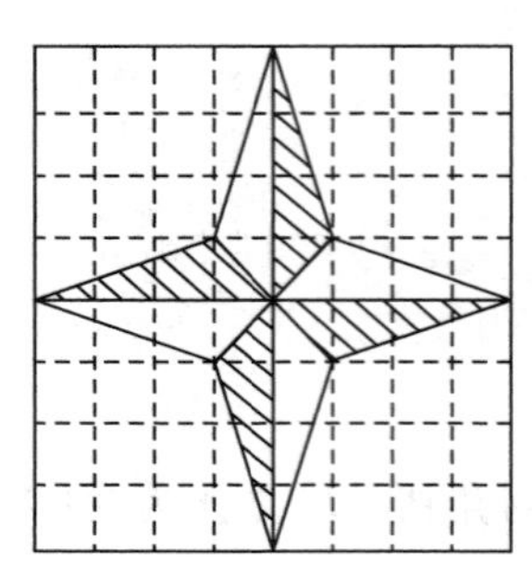

13. 在 Rt△ ABC 中，$\angle C=90^{\circ}$，$\angle A=15^{\circ}$，$BC=1$，则 △ABC 的面积为（　　）.

A. $\sqrt{2}+1$　　B. $\sqrt{2}$　　C. $\frac{\sqrt{3}}{2}+1$　　D. $\sqrt{3}$　　E. 1

14. 已知等腰直角三角形 ABC 和等边三角形 BDC，如图所示，设 △ABC 的周长为 $2\sqrt{2}+4$，则 △BDC 的面积是（　　）.

A. $3\sqrt{2}$　　B. $6\sqrt{2}$　　C. 12　　D. $2\sqrt{3}$　　E. $4\sqrt{3}$

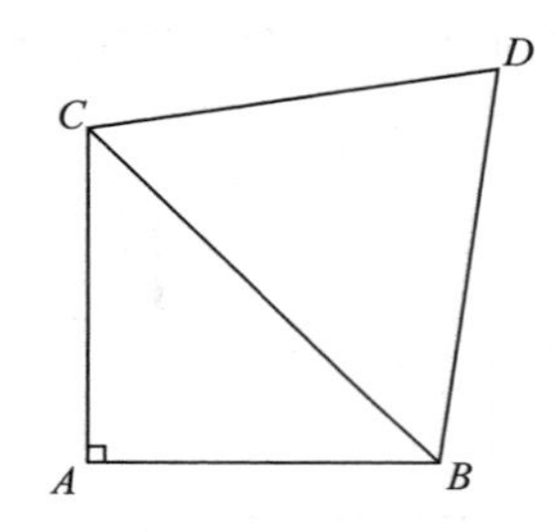

15. 如图所示，在三角形 ABC 中，$AD\perp BC$ 于 D，$BC=10$，$AD=8$，E，F 分别为 AB 和 AC 的中点，那么三角形 EBF 的面积等于（　　）.

A. 6　　B. 7　　C. 8　　D. 9　　E. 10

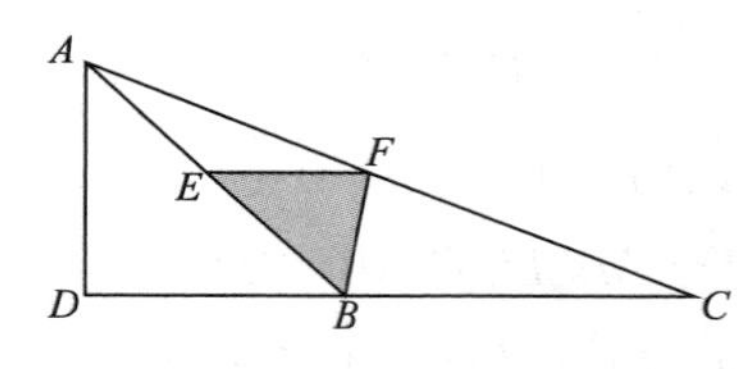

二、条件充分性判断

16. 如图所示，在正方形网格中，将 △ABC 绕点 A 旋转后得到 △ADE.

(1)顺时针旋转 180°.　　(2)逆时针旋转 90°.

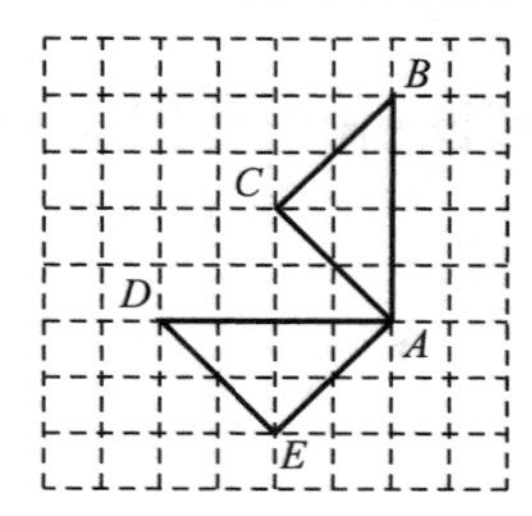

17. 如图所示，$AB//CD$，$\angle A=74°$，则 $\angle E=46°$.

(1) $\angle C=30°$.　　(2) $\angle C=28°$.

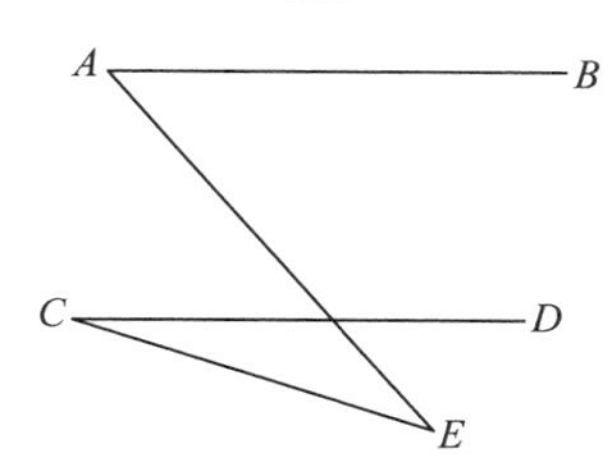

18. $\triangle ABC$ 是等腰三角形.

(1) $\triangle ABC$ 的三边满足 $a^2-2bc=c^2-2ab$.

(2) $\triangle ABC$ 的三个角之比为 $1:1:2$.

19. 如图所示，则可确定 $AB//DF$.

(1) $\angle 2+\angle A=180°$.　　(2) $\angle 1=\angle A$.

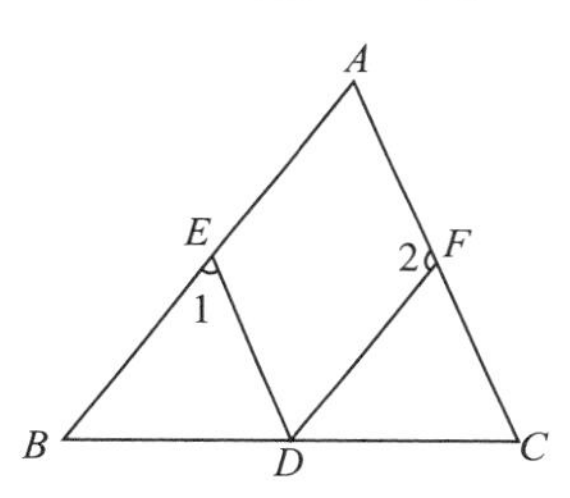

20. 如图所示，已知正方形 $ABCD$ 的边长是 1，P 是 CD 边的中点，点 Q 在线段 BC 上，则三角形 ADP 与三角形 QCP 相似.

(1) $BQ=0$.　　(2) $BQ=\frac{3}{4}$.

21. 三角形 ABC 的面积保持不变.

(1)底边 AB 增加 2 厘米，AB 上的高 h 减少 2 厘米.

(2)底边 AB 扩大 1 倍，AB 上的高 h 减少 50%.

22. 如图所示，在 $\triangle ABC$ 中，$DE//AC$，若 $\triangle ABC$ 的面积为 18，则 $\triangle ADE$ 的面积为 4.

(1) $CE:EB=1:2$.　　(2) E，D 分别为 BC，AB 的中点.

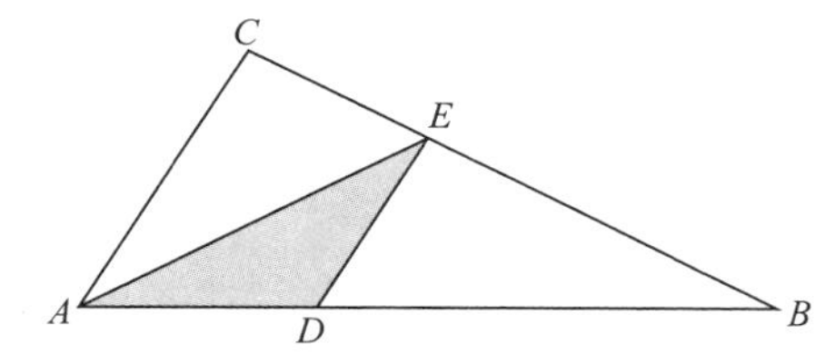

23. 三角形的三边长分别为 a，b，c，则其外接圆与内切圆面积之比为 4.

(1)三角形为等边三角形.　　(2) $a^3+b^3+c^3=3abc$.

24. 如图所示，矩形被四条线分割成若干块，已知其中三块的面积（两个三角形，一个四边形）分别是 8，7，15，则能确定阴影部分的面积.

（1）已知整个矩形的面积是 45.　　（2）已知整个矩形的面积是 55.

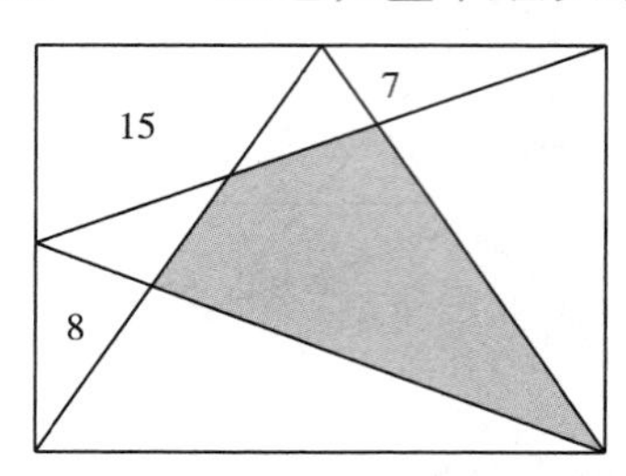

25. 已知圆 O 的半径为 10 厘米，当其半径增加 x 厘米后，则其面积增加约 $20\pi x$ 平方厘米.

（1）$x=3$.　　（2）$x=0.01$.

基础能力练习题解析

一、问题求解

1.【答案】B

【解析】$8-3<1-2a<8+3\Rightarrow -5<a<-2$，故选 B.

2.【答案】A

【解析】由题图可知阴影部分面积实际上是一个正方形（边长为 a）的面积，即 a^2，故选 A.

3.【答案】B

【解析】如图所示，因为 $AB=AC$，$BG=BH$，$AK=KG$，所以有 $\angle 1=\angle 2$，$\angle G=\angle H$，$\angle A=\angle G\Rightarrow\angle A=\angle H$，又因为 $\angle 1=\angle G+\angle H=2\angle A=\angle 2$，$\angle 1+\angle 2+\angle A=180^\circ$，所以 $5\angle A=180^\circ\Rightarrow\angle A=36^\circ$，故选 B.

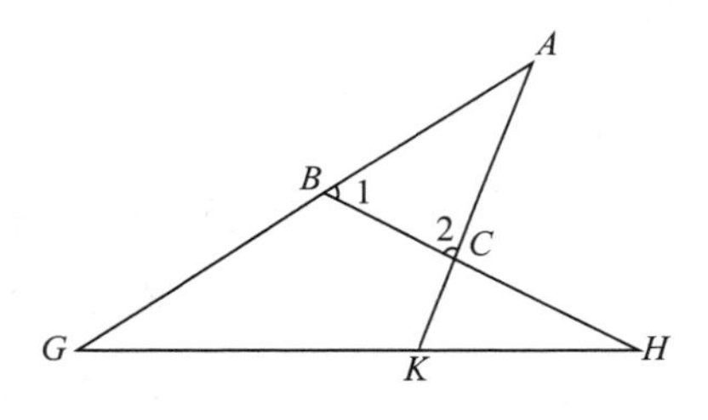

4.【答案】A

【解析】先求出大正方形的边长，$(66-6\times 6)\times 2\div 6=10$，则空白部分面积为 $10\times 10-10\times 6\div 2=70$. 所以选 A.

5.【答案】C

【解析】如图所示，连接 BC，因为 $AM=CN$，$\angle AMC=\angle CNB=90^\circ$，$MC=NB$，所以 $\triangle AMC\cong\triangle CNB\Rightarrow AC=BC$，$\angle 1=\angle 4$，又 $\angle 1+\angle 3=90^\circ$，所以 $\angle 4+\angle 3=90^\circ$，即 $\angle ACB=180^\circ-(\angle 4+\angle 3)=90^\circ$，$\triangle ABC$ 为等腰直角三角形，则 $\angle BAC=45^\circ$，所以

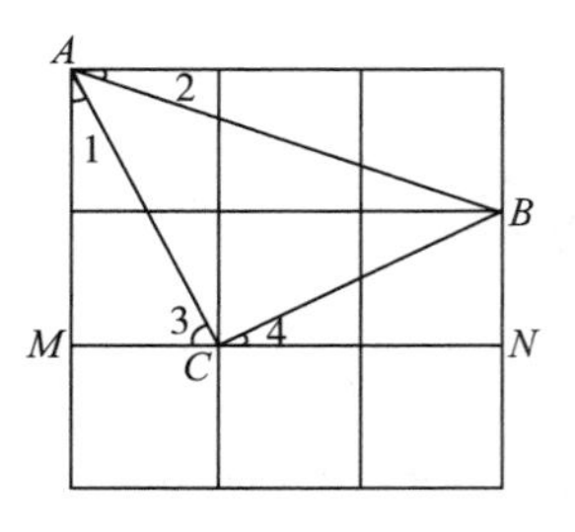

$$\angle 1+\angle 2=90^\circ-\angle BAC=45^\circ.$$

6.【答案】D

【解析】阴影面积＝正方形面积－两个半圆面积，即 $x^2-\pi\left(\frac{1}{2}x\right)^2=x^2\left(1-\frac{1}{4}\pi\right)$，故选 D.

7.【答案】C

【解析】菱形的面积为 24，对角线长之比为 3 ∶ 4，设对角线长为 $3x$，$4x$，则 $\frac{1}{2}\cdot 3x\cdot 4x=24\Rightarrow x=2$，因为菱形对角线互相垂直且平分，所以 $AB=\sqrt{3^2+4^2}=5$.

8.【答案】A

【解析】因为 $\triangle ABC$ 为等边三角形，且 $AD=BE=CF$，所以 $AF=BD=CE$. 又因为 $\angle A=\angle B=\angle C=60^\circ$，所以 $\triangle ADF\cong\triangle BED\cong\triangle CFE$，则有 $DF=ED=FE$，因此 $\triangle DEF$ 是一个等边三角形.

9.【答案】D

【解析】设小正方形边长为 x，则有 $2x+2x+4=24$，解得 $x=5$，所以小正方形的面积为 $5\times 5=25$. 故选 D.

10.【答案】A

【解析】设圆的半径为 r，则阴影部分三角形的面积为 $r^2\div 2=8$，可得 $r^2=8\times 2$，故圆的面积为 $\pi r^2=8\times 2\times 3.14=50.24$.

11.【答案】A

【解析】由题设条件，再结合图形可知，阴影部分的面积为矩形 $ABCD$ 的面积与四分之一圆的面积之和再减去三角形 FBC 的面积，即 $8\times 4+\frac{1}{4}\times\pi\times 16-\frac{1}{2}\times 4\times 12=4\pi+8$，故选 A.

12.【答案】A

【解析】由题图可知，阴影部分刚好占了 8 个小方格，而共有 64 个小方格，所以比值为 $\frac{1}{8}$.

13.【答案】C

【解析】如图所示，$AD=DB=2$，$DC=\sqrt{3}$，则 $\triangle ABC$ 的面积为

$$S=\frac{1}{2}\times(AD+DC)\times BC=\frac{1}{2}\times(2+\sqrt{3})\times 1=1+\frac{\sqrt{3}}{2}.$$

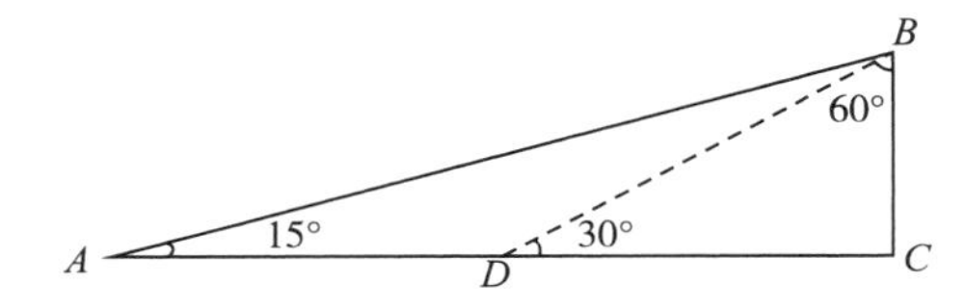

14.【答案】D

【解析】根据勾股定理可得 $BC=2\sqrt{2}$，也可计算等边三角形 BDC 的高为 $\sqrt{6}$，则 $\triangle BDC$ 的面

积为 $\frac{1}{2}\times 2\sqrt{2}\times\sqrt{6}=2\sqrt{3}$.

15.**【答案】**E

【解析】如图所示，过 E 作 $EG\perp DC$ 于 G，在三角形 ABD 中 EG 为中位线，故 $EG=4$. 同理 $EF=5$，所以三角形 EBF 的面积等于 10.

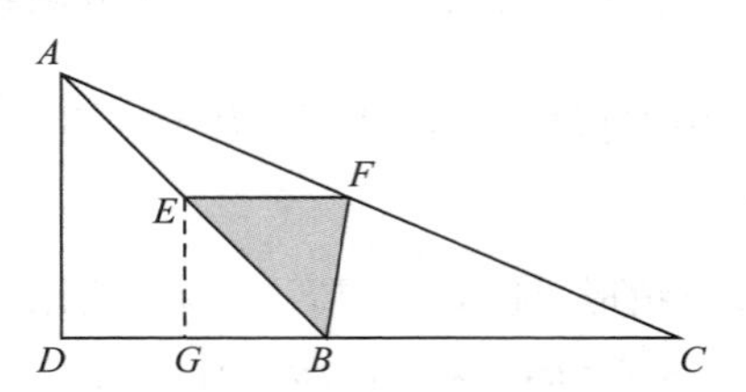

二、条件充分性判断

16.**【答案】**B

【解析】条件(1)，顺时针转 180°后，$AB\perp AD$，不重合，故其不充分；条件(2)，逆时针转 90°后，AB 与 AD 重合，AC 与 AE 重合，BC 与 DE 重合，充分，故选 B.

17.**【答案】**B

【解析】利用内错角的关系可以知道，$74°-46°=28°$，所以选 B.

18.**【答案】**D

【解析】条件(1)，等式可变形为

$$a^2-2bc-c^2+2ab=0\Rightarrow(a^2-c^2)+(2ab-2bc)=0,$$

整理得 $(a-c)(a+c+2b)=0$，因为 a,b,c 为三角形的三边，所以 $a+c+2b>0$，故 $a-c=0$，即 $a=c$，$\triangle ABC$ 为等腰三角形，充分；

条件(2)，三角形内角和 $180°=x+x+2x\Rightarrow x=45°$，三角形三个角分别为 45°，45°，90°，即 $\triangle ABC$ 为等腰直角三角形，充分，故选 D.

19.**【答案】**A

【解析】条件(1)，同旁内角互补，两直线平行，$AB/\!/DF$，充分；

条件(2)，同位角相等，两直线平行，$AC/\!/DE$，不充分，所以选 A.

20.**【答案】**D

【解析】当 $\triangle ADP\backsim\triangle QCP$ 时，有 $\frac{AD}{QC}=\frac{DP}{CP}$，所以 $BQ=0$. 当 $\triangle ADP\backsim\triangle PCQ$ 时，有 $\frac{AD}{PC}=\frac{DP}{CQ}$，所以 $BQ=\frac{3}{4}$，故条件(1)与条件(2)均充分.

21.**【答案】**B

【解析】条件(1)，$S=\frac{1}{2}AB\times h\neq\frac{1}{2}(AB+2)\times(h-2)$，不充分.

条件(2)，$S=\frac{1}{2}\times(2\times AB)\times h(1-0.5)=\frac{1}{2}AB\times h$，充分，所以选 B.

22.【答案】A

【解析】条件(1)，$\triangle AEB$ 与 $\triangle ACE$ 高相同，$\frac{S_{\triangle ACE}}{S_{\triangle AEB}}=\frac{CE}{BE}=\frac{1}{2}$，$S_{\triangle AEB}=\frac{2}{3}S_{\triangle ABC}$，$\triangle AED$ 与 $\triangle DBE$ 高相同，$\frac{S_{\triangle AED}}{S_{\triangle EDB}}=\frac{AD}{DB}=\frac{1}{2}$，$S_{\triangle AED}=\frac{1}{3}S_{\triangle AEB}=\frac{1}{3}\cdot\frac{2}{3}S_{\triangle ABC}=\frac{2}{9}S_{\triangle ABC}=4$，故条件(1)充分.

同理，通过条件(2)求得 $\triangle ADE$ 的面积为 $\frac{9}{2}$，故条件(2)不充分.

23.【答案】D

【解析】若 $a=b=c$，根据重心定理(重心分中线为 2∶1 两部分)，可知三角形外接圆与内切圆半径之比为 2∶1，故其面积比为 4∶1，条件(1)充分；

条件(2)变形后得到 $(a+b+c)(a^2+b^2+c^2-ab-ac-bc)=0$，又 $a+b+c\neq0$，故 $a^2+b^2+c^2-ab-ac-bc=(a-b)^2+(b-c)^2+(c-a)^2=0$，得 $a=b=c$，也充分.

24.【答案】D

【解析】分别对这几部分做标注，如图所示：

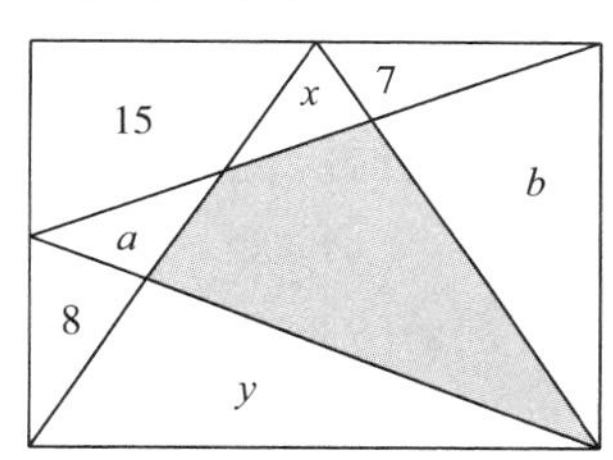

不难看出：$a+b+S_{阴影}=\frac{1}{2}S_{矩形}=15+7+x+8+y=x+y+S_{阴影}$，故阴影面积为 $15+7+8=30$，无须知道矩形的面积，故两条件均充分.

25.【答案】B

【解析】如图所示，当 x 很小时，增加的面积(圆环面积)可以近似看成矩形(长为圆周长，宽为 x)，故条件(2)充分；当 x 没有充分小的前提下，圆环面积需用大圆面积减小圆面积.

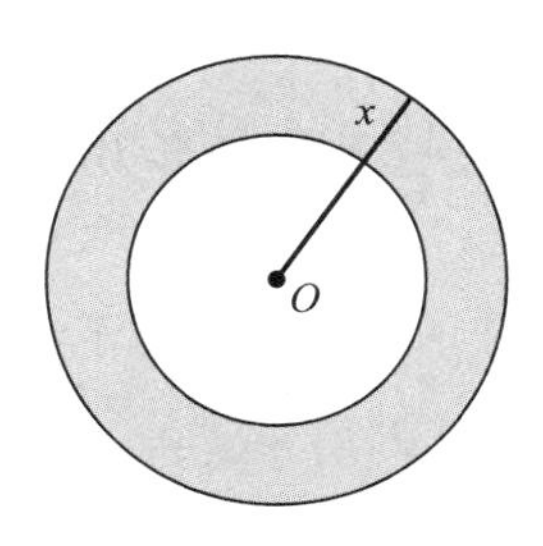

强化能力练习题

一、问题求解

1. 如图所示，点 D 为 $\triangle ABC$ 的边 BC 的三等分点，则两个三角形的面积比 $S_{\triangle ABD}:S_{\triangle ACD}=$ (　　).

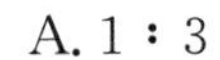

A. 1∶3　　B. 1∶9　　C. 1∶2　　D. 1∶4　　E. 3∶1

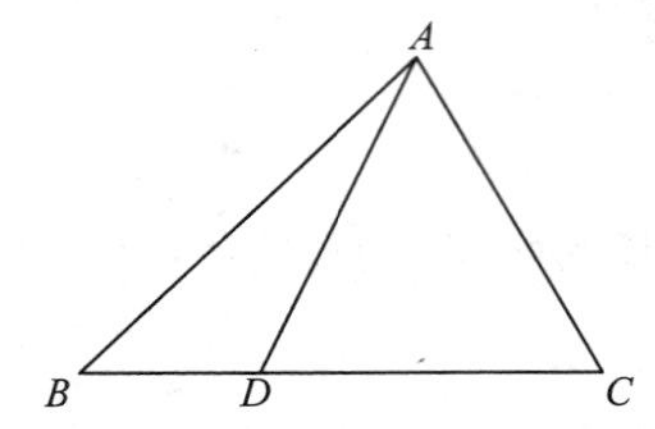

2. 如图所示，一个长方形被两条直线分成四个长方形，其中三个的面积分别是 12 平方厘米，8 平方厘米，20 平方厘米，则整个长方形的面积为(　　)平方厘米.

A. 90　　B. 80　　C. 75　　D. 85　　E. 70

8	12
20	

3. 如图所示，把 $\mathrm{Rt}\triangle ABC$（$\angle C=90^\circ$）折叠，使 A，B 两点重合，得到折痕 ED，再沿 BE 折叠，C 点恰好与 D 点重合，则 $CE:AE=$ (　　).

A. 1∶3　　B. 1∶2　　C. 2∶3　　D. 3∶4　　E. 1∶4

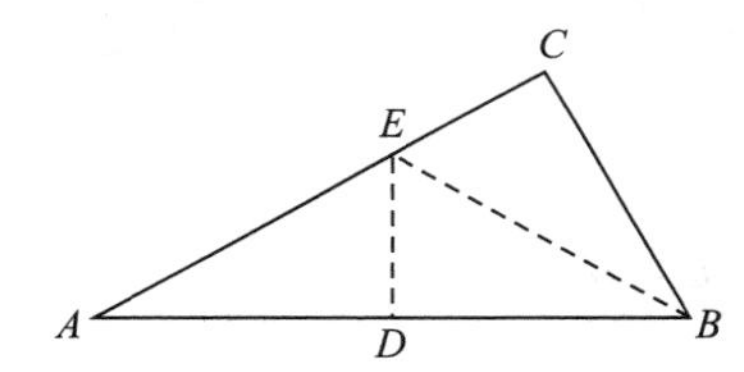

4. 如图所示，正方形 $ABCD$ 边长为 1，点 G 在边 CD 上，四边形 $CEFG$ 也是正方形，CG 长为 $\frac{e}{4}$，则三角形 BDF 的面积是(　　).

A. $\frac{1}{2}$　　B. $\frac{1}{3}$　　C. $\frac{\pi}{8}$　　D. $\frac{\pi}{10}$　　E. $\frac{e}{4}$

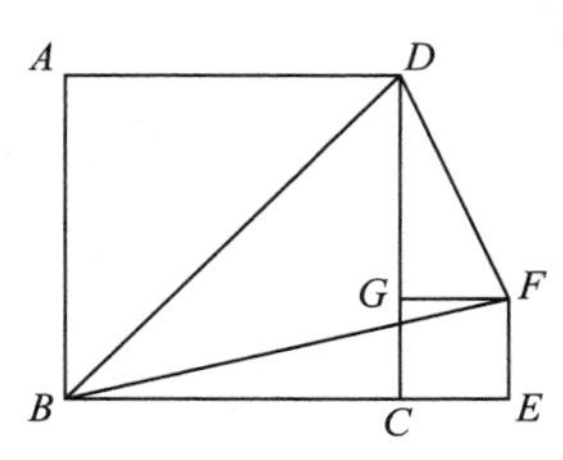

5. 如图所示，四边形 $ABCD$ 两条对角线将四边形分成 4 个三角形，它们的面积分别为 S_1，S_2，S_3，S_4，则下列说法正确的是（　　）.

A. 只有当四边形是正方形时，才有 $S_1 \times S_4 = S_2 \times S_3$

B. 只有当四边形是菱形时，才有 $S_1 \times S_4 = S_2 \times S_3$

C. 只有当四边形是梯形时，才有 $S_1 \times S_4 = S_2 \times S_3$

D. 只有当四边形是平行四边形时，才有 $S_1 \times S_4 = S_2 \times S_3$

E. 对于任意的四边形都有结论：$S_1 \times S_4 = S_2 \times S_3$

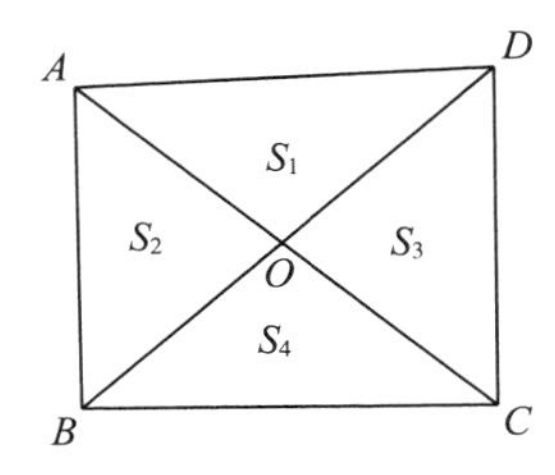

6. 如图所示，一块面积为 400 平方米的正方形土地被分割成甲、乙、丙、丁四个小长方形区域作为不同的功能区域，它们的面积分别为 128 平方米，192 平方米，48 平方米和 32 平方米. 乙的左下角划出一块正方形区域（阴影）作为公共区域，则这块小正方形的面积为（　　）平方米.

A. 16　　B. 17　　C. 18　　D. 19　　E. 20

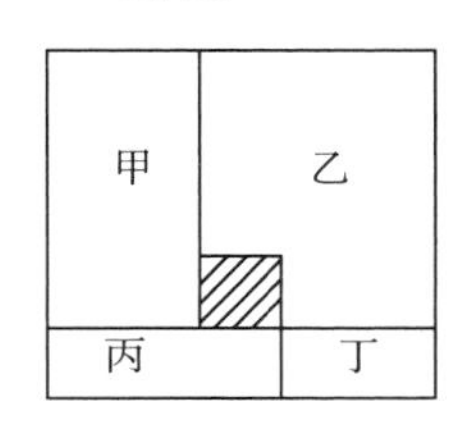

7. 如图所示，在等腰直角三角形 ABC 中，直角边 $AB=6$，点 E 为腰 AC 的中点，点 F 在底边 BC 上，且 $EF \perp BE$，则 $\triangle CEF$ 的面积是（　　）.

A. 1.6　　B. 1　　C. 1.2　　D. 1.4　　E. 1.5

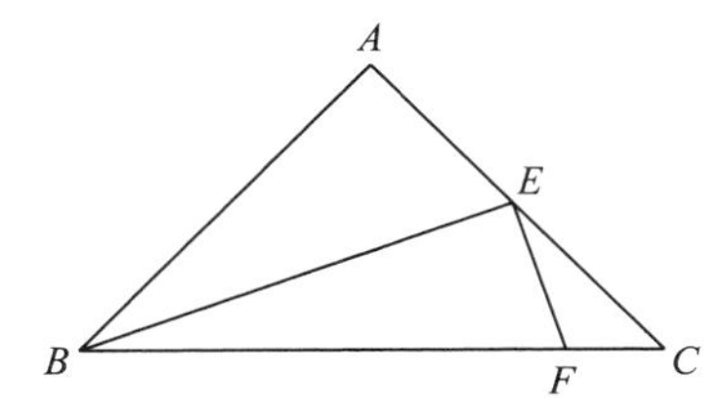

8. 如图所示，正方形边长为 $2a$，那么图中阴影部分的面积为（　　）.

A. $\frac{1}{6}\pi a^2$　　B. $4-\frac{1}{4}\pi a^2$　　C. $4-\frac{1}{2}\pi a^2$　　D. $\frac{1}{2}\pi a^2$　　E. $\frac{1}{4}\pi a^2$

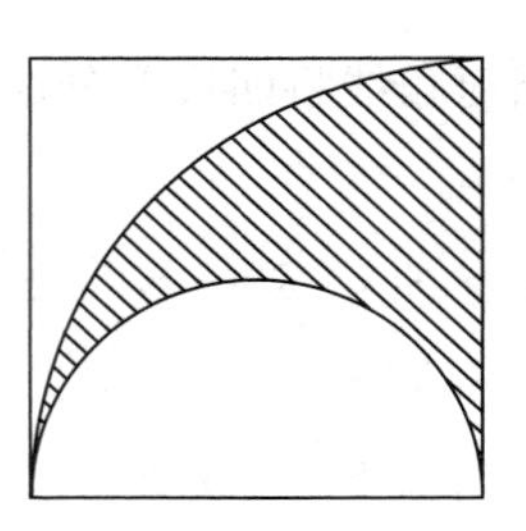

9. 如图所示，长方形 $ABCD$ 由 4 个等腰直角三角形和一个正方形 $EFGH$ 构成，若长方形 $ABCD$ 的面积为 S，则正方形 $EFGH$ 的面积为（　　）.

A. $\frac{S}{8}$　　B. $\frac{S}{10}$　　C. $\frac{S}{12}$　　D. $\frac{S}{14}$　　E. $\frac{S}{16}$

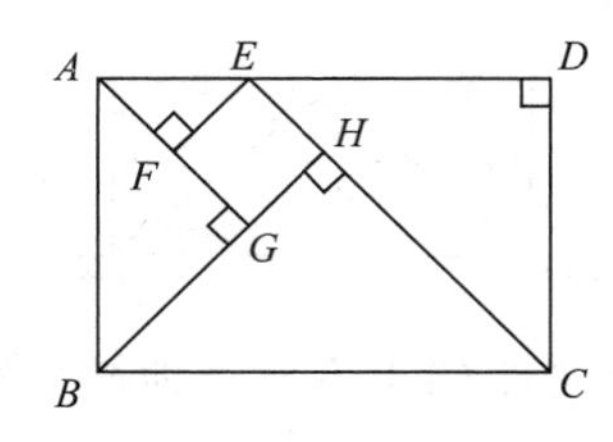

10. 如图所示，三个圆的半径均为 3，则阴影部分面积为（　　）.

A. $\frac{9(\pi-\sqrt{3})}{2}$　　B. $\frac{5(\pi-\sqrt{3})}{2}$　　C. $\frac{9(\pi-\sqrt{3})}{4}$　　D. $\frac{9(3\sqrt{3}-\pi)}{4}$　　E. $\frac{9(3\sqrt{3}-\pi)}{2}$

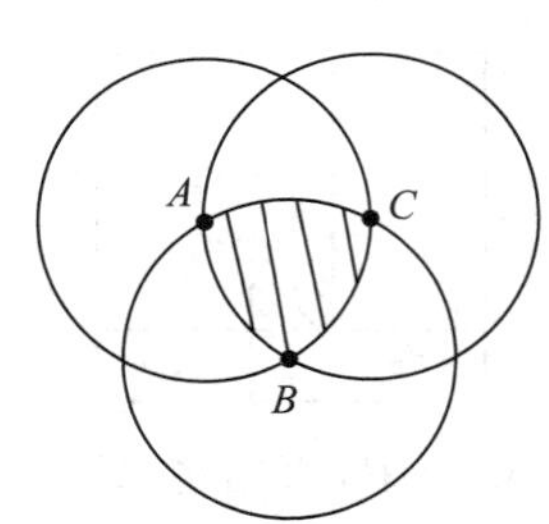

11. 如图所示，半圆的直径 $AB=10$，P 为 AB 上一点，点 C，D 为半圆的三等分点，则阴影部分的面积等于（　　）.

A. $\frac{25\pi}{6}$　　B. $\frac{25\pi}{3}$　　C. $\frac{25\pi}{4}$　　D. 5π　　E. $\frac{25\pi}{4}+3$

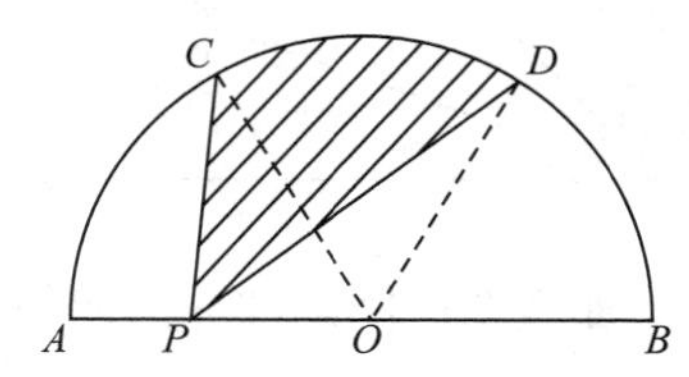

12. 直角三角形一条边长为 12，另两条边长为自然数，则其周长为（　　）.

A. 48　　B. 36　　C. 36 或 48

D. 30　　E. 以上结论均不正确

13. 如图所示，正方形 $ABCD$ 面积为 1，E 和 F 分别是 AB 和 BC 的中点，则图中阴影部分的面积为（　　）.

A. $\frac{1}{2}$　　B. $\frac{2}{3}$　　C. $\frac{3}{4}$　　D. $\frac{3}{5}$　　E. $\frac{5}{6}$

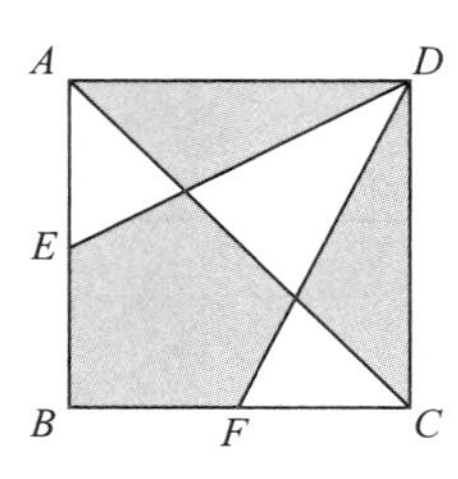

14. 周长相同的圆、正方形和正三角形的面积分别为 a,b,c，则（　　）.

A. $a>b>c$　　B. $b>c>a$　　C. $c>a>b$　　D. $a>c>b$　　E. $b>a>c$

15. 已知三角形的三边 a,b,c 满足等式 $a^3+b^3+c^3=3abc$，则这个三角形的外接圆面积与内切圆面积之比为（　　）.

A. 2　　B. 3　　C. 4　　D. 6　　E. 8

二、条件充分性判断

16. 如图所示，把△ABC 沿 BD 折叠，且点 A 落在边 BC 上的点 E 处. 则∠EDC=45°.

(1) △ABC 中 $AB=\sqrt{2}$，$AC=\sqrt{2}$，$BC=2$.

(2) △ABC 为等腰直角三角形.

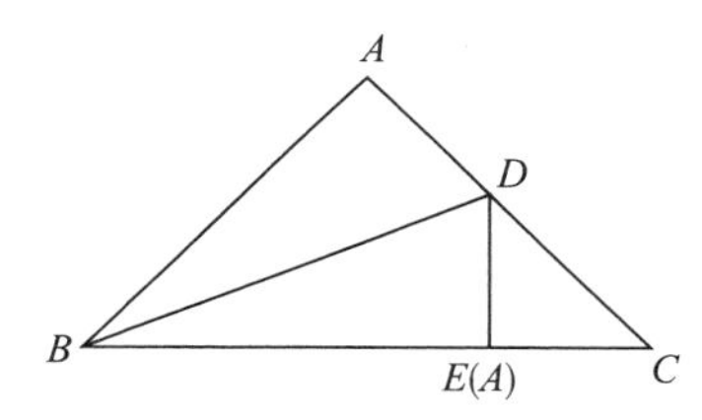

17. 凸四边形的面积等于其两条对角线长乘积的一半.

(1)该四边形是菱形.　　(2)该四边形的对角线互相垂直.

18. △ABC 是等边三角形，则△ABC 的面积是 100.

(1) △ABC 的周长是 50.　　(2) △ABC 的内切圆半径是 4.

19. 如图所示，△ABC 的周长为 30 cm，把△ABC 的边 AC 对折，使顶点 C 和点 A 重合，折痕交 BC 边于点 D，交 AC 边于点 E，连接 AD，则△ABD 的周长是 22 cm.

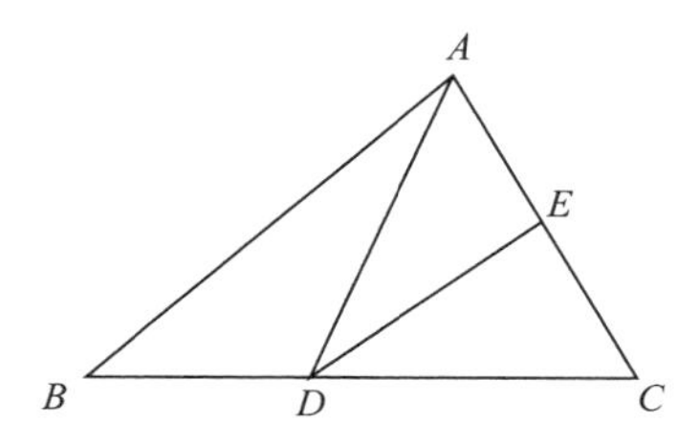

(1)$AE=4$ cm.　　(2)$AD=5$ cm.

20. 如图所示，AB 是直径，CD 垂直于 AB，则 CD 长度是 2.

(1) $AO=2.5$.　　(2) $AC=1$.

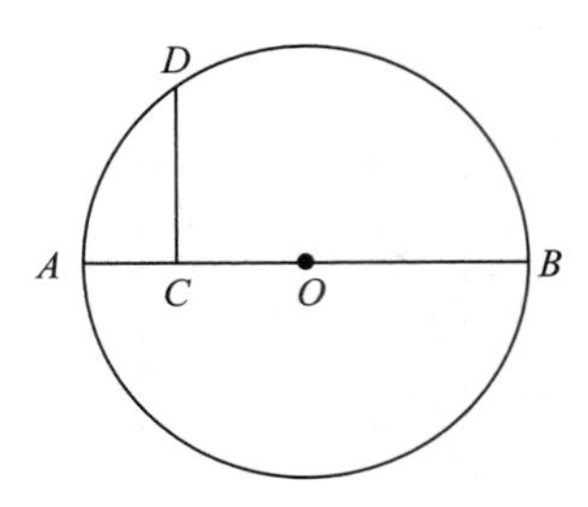

21. 如图所示，长方形 $ABCD$ 的长与宽分别为 $2a$ 和 a，将其以顶点 A 为中心顺时针旋转 $60°$，则四边形 $AECD$ 的面积为 $24-2\sqrt{3}$.

(1) $a=2\sqrt{3}$.　　(2) $\triangle AB'B$ 的面积为 $3\sqrt{3}$.

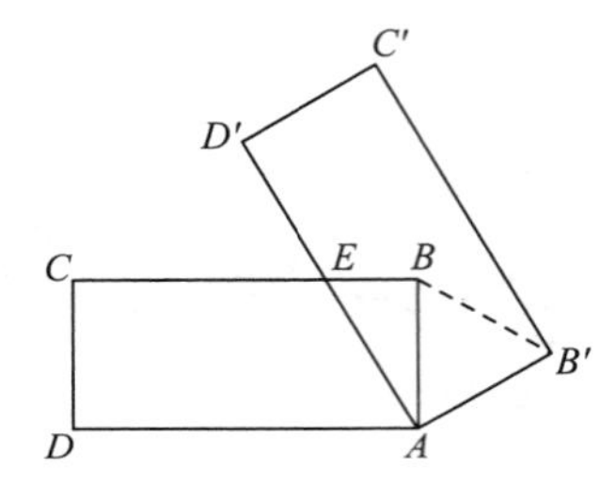

22. 如图所示，$\triangle BDF$ 的面积是 1，则 $\triangle ABC$ 的面积是 21.

(1) $\frac{BD}{CD}=\frac{1}{2}$.　　(2) $\frac{CE}{AE}=\frac{1}{2}$.

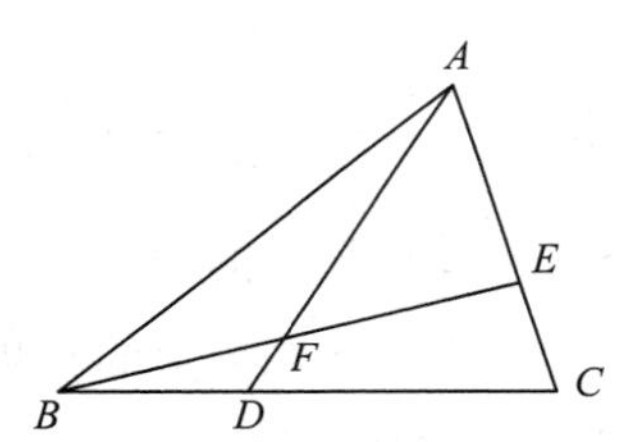

23. 如图所示，矩形 $ABCD$ 面积为 6，$BE=DF$，则三角形 BEC 的面积为 1.

(1) $BE:EA=1:2$.　　(2) $AB=3$，$CE=\sqrt{5}$.

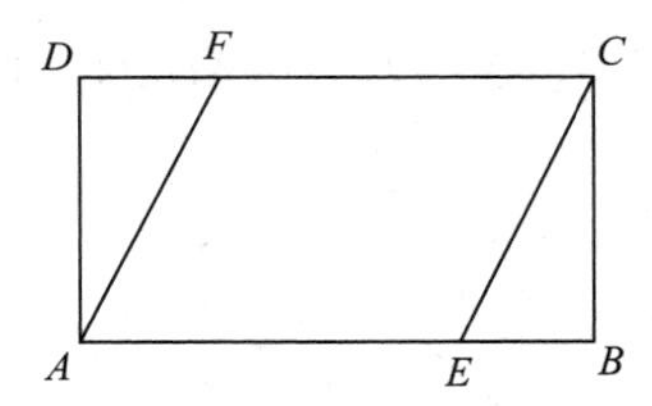

24. 如图所示，平行四边形 $ABCD$ 的面积为 1，则阴影部分面积为 $\frac{1}{3}$.

(1) $CF=FD$.　　　　(2) $CF=2FD$.

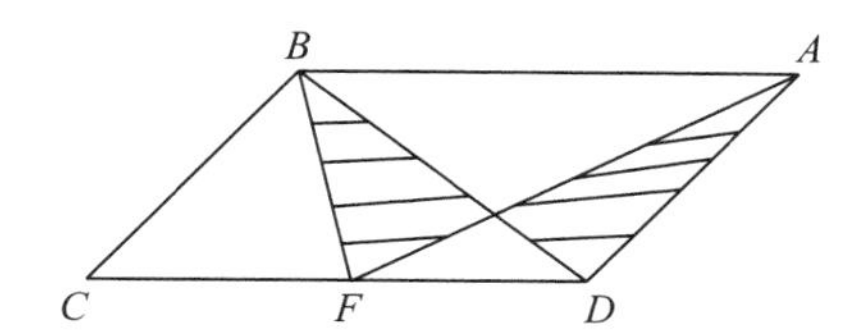

25. 已知在梯形 $ABCD$ 中，$AB//CD$，$AB=6$，$BC=3$，则梯形 $ABCD$ 的面积是 $\frac{54}{5}$.

(1) $CD=1$.　　　　(2) $AD=4$.

强化能力练习题解析

一、问题求解

1.【答案】C

【解析】两三角形有相同的高，故面积比等于对应底边之比，即

$$S_{\triangle ABD}:S_{\triangle ACD}=BD:CD=1:2.$$

2.【答案】E

【解析】$12\times20\div8+12+20+8=70$(平方厘米)，所以选 E.

3.【答案】B

【解析】A 与 B 重合，则 $AD=BD$，D 与 C 重合，则 $BD=BC$，$DE=CE$，所以 $BC:AB=1:2$，因为 $\triangle ADE\backsim\triangle ACB$，所以 $\frac{DE}{CB}=\frac{AE}{AB}\Rightarrow\frac{DE}{AE}=\frac{CB}{AB}=\frac{1}{2}$，所以 $CE:AE=1:2$.

4.【答案】A

【解析】连接 CF，CF 与 BD 平行，那么 $S_{\triangle BFD}=S_{\triangle BCD}=\frac{1}{2}$，选 A.

5.【答案】E

【解析】对于任意四边形，都有 $\frac{S_1}{S_2}=\frac{OD}{OB}=\frac{S_3}{S_4}$，故 $S_1\times S_4=S_2\times S_3$，选 E.

6.【答案】A

【解析】因为大正方形的边长是 20 米，丙＋丁的面积是 80 平方米，所以丙的宽是 4 米，丙的长是 12 米，所以甲的长是 16 米，甲的宽是 8 米，所以小正方形(阴影)的边长＝丙长－甲宽＝12－8＝4(米)，故面积是 16 平方米.

7.【答案】E

【解析】过点 F 作 $FD\perp AC$，垂足为 D，$\angle AEB=\angle C+\angle EBC=45^\circ+\angle EBC$，$\angle DFE=180^\circ-\angle DFC-\angle EFB=135^\circ-\angle EFB=135^\circ-(90^\circ-\angle EBC)=45^\circ+\angle EBC=\angle AEB$，

所以 $\triangle ABE \backsim \triangle DEF$. 设 CD 长为 x，$\frac{AB}{DE}=\frac{AE}{DF}$，即 $\frac{6}{3-x}=\frac{3}{x}$，解得 $x=1$，则 $S_{\triangle CFE}=\frac{1}{2}CE \cdot FD=1.5$，选 E.

8.【答案】D

【解析】阴影部分为一个扇形减去半圆，扇形半径为 $2a$，半圆半径为 a. 故阴影部分的面积为 $\frac{1}{4}\pi\times(2a)^2-\frac{1}{2}\pi a^2=\frac{1}{2}\pi a^2$.

9.【答案】C

【解析】设正方形面积为 1，则其边长为 1，$AF=EF=1$，$AG=2$，$AB=2\sqrt{2}$，$BH=BG+GH=3$，$BC=3\sqrt{2}$，故矩形 $ABCD$ 面积为 $AB\times BC=12$，则正方形面积占矩形面积的 $\frac{1}{12}$.

10.【答案】A

【解析】连接 A，B，C 三点，阴影面积为边长为 3 的等边三角形面积与三个弓形面积之和，求出弓形面积是关键. 弓形面积为 60 度角扇形面积减去等边三角形的面积，所以 $S_{弓}=S_{扇}-S_{三角形}=\frac{1}{6}\times9\times\pi-\frac{9\sqrt{3}}{4}=\frac{6\pi-9\sqrt{3}}{4}$，则进一步得到 $S_{阴}=S_{三角形}+3S_{弓}=\frac{9(\pi-\sqrt{3})}{2}$，选 A.

11.【答案】A

【解析】三角形 PCD 的面积等于三角形 CDO 的面积，因此阴影面积就是扇形 COD 的面积，即 $\frac{25\pi}{6}$，选 A.

12.【答案】E

【解析】有两组常用勾股数：3，4，5；5，12，13.

12 既是 3 的倍数又是 4 的倍数，因此该直角三角形三边长可以是 12，16，20，也可以是 9，12，15，两种三角形的周长分别是 48 和 36，直角三角形三边长还可以是 5，12，13，因此周长还有可能是 30，选项 A，B，C，D 均不全面，选 E.

13.【答案】B

【解析】如图所示，连接对角线 BD，O 为 BD 的中点，可知 G 为三角形 ABD 的重心，阴影部分占了 $\frac{2}{3}$，故全部阴影占正方形面积的 $\frac{2}{3}$.

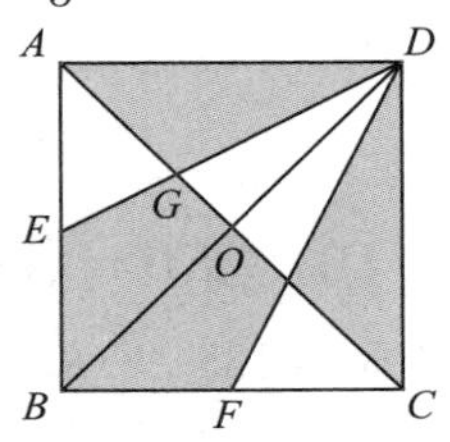

14.【答案】A

【解析】设周长均为 $3l$，三角形的面积为 $c=\frac{\sqrt{3}}{4}l^2$，正方形的面积为 $b=\left(\frac{3}{4}l\right)^2=\frac{9}{16}l^2$，圆的面积为 $a=\pi\left(\frac{3l}{2\pi}\right)^2=\frac{9l^2}{4\pi}$，由此可知 $a>b>c$.

15.【答案】C

【解析】$a^3+b^3+c^3=3abc$，则 $(a+b+c)(a^2+b^2+c^2-ab-bc-ca)=0$，那么只能是 $a^2+b^2+c^2-ab-bc-ca=0$，即 $(a^2-2ab+b^2)+(a^2-2ac+c^2)+(b^2-2bc+c^2)=0$，即 $(a-b)^2=(b-c)^2=(c-a)^2=0$，知 $a=b=c$，三角形为等边三角形，其外接圆半径为内切圆半径的 2 倍，故面积为 4 倍.

二、条件充分性判断

16.【答案】D

【解析】条件(1)，$(\sqrt{2})^2+(\sqrt{2})^2=2^2$，所以 $\triangle ABC$ 为等腰直角三角形，$DE\perp BC$，$\angle ACB=45°$，则 $\angle EDC=45°$，充分.

条件(2)，$\triangle ABC$ 为等腰直角三角形，所以 $\angle DCE=45°$，因为 $DE\perp BC$，$\angle EDC=45°$，充分，故选 D.

17.【答案】D

【解析】对于任意一个对角线互相垂直的四边形，其面积都可以用其两条对角线长乘积的一半来表示. 如图所示，四边形 $ABCD$ 两条对角线 AC 与 BD 互相垂直，垂足为 O，则 $S_{\text{四边形}ABCD}=S_{\triangle ABD}+S_{\triangle BCD}=\frac{1}{2}BD\times AO+\frac{1}{2}BD\times CO=\frac{1}{2}BD\times(AO+CO)=\frac{1}{2}BD\times AC$，故条件(2)充分，菱形的对角线互相垂直，故条件(1)也充分，选 D.

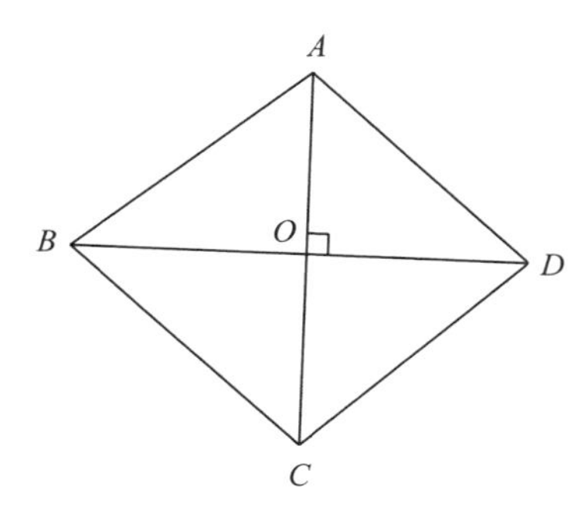

18.【答案】E

【解析】条件(1)，等边 $\triangle ABC$ 周长是 50，那么边长为 50/3，面积显然不是 100，不充分；

条件(2)，内切圆半径是 4，则边长是 $8\sqrt{3}$，面积显然也不是 100，也不充分. 考虑联合，两条件矛盾，不可能联合，选 E.

19.【答案】A

【解析】由题干可知 $CE=AE$，$DC=DA$，条件(1)，$AE=4$，则 $CE=4$，$AC=8$，$AB+BC=22$，因为 $DC=DA$，所以 $AB+BD+DA=22$，充分. 条件(2)，$AD=5$，则 $DC=5$，无法推出其他关系，不充分. 故选 A.

20.【答案】C

【解析】条件(1)和条件(2)显然单独都不充分，考虑联合，连接 AD，DB 可得 $\angle ADB=90^o$. 利用射影定理可得 $CD^2=AC\cdot BC=4\Rightarrow CD=2$.

21.【答案】D

【解析】条件(2)，$\triangle AB'B$ 的面积为 $3\sqrt{3}$，即可得到 $a=2\sqrt{3}$，故两条件为等价条件. 因为 $\angle EAB=30°$，$\frac{EB}{AB}=\frac{1}{\sqrt{3}}\Rightarrow EB=2$，则

$$S_{四边形AECD}=\frac{(CE+AD)\times CD}{2}=24-2\sqrt{3}.$$

22.【答案】C

【解析】考虑联合，连接 FC，根据燕尾定理，三角形 BDF 面积为 1，三角形 FDC 面积为 2，三角形 BFC 面积为 $1+2=3$，三角形 BAF 面积为 $3\times2=6$，三角形 ABD 面积为 $1+6=7$，三角形 ACD 面积为 $7\times2=14$，得到三角形 ABC 面积为 $7+14=21$，充分，选 C.

23.【答案】D

【解析】连接 AC，则三角形 ABC 面积为矩形面积的一半. 条件(1)，$BE:EA=S_{\triangle BCE}:S_{\triangle ACE}=1:2$，故 $S_{\triangle BCE}=1$，充分；

条件(2)，由矩形面积为 6，且 $AB=3$，那么 $BC=2$，$BE=\sqrt{CE^2-BC^2}=1$，故 $S_{\triangle BCE}=\frac{1}{2}BE\times BC=1$，充分. 选 D.

24.【答案】A

【解析】条件(1)，根据梯形的推论，两阴影部分的面积是相等的，连接 AC，得到 AF 与 BD 的交点是三角形 ACD 的重心，根据重心的推论，右半部分的阴影面积为三角形 ACD 的面积的 $\frac{1}{3}$，是整个四边形面积的 $\frac{1}{6}$，那么两部分阴影的面积就是整个四边形面积的 $\frac{1}{3}$，充分. 同理可得条件(2)不充分，选 A.

25.【答案】E

【解析】条件(1)与条件(2)显然单独都不充分，考虑联合. 如图所示，添加辅助线并如图所设 x，y. 则

$$x+y=5,3^2-y^2=4^2-x^2,$$

联立可得 $x=\frac{16}{5}$，$y=\frac{9}{5}$. 因此可得高为 $\frac{12}{5}$，则梯形 $ABCD$ 的面积为$\frac{1}{2}\times(1+6)\times\frac{12}{5}=\frac{42}{5}$，联合也不成立.

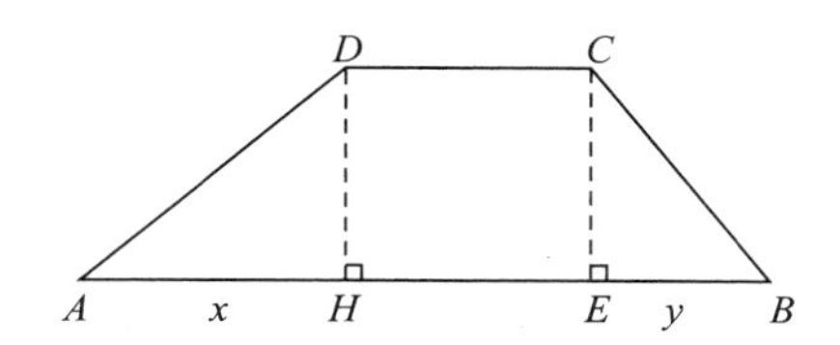

第七章 解析几何

一、本章思维导图

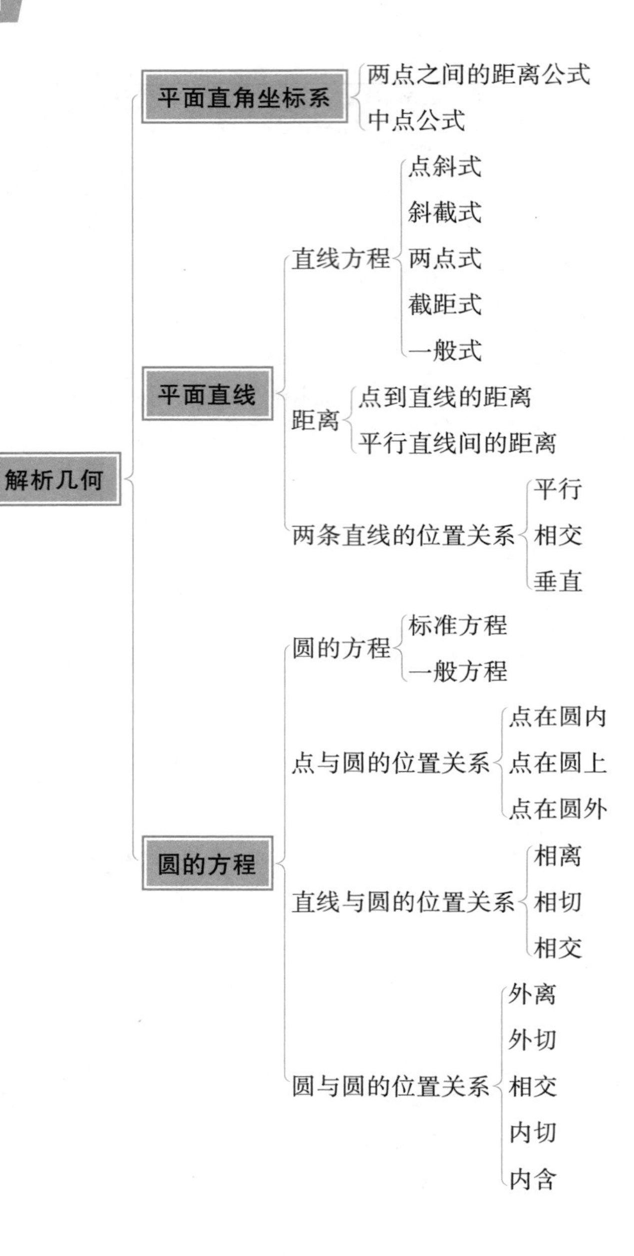

二、往年真题分析

1 真题统计

考点 \ 数量 \ 年份(2012—2021)	12	13	14	15	16	17	18	19	20	21
直线与圆的位置关系			1	2		1	1	1	1	1
求切线问题			1				1			
圆与圆相交求弧长问题		1								
直线过象限问题	1									
恒过定点曲线系										
面积问题	1									
对称问题		1						1		
最值问题				1	2		1	1	1	1
总计/分	6	6	6	9	6	3	9	9	6	6

2 考情解读

解析几何就是把平面几何放在直角坐标系中研究，一般在考试中有 2～3 道题目，近几年真题中最值问题难度加大、灵活性更强. 本章主要围绕四个方向来考查：一是距离问题；二是位置关系问题；三是对称问题；四是最值问题.

高频题型：点到直线的距离、直线与直线及直线与圆的位置关系、对称问题.

低频题型：恒过定点曲线系问题、圆与圆的位置关系问题.

拔高题型：最值问题.

第 32 讲　平面直角坐标系

考点解读

(1)点在平面直角坐标系中的表示：$P(x,y)$.

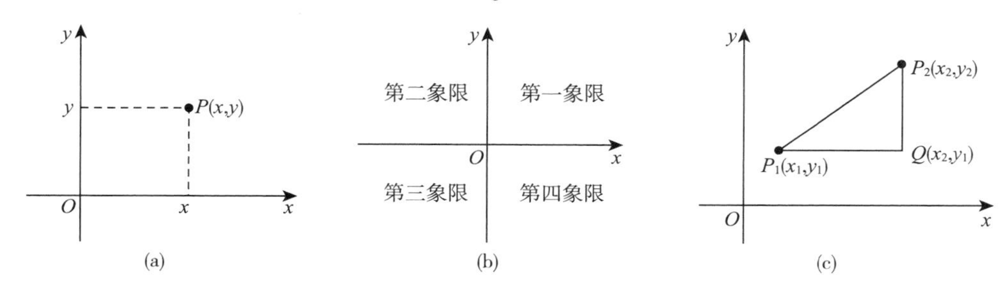

(a)　(b)　(c)

(2)两点 $P_1(x_1,y_1)$ 与 $P_2(x_2,y_2)$ 之间的距离公式：$d=\sqrt{(x_2-x_1)^2+(y_2-y_1)^2}$.

(3) $P_1(x_1,y_1)$与 $P_2(x_2,y_2)$的中点公式$\left(\frac{x_1+x_2}{2},\frac{y_1+y_2}{2}\right)$.

高能提示

1. 出题频率：级别低，中点公式结合梯形中位线来记忆，两点距离公式转化为直角三角形的勾股定理来记忆.

2. 考点分布：真题中未直接出题，往往与直线和圆相结合考查.

3. 解题方法：熟记中点公式和两点之间的距离公式.

题型归纳

题型：点的基本概念

【特征分析】熟记中点公式、两点之间的距离公式.

例 1 已知三个点 $A(4,y)$，$B(x,-3)$，$C(2,2)$，若点 C 是线段 AB 的中点，则(　　).

A. $x=0,y=7$　　B. $x=0,y=3$　　C. $x=0,y=-3$

D. $x=-4,y=-3$　　E. $x=3,y=-4$

【解析】根据中点公式，得$\begin{cases}\frac{4+x}{2}=2,\\ \frac{y-3}{2}=2\end{cases}\Rightarrow\begin{cases}x=0,\\ y=7.\end{cases}$

【答案】A

例 2 已知三角形 ABC 的顶点坐标为 $A(-1,5)$，$B(-2,-1)$，$C(4,3)$，M 是 BC 边上的中点，则中线 AM 的长为(　　).

A. $2\sqrt{5}$　　B. 2　　C. -2

D. -4　　E. 以上均不正确

【解析】该题主要考查中点公式、两点之间的距离公式，M 为 BC 边上的中点，故坐标为 $(1,1)$，则中线 $AM=\sqrt{(-1-1)^2+(5-1)^2}=2\sqrt{5}$.

【答案】A

例 3 三角形 ABC 的顶点坐标为 $A(1,6)$，$B(4,0)$，$C(4,3)$，则三角形的重心坐标为(　　).

A. $(-3,3)$　　B. $(3,3)$　　C. $(3,-3)$

D. $(-3,-3)$　　E. 以上均不正确

【解析】根据重心坐标公式,得 $\begin{cases} x = \dfrac{x_1 + x_2 + x_3}{3} = \dfrac{1+4+4}{3} = 3, \\ y = \dfrac{y_1 + y_2 + y_3}{3} = \dfrac{6+0+3}{3} = 3. \end{cases}$

【答案】B

第 33 讲　平面直线

考点解读

1. 直线的倾斜角和斜率

(1)倾斜角:直线与 x 轴正方向所成的夹角称为倾斜角，记为 α，其中 $\alpha \in [0,\pi)$.

(2)斜率:倾斜角的正切值为斜率,记为 $k = \tan\alpha\left(\alpha \neq \dfrac{\pi}{2}\right)$.

(3)两点斜率公式:设直线 l 上有两个点 $P_1(x_1,y_1)$,$P_2(x_2,y_2)$,则 $k = \dfrac{y_2 - y_1}{x_2 - x_1}(x_1 \neq x_2)$.

2. 直线方程的五种形式

(1)点斜式.

已知直线上一点 $P(x_1,y_1)$，并且存在直线的斜率 k,则直线方程为 $y - y_1 = k(x - x_1)$.

(2)斜截式.

已知直线斜率为 k,b 为直线在 y 轴上的截距,则直线方程为 $y = kx + b$.

(3)两点式.

已知直线上两点 $A(x_1,y_1)$,$B(x_2,y_2)$，则直线方程为 $\dfrac{y - y_1}{y_2 - y_1} = \dfrac{x - x_1}{x_2 - x_1}(x_1 \neq x_2, y_1 \neq y_2)$.

(4)截距式.

在 x 轴上的截距为 a，在 y 轴上的截距为 b 的直线方程为 $\dfrac{x}{a} + \dfrac{y}{b} = 1(a \neq 0, b \neq 0)$.

(5)一般式.

$ax + by + c = 0$ (a,b 不全为零),其中当 $b \neq 0$ 时,直线斜率 $k = -\dfrac{a}{b}$.

3. 距离

(1)点 $P(x_0,y_0)$到直线 $ax + by + c = 0$ 的距离 $d = \dfrac{|ax_0 + by_0 + c|}{\sqrt{a^2 + b^2}}$.

(2)平行直线 $ax + by + c_1 = 0$ 与 $ax + by + c_2 = 0$ 之间的距离 $d = \dfrac{|c_1 - c_2|}{\sqrt{a^2 + b^2}}$.

4. 两条直线的位置关系

位置关系	斜截式 $l_1: y=k_1x+b_1$, $l_2: y=k_2x+b_2$	一般式 $l_1: a_1x+b_1y+c_1=0$, $l_2: a_2x+b_2y+c_2=0$
平行 $l_1 // l_2$	$k_1=k_2, b_1\neq b_2$	$\frac{a_1}{a_2}=\frac{b_1}{b_2}\neq\frac{c_1}{c_2}$
相交	$k_1\neq k_2$	$\frac{a_1}{a_2}\neq\frac{b_1}{b_2}$
垂直 $l_1\perp l_2$	$k_1k_2=-1$	$\frac{a_1}{b_1}\cdot\frac{a_2}{b_2}=-1\Leftrightarrow a_1a_2+b_1b_2=0$

高能提示

1. 出题频率:级别高,难度中等,得分率高,直线是解析几何的重点,考点多,出题灵活,一般与圆相结合考查.

2. 考点分布:点到直线距离公式,直线过象限问题,直线的位置关系等.

3. 解题方法:掌握概念,熟记基本公式,掌握一些基本题型及其解法,并会灵活应用.

题型归纳

题型一:直线的概念

▶【**特征分析**】掌握直线的斜率公式、直线方程的五种形式、直线恒过定点问题.

例1 已知 $A(-4,-6)$,$B(-3,-1)$,$C(5,a)$ 三点共线,则 a 的值为(　　).

A. 40　　B. 38　　C. 39

D. 8　　E. 以上均不正确

【**解析**】A,B,C 三点共线,斜率相等 $\Rightarrow k_{AB}=k_{BC}\Rightarrow\frac{-1+6}{-3+4}=\frac{a+1}{5+3}\Rightarrow a=39$.

【**答案**】C

例2 直线 L 恒过定点 $(2,3)$.

(1)直线 L 的方程为 $(2m-1)x-(m+3)y-m+11=0,m\in\mathbf{R}$.

(2)直线 L 的方程为 $(m+2)x+(3-m)y+2=0,m\in\mathbf{R}$.

【**解析**】由条件(1)变形 $-x-3y+11+m(2x-y-1)=0$,由于

$$m\in\mathbf{R}\Rightarrow\begin{cases}-x-3y+11=0,\\2x-y-1=0\end{cases}\Rightarrow\begin{cases}x=2,\\y=3.\end{cases}$$

由条件(2)变形 $2x+3y+2+m(x-y)=0$,由于 $m\in\mathbf{R}\Rightarrow\begin{cases}2x+3y+2=0,\\x-y=0,\end{cases}$ 不成立.

【**答案**】A

题型二：直线过象限问题

▶【特征分析】判断直线 $y=kx+b$ 经过的象限有两个要素：一是斜率，二是在 y 轴上的截距.

$$\begin{cases} k>0 \Rightarrow \text{直线必过第一、三象限}, \\ k<0 \Rightarrow \text{直线必过第二、四象限}, \\ b=0 \Rightarrow \text{直线必过原点}. \end{cases}$$

例 3　直线 $l: ax+by+c=0$ 必不通过第三象限.

(1) $ac \leqslant 0, bc<0$.　　　　(2) $ab>0, c<0$.

【解析】当 $b \neq 0$ 时，直线变形为 $y=-\frac{a}{b}x-\frac{c}{b}$.

由条件(1)变形 $\Rightarrow \begin{cases} a,b\text{ 同号且与 }c\text{ 异号} \Rightarrow -\frac{a}{b}<0, -\frac{c}{b}>0 \Rightarrow \text{直线过第一、二、四象限}, \\ a=0\text{ 且 }b,c\text{ 异号} \Rightarrow -\frac{c}{b}>0 \Rightarrow \text{直线过第一、二象限}, \end{cases}$ 故成立.

同理，条件(2)不成立.

【答案】A

例 4　直线 $y=ax+b$ 过第二象限.

(1) $a=-1, b=1$.　　　　(2) $a=1, b=-1$.

【解析】由条件(1)，$a=-1$，知直线必过第二、四象限，故成立.

由条件(2)，$a=1, b=-1$，知直线过第一、三、四象限，故不成立.

【答案】A

题型三：两直线的位置关系问题

▶【特征分析】该类题型的标志是从两直线平行、垂直两个方向来考查，若两直线平行则斜率相等，两直线垂直则斜率相乘为-1.

例 5　已知两条直线 $y=ax-2$ 和 $3x-(a+2)y+1=0$ 互相平行，则 a 等于(　　).

A. 1 或 -3　　B. -1 或 3　　C. 1 或 3　　D. -1 或 -3　　E. -1 或 2

【解析】根据两直线平行，斜率相等 $\Rightarrow \frac{a}{3}=\frac{-1}{-(a+2)} \Rightarrow a^2+2a-3=0 \Rightarrow (a+3)(a-1)=0$.

【答案】A

【敲黑板】

记住结论：若 $a_1x+b_1y=c_1$ 与 $a_2x+b_2y=c_2$ 平行，则有 $\frac{a_1}{a_2}=\frac{b_1}{b_2} \neq \frac{c_1}{c_2}$.

例 6　已知直线 $(a+2)x+(1-a)y-3=0$ 和直线 $(a-1)x+(2a+3)y+2=0$ 互相垂直，则 $a=$（　　）.

A. -1　　B. 1　　C. ± 1　　D. $-\dfrac{3}{2}$　　E. 0

【解析】考查两直线的位置关系，根据两直线垂直，得到 $(a+2)(a-1)+(1-a)(2a+3)=0$，解得 $a=\pm 1$.

【答案】C

> 【敲黑板】
>
> 记住结论：若 $a_1x+b_1y=c_1$ 与 $a_2x+b_2y=c_2$ 垂直，则有 $a_1a_2+b_1b_2=0$.

题型四：多条直线围成的面积问题

▶**【特征分析】**形如 $|ax-b|+|cy-d|=e(e>0)$，根据所给的方程或表达式画出图像，然后借助平面几何知识来求解面积.

$$\text{结论}\begin{cases} a=c \text{ 为正方形}, a\neq c \text{ 为菱形}, \\ \text{中心为}\left(\dfrac{b}{a},\dfrac{d}{c}\right), \\ S=\dfrac{2e^2}{|ac|}, \text{与 } b,d \text{ 无关}. \end{cases}$$

例 7　由曲线 $|x|+|y|=2$ 所围成的平面图形的面积是（　　）.

A. 1　　B. $\sqrt{2}$　　C. 8　　D. $\sqrt{3}$　　E. $2\sqrt{2}$

【解析】根据结论，图形是正方形，中心为 $(0,0)$，$S=\dfrac{2\times 2^2}{|1\times 1|}=8$.

【答案】C

例 8　由曲线 $|x-1|+|y-1|=2$ 所围成的平面图形的面积是（　　）.

A. 1　　B. $\sqrt{2}$　　C. 8　　D. $\sqrt{3}$　　E. $2\sqrt{2}$

【解析】根据结论，图形是正方形，中心为 $(1,1)$，$S=\dfrac{2\times 2^2}{|1\times 1|}=8$.

【答案】C

例 9　由曲线 $|2x|+|y|=2$ 所围成的平面图形的面积是（　　）.

A. 1　　B. $\sqrt{2}$　　C. 4　　D. $\sqrt{3}$　　E. $2\sqrt{2}$

【解析】根据结论，图形是菱形，中心为 $(0,0)$，$S=\dfrac{2\times 2^2}{|2\times 1|}=4$.

【答案】C

例 10 由曲线 $|2x+2|+|y-3|=2$ 所围成的平面图形的面积是(　　).

A. 1　　B. $\sqrt{2}$　　C. 4　　D. $\sqrt{3}$　　E. $2\sqrt{2}$

【解析】根据结论,图形是菱形,中心为 $(-1,3)$,$S=\frac{2\times 2^2}{|2\times 1|}=4$.

【答案】C

第 34 讲　圆的方程

考点解读

1. 圆的标准方程

$(x-a)^2+(y-b)^2=r^2$, 圆心坐标 (a,b), 半径为 r.

(1) $a=0$, 圆心为 $(0,b)$, 位于 y 轴上.

(2) $b=0$, 圆心为 $(a,0)$, 位于 x 轴上.

(3) $a=0,b=0$, 圆心为$(0,0)$,位于原点.

(4) $|a|=r$, 圆与 y 轴相切.

(5) $|b|=r$, 圆与 x 轴相切.

(6) $|a|=r$, $|b|=r$, 圆与 x 轴、y 轴均相切.

2. 圆的一般方程

$x^2+y^2+ax+by+c=0$.

配方后得:$\left(x+\frac{a}{2}\right)^2+\left(y+\frac{b}{2}\right)^2=\frac{a^2+b^2-4c}{4}(a^2+b^2-4c>0)$.

圆心坐标 $\left(-\frac{a}{2},-\frac{b}{2}\right)$, 半径 $r=\frac{\sqrt{a^2+b^2-4c}}{2}>0$.

3. 点与圆的位置关系

点 $P(x_1,y_1)$, 圆 $(x-x_0)^2+(y-y_0)^2=r^2$.

$$(x_1-x_0)^2+(y_1-y_0)^2\begin{cases}<r^2,\text{点在圆内},\\=r^2,\text{点在圆上},\\>r^2,\text{点在圆外}.\end{cases}$$

4. 直线与圆的位置关系

设直线 $l:y=kx+b$; 圆 $O:(x-x_0)^2+(y-y_0)^2=r^2$,$d$ 为圆心 (x_0,y_0) 到直线 l 的距离.

直线与圆的位置关系	图形	成立条件
相离	O l	$d>r$
相切	O A l	$d=r$
相交	O A B l	$d<r$

5. 圆与圆的位置关系

圆 $O_1:(x-x_1)^2+(y-y_1)^2=r_1^2$；圆 $O_2:(x-x_2)^2+(y-y_2)^2=r_2^2$（不妨设 $r_1>r_2$），d 为圆心 (x_1,y_1) 与 (x_2,y_2) 的圆心距.

两圆的位置关系	图形	成立条件	内公切线条数	外公切线条数
外离		$d>r_1+r_2$	2	2
外切		$d=r_1+r_2$	1	2

续表

两圆的位置关系	图形	成立条件	内公切线条数	外公切线条数
相交		$r_1 - r_2 < d < r_1 + r_2$	0	2
内切		$d = r_1 - r_2$	0	1
内含		$d < r_1 - r_2$	0	0

高能提示

1. 出题频率：级别高，难度较大，得分率中等，出题形式灵活新颖，要求掌握圆的基本定义及圆的特征.

2. 考点分布：圆与直线的位置关系、图形对称及最值问题.

3. 解题方法：在正确运用理论知识点，熟记公式的基础上，掌握各种题型的特点，会灵活应用.

题型归纳

题型一：圆的基本概念

【特征分析】熟记圆的标准方程、一般方程的圆心、半径相关知识点.

例 1 方程 $x^2 + y^2 + 3x - 4y + 5k = 0$ 表示一个圆.

(1) $k < \frac{5}{4}$.　　(2) $k > -\frac{5}{4}$.

【解析】根据圆的一般方程存在的充要条件 $3^2 + (-4)^2 - 4 \times 5k > 0$.

【答案】A

例 2 圆 $x^2 - 2x + y^2 + 4y + 1 = 0$ 的圆心是(　　).

A. $(-1,-2)$　B. $(-1,2)$　C. $(-2,-2)$　D. $(2,-2)$　E. $(1,-2)$

【解析】求圆心坐标记住结论：$x^2+y^2+ax+by+c=0$ 的圆心坐标为 $\left(-\frac{a}{2},-\frac{b}{2}\right)$，易得圆心是$(1,-2)$.

【答案】E

例 3 设 AB 为圆 C 的直径，点 A,B 的坐标分别是$(-3,5)$，$(5,1)$，则圆 C 的方程是(　　).

A. $(x-2)^2+(y-6)^2=80$　　B. $(x-1)^2+(y-3)^2=20$

C. $(x-2)^2+(y-4)^2=80$　　D. $(x-2)^2+(y-46)^2=20$

E. $x^2+y^2=20$

【解析】$AB=\sqrt{(5+3)^2+(1-5)^2}=\sqrt{80}$，因为 AB 为圆的直径，故半径为 $r=\frac{\sqrt{80}}{2}=\sqrt{20}$，又因为 AB 的中点$(1,3)$ 为圆心坐标，故圆的方程为$(x-1)^2+(y-3)^2=20$.

【答案】B

【敲黑板】

可以将 A 和 B 两点坐标代入方程，验证选项.

例 4 圆 $x^2+y^2-6x+4y=0$ 上到原点距离最远的点是(　　).

A. $(-3,2)$　　B. $(3,-2)$　　C. $(6,4)$　　D. $(-6,4)$　　E. $(6,-4)$

【解析】由圆的一般方程常数项为 0，可知圆一定过原点，到原点距离最远的长度为直径，如图所示，距离最远的点应落在第四象限，根据圆心坐标公式得到 $x^2+y^2-6x+4y=0$ 的圆心为 $(3,-2)$，半径 $r=\sqrt{13}$，故圆上到原点距离最远的点为 $(6,-4)$.

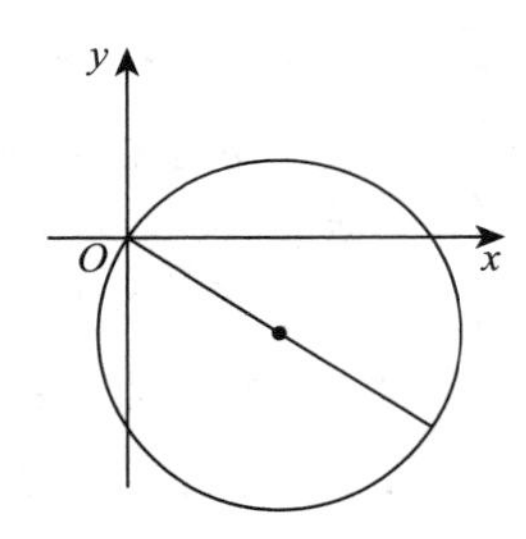

【答案】E

题型二：直线与圆的位置关系

▶【特征分析】直线与圆的位置关系包括相离、相切、相交三种，其中，相切为临界状态，是另外两种位置关系的分水岭.

例 5 直线 $y=k(x+2)$ 是圆 $x^2+y^2=1$ 的一条切线.

(1) $k=-\frac{\sqrt{3}}{3}$.　　(2) $k=\frac{\sqrt{3}}{3}$.

【解析】由于直线与圆相切，所以圆心$(0,0)$到直线 $y=k(x+2)$ 的距离等于半径 1，因此 $\frac{|2k|}{\sqrt{k^2+1}}=1\Rightarrow k=\pm\frac{\sqrt{3}}{3}$，故条件(1)和条件(2)均充分.

【答案】D

例 6 设 a,b 为实数，则直线 $x+ay=b$ 与圆 $x^2+y^2=2y$ 不相交.

(1) $|a-b|>\sqrt{1+a^2}$.　　　　(2) $|a+b|>\sqrt{1+a^2}$.

【解析】直线与圆不相交，则圆心到直线的距离大于半径，圆方程变形 $x^2+(y-1)^2=1\Rightarrow$ 圆心$(0,1)$ 到 $x+ay-b=0$ 的距离 $d=\dfrac{|a-b|}{\sqrt{1+a^2}}>1\Rightarrow|a-b|>\sqrt{1+a^2}$，故条件(1) 成立，条件(2) 不成立.

【答案】A

例 7 圆 $(x-1)^2+(y-2)^2=4$ 和直线 $(1+2\lambda)x+(1-\lambda)y-3-3\lambda=0$ 相交于两点.

(1) $\lambda=\dfrac{2\sqrt{3}}{5}$.　　　　(2) $\lambda=\dfrac{5\sqrt{3}}{2}$.

【解析】对于直线和圆的位置关系，只需要看圆心到直线的距离 d 与圆半径 r 的大小关系即可. 此外，可借助方程恒过定点来思考，将原直线方程写成 $(x+y-3)+\lambda(2x-y-3)=0$，可以得到$\begin{cases}x+y-3=0,\\2x-y-3=0,\end{cases}$ 解出定点$(2,1)$，由于直线 $(1+2\lambda)x+(1-\lambda)y-3-3\lambda=0$ 恒过定点$(2,1)$，该点正好在圆内部，故直线与圆恒有两个交点，因此条件(1)和条件(2)均充分.

【答案】D

题型三：过圆上一点作切线，求切线相关问题

▶ **【特征分析】**过圆 $(x-a)^2+(y-b)^2=r^2$ 上一点 $P(x_0,y_0)$ 作切线，先将圆 $(x-a)^2+(y-b)^2=r^2$ 分解成 $(x-a)(x-a)+(y-b)(y-b)=r^2$，将其中一组 (x,y) 用 (x_0,y_0)来替换，则切线方程为 $(x_0-a)(x-a)+(y_0-b)(y-b)=r^2$.

例 8 已知直线 l 是圆 $x^2+y^2=5$ 在点$(1,2)$处的切线，则 l 在 y 轴上的截距为(　　).

A. $\dfrac{2}{5}$　　　B. $\dfrac{2}{3}$　　　C. $\dfrac{3}{2}$　　　D. $\dfrac{5}{2}$　　　E. 5

【解析】直线与圆相切问题.

将圆 $x^2+y^2=5$ 拆分成 $x\cdot x+y\cdot y=5$，将其中一组(x,y)用$(1,2)$来替换，则切线方程为 $x+2y=5$，当 $x=0$ 时，直线 l 在 y 轴上的截距 $y=\dfrac{5}{2}$.

【答案】D

例 9 已知圆 C:$x^2+(y-a)^2=b$，若圆 C 在点$(1,2)$ 处的切线与 y 轴的交点为$(0,3)$，则 $ab=$(　　).

A. -2　　　B. -1　　　C. 0　　　D. 1　　　E. 2

【解析】直线与圆相切问题. 将圆方程拆分成 $x\cdot x+(y-a)\cdot(y-a)=b$，将其中一组

(x,y)用$(1,2)$来替换，则切线方程为$1\cdot x+(2-a)\cdot(y-a)=b$，将$(0,3)$代入切线方程，得$(2-a)\cdot(3-a)=b$，又因为$(1,2)$在圆上，则$1^2+(2-a)^2=b$，从而可得$a=1,b=2$.

【答案】E

题型四：直线与圆位置关系中相交求弦长问题

▶**【特征分析】**本题型涉及半弦长、半径、圆心到直线的距离三者的勾股定理关系，结合图像分析更直观. 弦长公式$|AB|=2\sqrt{r^2-d^2}$.

例 10 已知直线$y=kx$与圆$x^2+y^2=2y$有两个交点A,B，若弦AB的长度大于$\sqrt{2}$，则k的取值范围是(　　).

A. $(-\infty,-1)$　　B. $(-1,0)$　　C. $(0,1)$

D. $(1,+\infty)$　　E. $(-\infty,-1)\cup(1,+\infty)$

【解析】根据弦长求斜率范围，圆$x^2+(y-1)^2=1$，由弦长公式$|AB|=2\sqrt{r^2-d^2}>\sqrt{2}$，将$r=1$代入可得$d^2<\frac{1}{2}$，即$\left(\frac{|-1|}{\sqrt{k^2+1}}\right)^2<\frac{1}{2}$，所以$k>1$或$k<-1$.

【答案】E

例 11 直线$ax+by+3=0$被圆$(x-2)^2+(y-1)^2=4$截得的线段长度为$2\sqrt{3}$.

(1) $a=0,b=-1$.　　(2) $a=-1,b=0$.

【解析】条件(1)，圆与直线$y=3$相切，故不充分.

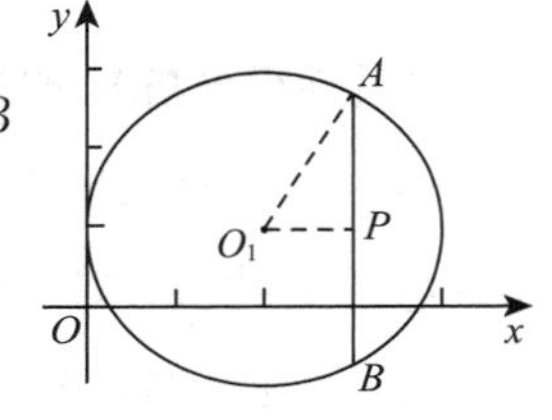

条件(2)，圆心O_1坐标为$(2,1)$，半径$AO_1=2$，如图所示，P为AB中点，

$$AB=2\sqrt{3}\Leftrightarrow AP=\sqrt{3}\Leftrightarrow O_1P=\sqrt{AO_1^2-AP^2}=1,$$

即$\frac{|a\times 2+b\times 1+3|}{\sqrt{a^2+b^2}}=1$，充分.

【答案】B

题型五：圆与圆位置关系问题

▶**【特征分析】**两个圆的位置关系，一般通过两圆的圆心距与它们的半径和与差来判定. 两圆有交点，包括外切、内切、相交三种情况，故当$|r_1-r_2|\leqslant d\leqslant r_1+r_2$时，两圆有交点；当$d=r_1+r_2$，两圆外切；当$d=|r_1-r_2|$时，两圆内切.

例 12 圆$x^2+y^2+2x-3=0$与圆$x^2+y^2-6y+6=0$(　　).

A. 外离　　B. 外切　　C. 相交　　D. 内切　　E. 内含

【解析】圆与圆的位置关系.

圆的标准方程分别为$(x+1)^2+y^2=4$与$x^2+(y-3)^2=3$，则$R=2,r=\sqrt{3}$，而圆心

距 $d=\sqrt{10}$，故 $R-r<d<R+r$，因此两圆相交.

【答案】C

例 13 圆 $\left(x-\frac{3}{2}\right)^2+(y-2)^2=r^2$ 与圆 $x^2-6x+y^2-8y=0$ 有交点.

(1) $0<r<\frac{5}{2}$.　　(2) $r>\frac{15}{2}$.

【解析】两圆的位置关系.

当 $|r_1-r_2|\leqslant d\leqslant r_1+r_2$ 时，两圆有交点. 两圆的圆心距 $d=\sqrt{\left(\frac{3}{2}\right)^2+2^2}=\frac{5}{2}$，当 $5-\frac{5}{2}\leqslant r\leqslant 5+\frac{5}{2}$ 时两圆有交点.

条件(1)不成立，条件(2)不成立，联合也不成立.

【答案】E

题型六：对称问题

▶【特征分析 1】

$$\left.\begin{array}{c}\text{点 } P(x_0,y_0)\\ \text{直线 } ax+by+c=0\\ (x-a)^2+(y-b)^2=r^2\end{array}\right\}\text{关于 } P_1(x_1,y_1)\text{ 对称，均可以转化为中点公式来解决.}$$

例 14 直线 l:$3x+y=0$ 关于点$(-1,1)$对称，则直线 l 的对称方程是(　　).

A. $4x+y+6=0$　　B. $4x-y+6=0$　　C. $x-3y+4=0$

D. $x+3y+4=0$　　E. $3x+y+4=0$

【解析】在已知直线 $3x+y=0$ 上取一点 (x_0,y_0) 关于点 $(-1,1)$ 对称，则对称点 (x,y) 一定在所求直线上，利用中点公式 $\begin{cases}x_0=-2-x,\\ y_0=2-y,\end{cases}$ 用反代法将 (x_0,y_0) 代回到 $3x+y=0$ 中，故所求对称方程为 $3x+y+4=0$.

【答案】E

▶【特征分析 2】关于直线对称.

$$\left.\begin{array}{c}\text{点 } P(x_0,y_0)\\ \text{直线 } ax+by+c=0\\ (x-a)^2+(y-b)^2=r^2\end{array}\right\}\text{关于 } a_1x+b_1y+c_1=0\text{ 对称.}$$

例 15 在平面直角坐标系中，以直线 $y=2x+4$ 为对称轴且与原点对称的点的坐标为(　　).

A. $\left(-\frac{16}{5},\frac{8}{5}\right)$　　B. $\left(-\frac{8}{5},\frac{4}{5}\right)$　　C. $\left(\frac{16}{5},\frac{8}{5}\right)$　　D. $\left(\frac{8}{5},\frac{4}{5}\right)$　　E. $\left(\frac{16}{5},\frac{4}{5}\right)$

【解析】点关于直线对称.

设对称点的坐标为 (x_0,y_0),则有

$$\begin{cases}\frac{y_0}{x_0}=-\frac{1}{2}\text{(对称点与原点的连线跟对称轴垂直)},\\ \frac{y_0}{2}=2\times\frac{x_0}{2}+4\text{(对称点与原点的中点在对称轴上)}\end{cases}\Rightarrow\begin{cases}x_0=-\frac{16}{5},\\ y_0=\frac{8}{5}.\end{cases}$$

【答案】A

例 16　点(0,4)关于直线 $2x+y+1=0$ 的对称点为(　　).

A. (2,0)　　B. (−3,0)　　C. (−6,1)　　D. (4,2)　　E. (−4,2)

【解析】点关于直线对称.

设对称点为 (x_0,y_0),则有$\begin{cases}\frac{y_0-4}{x_0}=\frac{1}{2},\\ 2\times\frac{x_0}{2}+\frac{y_0+4}{2}+1=0\end{cases}\Rightarrow\begin{cases}x_0=-4,\\ y_0=2.\end{cases}$

【答案】E

题型七：最值问题

▶**【特征分析 1】**解析几何中最值问题可以借助几何意义进行分析求解,然后根据对应的位置找到答案. 如动点 $P(x,y)$ 在圆 $(x-x_0)^2+(y-y_0)^2=r^2$ 上运动,求$\frac{y-b}{x-a}$的最值. 方法是利用几何意义,将$\frac{y-b}{x-a}$看成动点 $P(x,y)$ 与定点 (a,b) 构成直线的斜率,当直线与圆相切时,取到最值.

例 17　已知动点 $P(x,y)$ 在圆 $(x-2)^2+y^2=1$ 上,则$\frac{y}{x}$的最大值为(　　).

A. $\sqrt{3}$　　B. $\sqrt{2}$　　C. $\frac{\sqrt{3}}{3}$　　D. $\frac{\sqrt{2}}{2}$　　E. 1

【解析】$\frac{y}{x}$ 可以看成动点 $P(x,y)$ 与定点 $(0,0)$ 所构成直线的斜率,当圆与直线相切时 k 取到最值,令 $\frac{y}{x}=k\Rightarrow kx-y=0\Rightarrow d=\frac{|2k|}{\sqrt{k^2+1}}=1\Rightarrow k=\pm\frac{\sqrt{3}}{3}$.

【答案】C

▶**【特征分析 2】**动点 $P(x,y)$在圆 $(x-x_0)^2+(y-y_0)^2=r^2$ 上运动,求 $ax+by$ 的最值. 方法是令 $ax+by=c$,当圆与直线相切时,取到最值.

例 18 设实数 x,y 满足条件 $x^2+y^2-2x+4y=0$，则 $x-2y$ 的最大值是（　　）.

A. $\sqrt{5}$　　B. 10　　C. 9　　D. $5+2\sqrt{5}$　　E. $2+5\sqrt{2}$

【解析】原式变形为 $(x-1)^2+(y+2)^2=5$，圆心为 $(1,-2)$，令 $x-2y=c$，当直线与圆相切时有最值

$$d=\frac{|1+4-c|}{\sqrt{1+4}}=\sqrt{5}\Rightarrow c=10 \text{ 或 } 0.$$

【答案】B

▶【特征分析 3】解析几何与平均值定理相结合命题求最值，标志是在各项大于零的前提下，和定，积有最大值；积定，和有最小值. 一般可记住常用公式：$a+b\geqslant 2\sqrt{ab}(a,b>0)$.

例 19 已知直线 $ax-by+3=0(a>0,b>0)$ 过圆 $x^2+4x+y^2-2y+1=0$ 的圆心，则 ab 的最大值为（　　）.

A. $\frac{9}{16}$　　B. $\frac{11}{16}$　　C. $\frac{3}{4}$　　D. $\frac{9}{8}$　　E. $\frac{9}{4}$

【解析】直线与圆的位置关系，平均值定理.

圆心为 $(-2,1)$，代入直线方程得 $-2a-b+3=0$，即 $2a+b=3$，和定，根据平均值定理有 $3=2a+b\geqslant 2\sqrt{2ab}$，从而 $ab\leqslant\frac{9}{8}$.

【答案】D

例 20 设点 $A(0,2)$ 和 $B(1,0)$，在线段 AB 上取一点 $M(x,y)(0<x<1)$，则以 x,y 为两边长的矩形面积的最大值为（　　）.

A. $\frac{5}{8}$　　B. $\frac{1}{2}$　　C. $\frac{3}{8}$　　D. $\frac{1}{4}$　　E. $\frac{1}{8}$

【解析】此题是矩形的面积与均值不等式相结合. 过 A,B 两点的直线方程为 $2x+y-2=0$，故 $M(x,y)$ 满足 $2x+y=2\geqslant 2\sqrt{2xy}$，当且仅当 $2x=y$ 时上述不等式取"="，故矩形的面积 $xy\leqslant\frac{1}{2}$.

【答案】B

▶【特征分析 4】动点 $P(x,y)$ 在 $\triangle ABC$ 上运动，求 $ax+by$ 的最值. 方法是将 $\triangle ABC$ 的三个顶点坐标代入验证即可得到最值.

例 21 如图所示，点 A,B,O 的坐标分别为 $(4,0)$，$(0,3)$，$(0,0)$，若 (x,y) 是 $\triangle AOB$ 中的点，则 $2x+3y$ 的最大值为（　　）.

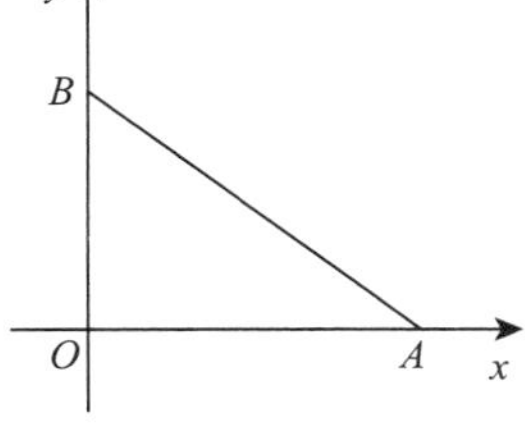

A. 6　　B. 7　　C. 8

D. 9　　E. 10

【解析】此题考查最值问题，根据图形观察 $2x+3y$ 的最大值在 A 点或 B 点时取到，则当在 $A(4,0)$ 时，$2x+3y=8$；当在 $B(0,3)$ 时，$2x+3y=9$. 所以最大值为 9，故选 D.

【答案】D

▶ **【特征分析 5】** 求 x^2+y^2 的最值问题. 方法为三步走：第一步，先开根号 $\sqrt{x^2+y^2}$；第二步，转化为 $P(x,y)$ 与原点 $(0,0)$ 之间的距离；第三步，再平方还原.

例 22 已知动点 $P(x,y)$ 在圆 $(x-2)^2+y^2=1$ 上，则 x^2+y^2 的最大值为(　　).

A. 5　　B. 1　　C. 4　　D. 9　　E. 16

【解析】先开根号 $\sqrt{x^2+y^2}$，转化为 $P(x,y)$ 与原点 $(0,0)$ 之间的距离，由 $(x-2)^2+y^2=1$ 可知圆心为 $(2,0)$，半径为 1，故 $\sqrt{x^2+y^2}$ 最大值为 3.

【答案】D

例 23 已知 x,y 为实数，则 $x^2+y^2\geqslant 1$.

(1) $4y-3x\geqslant 5$.　　(2) $(x-1)^2+(y-1)^2\geqslant 5$.

【解析】先开根号 $\sqrt{x^2+y^2}$，转化为 $P(x,y)$ 与原点 $(0,0)$ 之间的距离.

满足条件(1)的点 (x,y) 在直线 $4y-3x=5$ 的左上方，原点 $(0,0)$ 到直线 $4y-3x=5$ 的距离为 $d=\frac{5}{\sqrt{9+16}}=1$，落在题干范围，显然满足条件.

满足条件(2)的点 (x,y) 均在圆 $(x-1)^2+(y-1)^2=5$ 上或圆外，$\sqrt{x^2+y^2}$ 的最小值为 $\sqrt{5}-\sqrt{2}$，不成立.

【答案】A

基础能力练习题

一、问题求解

1. 横坐标轴上的点 P 到纵坐标轴的距离为 2.5，则点 P 的坐标为(　　).

A. $(2.5,0)$　　B. $(-2.5,0)$　　C. $(0,2.5)$

D. $(2.5,0)$或$(-2.5,0)$　　E. 以上均不正确

2. 如果直线 $ax+2y+2=0$ 与直线 $3x-y-2=0$ 平行，则 $a=$(　　).

A. -3　　B. -6　　C. $-\frac{3}{2}$

D. $\frac{3}{2}$　　E. 以上均不正确

3. 若直线 $ax+by+c=0$ 在第一、二、三象限，则(　　).

A. $ab>0,bc>0$　　B. $ab>0,bc<0$　　C. $ab<0,bc>0$

D. $ab<0,bc<0$　　E. 以上均不正确

4. 点$(0,5)$到直线 $y=2x$ 的距离是(　　).

A. $\frac{5}{2}$　　B. $\sqrt{5}$　　C. $\frac{3}{2}$

D. $\frac{\sqrt{5}}{2}$　　E. 以上均不正确

5. 两点 $A(a,-5)$，$B(0,10)$ 之间的距离为 17，则实数 a 的值为(　　).

A. ± 7　　B. ± 8　　C. 7　　D. 8　　E. $\sqrt{65}$

6. 已知两条直线 $l_1:2x-3y+4=0$ 及 $l_2:x+y-3=0$，则它们的位置关系为(　　).

A. 相交　　B. 平行　　C. 重合

D. 垂直　　E. 以上均不正确

7. 若图中的直线 L_1,L_2,L_3 的斜率分别为 k_1,k_2,k_3，则(　　).

A. $k_1<k_2<k_3$　　B. $k_2<k_1<k_3$

C. $k_3<k_2<k_1$　　D. $k_1<k_3<k_2$

E. $k_2<k_3<k_1$

8. 直线 $mx-y+2m+1=0$ 经过一定点，则该点的坐标是(　　).

A. $(-2,1)$　　B. $(2,1)$　　C. $(1,-2)$

D. $(1,2)$　　E. 以上均不正确

9. 已知三角形 ABC 的顶点坐标为 $A(-1,5)$，$B(-2,-1)$，$C(4,3)$，M 是 BC 边上的中点，则 AM 边所在的直线方程为(　　).

A. $y=-2x-3$　　B. $y=-2x+3$　　C. $y=-\frac{1}{2}x+3$

D. $y=2x+3$　　E. $y=2x-3$

10. 原点到直线 $5x-12y-9=0$ 的距离为(　　).

A. 2　　B. $\frac{16}{13}$　　C. $-\frac{9}{13}$　　D. $\frac{9}{13}$　　E. $-\frac{16}{13}$

11. 设直线过点 $(-1,2)$，且与直线 $2x-3y+4=0$ 垂直，则直线的方程是(　　).

A. $3x+2y-1=0$　　B. $3x+2y+7=0$

C. $2x-3y+5=0$　　D. $2x-3y+8=0$

E. 以上均不正确

12. 过点 $(1,0)$ 且与直线 $x-2y=0$ 平行的直线方程是(　　).

A. $x-2y-1=0$　　B. $x-2y+1=0$　　C. $2x+y-2=0$

D. $x+2y-1=0$　　E. $2x+y+2=0$

13. 点 $P(-1,2)$ 到直线 $2x+y-10=0$ 的距离为(　　).

A. $\sqrt{5}$　　B. $2\sqrt{5}$　　C. $\frac{2\sqrt{5}}{5}$　　D. $\frac{\sqrt{5}}{5}$　　E. $3\sqrt{5}$

14. 如果直线 $ax+2y+2=0$ 与直线 $3x-y-2=0$ 垂直，则 $a=$(　　).

A. -3　　B. -6　　C. $-\frac{3}{2}$　　D. $\frac{2}{3}$　　E. 3

15. 与两坐标轴正向围成面积为 2 的三角形，并且两截距之差为 3 的直线的方程为(　　).

A. $x+4y-1=0$　　B. $x+4y-4=0$　　C. $4x+y-1=0$

D. $4x+y-4=0$　　E. $x+4y-4=0$ 或 $4x+y-4=0$

二、条件充分性判断

16. 直线的斜率为 $\frac{\sqrt{3}}{3}$.

(1)一条过两点 $A(-1,-\sqrt{3})$，$B(2,2\sqrt{3})$ 的直线.

(2)一条过两点 $A(4,3\sqrt{3})$，$B(7,4\sqrt{3})$ 的直线.

17. 直线 l_1 与直线 l_2 垂直，则 a 的值为 1.

(1)直线 $l_1: ax+(1-a)y-3=0$.

(2)直线 $l_2: (a-1)x+(2a+3)y=2$.

18. $a\leqslant 5$.

(1)点 $A(a,6)$ 到直线 $3x-4y-2=0$ 的距离大于 4.

(2)两条平行线 $l_1: x-y+3=0$ 和 $l_2: y-x-a=0$ 的距离小于 $\sqrt{2}$.

19. 两直线 $y=x+1$，$y=ax+7$ 与 x 轴所围成的面积是 $\frac{27}{4}$.

(1) $a=-3$. (2) $a=-2$.

20. 点 $P(3a-1,4a)$ 在圆 $(x+1)^2+y^2=1$ 的内部.

(1) $a<\frac{1}{5}$. (2) $a>-\frac{1}{5}$.

21. $a=4$，$b=2$.

(1)直线 $4x+3y-11=0$ 垂直平分线段 AB，且点 $A(a+2,b+2)$，$B(b-4,a-6)$.

(2)直线 $y=ax+b$ 垂直于直线 $x+4y-1=0$，且在 x 轴上的截距为 $-\frac{1}{2}$.

22. 过点 $A(-2,m)$ 和 $B(m,4)$ 的直线与直线 $2x+y+3=0$ 平行.

(1) $m=-8$. (2) $m=2$.

23. 圆的方程为 $x^2+y^2-4x-6=0$.

(1)过点 $M(-1,1)$，圆心在 x 轴上的圆.

(2)过点 $N(1,3)$，圆心在 x 轴上的圆.

24. 圆的方程 $x^2+2x+y^2-ay=1$ 的半径为 2.

(1) $a=3$. (2) $a=6$.

25. $x=4$，$y=-3$.

(1)点 $C(1,1)$ 是点 $A(x,5)$ 和 $B(-2,y)$ 的中点.

(2)点 $C(1,1)$ 是点 $A(5,y)$ 和 $B(x,-2)$ 的中点.

基础能力练习题解析

一、问题求解

1.**【答案】**D

【解析】到原点的距离为 2.5 的点有 $(2.5,0)$ 或 $(-2.5,0)$.

2.**【答案】**B

【解析】由 $-\frac{a}{2}=3$，即得 $a=-6$.

3.**【答案】**D

【解析】直线 $ax+by+c=0$ 即为 $y=-\frac{a}{b}x-\frac{c}{b}$，根据题干条件得 $-\frac{a}{b}>0$，$-\frac{c}{b}>0$，故 $ab<0$，$bc<0$.

4.【答案】B

【解析】直接利用点到直线的距离公式计算可知 $d=\frac{|-5|}{\sqrt{2^2+1}}=\sqrt{5}$.

5.【答案】B

【解析】由于 $\sqrt{(a-0)^2+(-5-10)^2}=17$，得到 $a^2+15^2=17^2 \Rightarrow a^2=64$，所以 $a=\pm 8$.

6.【答案】A

【解析】第一条直线的斜率是$\frac{2}{3}$,第二条直线的斜率是 -1，故两条直线相交.

7.【答案】A

【解析】根据直线与 x 轴正方向所成的夹角 α 的正切值可知 $k_1<0<k_2<k_3$.

8.【答案】A

【解析】直线 $mx-y+2m+1=0$ 变形为 $m(x+2)-y+1=0$,则点 $(-2,1)$ 满足题意.

9.【答案】B

【解析】由中点公式可知点 $M(1,1)$,则 AM 边所在的直线方程为$\frac{y-1}{5-1}=\frac{x-1}{-1-1}$,即 $y=-2x+3$.

10.【答案】D

【解析】根据点到直线的距离公式可知 $d=\frac{|5\times 0-12\times 0-9|}{\sqrt{5^2+(-12)^2}}=\frac{9}{13}$.

11.【答案】A

【解析】设直线的方程为 $y-2=k(x+1)$，直线 $2x-3y+4=0$ 变形为 $y=\frac{2}{3}x+\frac{4}{3}$，由两直线垂直知 $k\cdot\frac{2}{3}=-1$，故 $k=-\frac{3}{2}$，因此直线的方程为

$$y-2=-\frac{3}{2}(x+1)\Leftrightarrow 3x+2y-1=0.$$

12.【答案】A

【解析】设直线方程为 $x-2y+C=0$，代入点 $(1,0)$得 $1-2\times 0+C=0$,解得 $C=-1$,则 $x-2y-1=0$.

13.【答案】B

【解析】根据点到直线的距离公式可知 $d=\frac{|2\times(-1)+2-10|}{\sqrt{2^2+1^2}}=2\sqrt{5}$.

14.【答案】D

【解析】由两直线垂直判别得 $\left(-\frac{a}{2}\right)\times 3=-1$,解得 $a=\frac{2}{3}$.

15.【答案】E

【解析】设直线的方程为 $\frac{x}{a}+\frac{y}{b}=1$，则 $\frac{1}{2}ab=2$，$|a-b|=3$，解得 $a=4$，$b=1$ 或 $a=1$，$b=4$，故 $\frac{x}{4}+\frac{y}{1}=1$ 或 $\frac{x}{1}+\frac{y}{4}=1$，即 $x+4y-4=0$ 或 $4x+y-4=0$.

二、条件充分性判断

16.【答案】B

【解析】由条件(1)可知 $k_{AB}=\frac{2\sqrt{3}-(-\sqrt{3})}{2-(-1)}=\frac{3\sqrt{3}}{3}=\sqrt{3}$，不充分；

由条件(2)可知 $k_{AB}=\frac{4\sqrt{3}-3\sqrt{3}}{7-4}=\frac{\sqrt{3}}{3}$，充分.

17.【答案】E

【解析】显然单独不充分，联合可得 $a(a-1)+(1-a)(2a+3)=0$，即 $a^2+2a-3=0$，解得 $a=-3$ 或 $a=1$，故联合时也不充分.

18.【答案】B

【解析】条件(1)，由点到直线的距离公式：$\frac{|3a-4\times 6-2|}{\sqrt{3^2+(-4)^2}}>4$，解得 $a>\frac{46}{3}$ 或 $a<2$，不充分；条件(2)，由两平行线间的距离公式：$\frac{|3-a|}{\sqrt{1^2+(-1)^2}}<\sqrt{2}$，解得 $1<a<5$，充分.

19.【答案】B

【解析】本题考查直线方程的性质. 由条件(1)得到面积 $S=\frac{1}{2}\times\frac{10}{3}\times\frac{5}{2}=\frac{25}{6}$.

由条件(2)得到面积 $S=\frac{1}{2}\times 3\times\frac{9}{2}=\frac{27}{4}$.

20.【答案】C

【解析】由题干成立可知 $(3a-1+1)^2+(4a)^2<1\Leftrightarrow(3a)^2+(4a)^2<1\Leftrightarrow 9a^2+16a^2<1\Leftrightarrow 25a^2<1\Leftrightarrow-\frac{1}{5}<a<\frac{1}{5}$，故条件(1)和(2)联合时充分.

21.【答案】D

【解析】由条件(1)得 $\begin{cases}4\cdot\frac{a+b-2}{2}+3\cdot\frac{a+b-4}{2}-11=0,\\ -\frac{4}{3}\cdot\frac{b-a+8}{a-b+6}=-1,\end{cases}$ 解得 $\begin{cases}a=4,\\ b=2,\end{cases}$ 充分；

由条件(2)得 $\begin{cases}a\cdot\left(-\frac{1}{4}\right)=-1,\\ -\frac{b}{a}=-\frac{1}{2}\end{cases}\Rightarrow\begin{cases}a=4,\\ b=2,\end{cases}$ 充分.

22.【答案】A

【解析】过 AB 的直线的斜率为 $k_{AB}=\frac{4-m}{m+2}$,直线 $2x+y+3=0$ 的斜率为 $k=-2$,由题干可知 $-2=\frac{4-m}{m+2}$,解得 $m=-8$.

23.【答案】C

【解析】设圆心在 x 轴上的圆的方程为 $(x-a)^2+y^2=r^2$,显然单独条件(1)或条件(2)求解不出 a,r,故不充分;联合解得 $a=2,r^2=10$,因此

$$(x-2)^2+y^2=10\Leftrightarrow x^2+y^2-4x-6=0.$$

24.【答案】E

【解析】由条件(1)得 $x^2+2x+y^2-3y=1\Leftrightarrow(x+1)^2+\left(y-\frac{3}{2}\right)^2=1+1+\frac{9}{4}$,故 $r\neq 2$,不充分;

由条件(2)得 $x^2+2x+y^2-6y=1\Leftrightarrow(x+1)^2+(y-3)^2=1+1+9=11$,故 $r=\sqrt{11}\neq 2$,不充分.

25.【答案】A

【解析】由条件(1)得 $x-2=2\times 1,5+y=2\times 1\Rightarrow x=4,y=-3$;

由条件(2)得 $5+x=2\times 1,y-2=2\times 1\Rightarrow x=-3,y=4$.

强化能力练习题

一、问题求解

1. 如果 $a-b<0$，且 $ab<0$，那么点 (a,b) 在(　　).

A. 第一象限　　B. 第二象限　　C. 第三象限　　D. 第四象限　　E. 以上均不正确

2. 曲线 $y=|x|$ 与曲线 $y=\sqrt{4-x^2}$ 所围成的图形面积是(　　).

A. π　　B. $\frac{\pi}{4}$或$\frac{\pi}{2}$　　C. $\frac{\pi}{2}$　　D. $\frac{2}{3}\pi$　　E. 不能确定

3. 已知直线 l 经过两直线 $2x-3y+1=0$ 和 $3x-y-2=0$ 的交点，且与直线 $y=x$ 垂直，则原点到直线 l 的距离是(　　).

A. 2　　B. 1　　C. $\sqrt{2}$　　D. $2\sqrt{2}$　　E. $\frac{\sqrt{2}}{2}$

4. 已知直线 $l_1:mx+8y+n=0$ 与 $l_2:2x+my-1=0$ 互相平行，当 l_1,l_2 之间的距离为 $10\sqrt{5}$ 时，直线 l_1 的方程为(　　).

A. $2x+4y+99=0$　　B. $2x+4y-101=0$

C. $2x-4y+99=0$　　D. $2x-4y-101=0$

E. 以上都是直线 l_1 的方程

5. 经过直线 $l_1:2x+3y-5=0$ 与 $l_2:3x-2y-3=0$ 的交点且平行于直线 $2x+y-3=0$ 的直线方程为(　　).

A. $2x+y-\frac{9}{13}=0$　　B. $2x+y-\frac{19}{13}=0$

C. $2x+y+\frac{47}{13}=0$　　D. $2x+y-\frac{47}{13}=0$

E. $2x+y+\frac{19}{13}=0$

6. 经过两直线 $11x+3y-7=0$ 和 $12x+y-19=0$ 的交点，且与点 $A(3,-2)$，点 $B(-1,6)$ 等距离的直线的方程是(　　).

A. $2x+y+1=0$　　B. $7x+y-9=0$

C. $2x-y-1=0$　　D. $x+7y+9=0$

E. $7x+y-9=0$ 或 $2x+y+1=0$

7. 原点关于 $x-2y+1=0$ 的对称点的坐标为(　　).

A. $\left(-\frac{2}{5},\frac{4}{5}\right)$　　B. $\left(\frac{4}{5},-\frac{2}{5}\right)$　　C. $\left(\frac{4}{5},\frac{2}{5}\right)$

D. $\left(\frac{2}{5},-\frac{4}{5}\right)$　　E. $\left(-\frac{2}{5},-\frac{4}{5}\right)$

8. 方程 $x^2-(1+\sqrt{3})x+\sqrt{3}=0$ 的两根分别为等腰三角形的腰 a 和底 b ($a<b$)，则该三角形的面积是(　　).

A. $\frac{\sqrt{11}}{4}$　　B. $\frac{\sqrt{11}}{8}$　　C. $\frac{\sqrt{3}}{4}$　　D. $\frac{\sqrt{3}}{5}$　　E. $\frac{\sqrt{3}}{8}$

9. 已知直线 $l_1:(k-3)x+(4-k)y+1=0$ 与直线 $l_2:2(k-3)x-2y+3=0$ 平行，则 k 的值是(　　).

A. 1 或 3　　B. 1 或 5　　C. 3 或 5　　D. 1 或 2　　E. 2 或 3

10. 已知过点 $A(-2,m)$ 和 $B(m,4)$ 的直线与直线 $2x+y-1=0$ 平行，则 m 的值为(　　).

A. 0　　B. -8　　C. 2　　D. 10　　E. 8

11. 直线 $2x+y-2=0$ 关于点 $A(2,3)$ 对称的直线方程为(　　).

A. $2x+y-12=0$　　B. $2x+y+12=0$

C. $x+2y-12=0$　　D. $x+2y+12=0$

E. $2x-y+12=0$

12. 已知圆的圆心在直线 $y=-4x$ 上，且与直线 $x+y-1=0$ 相切于点 $P(3,-2)$，则圆心的坐标为(　　).

A. $(-1,4)$　　B. $(1,-4)$　　C. $\left(-\frac{1}{2},2\right)$

D. $\left(\frac{1}{2},-2\right)$　　E. $(-1,4)$ 或 $\left(\frac{1}{2},-2\right)$

13. 已知圆 C 与直线 $x-y=0$ 及 $x-y-4=0$ 都相切，圆心在直线 $x+y=0$ 上，则圆 C 的方程为(　　).

A. $(x+1)^2+(y-1)^2=2$　　B. $(x-1)^2+(y+1)^2=2$

C. $(x-1)^2+(y-1)^2=\sqrt{2}$　　D. $(x+1)^2+(y+1)^2=2$

E. $(x+1)^2+(y+1)^2=\sqrt{2}$

14. 直线 $2x-y+3=0$ 和直线 $2x+y-1=0$ 关于直线 l 对称，则直线 l 的方程为(　　).

A. $x=-\frac{1}{2}$　　B. $y=2$　　C. $x=\frac{1}{2}$

D. $x=-\frac{1}{2}$ 或 $y=2$　　E. $y=-\frac{1}{2}x+2$

15. 点 $P(4,-2)$ 与圆 $x^2+y^2=4$ 上任一点连线的中点轨迹方程是(　　).

A. $(x-2)^2+(y+1)^2=1$　　B. $(x-2)^2+(y+1)^2=4$

C. $(x+4)^2+(y-2)^2=4$　　D. $(x+2)^2+(y-1)^2=1$

E. $(x-4)^2+(y+2)^2=4$

二、条件充分性判断

16. 已知直线 l 过点 P，且与 x 轴、y 轴的正半轴分别交于 A,B 两点，则直线 l 的方程为 $\frac{x}{6}+\frac{y}{4}=1$.

(1) $\triangle ABO$ 的面积取得最小值.　　(2) $P(3,2)$.

17. 两直线 $l_1: mx+3y+n=0$ 和 $l_2: 3x+my-1=0$ 互相平行.

(1) $m=3, n\neq -1$.　　(2) $m=-3, n\neq 1$.

18. $\triangle ABC$ 的 $\angle C$ 是直角.

(1) A,B,C 的坐标依次为 $(1,5),(4,2),(4,3)$.

(2) A,C 的坐标分别为 $(1,0),(2,2)$，且过 BC 的直线平行于 $x+2y+6=0$.

19. 一张坐标纸对折后，点 A 与点 B 重叠，若点 $C(2,3)$ 与 $D(m,n)$ 重叠，则 $m+n=5$.

(1) $A(0,2)$.　　(2) $B(2,0)$.

20. $\frac{y}{x}$ 的最大值为 $\sqrt{3}$.

(1) 点 (x,y) 在方程 $x^2+y^2-4x+1=0$ 上.

(2) 点 (x,y) 在方程 $x^2+y^2+4x+1=0$ 上.

21. 无论 m 为任何实数，直线 l 恒与圆 C 相交.

(1) 圆 $C: (x-2)^2+(y-3)^2=4$.

(2) 直线 $l: (m+2)x+(2m+1)y=7m+8$.

22. 已知圆 $C_1: x^2+y^2-2ax+4y+a^2-5=0$ 与圆 $C_2: x^2+y^2+2x-2ay+a^2-3=0$ 外切，则 $a=2$ 或 -5.

(1) $a=2$.　　(2) $a=-5$.

23. 光线从 $A(-1,2)$ 射出，被 x 轴反射后经过点 B，则入射光线所在直线方程为 $x+y-1=0$.

(1) $B(3,2)$.　　(2) $B(3,1)$.

24. 如图所示，则正方形 $ABCD$ 的面积为 1.

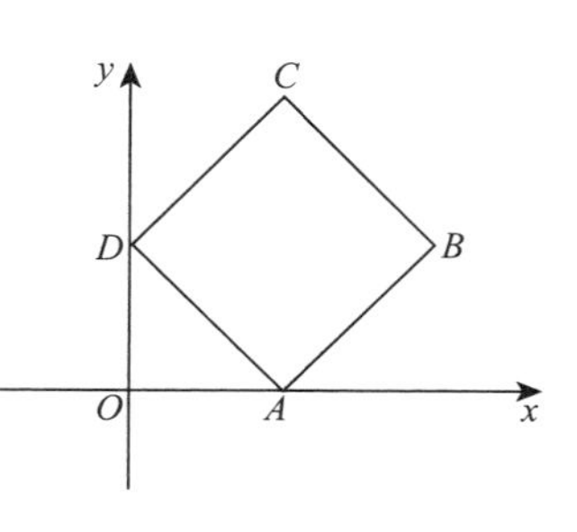

(1) AB 所在的直线方程 $y=x-\frac{1}{\sqrt{2}}$.

(2) AD 所在的直线方程为 $y=1-x$.

25. 已知点 $A(-3,5), B(2,4)$，则在直线 l 上存在一点 P，使 $|PA|+|PB|$ 最小值为 $2\sqrt{2}$.

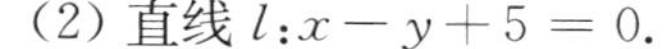

(1) 直线 $l: 3x-4y+12=0$.　　(2) 直线 $l: x-y+5=0$.

强化能力练习题解析

一、问题求解

1.【答案】B

【解析】因 $a-b<0$,知 $a<b$,又因 $ab<0$,所以 $a<0,b>0$,故点 (a,b) 在第二象限.

2.【答案】A

【解析】曲线 $y=|x|$ 与曲线 $y=\sqrt{4-x^2}$ 所围成的图形如图阴影部分所示,其面积是四分之一个以 2 为半径的圆的面积,所以

$$S=2^2\cdot\pi\cdot\frac{1}{4}=\pi.$$

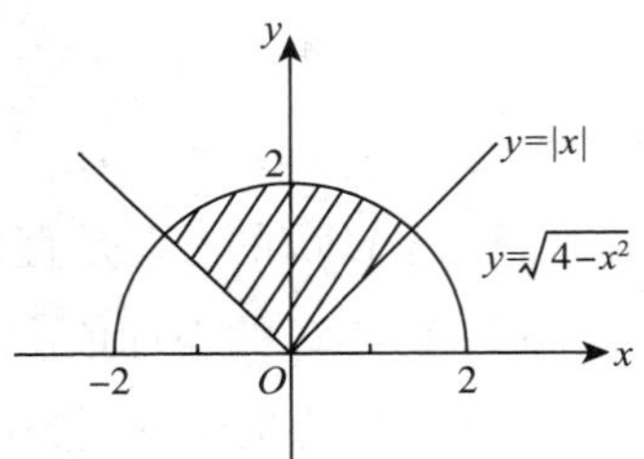

3.【答案】C

【解析】根据题意,$\begin{cases}2x-3y+1=0,\\3x-y-2=0,\end{cases}$ 解得 $\begin{cases}x=1,\\y=1,\end{cases}$ 即交点为 $(1,1)$,则直线 l 的方程为 $y-1=-(x-1)$,即 $x+y-2=0$.

故原点到直线 l 的距离 $d=\dfrac{|0+0-2|}{\sqrt{1^2+1^2}}=\sqrt{2}$.

4.【答案】E

【解析】由于直线 l_1,l_2 互相平行,则 $m^2-2\times8=0$,解得 $m=\pm4$.

当 $m=4$ 时,$l_1:4x+8y+n=0$ 和 $l_2:2x+4y-1=0$,则 $d=\dfrac{\left|\frac{n}{2}+1\right|}{\sqrt{2^2+4^2}}=10\sqrt{5}$,解得 $n=198$ 或 $n=-202$,所以 $l_1:4x+8y+198=0$ 或 $4x+8y-202=0$,即

$$l_1:2x+4y+99=0\text{ 或 }2x+4y-101=0;$$

当 $m=-4$ 时,$l_1:-4x+8y+n=0$ 和 $l_2:2x-4y-1=0$,则 $d=\dfrac{\left|-\frac{n}{2}+1\right|}{\sqrt{2^2+(-4)^2}}=10\sqrt{5}$,解得 $n=-198$ 或 $n=202$,所以 $l_1:-4x+8y-198=0$ 或 $-4x+8y+202=0$,即

$$l_1:2x-4y+99=0\text{ 或 }2x-4y-101=0.$$

5.【答案】D

【解析】根据题意,$\begin{cases}2x+3y-5=0,\\3x-2y-3=0,\end{cases}$ 解得 $\begin{cases}x=\dfrac{19}{13},\\y=\dfrac{9}{13},\end{cases}$ 即交点坐标 $\left(\dfrac{19}{13},\dfrac{9}{13}\right)$.

设平行于直线 $2x+y-3=0$ 的直线方程为 $2x+y+C=0$,代入交点 $\left(\dfrac{19}{13},\dfrac{9}{13}\right)$,得 $C=$

$-\frac{47}{13}$，故直线方程为 $2x+y-\frac{47}{13}=0$.

6.【答案】E

【解析】根据题意，$\begin{cases}11x+3y-7=0,\\12x+y-19=0,\end{cases}$ 解得 $\begin{cases}x=2,\\y=-5,\end{cases}$ 即交点坐标 $(2,-5)$.

当直线过 A,B 中点 $(1,2)$ 时，方程为 $\frac{y-2}{-5-2}=\frac{x-1}{2-1}$，即 $7x+y-9=0$；

当直线与过点 A,B 的直线平行时，方程为 $y+5=\frac{6+2}{-1-3}(x-2)$，即 $2x+y+1=0$.

7.【答案】A

【解析】设对称点的坐标为 (x,y)，则

$$\begin{cases}2(x-0)+1\cdot(y-0)=0,\\\frac{x+0}{2}-2\cdot\frac{y+0}{2}+1=0\end{cases}\Rightarrow\begin{cases}x=-\frac{2}{5},\\y=\frac{4}{5},\end{cases}$$

所以对称点的坐标为 $\left(-\frac{2}{5},\frac{4}{5}\right)$.

8.【答案】C

【解析】根据题给方程可得，腰 $a=1$ 和底 $b=\sqrt{3}$，故面积为 $\frac{1}{2}\times\frac{1}{2}\times\sqrt{3}=\frac{\sqrt{3}}{4}$.

9.【答案】C

【解析】根据判定两直线互相平行的公式得 $-2(k-3)-(4-k)\cdot2(k-3)=0$，解得 $k=3$ 或 $k=5$.

10.【答案】B

【解析】直线 $2x+y-1=0$ 的斜率 $k=-2$，则 $k_{AB}=\frac{m-4}{-2-m}=-2$，解得 $m=-8$.

11.【答案】A

【解析】设直线 $2x+y-2=0$ 上任一点的坐标为 (a,b)，关于点 $A(2,3)$ 的对称点 (x,y)，则

$\begin{cases}2=\frac{a+x}{2},\\3=\frac{b+y}{2}\end{cases}\Rightarrow\begin{cases}a=4-x,\\b=6-y,\end{cases}$ 代入得 $2(4-x)+(6-y)-2=0$，故所求直线方程为

$$2x+y-12=0.$$

12.【答案】B

【解析】根据题意设圆心的坐标为 $(a,-4a)$，半径为 r，则

$$d=\frac{|a+(-4a)-1|}{\sqrt{1^2+1^2}}=\sqrt{(a-3)^2+(-4a+2)^2}=r,$$

解得 $a=1$，则圆心的坐标为 $(1,-4)$.

13.【答案】B

【解析】根据题意设圆心的坐标为 $(a,-a)$，半径为 r，则

$$d=\frac{|a+a|}{\sqrt{1^2+(-1)^2}}=\frac{|a+a-4|}{\sqrt{1^2+(-1)^2}}=r,$$

解得 $a=1$，故圆心为 $(1,-1)$，$r=\sqrt{2}$，圆 C 的方程为 $(x-1)^2+(y+1)^2=2$.

14.【答案】D

【解析】根据题意直线 l 过两直线的交点，则 $\begin{cases}2x-y+3=0,\\2x+y-1=0\end{cases}\Rightarrow\begin{cases}x=-\dfrac{1}{2},\\y=2,\end{cases}$ 交点为 $\left(-\dfrac{1}{2},2\right)$，由于直线 $2x-y+3=0$ 和直线 $2x+y-1=0$ 的斜率互为相反数，故直线 l 的方程为 $x=-\dfrac{1}{2}$ 或 $y=2$.

15.【答案】A

【解析】设圆上任一点的坐标为 (x_0,y_0)，中点坐标为 (x,y)，则 $x=\dfrac{x_0+4}{2}$，$y=\dfrac{y_0-2}{2}$，即 $x_0=2x-4$，$y_0=2y+2$，代入圆的方程得 $(2x-4)^2+(2y+2)^2=4$，所以轨迹方程是 $(x-2)^2+(y+1)^2=1$.

二、条件充分性判断

16.【答案】C

【解析】显然必须联合，设直线 l 的方程为 $\dfrac{x}{a}+\dfrac{y}{b}=1$，$a,b>0$，则有 $\dfrac{3}{a}+\dfrac{2}{b}=1$，又因 $S_{\triangle ABO}=S_{\triangle AOP}+S_{\triangle BOP}=\dfrac{1}{2}\times 2a+\dfrac{1}{2}\times 3b$ 取最小值，则

$$S_{\triangle ABO}=\left(\frac{1}{2}\times 2a+\frac{1}{2}\times 3b\right)\left(\frac{3}{a}+\frac{2}{b}\right)=3+\frac{2a}{b}+\frac{9b}{2a}+3\geqslant 6+2\sqrt{\frac{2a}{b}\cdot\frac{9b}{2a}}=12,$$

当且仅当 $\dfrac{2a}{b}=\dfrac{9b}{2a}$，即 $2a=3b$ 时取到最小值，所以 $a=6$，$b=4$，因此直线 l 的方程为 $\dfrac{x}{6}+\dfrac{y}{4}=1$.

17.【答案】D

【解析】两直线互相平行，则 $m^2-3\times 3=0\Rightarrow m=\pm 3$.

当 $m=3$，$n\neq -1$ 时，两直线不重合，充分，同理条件(2)也充分.

18.【答案】B

【解析】条件(1)，由两点间距离公式 $d=\sqrt{(x_1-x_2)^2+(y_1-y_2)^2}$，可知 $AB=\sqrt{18}$，$AC=\sqrt{13}$，$BC=1$，$AB^2=18\neq AC^2+BC^2=13+1=14$，故条件(1)不成立；

条件(2)，$k_{BC}=-\frac{1}{2}$，$k_{AC}\cdot k_{BC}=\frac{2-0}{2-1}\cdot\left(-\frac{1}{2}\right)=-1$，即 $AC\perp BC$，故 $\angle C=90°$.

故选 B.

19.【答案】C

【解析】显然必须联合，由于 $A(0,2)$ 与 $B(2,0)$ 对称可知，对称直线为 $y=x$，则 $C(2,3)$ 的对称点 D 的坐标为 $(3,2)$.

20.【答案】D

【解析】$\frac{y}{x}$ 的取值可以看作过点 (x,y) 与原点的直线的斜率. 条件(1)，方程变形为 $(x-2)^2+y^2=3$，如图(a)所示，在 A 点取到最大值 $\sqrt{3}$，充分；

条件(2)，方程变形为 $(x+2)^2+y^2=3$，如图(b)所示，在 B 取到最大值 $\sqrt{3}$，充分.

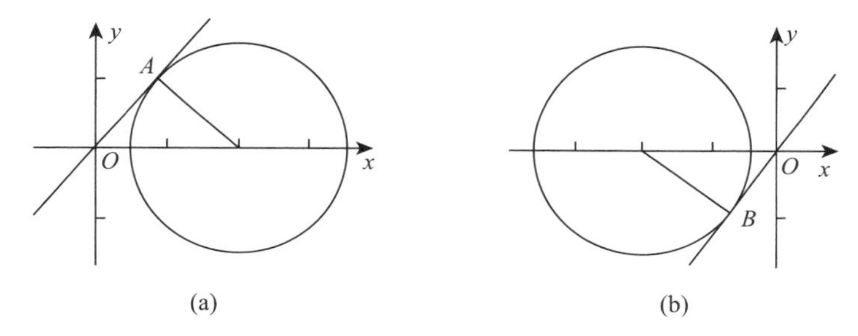

21.【答案】C

【解析】易知直线 l 过定点 $M(3,2)$，且 $(3-2)^2+(2-3)^2=2<4$，即点 M 在圆 C 内，点 M 又在直线 l 上，故无论 m 为任何实数，直线 l 恒与圆 C 相交.

22.【答案】D

【解析】由圆 C_1：$(x-a)^2+(y+2)^2=9$ 与圆 C_2：$(x+1)^2+(y-a)^2=4$ 外切可知 $\sqrt{(a+1)^2+(-2-a)^2}=3+2$，解得 $a=2$ 或 $a=-5$，故条件(1)充分，条件(2)也充分.

23.【答案】A

【解析】由条件(1)，知 $B(3,2)$ 关于 x 轴对称的点为 $(3,-2)$，则入射光线所在直线方程为 $\frac{y+2}{2+2}=\frac{x-3}{-1-3}$，即 $x+y-1=0$，充分；条件(2)明显不充分.

24.【答案】A

【解析】条件(1)，由 AB 所在的直线方程为 $y=x-\frac{1}{\sqrt{2}}$，故 A 的坐标为 $\left(\frac{1}{\sqrt{2}},0\right)$，由于 AB 的

斜率为 1，那么 AD 的斜率为 -1，得到 D 的坐标为 $\left(0,\frac{1}{\sqrt{2}}\right)$，则正方形的边长 $AD=1$，故面积 $S=1$，充分；条件(2)，AD 所在的直线方程为 $y=1-x$，得到 A 为 $(1,0)$，D 为 $(0,1)$，$AD=\sqrt{2}$，面积 $S=2$，不充分.

25.**【答案】**E

【解析】条件(1)，由于 A,B 在直线 l 的两侧，则 $|PA|+|PB|$ 最小值为 $|AB|=\sqrt{(-3-2)^2+(5-4)^2}=\sqrt{26}$，不充分；同理，条件(2)，$A,B$ 在直线 l 的两侧，则 $|PA|+|PB|$ 最小值为 $|AB|=\sqrt{(-3-2)^2+(5-4)^2}=\sqrt{26}$，不充分；不可以联合，故选 E.

第八章　立体几何

一、本章思维导图

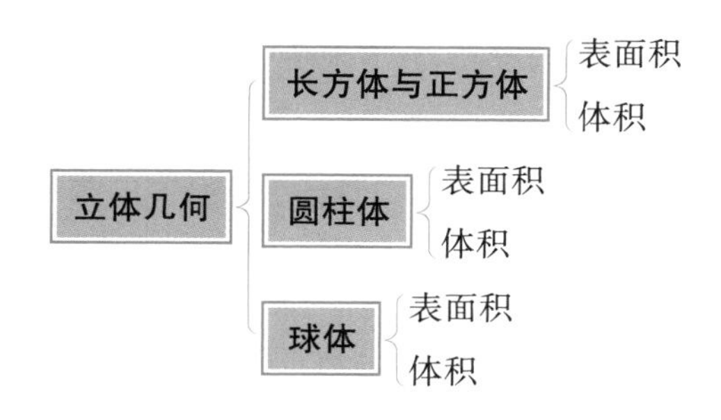

二、往年真题分析

1 真题统计

考点 \ 数量 \ 年份(2012—2021)	12	13	14	15	16	17	18	19	20	21
长方体(正方体)			1		1	1		1	1	
圆柱体							1			
球体、圆柱体、长方体(正方体)相结合问题	1	1	1	2	1	1		1		1
总计/分	3	3	6	6	6	6	3	6	3	3

2 考情解读

立体几何主要是培养空间想象能力，在考试中占 1～2 道题，主要是从两个方向考查，一是长方体、柱体、球体的表面积和体积的计算，二是将几个图形综合在一起，比如球体与长方体、圆柱体相结合出题.

第 35 讲　长方体

考点解读

设 3 条相邻的棱长是 a,b,c，如图所示.

(1)表面积：$S_{全}=2(ab+bc+ac)$.

(2)体积：$V=abc$.

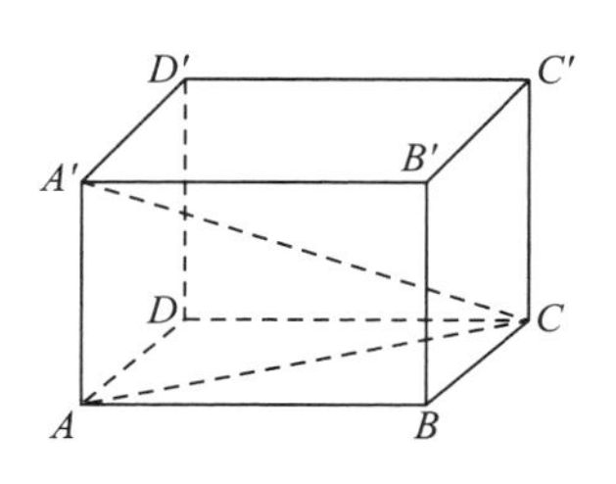

(3)体对角线长：$d=\sqrt{a^2+b^2+c^2}$.

(4)所有棱长之和：$l=4(a+b+c)$.

当 $a=b=c$ 时的长方体称为正方体，且有 $S_{全}=6a^2$，$V=a^3$，$d=\sqrt{3}a$.

高能提示

1. 出题频率：级别中，难度易，得分率高，长方体(正方体)是比较简单的立体图形，长方体一般与球体相结合出题.

2. 考点分布：棱长、体对角线、表面积、体积.

3. 解题方法：加深对概念和公式的理解和应用.

题型归纳

题型：长方体的基本概念

▶**【特征分析】**熟记长方体及正方体的棱长、表面积、体积计算公式.

例 1 长方体三个不相同的侧面面积分别为5，8，10，则此长方体同一顶点的三条棱长分别是(　　).

A. 3，2，2　　B. 4，3，2　　C. 3，2.5，2　　D. 1，2.5，2　　E. 2，2.5，4

【解析】设同一顶点的三条棱长分别是 $a,b,c\Rightarrow\begin{cases}ab=5,\\ac=8,\\bc=10\end{cases}\Rightarrow\begin{cases}a=2,\\b=2.5,\\c=4.\end{cases}$

【答案】E

例 2 一个长方体的长与宽之比是2∶1，宽与高之比是3∶2，若长方体的全部棱长之和是220厘米，则长方体的体积是(　　)立方厘米.

A. 2 880　　B. 7 200　　C. 4 600

D. 4 500　　E. 3 600

【解析】根据长、宽、高之比求得具体长度后求解.

根据比例设长、宽、高分别为 $6x,3x,2x$，则 $4\times11x=220\Rightarrow x=5$，因此长、宽、高分别为30，15，10，则长方体体积为 $30\times15\times10=4\ 500$(立方厘米).

【答案】D

例 3 如图所示，正方体 $ABCD-A'B'C'D'$ 的棱长为2，F 是 $C'D'$ 的中点，则 AF 的长为(　　).

A. 3　　B. 5　　C. $\sqrt{5}$　　D. $2\sqrt{2}$　　E. $2\sqrt{3}$

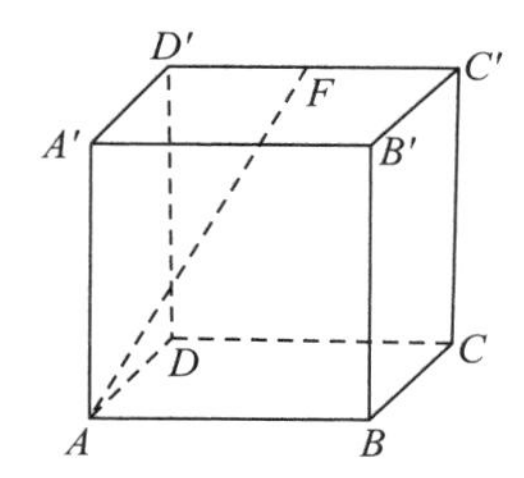

【解析】立体几何求长度主要考查正方体或长方体的体对角线，利用直角三角形勾股定理可求. 根据体对角线公式可知，$AF=\sqrt{1^2+2^2+2^2}=3$.

【答案】A

第 36 讲　圆柱体

考点解读

1. 柱体的分类

圆柱：底面为圆的柱体称为圆柱.

棱柱：底面为多边形的柱体称为棱柱，底面为 n 边形的柱体就称为 n 棱柱.

2. 关于圆柱的公式

设高为 h，底面半径为 r，如图所示.

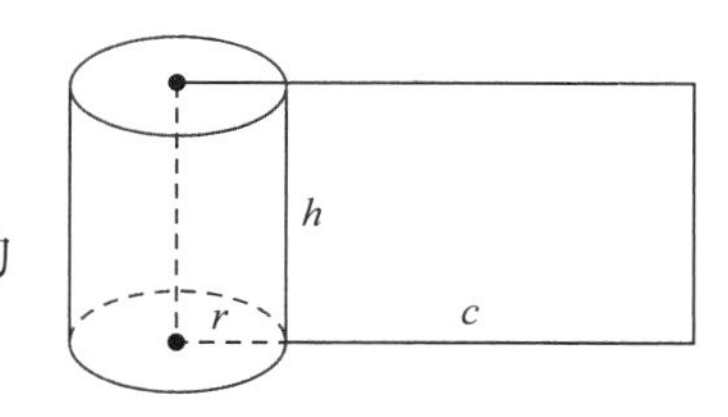

体积：$V=\pi r^2 h$.

侧面积：$S_{侧}=2\pi rh$（其侧面展开图为一个长为 $2\pi r$，宽为 h 的长方形）.

表面积：$S_{全}=S_{侧}+2S_{底}=2\pi rh+2\pi r^2$.

高能提示

1. 出题频率：难度中等，得分率高，圆柱体是立体几何考试的核心部分，经常与外接球相结合一起考查.

2. 考点分布：表面积、体积.

3. 解题方法：熟记概念和公式，对圆柱的展开和平面图形旋转灵活应用.

题型归纳

题型：圆柱体的基本概念

▶【特征分析】掌握圆柱体的侧面积、表面积及体积公式.

例 1　一个圆柱体的高减少到原来的 70%，底半径增加到原来的 130%，则它的体积（　　）.

A. 不变　　　　B. 增加到原来的 121%

C. 增加到原来的130%　　D. 增加到原来的118.3%

E. 减少到原来的91%

【解析】根据圆柱体体积公式得到前、后体积的关系. 圆柱体体积 $V=\pi r^2 h$，高和底半径改变后体积为 $V=\pi(1.3r)^2\times 0.7h=1.183\pi r^2 h$，即体积增加到原来的118.3%.

【答案】D

例2　一圆柱体的高与正方体的高相等，且它们的侧面积也相等，则圆柱体的体积与正方体的体积的比值为(　　).

A. $\frac{4}{\pi}$　　B. $\frac{2}{\pi}$　　C. $\frac{\pi}{3}$　　D. $\frac{\pi}{4}$　　E. π

【解析】设圆柱体的高为 h，正方体的高为 $a\Rightarrow a=h, S_{侧}=2\pi rh=4a^2\Rightarrow r=\frac{4a}{2\pi}=\frac{2a}{\pi}\Rightarrow$

$\frac{V_{圆柱}}{V_{正}}=\frac{\pi\times\left(\frac{2a}{\pi}\right)^2\times a}{a^3}=\frac{4}{\pi}$.

【答案】A

例3　有一根圆柱形铁管，厚度为0.1米，内直径为1.8米，长度为2米，若将其熔化后做成长方体，则长方体的体积约为(　　)立方米.

A. 0.38　　B. 0.59　　C. 1.19　　D. 5.09　　E. 6.28

【解析】圆柱体和长方体体积问题，熔化后体积保持不变.

$$\begin{aligned}V_{圆柱}&=V_{外圆柱}-V_{内圆柱}=\pi R_{外}^2 h-\pi R_{内}^2 h\\&=\pi\left(\frac{1.8}{2}+0.1\right)^2 h-\pi\left(\frac{1.8}{2}\right)^2 h\\&=0.19\pi h=0.19\times 3.14\times 2\approx 1.19.\end{aligned}$$

【答案】C

例4　一个两头密封的圆柱形水桶，水平横放时桶内有水部分占水桶一头圆周长的$\frac{1}{4}$，则水桶直立时水的高度和桶的高度的比值是(　　).

A. $\frac{1}{4}$　　B. $\frac{1}{4}-\frac{1}{\pi}$　　C. $\frac{1}{4}-\frac{1}{2\pi}$　　D. $\frac{1}{8}$　　E. $\frac{4}{\pi}$

【解析】设桶高为 h，水桶直立时水高为 l，如图所示，弧 AB 所对的圆心角为90°，因此 $S_{阴}=\frac{1}{4}\pi r^2-\frac{1}{2}r^2$，由于桶内水的体积不变，故 $V_{水}=S_{阴}\cdot h=\left(\frac{1}{4}\pi r^2-\frac{1}{2}r^2\right)\cdot h=\pi r^2\cdot l\Rightarrow\frac{l}{h}=\frac{1}{4}-\frac{1}{2\pi}$.

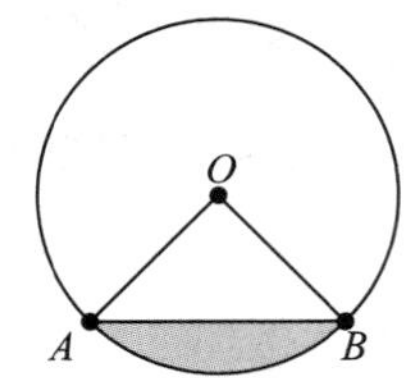

【答案】C

第37讲　球体

考点解读

设球的半径为 r.

(1)球的表面积：$S = 4\pi r^2$.

(2)球的体积：$V = \frac{4}{3}\pi r^3$.

(3)长方体、正方体、圆柱与球的关系.

设圆柱底面半径为 r，球半径为 R，圆柱的高为 h.

类别	内切球	外接球
长方体	无，只有正方体才有	体对角线长 $l = 2R$
正方体	棱长 $a = 2R$	体对角线长 $l = 2R$（$2R = \sqrt{3}a$）
圆柱	只有轴截面是正方形的圆柱才有，此时有 $2r = h = 2R$	$\sqrt{h^2 + (2r)^2} = 2R$

高能提示

1. 出题频率：级别中，难度易，一般会与长方体、正方体、圆柱体相结合出题.
2. 考点分布：内切球，外接球.
3. 解题方法：熟记公式且要灵活应用.

题型归纳

题型：球的基本概念

▶【**特征分析**】正方体的内切球的半径为边长的一半，外接球的半径为体对角线长的一半；等边圆柱的内切球的直径等于圆柱的直径，外接球的直径等于圆柱的轴截面的对角线的长度.

例1　现有一个半径为 R 的球体，拟用刨床将其加工为正方体，则能加工成的最大正方体的体积是(　　).

A. $\frac{8}{3}R^3$　　B. $\frac{8\sqrt{3}}{9}R^3$　　C. $\frac{4}{3}R^3$

D. $\frac{1}{3}R^3$　　E. $\frac{\sqrt{3}}{9}R^3$

【**解析**】由题意分析得，要使加工的正方体的体积最大，需保证正方体的8个顶点都在球上，即正方体的外接球直径就是正方体的体对角线长. 设正方体的边长为 a，则

$$\sqrt{3}a=2R\Rightarrow a=\frac{2\sqrt{3}}{3}R\Rightarrow V_{正}=\left(\frac{2\sqrt{3}}{3}R\right)^3=\frac{8\sqrt{3}}{9}R^3.$$

【答案】B

例 2 将体积为 $4\pi\ \text{cm}^3$ 和 $32\pi\ \text{cm}^3$ 的两个实心金属球熔化后铸成一个实心大球，则大球的表面积为（　　）.

A. $32\pi\ \text{cm}^2$　　B. $36\pi\ \text{cm}^2$　　C. $38\pi\ \text{cm}^2$

D. $40\pi\ \text{cm}^2$　　E. $42\pi\ \text{cm}^2$

【解析】由于体积不变，所以实心大球的体积为 $4\pi+32\pi=36\pi$，可以求出大球的半径为 3，故大球的表面积为 $S=4\pi\times3^2=36\pi\ (\text{cm}^2)$.

【答案】B

例 3 棱长为 a 的正方体内切球、外接球、外接半球的半径分别为（　　）.

A. $\frac{a}{2},\frac{\sqrt{2}}{2}a,\frac{\sqrt{3}}{2}a$　　B. $\sqrt{2}a,\sqrt{3}a,\sqrt{6}a$　　C. $a,\frac{\sqrt{3}a}{2},\frac{\sqrt{6}a}{2}$

D. $\frac{a}{2},\frac{\sqrt{2}}{2}a,\frac{\sqrt{6}}{2}a$　　E. $\frac{a}{2},\frac{\sqrt{3}}{2}a,\frac{\sqrt{6}}{2}a$

【解析】如图(a)所示，正方体内切球的半径为边长的一半，即 $\frac{a}{2}$，如图(b)所示，外接球的半径为体对角线长的一半，即 $\frac{\sqrt{3}}{2}a$，如图(c)所示，外接半球的半径为 $\sqrt{a^2+\left(\frac{\sqrt{2}a}{2}\right)^2}=\frac{\sqrt{6}a}{2}$.

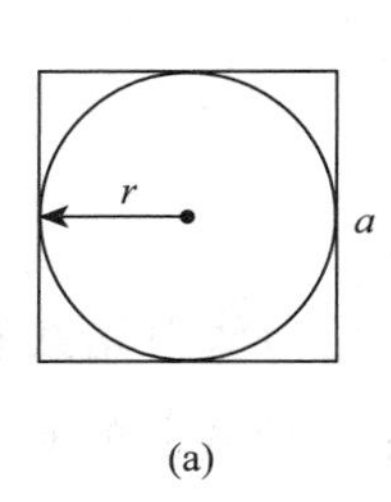

(a)

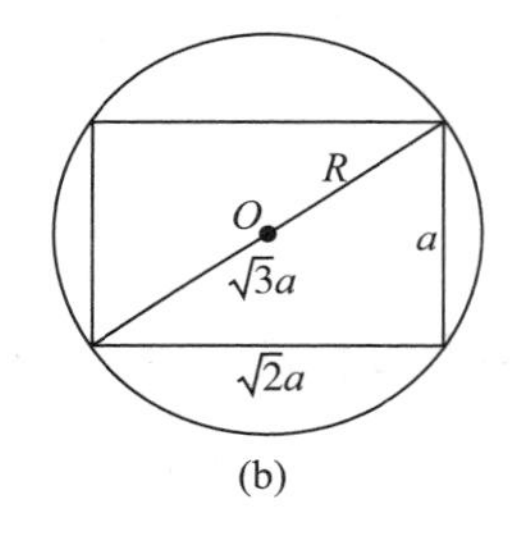

(b)

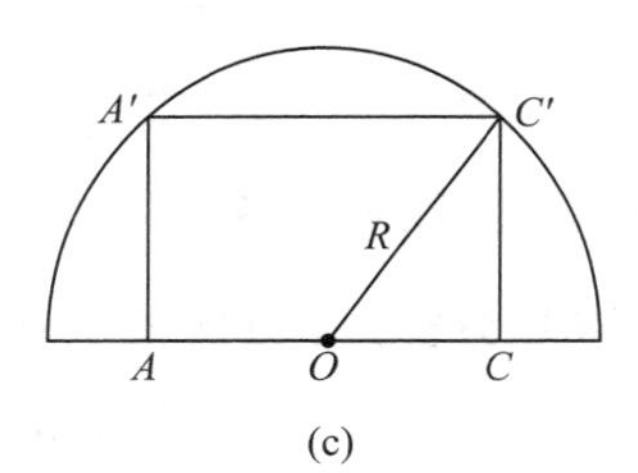

(c)

【答案】E

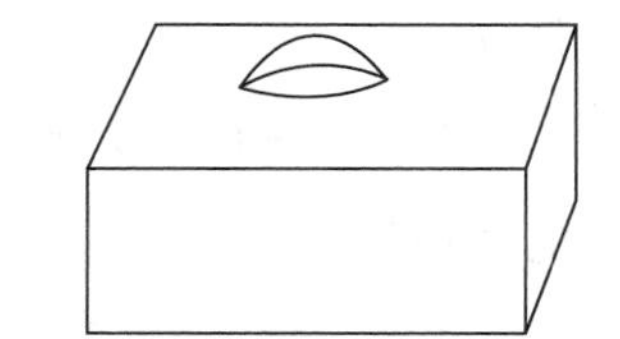

例 4 如图所示，一个铁球沉入水池中，则能确定铁球的体积.

(1)已知铁球露出水面的高度.

(2)已知水深及铁球与水面交线的周长.

【解析】代入条件(1)，水面所截球体的圆的半径不知，故求不出球的半径，不充分；由条件(2)得，设已知水深 h 及铁球与水面交线的周长 C，可知与水面交线的半径 r_1，则 $r^2=(h-r)^2+r_1^2$，其中 r 是铁球的半径，那么能确定其体积，充分.

【答案】B

例 5 如图所示，在半径为 10 厘米的球体上开一个底面半径是 6 厘米的圆柱形洞，则洞的内壁侧面积为（　　）.（单位：平方厘米）

A. 48π　　B. 288π　　C. 96π　　D. 576π　　E. 192π

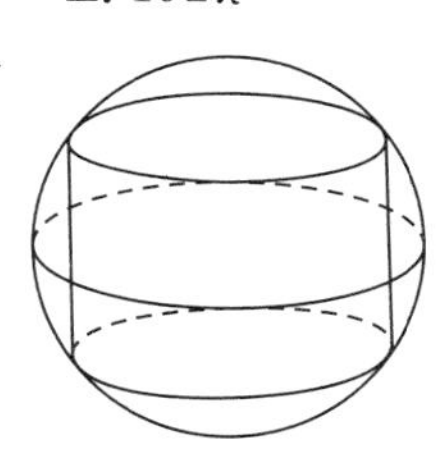

【解析】如图所示，设球的半径为 R，圆柱的半径 r，高为 h，则有 $\sqrt{h^2+(2r)^2}=2R \Rightarrow h=16$，洞的内壁侧面积为 $S=2\pi rh=192\pi$，故选 E.

【答案】E

基础能力练习题

一、问题求解

1. 一个长方体和一个正方体的棱长和相等. 如果正方体的边长是 6 厘米，长方体的长是 7 厘米，宽为 6 厘米，那么长方体的高是(　　)厘米.

A. 1　　B. 2　　C. 3　　D. 4　　E. 5

2. 长方体中，与一个顶点相邻的三个面的面积分别是$\sqrt{3}$，$\sqrt{5}$，$\sqrt{15}$，则长方体的体积为(　　).

A. 7　　B. 8　　C. 9　　D. 10　　E. $\sqrt{15}$

3. 正方体的棱长增加 2 倍，则表面积和体积分别扩大为原来的(　　)倍.

A. 4，8　　B. 2，8　　C. 9，9　　D. 9，27　　E. 3，10

4. 圆柱的侧面展开图是正方形，则圆柱底面圆的直径 d 和圆柱的高 h 的比为(　　).

A. $1:1$　　B. $1:2$　　C. $1:\pi$　　D. $2:\pi$　　E. $1:2\pi$

5. 矩形周长为 2，将它绕其一边旋转一周，所得圆柱体体积最大时的矩形面积为(　　).

A. $\frac{4\pi}{27}$　　B. $\frac{2}{3}$　　C. $\frac{2}{9}$　　D. $\frac{27}{4}$　　E. 6

6. 如果底面直径和高相等的圆柱的侧面积为 S，那么圆柱的体积等于(　　).

A. $\frac{S}{2}\sqrt{S}$　　B. $\frac{S}{2}\sqrt{\frac{S}{\pi}}$　　C. $\frac{S}{4}\sqrt{S}$　　D. $\frac{S}{4}\sqrt{\frac{S}{\pi}}$　　E. $\frac{3}{S}\sqrt{\frac{S}{\pi}}$

7. 已知一个长方体，长为 3、宽为 2、高为 1，它的表面展开图的周长最小是(　　).

A. 26　　B. 21　　C. 23　　D. 24　　E. 22

8. 一个长方体的长、宽、高分别是整数 a,b,c，若 $a+b+c+ab+bc+ac+abc=2\,006$，则长方体的体积为(　　).

A. 888　　B. 936　　C. 836　　D. 840　　E. 940

9. 把两个完全一样的长方体木块拼成一个大的长方体，有三种拼法，所得到的大长方体的表面积比原来两个小长方体的表面积之和分别减少了 160，54，30，那么每个小长方体的体积是(　　).

A. 180　　B. 150　　C. 360　　D. 480　　E. 720

10. 一个圆柱形容器的轴截面尺寸如图所示，将一个实心球放入该容器中，球的直径等于圆柱的高，现将容器注满水，然后取出该球(设原水量不受损失)，则容器中水面的高度为(　　).

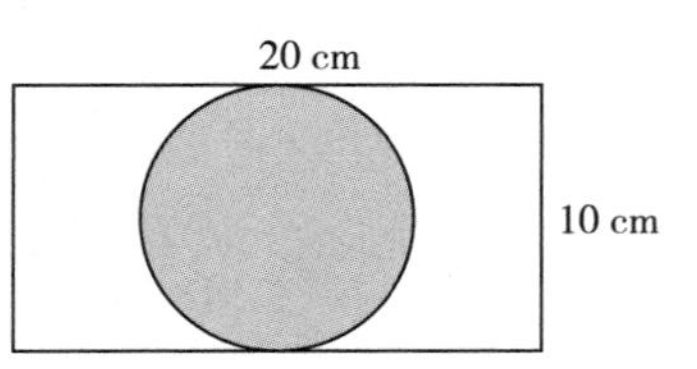

A. $5\frac{1}{3}$ cm　　B. $6\frac{1}{3}$ cm

C. $7\frac{1}{3}$ cm　　　　D. $8\frac{1}{3}$ cm

E. 以上结论均不正确

11. 用一根长为108的铁丝做一个长、宽、高之比为2∶3∶4的长方体框，那么这个长方体的体积是（　　）.

A. 648　　B. 658　　C. 668　　D. 678　　E. 688

12. 一个长为1米、宽8厘米、高5厘米的长方体木料锯成长度都是50厘米的两段，表面积比原来增加（　　）平方厘米.

A. 80　　B. 75　　C. 70　　D. 68　　E. 60

13. 一个棱长为 a 分米（a 为正整数）的正方体木块的6个面都被漆成了红色，把这个正方体全都锯成棱长为1分米的小正方体，其中恰有一个面涂有红漆的共96块，则原正方体的表面积为（　　）平方分米.

A. 148　　B. 164　　C. 180　　D. 192　　E. 216

14. 一个正方体增高3，就得到一个底面不变的长方体，它的表面积比原来的正方体表面积增加96，则原来正方体的表面积为（　　）.

A. 368　　B. 372　　C. 382　　D. 384　　E. 386

15. 一个长方体油桶装满汽油，现将桶里的汽油倒入一个正方体容器内正好倒满，已知长方体汽油桶高为1，底面长为0.8，宽为0.64，则正方体容器的棱长为（　　）.

A. 0.8　　B. 0.85　　C. 0.9　　D. 0.95　　E. 0.6

二、条件充分性判断

16. 长方体表面积为288平方厘米，则体积为288立方厘米.

（1）长方体的长、宽比为2∶1.　　（2）长方体的宽、高之比为3∶2.

17. $m=3$.

（1）正方体的外接球与内切球的体积之比为 m.

（2）正方体的外接球与内切球表面积之比为 m.

18. $V=18\pi$.

（1）长方体三个相邻面的面积分别是2，3，6，这个长方体的顶点均在同一球面上，且该球的体积为 V.

（2）半球内有一内接正方体，正方体的一个面在半球的底面圆内，正方体的边长为 $\sqrt{6}$，且该半球的体积为 V.

19. 球的表面积与正方体表面积之比为 π∶6.

（1）球与正方体各面都相切.　　（2）正方体8个顶点均在球面上.

20. 现在的体积增加到原来的 118.3 %.

(1)圆柱体的高减少到原来的 70%,底面半径增加到原来的 130%.

(2)圆柱体的高增加到原来的 130%,底面半径减少到原来的 75%.

21. 把长、宽、高分别为 5,4,3 的两个相同长方体黏合成一个大长方体,则大长方体的表面积为 164.

(1)将两个最大的面黏合在一起.　　(2)将两个最小的面黏合在一起.

22. 可以确定一个长方体的体积.

(1)已知长方体的全面积.　　(2)已知长方体的体对角线长.

23. 圆柱的底面半径 $r=3$.

(1)圆柱的高为 10.　　(2)侧面积为 60π.

24. 已知棱长为 a 的正方体(上底面无盖)内部有一个球,与其各个面均相切,在正方体内壁与球外壁间注满水,现将球向上提升,当球恰好与水面相切时,则正方体的上底面截球所得圆的面积等于$\frac{\pi^2(6-\pi)}{9}$.

(1) $a=2$.　　(2) $a=3$.

25. 长方体的三条相邻棱长成等差数列,则它的表面积为 $20a^2$.

(1)此等差数列的公差为 a.　　(2)三条棱长之和为 $6a$.

基础能力练习题解析

一、问题求解

1.**【答案】**E

【解析】正方体的棱长和为 $6\times12=72$(厘米),长方体的棱长和为 $4\times(7+6+a)=72$(厘米),解得高 $a=5$(厘米),故选 E.

2.**【答案】**E

【解析】设三条相邻的棱长分别为 a,b,c,则$\begin{cases}ab=\sqrt{3},\\bc=\sqrt{5},\\ac=\sqrt{15}\end{cases}\Rightarrow a^2b^2c^2=15$,故 $abc=\sqrt{15}$.

3.**【答案】**D

【解析】设正方体棱长为 a,增加 2 倍,变为原来的 3 倍为 $3a$,故表面积和体积分别扩大为原来的 9 倍和 27 倍.

4.【答案】C

【解析】圆柱侧面展开为正方形,底面周长=高,即 $\pi d=h,\dfrac{d}{h}=\dfrac{1}{\pi}$.

5.【答案】C

【解析】设矩形边长分别为 x 和 $1-x$,则旋转后,矩形的一边为底面半径,一边为高,故体积 $V=\pi x^2(1-x)=\dfrac{\pi}{2}x\cdot x(2-2x)\leqslant\dfrac{\pi}{2}\left(\dfrac{2}{3}\right)^3$,当 $x=\dfrac{2}{3}$ 时,体积有最大值,此时矩形面积为 $\dfrac{2}{9}$.

6.【答案】D

【解析】由题意得 $h=2r$,侧面积 $S=4\pi r^2\Rightarrow r=\sqrt{\dfrac{S}{4\pi}}\Rightarrow V=2\pi r^3=\dfrac{S}{4}\sqrt{\dfrac{S}{\pi}}$.

7.【答案】E

【解析】由题意,展开图周长最小说明露出的长度越小越好,故最小周长为 22.

8.【答案】A

【解析】原式为

$$a+b+c+ab+bc+ac+abc+1-1=2\ 006,$$

即 $$a(1+b)+ac(1+b)+c(1+b)+(b+1)=2\ 007,$$

可得 $$(a+1)(b+1)(c+1)=2\ 007,$$

2 007 只能分解成 $3\times3\times223\Rightarrow a=2,b=2,c=222$. 所以体积为 888.

9.【答案】A

【解析】设长方体的边长 $a\leqslant b\leqslant c$,要使拼组后的大长方体表面积最大,那么可以把这两个小长方体最小的 $a\times b$ 面相黏合,即表面积减少两个最小的面,要使拼组后的大长方体表面积最小,那么可以把这两个小长方体最大的 $b\times c$ 面相黏合,即表面积减少两个最大的面,

$$\begin{cases}2ab=30,\\2ac=54,\Rightarrow abc=180.\\2bc=160\end{cases}$$

10.【答案】D

【解析】球的体积与下降水的体积相等,设水面高度为 h cm,则有 $\dfrac{4}{3}\pi r_{球}^3=\pi r_{柱}^2(10-h)\Rightarrow$ $h=8\dfrac{1}{3}$ cm,选 D.

11.【答案】A

【解析】设长、宽、高分别为 $2x,3x,4x$,则有 $4(2x+3x+4x)=108\Rightarrow x=3$,则长、宽、高分

别为 6,9,12,体积为 $V = 6\times 9\times 12 = 648$.

12.【答案】A

【解析】锯成长度都是 50 厘米的两段是将长平均分了,增加的面积是 $2\times(8\times 5) = 80$(平方厘米).

13.【答案】E

【解析】正方体一共 6 面,先看某一面,上面一面有红色漆的方块是 $\frac{96}{6} = 16$ 个,一面有红漆的小正方体的红漆面组成边长为$(a-2)$分米的正方形,所以原正方体的边长 a 为 6 分米,则原正方体的表面积为 $6^3 = 216$(平方分米).

14.【答案】D

【解析】设正方体的棱长为 x,则 $4\times 3x = 96 \Rightarrow x = 8$,即原正方体的表面积为 $6\times 8^2 = 384$.

15.【答案】A

【解析】设正方体的棱长为 x,根据题意可知 $0.64\times 0.8\times 1 = x^3 \Rightarrow x = 0.8$.

二、条件充分性判断

16.【答案】C

【解析】条件(1),条件(2)单独都推不出结论,联合可以推出结论.

长方体的长、宽、高之比为 6∶3∶2,则设长为 $6k$ 厘米,宽为 $3k$ 厘米,高为 $2k$ 厘米,由已知条件得

$$2(6k\cdot 3k + 2k\cdot 3k + 6k\cdot 2k) = 72k^2 = 288 \Rightarrow k = 2.$$

故体积为 $6k\cdot 3k\cdot 2k = 36k^3 = 288$(立方厘米).

17.【答案】B

【解析】设正方体的边长为 a,则外接球的半径为 $r = \frac{\sqrt{3}a}{2}$,内切球半径 $r = \frac{a}{2} \Rightarrow$条件(1)不充分而条件(2)充分.

18.【答案】B

【解析】由条件(1)得,$\begin{cases} ab=2, \\ bc=3, \\ ac=6 \end{cases} \Rightarrow \begin{cases} c=3, \\ a=2, \\ b=1 \end{cases} \Rightarrow r=\frac{\sqrt{14}}{2}, V=\frac{4}{3}\pi r^3 \neq 18\pi$.

由条件(2)得,设正方体边长为 a,得半球半径为$\frac{\sqrt{6}}{2}a=3, V=\frac{2}{3}\pi r^3=18\pi$.

19.【答案】A

【解析】条件(1)为内切球,则 $r = \frac{a}{2}, S_{球} = 4\pi\left(\frac{1}{2}a\right)^2 = \pi a^2 \Rightarrow \frac{S_{球}}{S_{正}} = \frac{\pi}{6}$.

条件(2)为外接球，则 $r=\frac{\sqrt{3}a}{2}$，$S_{球}=4\pi\left(\frac{\sqrt{3}}{2}a\right)^2=3\pi a^2 \Rightarrow \frac{S_{球}}{S_{正}}=\frac{\pi}{2}$.

20.【答案】A

【解析】条件(1)，圆柱体的体积 $V=\pi r^2 h$，故体积为原来的 $0.7\times1.3^2=118.3\%$，充分，经验证条件(2)不充分.

21.【答案】B

【解析】采用总面积减去黏合的面积来计算. 表面积为 $S=(5\times4+4\times3+5\times3)\times2=94$，条件(1)以最大的 5×4 为黏合面，则 $S_{大}=94\times2-5\times4\times2=148$，不充分；条件(2)以最小的 3×4 为黏合面，则 $S_{大}=94\times2-3\times4\times2=164$，充分.

22.【答案】E

【解析】由于体积要知道长、宽、高，两个条件联合得不到长、宽、高的具体数值，故均不充分.

23.【答案】C

【解析】两条件联合，设底面半径为 r，则根据题意有 $2\pi rh=60\pi \Rightarrow r=3$.

24.【答案】A

【解析】当 $a=2$ 时，球体积为 $\frac{4}{3}\pi$，水的体积为 $8-\frac{4}{3}\pi$；取出球后，水的高度为 $2-\frac{1}{3}\pi$，所截圆所在面距球心 $\frac{1}{3}\pi-1$，截面圆半径 $r=\sqrt{1-\left(\frac{\pi}{3}-1\right)^2}$，截面圆面积为 $\pi r^2=\pi\left[1-\left(\frac{\pi}{3}-1\right)^2\right]=\frac{6\pi^2-\pi^3}{9}$. 同理，条件(2)不充分.

25.【答案】E

【解析】设长方体的三条棱长分别为 m,l,n，显然条件(1)和条件(2)单独都不充分，联合可得 $m+m+a+m+2a=6a$，则 $m=a$，从而知棱长分别为 $a,2a,3a$，表面积为 $2\times(2a^2+6a^2+3a^2)=22a^2$，于是知联合也不充分.

强化能力练习题

一、问题求解

1. 两个正方体的棱长之比是 3∶1，小正方体体积是大正方体的(　　).

A. $\frac{1}{3}$　　B. $\frac{1}{9}$　　C. $\frac{1}{18}$　　D. $\frac{1}{21}$　　E. $\frac{1}{27}$

2. 一个长方体的长、宽、高的比是 4∶3∶3，扩大相同的倍数后，体积比原来增加了 7 倍，棱长总和比原来多 100 厘米，这个长方体扩大后的体积是(　　)立方厘米.

A. 4 800　　B. 4 900　　C. 50 000　　D. 4 700　　E. 4 500

3. 有大、中、小三个正方体水池，它们的内边长分别是 6 米、3 米、2 米. 把两堆碎石分别沉浸在中、小水池的水里，两个水池的水面分别升高了 6 厘米和 4 厘米. 如果将这两堆碎石都沉浸在大水池的水里，大水池的水面将升高(　　)厘米.

A. 1　　B. 2　　C. 3　　D. 1.5　　E. $1\frac{17}{18}$

4. 把一个棱长 4 cm 的正方体削成一个最大的球体，这个球体的体积是(　　)cm^3.

A. $\frac{48}{3}\pi$　　B. $\frac{32}{3}\pi$　　C. $\frac{16}{3}\pi$　　D. $\frac{8}{3}\pi$　　E. $\frac{4}{3}\pi$

5. 在一个长 15 分米、宽 12 分米的长方体水箱中，有 10 分米深的水. 如果在水中沉入一个棱长为 30 厘米的正方体铁块，那么水箱中水深(　　)分米.

A. 10　　B. 10.15　　C. 11　　D. 10.2　　E. 12

6. 用与球心距离为 1 的平面去截球，所得的截面面积为 π，则球的体积为(　　).

A. $\frac{8\pi}{3}$　　B. $\frac{8\sqrt{2}\pi}{3}$　　C. $8\sqrt{2}\pi$　　D. $\frac{32\pi}{3}$　　E. $\frac{4\sqrt{2}\pi}{3}$

7. 一个长方体，前面和上面的面积之和是 209 平方厘米，且这个长方体的长、宽、高都是以厘米为单位的质数，则这个长方体的体积和表面积各是(　　).

A. 480，270　　B. 374，486　　C. 500，400　　D. 520，380　　E. 490，350

8. 球的大圆面积扩大为原大圆面积的 8 倍，则球的表面积扩大成原球表面积的(　　).

A. 2 倍　　B. 4 倍　　C. 8 倍　　D. 16 倍　　E. 32 倍

9. 半球内有一个内接正方体，其正方体的一个面在半球底面圆内，则这个半球面的面积与正方体的表面积之比为(　　).

A. $\frac{\pi}{2}$　　B. $\frac{\pi}{6}$　　C. $\frac{\pi}{12}$　　D. $\frac{5\pi}{6}$　　E. $\frac{\pi}{8}$

10. 某加工厂的师傅要用车床将一个球形铁块磨成一个正方体，若球的体积为 V，那么加工出来的正方体的体积最大为(　　).

A. $\frac{\sqrt{3}V}{3\pi}$　　B. $\frac{2\sqrt{3}V}{3\pi}$　　C. $\frac{2\pi}{\sqrt{3}V}$

D. $\frac{\pi}{\sqrt{3}V}$　　E. 以上结论均不正确

11. 把两个完全一样的长方体拼成一个长方体，有三种拼法，所得到的大长方体的表面积比原来两个小长方体的表面积之和分别减少了 40，24，30，那么小长方体的体积是（　　）.

A. 60　　B. 50　　C. 40　　D. 80　　E. 120

12. 圆柱体的表面积为其侧面积的 2 倍，底面圆的周长为 4π，则高为（　　）.

A. 1　　B. 2　　C. 3　　D. 4　　E. 6

13. 边长为$\sqrt{6}$的正方形 $ABCD$ 的四个顶点均在球 O 的球面上，且该球的球心到正方形 $ABCD$ 所在平面的距离恰好等于球半径的一半，则球 O 的体积为（　　）.

A. 9π　　B. $\frac{15}{2}\pi$　　C. 10π　　D. $\frac{32}{3}\pi$　　E. 12π

14. 如图(a)所示，一只装了水的密封瓶子，其内部可以看成是由半径为 1 cm 和半径为3 cm 的两个圆柱组成的简单几何体. 当这个几何体按如图(b)水平放置时，液面高度为 20 cm，当这个几何体按如图(c)水平放置时，液面高度为 28 cm，则这个简单几何体的总高度为（　　）.

A. 29 cm　　B. 30 cm　　C. 31 cm　　D. 32 cm　　E. 48 cm

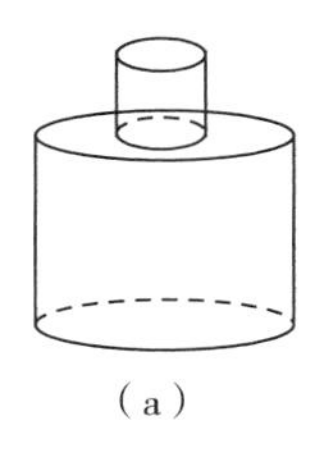
(a)

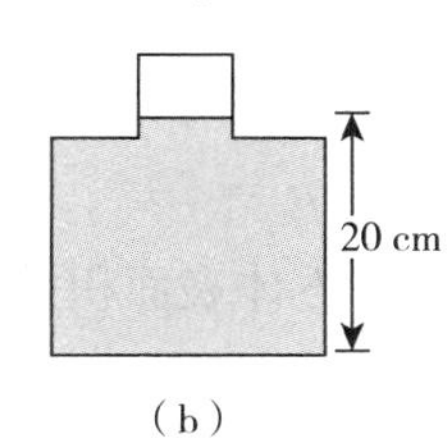

(b)

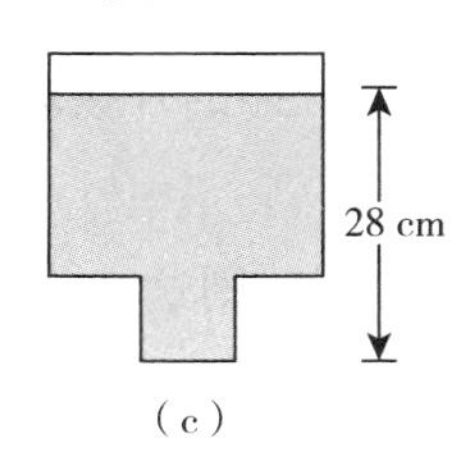

(c)

15. 圆柱形容器内盛有高度为 8 cm 的水，投入三个相同的球（球半径与圆柱底面半径相同），水恰好淹没最上面的球，若投入一个这样的球，则水面的高度为（　　）cm.

A. 12　　B. $\frac{38}{3}$　　C. $\frac{40}{3}$　　D. $\frac{46}{3}$　　E. 14

二、条件充分性判断

16. 一个棱长为 4 的正方体木块切割出棱长为 1 的正方体后的表面积不发生变化.

(1)在它的一个角上割去一个小正方体.

(2)在它的一个面中心割去一个小正方体.

17. 圆柱的侧面积与下底面积之比为 $4\pi : 1$.

(1)圆柱轴截面为正方形.　　(2)圆柱侧面展开图是正方形.

18. 侧棱长为 4 的正三棱柱的各顶点均在同一个球面上，则该球的表面积为 28π.

(1)底面边长为 3.　　　　(2)底面边长为 4.

19. 已知正方体 $ABCD-A_1B_1C_1D_1$ 顶点 A,B,C,D 在半球的底面内，顶点 A_1,B_1,C_1,D_1 在半球的球面上，则此半球的体积是$\frac{\sqrt{6}\pi}{2}$.

(1)半球半径为 $2\sqrt{2}$.　　　　(2)正方体棱长为 1.

20. 高为 2 的圆柱，则底面半径为$\frac{\sqrt{3}}{\pi}$.

(1)圆柱的侧面展开图中母线与对角线的夹角是60°.

(2)圆柱的侧面展开图中母线与对角线的夹角是45°.

21. 长方体对角线长为 a，则表面积为 $2a^2$.

(1)长方体的棱长之比为 1∶2∶3 .

(2)长方体的棱长均相等.

22. 长方体所有的棱长之和为 28.

(1)长方体的体对角线长为 $2\sqrt{6}$.

(2)长方体的表面积为 25.

23. 侧面积相等的两圆柱体，它们的体积之比为 3∶2.

(1)圆柱底半径分别为 6 和 4.　　　　(2)圆柱底半径分别为 3 和 2.

24. 棱长为 a 的正方体的外接球与内切球的表面积之比为 3∶1.

(1) $a = 10$.　　　　(2) $a = 20$.

25. 若球的半径为 R，则这个球的内接正方体表面积是 72.

(1) $R = 3$.　　　　(2) $R = \sqrt{3}$.

强化能力练习题解析

一、问题求解

1.【答案】E

【解析】因为大正方体和小正方体棱长的比是 3∶1，所以大正方体的棱长是小正方体的 3 倍，那么大正方体的体积就是小正方体的 27 倍，小正方体的体积就是大正方体的 $\frac{1}{27}$.

2.【答案】E

【解析】从题目中我们了解到，长方体的长、宽、高扩大相同的倍数后，体积比原来增加了 7 倍，即这个长方体的体积扩大到原来的 1+7=8 倍. 所以长、宽、高都扩大到原来的 2 倍，而棱长总和也扩大到原来的 2 倍，扩大后的棱长总和是 $100\div(2-1)\times2=200$(厘米). 又因为长、宽、高扩大相同的倍数，所以扩大后的长方体长、宽、高的比仍是 4∶3∶3. 根据长、宽、高的和是 $200\div4=50$(厘米)，即可求出长、宽、高，然后就能求出扩大后长方体的体积.

$$50\times\frac{4}{4+3+3}=20\text{（厘米）},$$

$$50\times\frac{3}{4+3+3}=15\text{（厘米）},$$

$$20\times15\times15=4\ 500\text{（立方厘米）}.$$

3.**【答案】**E

【解析】把碎石沉浸在水中，水面升高，所增加的体积就等于所沉入的碎石的体积，首先算出分别沉浸在中、小水池中的两堆碎石的体积，然后再计算出将这两堆碎石都沉浸在大水池的水里，大水池水面将升高的高度.

$$3\times3\times0.06=0.54\text{（立方米）},2\times2\times0.04=0.16\text{（立方米）}.$$

$$0.54+0.16=0.70\text{（立方米）},6\times6=36\text{（平方米）},$$

$$0.7\div36=1\frac{17}{18}\text{（厘米）}.$$

4.**【答案】**B

【解析】正方体内切球半径为正方形棱长一半，即半径为 2 cm，球体体积为

$$\frac{4}{3}\pi R^3=\frac{32}{3}\pi\ \text{cm}^3.$$

5.**【答案】**B

【解析】正方体铁块放入水中后，水面上升，上升部分的水的体积与铁块的体积相等. 因此，只要求出上升部分的水的高度，就可以求出现在水的深度. 用水箱中水和铁块的体积之和，除以水箱的底面积，也可以求出现在水的深度.

30 厘米＝3 分米，$3\times3\times3\div(15\times12)+10=0.15+10=10.15$(分米)，故水箱中水深10.15 分米.

6.**【答案】**B

【解析】$S_{圆}=\pi r^2=\pi\Rightarrow r=1$，而截面圆圆心与球心的距离 $d=1$，所以球的半径为 $R=\sqrt{r^2+d^2}=\sqrt{2}$，即 $V=\frac{4}{3}\pi R^3=\frac{8\sqrt{2}\pi}{3}$，故选 B.

7.**【答案】**B

【解析】要求长方体的体积和表面积，就要先求出长方体的长、宽、高. 因为这个长方体的前面和上面的面积之和是 209 平方厘米，也就是长×宽＋长×高＝长×(宽＋高)＝209 厘米. 根据已知条件，长、宽、高都是质数，我们把 209 分解质因数得 209＝11×19，11 和 19 中哪个数能

写成两个质数的和呢？经试验，只有 19＝2＋17 符合条件. 这样，我们可以确定长方体的长、宽、高分别是 11，2，17，长方体的表面积、体积即可求得.

长方体的体积为 11×2×17＝374（立方厘米）.

长方体的表面积为（11×17＋11×2＋2×17）×2＝486（平方厘米）.

8.【答案】C

【解析】圆的面积计算公式是 πr^2，球的表面积计算公式是 $4\pi r^2$，所以表面积扩大的倍数与大圆扩大的倍数是相同的，即选 C.

9.【答案】A

【解析】设正方体边长为 a，得半球半径为 $\frac{\sqrt{6}}{2}a \Rightarrow \frac{S_{半球面}}{S_{正方体}} = \frac{2\pi r^2}{6a^2} = \frac{\pi}{2}$.

10.【答案】B

【解析】当正方体内接于球，正方体的体积最大，即 $\sqrt{3}a = 2r \Rightarrow a = \frac{2}{\sqrt{3}}r \Rightarrow a^3 = \frac{8\sqrt{3}}{9}r^3$.

$$体积\ V = \frac{4\pi r^3}{3} \Rightarrow r^3 = \frac{3V}{4\pi} \Rightarrow a^3 = \frac{2\sqrt{3}V}{3\pi}.$$

11.【答案】A

【解析】设小长方体长、宽、高为 a,b,c，

$$\begin{cases} 2 \times ab = 40, \\ 2 \times bc = 24, \Rightarrow abc = 60. \\ 2 \times ac = 30 \end{cases}$$

12.【答案】B

【解析】$2\pi r^2 + 2\pi rh = 2 \times 2\pi rh$，$h = r = 2$.

13.【答案】D

【解析】根据题意有 $\left(\frac{r}{2}\right)^2 + (\sqrt{3})^2 = r^2 \Rightarrow r = 2$，有 $V = \frac{4}{3}\pi r^3 = \frac{32}{3}\pi$.

14.【答案】A

【解析】设几何体的高为 h cm，由两次放置没有水的部分体积相等，得 $(h-20) \times \pi \times 1^2 = (h-28) \times \pi \times 3^2$，解得 $h = 29$ cm. 故选 A.

15.【答案】C

【解析】设圆柱形容器的底面半径为 R，水面高为 h，则有 $3V_{球} + V_{水} = V_{柱}$，即 $3 \times \frac{4}{3}\pi R^3 + \pi R^2 \times 8 = \pi R^2 h$ 且 $h = 6R \Rightarrow R = 4$ cm.

投入一个这样的球，有 $\pi R^2 h_{水} = \frac{4}{3}\pi R^3 + \pi R^2 \times 8$，$h_{水} = 8 + \frac{16}{3} = \frac{40}{3}$（cm）.

二、条件充分性判断

16.【答案】A

【解析】由条件(1)得,大正方体的角上割去一个小正方体后表面积不发生变化,这是因为割去一个小正方体后只影响到大正方体的三个面,其余的面没受到影响,而这三个面所去掉的三个小正方形的面积被因割去小正方体后多出来的三个小正方形的面积代替.

由条件(2)得,在正方体一个面中心切割正方体后,影响了正方体的 1 个面,但比原来多出 4 个面,所以表面积发生变化.

17.【答案】B

【解析】圆柱侧面积与下底面积之比 $\frac{2\pi rh}{\pi r^2}=\frac{2h}{r}$.

由条件(1)得 $h=2r$,故$\frac{2\pi rh}{\pi r^2}=\frac{2h}{r}=4$,不充分.

由条件(2)得 $h=2\pi r$,故$\frac{2\pi rh}{\pi r^2}=\frac{2h}{r}=4\pi$,充分.

18.【答案】A

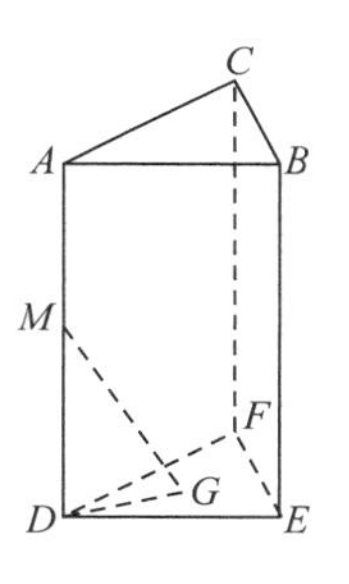

【解析】已知球表面积为 28π,由球的表面积 $S=4\pi r^2$,故 $r=\sqrt{7}$. 由条件(1)知 $DE=3$,因为 $\triangle DEF$ 为等边三角形,$DG=\sqrt{3}$,$DM=2$,如图所示,易知 $GM=r$,由勾股定理知 $GM=\sqrt{7}$,充分.

由条件(2)知 $DE=4$, $\triangle DEF$ 为等边三角形,$DG=\frac{4\sqrt{3}}{3}$,$DM=2$,由勾股定理知 GM 不等于$\sqrt{7}$, 不充分.

19.【答案】B

【解析】由条件(1)得 $R=2\sqrt{2}$,$V=\frac{1}{2}\times\frac{4\pi}{3}(2\sqrt{2})^3=\frac{32\sqrt{2}}{3}\pi$,不充分.

由条件(2)得 $R=\sqrt{1^2+\left(\frac{\sqrt{2}}{2}\right)^2}=\frac{\sqrt{6}}{2}$,$V=\frac{1}{2}\times\frac{4\pi}{3}\left(\frac{\sqrt{6}}{2}\right)^3=\frac{\sqrt{6}}{2}\pi$,充分.

20.【答案】A

【解析】圆柱的侧面展开图为长方形,边长分别为圆柱体的高 $h=2$ 和底面圆周长 $2\pi r=2\sqrt{3}$,根据直角三角形边长之比为 $1:\sqrt{3}:2$,得展开图中母线与对角线的夹角为$60°$. 故条件(1)充分,条件(2) 不充分.

21.【答案】B

【解析】设长方体的长、宽、高分别为 x,y,z,则体对角线为 $a=\sqrt{x^2+y^2+z^2}$,表面积 $S=$

$(xy+xz+yz)\times 2\Rightarrow xy+xz+yz=x^2+z^2+y^2\Rightarrow x=y=z$，即长方体的长、宽、高相等，为正方体，故条件(1)不充分，条件(2)充分.

22.**【答案】**C

【解析】显然单独都不充分，需要联合，长方体的长、宽、高分别为 a,b,c，则

$$\begin{cases}a^2+b^2+c^2=24,\\2(ab+ac+bc)=25\end{cases}\Rightarrow (a+b+c)^2=a^2+b^2+c^2+2(ab+ac+bc)=49\Rightarrow a+b+c=7,$$

则棱长之和为 $4(a+b+c)=28$，充分.

23.**【答案】**D

【解析】设两圆柱体底面半径分别为 R,r，高为 H,h，侧面积相等，即 $2\pi RH=2\pi rh\Rightarrow RH=rh$，则体积比 $\pi R^2H:\pi r^2h=R:r=3:2$，故条件(1)和条件(2)单独都充分.

24.**【答案】**D

【解析】内切球直径为正方体边长 a，外接球直径为正方体的体对角线 $\sqrt{3}a$，可知内切球半径 $r=\frac{a}{2}$，外接球半径 $R=\frac{\sqrt{3}}{2}a$，表面积之比等于半径之比的平方，故比值与正方体的棱长无关.

25.**【答案】**A

【解析】球的内接正方体的体对角线就是球的直径，由此得出正方体的棱长，即可求出表面积，正方体的棱长为 $\frac{2}{\sqrt{3}}R$，表面积为 $6\left(\frac{2}{\sqrt{3}}R\right)^2=8R^2=72\Rightarrow R=3$，条件(1)充分，条件(2)不充分.

第四部分　数据分析

一、大纲解读

<table>
<tr><th>模块</th><th>分值比例</th><th>内容划分</th><th>能力要求</th><th>重难点提示</th><th>不同考生备考建议</th></tr>
<tr><td rowspan="3">数据分析</td><td rowspan="3">20%～24%
5～6 道题目</td><td>1. 计数原理
(1)加法原理、乘法原理
(2)排列与排列数
(3)组合与组合数</td><td>灵活运用</td><td rowspan="3">本模块是管理类联考的重难点，以计数原理、概率为主要的必考点</td><td rowspan="3">应届生：
重点掌握本模块内容，尤其在计数原理和概率部分建议反复练习巩固.
在职考生：
重点掌握两个计数原理、排列组合、平均值与方差、古典概型和伯努利概型即可，剩余部分行有余力可以简单了解</td></tr>
<tr><td>2. 概率
(1)事件及其简单运算
(2)加法公式
(3)乘法公式
(4)古典概型
(5)伯努利概型</td><td>灵活运用</td></tr>
<tr><td>3. 数据描述
(1)平均值
(2)方差与标准差
(3)数据的图表表示
直方图，饼图，数表</td><td>理解</td></tr>
</table>

二、往年真题分析

1 真题统计

考点 \ 数量 \ 年份(2012—2021)	12	13	14	15	16	17	18	19	20	21
排列组合	2	3	1	1	2	1	3	1	1	1
概率	4	2	3	2	2	3	2	2	3	3
数据描述	1		1		1	1	1	2	2	1
总计/分	21	15	15	9	15	15	18	15	18	15

2 考情解读

从真题对考纲的实践来看，数据分析部分在考试中占 5～6 道题目，是高频考查部分，其中排列组合占 1～2 道题目，概率占 2～3 道题目，数据描述占 1 道题目. 同时，这部分又是联考数学的难点，对思维能力要求比较高. 本部分考查的重点：两个计数原理、排列与排列数、组合与组合数、古典概型、伯努利概型、平均值和方差.

根据本部分命题在试卷中的频次体现，又可以将题型划分为高频题型、低频题型.

高频题型：排列组合、分组分配问题、古典概型、事件的独立性、平均值和方差.

低频题型：排队问题、对应和配对问题、伯努利概型.

其中难度较高的题型主要围绕排列组合和古典概型考查.

第九章 排列组合

一、本章思维导图

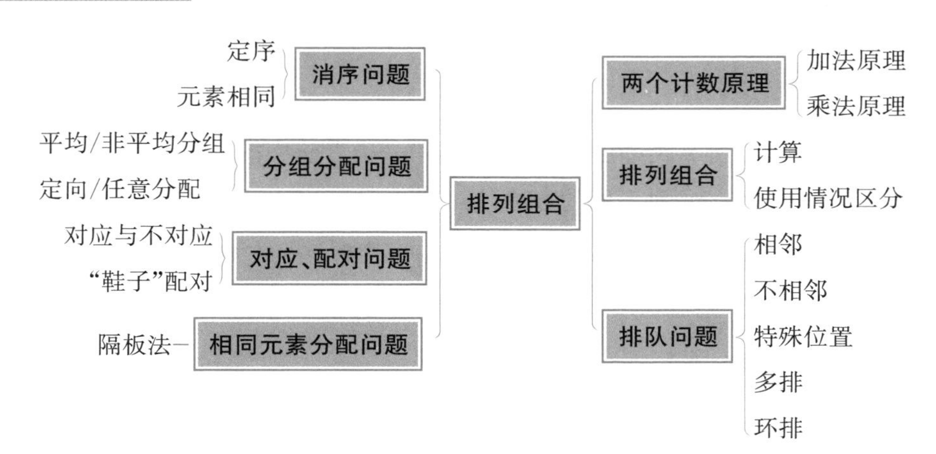

二、往年真题分析

1 真题统计

考点 \ 数量 \ 年份(2012—2021)	12	13	14	15	16	17	18	19	20	21
两个计数原理		1								1
排列组合	1	2		1	1			1		
排队问题	1									
消序问题										
分组分配问题					1	1	3		1	
对应、配对问题			1							
相同元素分配问题										
总计/分	6	9	3	3	6	3	9	3	3	3

2 考情解读

本章在本部分的占比较高，在考题中有 1～2 道题，占 3～6 分，其中排列组合和分组分配问题考查得最多，需要考生重视. 低频考点是排队问题、消序问题、对应和配对问题以及相同元素分配问题.本部分题型较多,但解题方法较为固定,考生需要熟练掌握不同题型的特点和解题方法,同时在此基础上加强巩固.

第 38 讲　加法原理和乘法原理

考点解读

1. 加法原理

如果完成一件事可以有 n 类办法,只要选择其中一类办法中的任何一种方法,就可以完成这件事;若第一类办法中有 m_1 种不同的方法,第二类办法中有 m_2 种不同的方法,…,第 n 类办法中有 m_n 种不同的方法,那么完成这件事共有 $N=m_1+m_2+\cdots+m_n$ 种不同的方法.

【敲黑板】

(1)类与类之间相互独立.

(2)每一类中的每一种方法都能够单独完成此事件.

(3)事情做完了,后面用加法.

2. 乘法原理

如果做一件事,必须依次连续地完成 n 个步骤,这件事才能完成;若完成第一个步骤有 m_1 种不同的方法,完成第二个步骤有 m_2 种不同的方法,…,完成第 n 个步骤有 m_n 种不同的方法,那么完成这件事共有 $N=m_1m_2\cdots m_n$ 种不同的方法.

【敲黑板】

(1)步与步之间相互联系.

(2)步与步之间用乘法.

(3)事情没做完,后面用乘法.

高能提示

1. 出题频率:中.
2. 考点分布:在考题中,通常两个计数原理同时出现的情形较多.
3. 解题方法:考生需掌握两个计数原理的本质,在实际应用中才能做好区分;在具体分析题目时,通常先分类考虑,再分步考虑.

题型归纳

题型：两个计数原理的应用

▶【特征分析】当完成题目设定的目标需要分类讨论求解时，采用加法原理. 解题思路是将目标分解成多类情况，分别求解，最后求和. 当完成题目设定的目标需要分步讨论求解时，采用乘法原理. 解题思路是将目标分解成多个步骤，分别求解，最后计算乘积.

例 1 旗杆上最多可以挂两面信号旗，现有红色、蓝色和黄色的信号旗各一面，如果用挂信号旗表示信号，最多能表示出(　　)种不同的信号.

A. 7　　B. 8　　C. 9　　D. 10　　E. 11

【解析】根据挂信号旗的面数，可以将信号分为两类. 第一类是只挂一面信号旗，有红、黄、蓝 3 种；第二类是挂两面信号旗，有红黄、红蓝、黄蓝、黄红、蓝红、蓝黄 6 种. 所以，由加法原理，一共可以表示出 $3+6=9$(种)不同的信号.

【答案】C

例 2 确定甲、乙两人从 A 地出发经过 B，C，沿逆时针方向行走一圈回到 A 地的方案，如图所示. 若从 A 地出发时，每人均可选大路或山道，经过 B，C 时，至多有一人可以更改道路，则不同的方案有(　　)种.

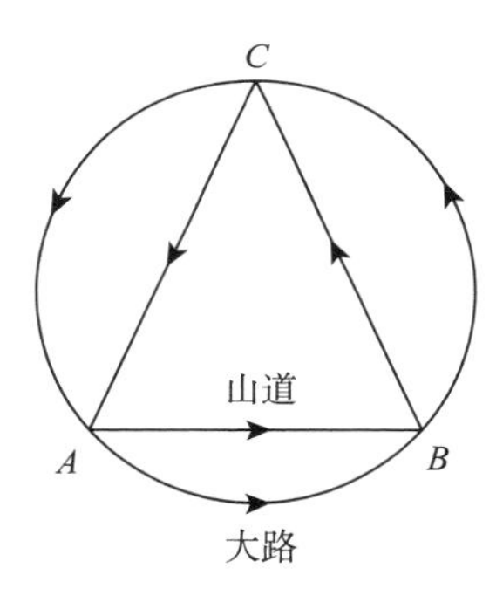

A. 16　　B. 24　　C. 36

D. 48　　E. 64

【解析】先分步处理，按照题干所给内容分别分析经过 A，B，C 具体有多少种情况，再利用乘法原理进行计算.

从 A 到 B，每人有 2 种选择，则共有 $2\times2=4$(种)；

从 B 到 C，若没有人换，则有 1 种情况，若有一个人换，则有 2 种情况，共 3 种；

从 C 到 A，若没有人换，则有 1 种情况，若有一个人换，则有 2 种情况，共 3 种.

因此，由乘法原理，不同的方案有 $4\times3\times3=36$(种).

【答案】C

第 39 讲　组合、阶乘及排列的定义与公式

考点解读

一、组合

从 n 个不同元素中，任取 $m(m\leqslant n)$ 个元素为一组，叫作从 n 个不同元素中取出 m 个元素的一个组合. 所有这样的组合总数称为组合数，记为 C_n^m.

引例1 从 5 本不同的书中任意取出 3 本有(　　)种方法.

A. 1　　B. C_5^3　　C. C_3^1　　D. C_5^1　　E. 2

【解析】直接套用组合公式即可.

【答案】B

引例2 从 5 本完全相同的书中任意取出 3 本有(　　)种方法.

A. 2　　B. C_5^3　　C. C_3^1　　D. C_5^1　　E. 1

【解析】因元素相同,因此任取 3 本均为一种情况.

【答案】E

引例3 5 本不同的书中有 1 本英语书,现从这 5 本书中任意取出 3 本,则包含英语书有(　　)种方法.

A. C_4^2　　B. C_5^3　　C. C_3^1　　D. C_5^1　　E. C_4^1

【解析】英语书不用选取,只需从余下的 4 本书中任取 2 本即可. 因此有 C_4^2 种方法.

【答案】A

引例4 从 5 本不同的书中任意取出 3 本,而且保证每两次选出的结果不完全相同,则共有(　　)种方法.

A. 1　　B. C_5^3　　C. C_3^1　　D. C_5^1　　E. 2

【解析】直接套用组合公式即可.

【答案】B

二、阶乘

n 个不同的元素一一对应 n 个不同的位置的总情况数(一个萝卜,一个坑).

引例1 3 个人坐到 3 个座位有(　　)种坐法.

A. 3!　　B. C_3^3　　C. C_3^1　　D. 2　　E. C_5^3

【解析】3 个不同的元素一一对应 3 个不同位置的情况数.

【答案】A

引例2 3 个人站成一排有(　　)种排法.

A. 3!　　B. C_3^3　　C. C_3^1　　D. 2　　E. C_5^3

【解析】3 个人站成一排,依然为 3 个不同的元素一一对应 3 个不同的位置的情况数.

【答案】A

引例3 3 个男生,3 个女生,配成 3 对,共有(　　)种方法.

A. 3!　　B. C_3^3　　C. C_3^1　　D. 2　　E. C_5^3

【解析】可将 3 个男生看作 3 个位置,3 个女生与 3 个男生一一对应,套用公式即可.

【答案】A

引例4 5个男生,4个女生,配成2对,共有(　　)种方法.

A. $C_5^2 \times C_4^2$　　B. $C_5^1 \times C_4^1 \times 2!$

C. $C_5^1 \times C_4^2 \times 2!$　　D. $C_5^2 \times C_4^1 \times 2!$

E. $C_5^2 \times C_4^2 \times 2!$

【解析】第一步:选出2男生,情况数为C_5^2;

第二步:选出2女生,情况数为C_4^2;

第三步:套用“引例3”模型,2男生,2女生,配成2对,情况数为2!.

因此,总情况数为$C_5^2 \times C_4^2 \times 2!$.

【答案】E

三、排列

1. 定义

从n个不同元素中任取出$m(m \leqslant n)$个元素,按照一定的顺序排成一列,叫作从n个元素中取出m个元素的一个排列,所有这样的排列总数称为排列数,记为P_n^m.

2. 公式

(1)$P_n^m = n(n-1)(n-2)\cdots(n-m+1)$.

(2)$P_n^n = n(n-1)(n-2) \cdot \cdots \cdot 3 \cdot 2 \cdot 1 = n!$.

(3)$C_n^m = \dfrac{P_n^m}{m!}$.

(4)$C_n^m = C_n^{n-m}$.

(5)$C_n^1 = n$.

(6)$C_n^n = 1$.

【敲黑板】

(1)$C_4^2 = 6$.　(2)$C_5^2 = 10$.　(3)$C_6^2 = 15$.　(4)$C_6^3 = 20$.　(5)$C_7^3 = 35$.

(6)$C_8^2 = 28$.　(7)$C_8^3 = 56$.　(8)$C_9^3 = 84$.　(9)$C_{10}^2 = 45$.　(10)$C_{10}^3 = 120$.

(11)$C_{10}^4 = 210$.　(12)$C_{10}^5 = 252$.

高能提示

1. 出题频率:中.

2. 考点分布:排列和组合的具体应用较多.

3. 解题方法:考生要明确排列和组合的本质,从有序无序的角度,区分什么时候用排列,什么时候用组合.

题型归纳

题型一：分类原理、分步原理的应用

【特征分析】(1)按事件发生的连贯过程分步，做到分类标准明确，分步层次清楚.

(2)分类用加法，分步用乘法.

例1 现有5幅不同的国画，2幅不同的油画，7幅不同的水彩画，则下列情况有(　　)种取法.

(1)从中任选一幅画布置房间.(　　)

A. 12　　B. 13　　C. 14　　D. 15　　E. 16

【解析】这些画共有14幅，因此从14幅中选出1幅，有C_{14}^1种取法.

【答案】C

(2)从这些国画、油画、水彩画中各选一幅布置房间.(　　)

A. $C_5^1 \times C_2^1 \times C_7^1$　　B. $C_2^1 \times C_5^1 \times C_6^1$

C. $C_3^1 \times C_5^1 \times C_5^1$　　D. C_{14}^3

E. $C_3^1 \times C_3^1 \times C_6^1$

【解析】第一步，从5幅国画中选1幅，有C_5^1种取法；

第二步，从2幅油画中选1幅，有C_2^1种取法；

第三步，从7幅水彩画中选1幅，有C_7^1种取法；

由分步计数原理，有$C_5^1 \times C_2^1 \times C_7^1$种取法.

【答案】A

(3)从这些画中选出两幅不同种类的画布置房间.(　　)

A. 54　　B. 56　　C. 59　　D. 63　　E. 60

【解析】第一类，从国画和油画中各选一幅，有$C_5^1C_2^1$种取法；

第二类，从油画和水彩画中各选一幅，有$C_2^1C_7^1$种取法；

第三类，从国画和水彩画中各选一幅，有$C_5^1C_7^1$种取法.

由分类计数原理，有$C_5^1C_2^1+C_2^1C_7^1+C_5^1C_7^1=59$(种)取法.

【答案】C

例2 将2名教师，4名学生分成2个小组，分别安排到甲、乙两地参加社会实践活动，每个小组由1名教师和2名学生组成，不同的安排方案共有(　　)种.

A. 12　　B. 10　　C. 9　　D. 8　　E. 6

【解析】第一步：2名教师各在1个小组，给其中1名教师选2名学生，有C_4^2种选法(同时另2名学生分配给另1名教师)；

第二步：将 2 个小组安排到甲、乙两地，有 2！种情况，故不同的安排方案共有 $C_4^2 \cdot 2! = 12$(种).

【答案】A

例 3　平面上有 5 条平行直线与另一组 n 条平行直线垂直，若两组平行直线共构成 280 个矩形，则 $n=$(　　).

A. 5　　B. 6　　C. 7　　D. 8　　E. 9

【解析】计数的每个矩形都是由两条平行线和两条与该平行线垂直的直线构成，所以“两组平行直线共构成 280 个矩形”可以列式为 $C_5^2 C_n^2 = 280$，所以 $C_n^2 = 28$，$n=8$.

【答案】D

题型二：排队问题

▶【特征分析】考生在排队问题中，要会识别不同问题的标志，再准确对应解决方法. 注意，特殊位置优先安排的思想也适用于有限制要求的特殊元素.

例 4　3 个人站成一排有(　　)种排法.

A. 3　　B. 4　　C. 5　　D. 6　　E. 7

【解析】3 个人与 3 个站位一一对应有 $3! = 6$(种).

【答案】D

【敲黑板】

(1) n 个人站成一排，有 $n!$ 种情况.

(2) 拓展“多排问题”：没有任何要求的多排问题，可以当作一排问题处理.

例 5　3 个人围成一圈有(　　)种情况.

A. 5！　　B. 4！　　C. 3！　　D. 2！　　E. 1

【解析】n 个人围成一圈有 $(n-1)!$ 种情况.

【答案】D

例 6　5 个人站成一排，甲不在排头，乙不在排尾，有(　　)种情况.

A. 78　　B. 80　　C. 82　　D. 85　　E. 90

【解析】反面思考法.

所求情况数=总情况数－甲在排头－乙在排尾+甲在排头且乙在排尾.

总情况数为 5！，甲在排头的情况数为 4！，乙在排尾的情况数为 4！，甲在排头且乙在排尾的情况数为 3！，因此情况数为

$$5! - 4! - 4! + 3! = 78 (\text{种}).$$

【答案】A

【敲黑板】

n 个人站排，甲不在某位置，且乙不在某位置．用“反面思考法”，有

$$n!-(n-1)!-(n-1)!+(n-2)!$$

种情况．

例 7 8 人排前后两排，每排 4 人，其中甲、乙在前排，丙在后排，共有(　　)种排法．

A. 5 760　　B. 6 840　　C. 4 820　　D. 3 630　　E. 2 100

【解析】8 人排前后两排，相当于 8 人坐 8 把椅子，可以把椅子排成一排，先排前排的特殊元素甲、乙，有 $C_4^2\cdot 2!$ 种，再排后排的特殊元素丙，有 C_4^1 种，其余 5 人在 5 个位置上一一对应排列有 5! 种，则共有

$$C_4^2\cdot 2!\cdot C_4^1\cdot 5!=5\ 760(\text{种}).$$

【答案】A

题型三：相邻问题

▶【特征分析】(1)相邻，在一起．

(2)固定间隔．

例 8 7 人照相，要求甲、乙两人相邻，不同的排法有(　　)种．

A. $2!\times 6!$　　B. $2!\times 5!$　　C. $5!$

D. $2!\times 7!$　　E. 以上均不正确

【解析】第一步：将甲、乙两人“捆绑”在一起，这两人与两个站位一一对应，有 2! 种情况；

第二步：将甲、乙两人看成一个人，与余下 5 个人进行排列，有 6! 种情况．

共有 $2!\times 6!$ 种情况．

【答案】A

【敲黑板】

相邻问题．第一步：先把相邻元素“捆绑打包”(注意包内一一对应)；

第二步：把包看成一个元素与其他元素进行排列．

例 9 5 对姐妹和 2 个男生站在一排，要求每对姐妹必须相邻，排法数是(　　)．

A. $2!\times 7!$　　B. $2!\times 2!\times 2!$

C. $2!\times 2!\times 2!\times 2!\times 2!$　　D. $2!\times 2!\times 2!\times 2!\times 2!\times 7!$

E. $2!\times 2!\times 2!\times 2!\times 7!$

【解析】第一步：将 5 对姐妹分别“捆绑打包”，包内一一对应，有 $2!\times2!\times2!\times2!\times2!$ 种情况；

第二步：将 5 个包和余下 2 个男生共 7 个元素进行排列，有 $7!$ 种情况.

共有 $2!\times2!\times2!\times2!\times2!\times7!$ 种情况.

【答案】D

例 10 三名男歌唱家和两名女歌唱家联合举办一场音乐会，演出的出场顺序要求两名女歌唱家之间恰有一名男歌唱家，其出场方案共有(　　)种.

A. 36　　B. 18　　C. 12　　D. 6　　E. 16

【解析】第一步：选取一名男歌唱家，令其出场顺序在两名女歌唱家之间，有 C_3^1 种情况；

第二步：在以上“女男女”的包中，两名女歌唱家与两个站位一一对应，有 $2!$ 种情况；

第三步：以上包与余下两名男歌唱家进行排列，有 $3!$ 种情况.

共有 $C_3^1 2!\,3!=36$(种).

【答案】A

例 11 现有 7 个停车位，需要停 4 辆不同的汽车，问恰有 3 个空停车位相邻的方法有(　　)种情况.

A. 120　　B. 105　　C. 170　　D. 160　　E. 20

【解析】第一步：4 辆车与 4 个停车位一一对应，有 $4!$ 种情况；

第二步：4 辆车有 5 个空位，3 个空停车位选择其中一个，有 C_5^1 种情况.

共有 $4!\times C_5^1=120$(种).

【答案】A

【敲黑板】

n 个空停车位相邻只有一种排法.

题型四：插空问题(解决元素的不相邻问题)

▶ **【特征分析】**表现形式：……必不相邻；……不在一起；……必不挨着，等等.

分两步进行：

①先将不插空元素全排列.

②将要插空元素放入空内进行全排列.

【敲黑板】

不相邻的元素就是要插空的元素；

插空问题基本原理：乘法原理.

例 12 排一个有 6 个歌唱节目和 4 个舞蹈节目的演出节目单，任意 2 个舞蹈节目不相邻，则方法数有(　　)种.

A. $2!\times6!$　　B. $2!\times C_4^1\times5!$　　C. $6!\times C_7^4\times4!$

D. $2!\times7!$　　E. 以上均不正确

【解析】第一步：将 6 个歌唱节目进行排列，有 $6!$ 种情况；

第二步：从 6 个歌唱节目形成的 7 个空位中选取 4 个，放入舞蹈节目，有 C_7^4 种情况；

第三步：4 个舞蹈节目进行排列，有 $4!$ 种情况.

共有 $6!\times C_7^4\times4!$ 种情况.

【答案】C

例 13 7 个人站成一排，甲、乙不相邻，则下列情况有(　　)种排法.

(1)甲不在排头.

A. 1 200　　B. 3 000　　C. 2 400　　D. 2 520　　E. 3 120

【解析】第一步：将没有要求的 5 个人进行排列，有 P_5^5 种情况；

第二步：甲不在排头，因此甲在除去第一个空的余下 5 个空中选一个，有 C_5^1 种情况；

第三步：乙再从余下的 5 个空中选一个，有 C_5^1 种情况.

共有 $P_5^5\times C_5^1\times C_5^1=3\ 000$(种).

【答案】B

(2)甲、乙均不在排头.

A. 1 200　　B. 3 000　　C. 2 400　　D. 2 520　　E. 3 120

【解析】第一步：将没有要求的 5 个人进行排列，有 $5!$ 种情况；

第二步：甲、乙均不在排头，因此甲、乙在除去第一个空的余下 5 个空中选 2 个，有 C_5^2 种情况；

第三步：甲、乙进行排列，有 $2!$ 种情况.

共有 $5!\times C_5^2\times2!=2\ 400$(种).

【答案】C

(3)甲不在排头，乙不在排尾.

A. 1 200　　B. 3 000　　C. 2 400　　D. 2 520　　E. 3 120

【解析】反面思考法.

第一类：甲、乙不相邻的总情况数为 $5!\times C_6^2\times2!$；

第二类：甲、乙不相邻且甲排在头的情况数为 $5!\times C_5^1$；

第三类：甲、乙不相邻且乙排在尾的情况数为 $5!\times C_5^1$；

第四类：甲在排头且乙在排尾的情况数为 5!.

共有 $5!\times(C_6^2\times2!-C_5^1-C_5^1+1)=2\ 520$(种).

【答案】D

例 14 7 个座位排成一排，甲、乙二人入座，且甲、乙不相邻，共有(　　)种排法.

A. 26　　B. 32　　C. 24　　D. 25　　E. 30

【解析】第一步：5 个空座位有 6 个空，从中选出两个，分给甲、乙，有 C_6^2 种情况；

第二步：甲、乙之间进行排列，有 P_2^2 种情况.

共有 $C_6^2P_2^2=30$(种).

【答案】E

【敲黑板】

n 个空座位在没坐人之前只有一种排法.

例 15 7 盏亮灯排成一排，关掉两盏且灭灯不相邻，共有(　　)种情况.

A. 15　　B. 18　　C. 21　　D. 24　　E. 32

【解析】5 盏亮灯有 6 个空，从中选 2 个有 $C_6^2=15$(种).

【答案】A

【敲黑板】

亮灯或暗灯只有一种排法.

例 16 3 个男生，3 个女生站成一列，要求男、女生相间站排，共有(　　)种站法.

A. 55　　B. 28　　C. 64　　D. 72　　E. 82

【解析】第一步：将 3 个男生排列，有 3! 种情况；

第二步：第一类，将 3 个女生分别放在 3 个男生之前，有 3! 种情况；

第二类，将 3 个女生分别放在 3 个男生之后，有 3! 种情况.

共有 $2\times3!\times3!=72$(种).

【答案】D

【敲黑板】

n 个男生和 n 个女生相间站排，有 $2\times n!\times n!$ 种情况.

例 17 由 1，2，3，4，5，6 组成无重复的 6 位数，偶数共有 108 个.

(1)1 与 5 不相邻.　　(2)3 与 5 不相邻.

【解析】条件(1)，第一步：个位数从“2，4，6”中选一个，有 C_3^1 种情况；

第二步:将除去“1,5”和个位数的三个数字排列,有 3! 种情况;

第三步:将“1,5”插空在除去最后一个空的其他空位,有 C_4^2 种情况;

第四步:将“1,5”进行排列,有 2! 种情况.

共 $C_3^1 3!C_4^2 2!=216$(种).

条件(2),第一步:个位数从“2,4,6”中选一个,有 C_3^1 种情况;

第二步:将除去“3,5”和个位数的三个数字排列,有 3! 种情况;

第三步:将“3,5”插空在除去最后一个空的其他空位,有 C_4^2 种情况;

第四步:将“3,5”进行排列,有 2! 种情况.

共 $C_3^1 3!C_4^2 2!=216$(种).

条件(1)与条件(2)单独不充分,因此将条件(1),条件(2)联合.

用“1,2,3,4,5,6”组成无重复数字的六位偶数有 $5!\cdot C_3^1=360$(种)情况,其中,15,51 相邻的有 $C_4^1\cdot 3\cdot 3!\cdot 2!=144$(种)情况,同理,35,53 相邻的有 144 种,153,351 相邻的有 $C_3^1\cdot 3\cdot 2!\cdot 2!=36$(种).因此用“1,2,3,4,5,6”组成无重复数字且 1,3 都不与 5 相邻的六位偶数的情况数是 $360-144-144+36=108$(种).

【答案】C

题型五:至多、至少问题

▶**【特征分析】**(1)分类法:至少两个及以上.

(2)对立面:至少 1 个.

例 18 从 5 名男教师和 4 名女教师中抽出 3 人支援西部地区,要求其中至少有 2 名男教师,共有(　　)种方法.

A. 16　　B. 18　　C. 20　　D. 22　　E. 50

【解析】第一类:3 人是 2 名男教师 1 名女教师,有 $C_5^2C_4^1$ 种情况;

第二类:3 人全是男教师,有 C_5^3 种情况.

共有 $C_5^2C_4^1+C_5^3=50$(种).

【答案】E

例 19 从 5 名男教师和 4 名女教师中抽出 3 人支援西部地区,要求其中至少有 1 名男教师,共有(　　)种方法.

A. 16　　B. 18　　C. 20　　D. 22　　E. 80

【解析】从对立面出发,反面思考,“至少 1 名男教师”=总情况数-“没有男教师”,对应情况数为 $C_9^3-C_4^3=80$(种).

【答案】E

题型六：某元素不在某位置问题

▶【特征分析】出现某元素不在某位置时，一定要优先让其他元素占据该位置.

例 20 6 名警察站在 3 个不同的路口，每个路口 2 人，其中甲不在第一个路口，乙必须在第二个路口，则有(　　)种方法.

A. 16　　B. 18　　C. 20　　D. 22　　E. 80

【解析】第一步：第一个路口从甲、乙之外的 4 名警察中选 2 人，有 C_4^2 种情况；

第二步：乙在第二个路口，再从余下 3 人中选 1 人在第二个路口，有 C_3^1 种情况.

共有 $C_4^2C_3^1=18$(种).

【答案】B

例 21 从 6 人中选出 4 人，分别到巴黎、伦敦、悉尼、莫斯科四个城市游览，要求每个城市有一人游览，每人只游览一个城市，且这 6 人中甲、乙两人不去巴黎游览，则不同的选择方案共有(　　)种.

A. 300　　B. 240　　C. 144　　D. 96　　E. 56

【解析】第一步：由于甲、乙不去巴黎，先从另外 4 人中选出 1 人去巴黎，有 $C_4^1=4$(种)；

第二步：再从剩下 5 人中选出 3 人去伦敦、悉尼、莫斯科三个城市有 $C_5^3\cdot 3!$ 种.

所以不同的选择方案有 $C_4^1\cdot C_5^3\cdot 3!=240$(种).

【答案】B

题型七：元素分类问题(解决等差数列问题)

▶【特征分析】关键是找到合理分类的依据和标准.

例 22 从 1，2，3，…，20 这 20 个自然数中任取 3 个数，使这 3 个数成等差数列，有(　　)种方法.

A. 64　　B. 96　　C. 180　　D. 120　　E. 136

【解析】令这 3 个数为 a,b,c，则由 $2b=a+c$ 可得 $a+c$ 为偶数，因此 a,c 同奇或同偶.

第一类：a,c 同奇，从 10 个奇数中任取两个并排列，有 $C_{10}^2 2!$ 种情况；

第二类：a,c 同偶，从 10 个偶数中任取两个并排列，有 $C_{10}^2 2!$ 种情况.

共有 $C_{10}^2 2!+C_{10}^2 2!=180$(种).

【答案】C

【敲黑板】

本题分类的依据和标准是 $a+c$ 为偶数.

题型八：数字问题(奇数、偶数、含0、不含0)

▶【特征分析】数字问题主要涉及奇数、偶数、整除、数位大小等问题.

例23 从1,3,5三个奇数中任取两个,0,2,4,6四个偶数中任取两个,组成无重复的四位奇数有(　　)个.

A. 160　　B. 180　　C. 200　　D. 220　　E. 240

【解析】反面思考法.总体情况数是 $C_3^2C_4^2C_2^1 3!$;0在千位的情况数是 $C_3^2C_3^1C_2^1 2!$,所以目标情况数为 $C_3^2C_4^2C_2^1 3!-C_3^2C_3^1C_2^1 2!=180$.

【答案】B

例24 由数字0,1,2,3,4,5组成无重复数字且奇偶数字相间的六位数的个数有(　　).

A. 72　　B. 60　　C. 48　　D. 52　　E. 58

【解析】由于偶数是0,2,4,奇数是1,3,5.

若首位是奇数,则有 $C_3^1\cdot C_3^1\cdot C_2^1\cdot C_2^1\cdot C_1^1\cdot C_1^1=36$(个).

若首位是偶数,由于0不能在首位,则有 $C_2^1\cdot C_3^1\cdot C_2^1\cdot C_2^1\cdot C_1^1\cdot C_1^1=24$(个),所以共有 $36+24=60$(个).

【答案】B

题型九：分房问题(解决 n 个不同的元素进入 m 个不同的位置问题)

▶【特征分析】表现形式:不同的元素无限制地进入到不同的位置.

解决办法:直接套公式 m^n 或者用乘法原理.

例25 5人住进3间房,有(　　)种方法.

A. 152　　B. 183　　C. 186　　D. 246　　E. 243

【解析】直接套用公式:n 个不同元素等可能无限制地进入到 m 个不同位置,共有 m^n 种方法,因此有 $3^5=243$(种).

【答案】E

例26 4封信投进2个信箱,有(　　)种方法.

A. 8　　B. 15　　C. 16　　D. 24　　E. 32

【解析】同例25的公式,辨别信是“元素”,信箱是“位置”,有 $2^4=16$(种).

【答案】C

例27 七名学生争夺五项冠军,每项冠军只有一份,允许一人获得多项冠军,学生可能获得冠军的种数有(　　).

A. 7^5　　B. 5^7　　C. C_7^5　　D. 5^3　　E. 3^5

【解析】同例25的公式,辨别冠军是“元素”,人是“位置”,有 7^5 种.

【答案】A

例 28 某 7 层大楼一楼电梯上来 7 名乘客，他们到各自的一层下电梯，则下电梯的方法有(　　)种.

A. 6^7　　B. 7^6　　C. C_7^6

D. P_7^6　　E. 以上均不正确

【解析】同例 25 的公式，辨别乘客是“元素”，楼层是“位置”，有 6^7 种.

【答案】A

例 29 把两个红球和一个白球投入甲、乙、丙三个盒子里，乙中至少有一个红球的方法数为(　　).

A. 15　　B. 12　　C. 13　　D. 10　　E. 30

【解析】反面思考法.

总体情况数是 3^3，对立面是“乙中无红球”，情况数为 $2^2 \cdot 3$，因此乙中至少有一个红球的方法数是 $3^3-2^2 \cdot 3=15$.

【答案】A

题型十：元素不对号的问题

▶【特征分析】(1)两个小球的编号与箱的编号不一致有 1 种放法.

(2)三个小球的编号与箱的编号不一致有 2 种放法.

(3)四个小球的编号与箱的编号不一致有 9 种放法.

(4)五个小球的编号与箱的编号不一致有 44 种放法.

例 30 四个人相互写贺年卡，自己收不到自己贺年卡的情况有(　　)种.

A. 15　　B. 9　　C. 13　　D. 10　　E. 30

【解析】根据结论，四个元素不对号有 9 种情况.

【答案】B

例 31 将带有编号 1～5 的五个小球放入编号为 1～5 的盒子中，至少有两个小球的编号与盒子的编号一致的方法数为(　　).

A. 32　　B. 19　　C. 31　　D. 20　　E. 30

【解析】反面思考法. 总情况数为 P_5^5，对立面是有一个小球或没有小球的编号与盒子的编号一致，情况数为 $C_5^1 \cdot 9+44=89$，因此目标情况数为 $P_5^5-89=31$.

【答案】C

例 32 某单位决定对四个部门的经理进行轮岗，要求每位经理必须轮换到四个部门中其他部门任职，则不同的轮岗方案有(　　)种.

A. 3　　B. 6　　C. 8　　D. 9　　E. 10

【解析】根据结论，四个元素不对号有 9 种情况.

【答案】D

例 33　某单位为检查 3 个部门的工作，由这 3 个部门的主任和外聘的 3 名人员组成检查组，分 2 人一组检查工作，每组有 1 名外聘成员，规定本部门主任不能检查本部门，则不同的安排方式有(　　)种.

A. 6　　B. 8　　C. 12　　D. 18　　E. 36

【解析】本题关键在“规定本部门主任不能检查本部门”，3 个部门有 2 种情况，相当于三个元素不对应安排；余下 3 名外聘人员分别在 3 个部门，每个部门 1 名，排法有 $3!=6$ 种，所以共有 $2\times6=12$(种)安排方式.

【答案】C

题型十一：除法原理

▶ **【特征分析 1】**分组问题.(1)按照题干要求分解大元素.

(2)若出现 m 组数字相同，一定要除以 $m!$.

(3)观察是否出现一一对应关系.

例 34　4 本不同的书分两组，一组 1 本，一组 3 本，情况数为(　　).

A. 3　　B. 4　　C. 8　　D. 6　　E. 9

【解析】非平均分组问题，不需除以阶乘，有 $C_4^1\times C_3^3=4$(种).

【答案】B

例 35　4 本不同的书平均分两组，每组 2 本，情况数为(　　).

A. 3　　B. 6　　C. 8　　D. 9　　E. 10

【解析】平均分组问题，需除以相同组数阶乘，有 $\frac{C_4^2C_2^2}{2!}=3$(种).

【答案】A

例 36　4 本不同的书分两人，1 人 1 本，1 人 3 本，情况数为(　　).

A. 3　　B. 6　　C. 8　　D. 9　　E. 10

【解析】第一步：先分组，非平均分组问题，不需除以阶乘，分组情况数为 $C_4^1\times C_3^3$；

第二步：再分配给两个不同的人，两人与两组一一对应，情况数为 $2!$.

共有 $C_4^1\times C_3^3\times2!=8$(种).

【答案】C

例 37　4 本不同的书平均分两人，每人 2 本，情况数为(　　).

A. 3　　B. 6　　C. 8　　D. 9　　E. 10

【解析】第一步：先分组，平均分组问题，需除以相同组数阶乘，分组情况数为$\frac{C_4^2C_2^2}{2!}$；

第二步：再分配给两个不同的人，两人与两组一一对应，情况数为 2!.

共有$\frac{C_4^2C_2^2}{2!}\times2!=6$(种).

【答案】B

例 38 6 本不同的书，按照以下要求分配，有(　　)种分法.

(1)一组 1 本，一组 2 本，一组 3 本.

A. 15　　B. 30　　C. 60　　D. 90　　E. 360

【解析】非平均分组问题，不需除以阶乘，因此情况数为 $C_6^1\times C_5^2\times C_3^3=60$.

【答案】C

(2)一组 1 本，一组 1 本，一组 4 本.

A. 15　　B. 30　　C. 60　　D. 90　　E. 360

【解析】部分平均分组问题，需除以相同组数阶乘，因此情况数为$\frac{C_6^1\times C_5^1\times C_4^4}{2!}=15$.

【答案】A

(3)分 3 组，每组 2 本.

A. 15　　B. 30　　C. 60　　D. 90　　E. 360

【解析】平均分组问题，需除以相同组数阶乘，因此情况数为$\frac{C_6^2\times C_4^2\times C_2^2}{3!}=15$.

【答案】A

(4)分给 3 人，一人 1 本，一人 2 本，一人 3 本.

A. 15　　B. 30　　C. 60　　D. 90　　E. 360

【解析】第一步：先分组，非平均分组问题，分组情况数为 $C_6^1\times C_5^2\times C_3^3$；

第二步：再分配给三个不同的人，三人与三组一一对应，情况数为 3!；

共有 $C_6^1\times C_5^2\times C_3^3\times3!=360$(种).

【答案】E

(5)分给 3 人，一人 1 本，一人 1 本，一人 4 本.

A. 15　　B. 30　　C. 60　　D. 90　　E. 360

【解析】第一步：先分组，部分平均分组问题，分组情况数为$\frac{C_6^1\times C_5^1\times C_4^4}{2!}$；

第二步：再分配给三个不同的人，三人与三组一一对应，情况数为 3!.

共有$\frac{C_6^1\times C_5^1\times C_4^4}{2!}\times3!=90$(种).

【答案】D

(6)分给 3 人,每人 2 本.

A. 15　　B. 30　　C. 60　　D. 90　　E. 360

【解析】第一步:先分组,平均分组问题,分组情况数为$\frac{C_6^2\times C_4^2\times C_2^2}{3!}$;

第二步:再分配给三个不同的人,三人与三组一一对应,情况数为 3!.

共有$\frac{C_6^2\times C_4^2\times C_2^2}{3!}\times 3!=90$(种).

【答案】D

(7)分给甲、乙、丙三人,甲 1 本,乙 2 本,丙 3 本.

A. 15　　B. 30　　C. 60　　D. 90　　E. 360

【解析】第一步:先分组,非平均分组问题,分组情况数为 $C_6^1\times C_5^2\times C_3^3$;

第二步:再分配给三个不同的人,但 1 本的组分给甲,2 本的组分给乙,3 本的组分给丙,只有 1 种情况.

共有 $C_6^1\times C_5^2\times C_3^3=60$(种).

【答案】C

(8)分给甲、乙、丙三人,甲 1 本,乙 1 本,丙 4 本.

A. 15　　B. 30　　C. 60　　D. 90　　E. 360

【解析】第一步:先分组,部分平均分组问题,分组情况数为$\frac{C_6^1\times C_5^1\times C_4^4}{2!}$;

第二步:再分配给三个不同的人,4 本的组给丙,两个 2 本的组与甲、乙一一对应,情况数为 2!.

共有 $C_6^1\times C_5^1\times C_4^4=30$(种).

【答案】B

(9)分给甲、乙、丙三人,每人 2 本.

A. 15　　B. 30　　C. 60　　D. 90　　E. 360

【解析】第一步:先分组,平均分组问题,分组情况数为$\frac{C_6^2\times C_4^2\times C_2^2}{3!}$;

第二步:再分配给三个不同的人,三人与三组一一对应,情况数为 3!.

共有 $C_6^2\times C_4^2\times C_2^2=90$(种).

【答案】D

【敲黑板】

定人定量分配,既不乘阶乘,也不除以阶乘.

例 39 5 本不同的书全部分给 4 个学生，每个学生至少 1 本，不同的情况数为(　　).

A. 480　　B. 240　　C. 120　　D. 96　　E. 80

【解析】第一步：先将 5 本书分成 4 组，1 本一组，1 本一组，1 本一组，2 本一组，情况数为 $\frac{C_5^1\times C_4^1\times C_3^1\times C_2^2}{3!}$；

第二步：再分配给 4 个不同的人，4 人与 4 组一一对应，情况数为 P_4^4.

共有 $\frac{C_5^1\times C_4^1\times C_3^1\times C_2^2}{3!}\times P_4^4=240$(种).

【答案】B

▶ **【特征分析 2】**定序问题. n 个元素排成一列，其中 m 个元素顺序一定，则情况数为 $\frac{n!}{m!}$.

例 40 4 个男生，3 个女生站成一排，要求女生从左到右，由高到矮站排，共有(　　)种站法.

A. 15　　B. 30　　C. 60　　D. 504　　E. 840

【解析】7 个元素排序，其中 3 个女生定序，需除以 3!，因此情况数为 $\frac{7!}{3!}=840$.

【答案】E

例 41 书架上某层有 6 本书，新买了 3 本书放进该层，要保持原来 6 本书原有顺序，有(　　)种不同插法.

A. 15　　B. 30　　C. 60　　D. 504　　E. 840

【解析】9 个元素排序，其中原来 6 本书定序，说明 6 个元素定序，需除以 6!，因此情况数为 $\frac{9!}{6!}=504$.

【答案】D

例 42 文艺团体下基层宣传演出，准备的节目表中原有 4 个歌舞节目，如果保持这些节目相对顺序不变，拟再添 2 个小品节目，则不同的排列方法有(　　)种.

A. 15　　B. 30　　C. 60　　D. 504　　E. 840

【解析】6 个元素排序，其中原来 4 个歌舞节目定序，说明 4 个元素定序，需除以 4!，因此情况数为 $\frac{6!}{4!}=30$.

【答案】B

例 43 数字 0，1，2，3，4，5 组成不重复的四位数，其中千位＜百位＜十位，则可以组成(　　)个四位数.

A. 15　　B. 30　　C. 60　　D. 504　　E. 840

【解析】因千位<百位<十位，且千位不能为0，因此千位、百位、十位从“1，2，3，4，5”中选取3个，情况数为C_5^3；再从余下3个数中选1个作为个位数，情况数为C_3^1. 因此情况数为$C_5^3\times C_3^1=30$.

【答案】B

例44　数字0，1，2，3，4，5组成不重复的四位数，其中千位>百位>十位，则可以组成(　　)个四位数.

A. 15　　B. 30　　C. 60　　D. 504　　E. 840

【解析】因千位>百位>十位，且千位不会为0，则千位、百位、十位从“0，1，2，3，4，5”中选取3个，情况数为C_6^3；再从余下3个数中选1个作为个位数，情况数为C_3^1. 因此情况数为$C_6^3\times C_3^1=60$.

【答案】C

▶**【特征分析3】**局部元素相同问题. n个元素排成一列，其中m个元素相同，则情况数为$\frac{n!}{m!}$.

例45　有3面相同的红旗，2面相同的蓝旗，2面相同的黄旗，排成一排，不同排法共有(　　)种.

A. 105　　B. 210　　C. 240　　D. 420　　E. 480

【解析】相同颜色的旗是相同的，所以用除法消序，即除以每种旗各自的全排列，公式为$\frac{(3+2+2)!}{3!\cdot 2!\cdot 2!}=210$(种).

【答案】B

题型十二：隔板法——相同元素分配问题

▶**【特征分析】**n个大小完全相同的元素，分给$m(m\leqslant n)$个人.

结论：(1)每人至少一个：C_{n-1}^{m-1}.

(2)随便分(允许为空)：C_{n+m-1}^{m-1}.

(3)每人至少2个或以上：先尽最大努力满足这些元素的最基本要求，然后对剩下的元素随便分.

例46　10个相同的小球放入编号1，2，3，4的四个盒子中，按照以下要求，有(　　)种分法.

(1)每盒至少1个球.

A. 1　　B. 56　　C. 84　　D. 202　　E. 286

【解析】套用第一个隔板法结论，n个大小完全相同的元素，分给m个人，每人至少一个：C_{n-1}^{m-1}. 因此情况数为$C_9^3=84$.

【答案】C

(2)每盒随便分.

A. 1　　B. 56　　C. 84　　D. 202　　E. 286

【解析】套用第二个隔板法结论,n 个大小完全相同的元素,分给 m 个人,随便分(允许为空):C_{n+m-1}^{m-1}. 因此情况数为 $C_{10+4-1}^{4-1}=286$.

【答案】E

(3)1 号盒至少 2 个球,2 号盒至少 3 个球.

A. 1　　B. 56　　C. 84　　D. 202　　E. 286

【解析】先将 2 个球放入 1 号盒,3 个球放入 2 号盒,剩余 5 个球随便分,套用第二个隔板法结论,5 个大小完全相同的球放入四个盒子中,每盒随便分. 因此情况数为 $C_{5+4-1}^{4-1}=56$.

【答案】B

(4)每盒的球数不小于编号数.

A. 1　　B. 56　　C. 84　　D. 202　　E. 286

【解析】1 号盒不少于 1 个球,2 号盒不少于 2 个球,3 号盒不少于 3 个球,4 号盒不少于 4 个球,总共不少于 10 个球,因此只能 1 号盒 1 个球,2 号盒 2 个球,3 号盒 3 个球,4 号盒 4 个球.

【答案】A

(5)1 号盒至多 3 个球.

A. 1　　B. 56　　C. 84　　D. 202　　E. 286

【解析】分为 4 种情况,1 号盒可能有 0 个,1 个,2 个或 3 个球. 当 1 号盒有 0 个球时,将余下 10 个球放入余下 3 个盒子,随便分,有 C_{10+3-1}^{3-1} 种情况;当 1 号盒有 1 个球时,将余下 9 个球放入余下 3 个盒子,随便分,有 C_{9+3-1}^{3-1} 种情况;以此类推,当 1 号盒有 2 个球时,有 C_{8+3-1}^{3-1} 种情况;当 1 号盒有 3 个球时,有 C_{7+3-1}^{3-1} 种情况. 因此共有 $C_{10+3-1}^{3-1}+C_{9+3-1}^{3-1}+C_{8+3-1}^{3-1}+C_{7+3-1}^{3-1}=202$(种)情况.

【答案】D

例 47　方程 $a+b+c+d=12$ 有(　　)组正整数解.

A. 165　　B. 185　　C. 205　　D. 225　　E. 245

【解析】此问题等价于将 12 个完全相同的球放入四个盒子中,每个盒子至少有 1 个球,情况数为 $C_{11}^{3}=165$.

【答案】A

题型十三:全能元素问题

▶【特征分析】本质:一个元素同时具备多个属性.

类型一:全能元素有一个,用分类法,就看全能元素是否参选.

类型二:全能元素有多个.

解题时以数字最少的那组为讨论对象.

(1)全能元素构成.

(2)不是全能元素构成.

例 48 某外语组有 9 人,每人至少会英语和日语中的一门,其中 7 人会英语,3 人会日语,从中选取会英语和日语的各一人,有(　　)种不同选法.

A. 12　　B. 16　　C. 24　　D. 18　　E. 20

【解析】由题可知,有 1 人既会说英语,又会说日语,有 6 人只会说英语,有 2 人只会说日语.

第一类:全能元素参选,再从余下 8 人中选取 1 人,情况数为 C_8^1;

第二类:全能元素未参选,从只会说英语的 6 人中选 1 人,只会说日语的 2 人中选 1 人,有 $C_6^1 \cdot C_2^1$ 种情况.

共有 $C_8^1+C_6^1 \cdot C_2^1=20$(种)选法.

【答案】E

例 49 在 9 名志愿者中,只能做英语翻译的有 4 人,只能做法语翻译的有 3 人,既能做英语翻译又能做法语翻译的有 2 人,现从这些志愿者中选取 3 人做翻译工作,2 英 1 法有(　　)种方法.

A. 12　　B. 18　　C. 21　　D. 30　　E. 65

【解析】第一类:1 法没有来自全能元素,先从只能做法语翻译的 3 人中选取 1 人,再从余下 6 个会英语的人中选取 2 英,情况数为 $C_3^1C_6^2$;

第二类:1 法来自全能元素,再从余下 5 个会英语的人中选 2 英,情况数为 $C_2^1C_5^2$.

共有 $C_3^1C_6^2+C_2^1C_5^2=65$(种)方法.

【答案】E

题型十四:涂色问题

用 5 种不同的颜色涂 A,B,C,D 这 4 个区域,要求相邻区域不同色,区域不同时分别求以下情况数为(　　).

A. 120　　B. 180　　C. 210　　D. 320　　E. 260

【特征分析 1】

A	B	C	D

方法:①从左向右涂;②每涂完一个区域一定要把颜色放进去.

【解析】顺序:$A\to B\to C\to D$. 涂 A 情况数为 C_5^1,再涂 B 时情况数为 C_4^1,再涂 C 时情况数为 C_4^1,再涂 D 时情况数为 C_4^1. 共有 $C_5^1C_4^1C_4^1C_4^1=320$(种).

【答案】D

▶【特征分析 2】

A	B	D
	C	

方法：①先从接触面最多的涂；②每涂完一个区域一定要把颜色放进去.

【解析】顺序：$B \to C \to A \to D$. 涂 B 情况数为 C_5^1，再涂 C 时情况数为 C_4^1，再涂 A 时情况数为 C_3^1，再涂 D 时情况数为 C_3^1. 共有 $C_5^1C_4^1C_3^1C_3^1=180$(种).

【答案】B

▶【特征分析 3】

A	B
D	C

方法：对角颜色问题注意分类，①对角颜色相同；②对角颜色不同.

【解析】顺序：$A \to B \to C \to D$. 涂 A 情况数为 C_5^1，再涂 B 情况数为 C_4^1；

涂 C 时分类，①C 颜色与 A 颜色相同，情况数为 1，再涂 D 时情况数为 C_4^1；

②C 颜色与 A 颜色不同，情况数为 C_3^1，再涂 D 时情况数为 C_3^1.

共有 $C_5^1C_4^1(1\times C_4^1+C_3^1\times C_3^1)=260$(种).

【答案】E

题型十五：配对问题

▶**【特征分析】**(1)先一次性满足成双的部分.

(2)不成双的部分：先取出不成双部分所在的双，再分别从每双中各取一只，构成不成双的部分.

例 50 10 双不同鞋子，从中任意取出 4 只，则下列情况有(　　)种选法.

(1)4 只鞋子恰有 2 双.

A. C_{10}^2　　B. $C_{10}^1\times C_9^2\times C_2^1\times C_2^1$

C. $C_{10}^1\times C_8^2\times C_2^1$　　D. $C_{10}^1\times C_8^2\times C_2^1\times C_2^1$

E. $C_{10}^4\times C_2^1\times C_2^1\times C_2^1\times C_2^1$

【解析】从 10 双鞋子中任取 2 双，共有 C_{10}^2 种选法.

【答案】A

(2)4 只鞋子恰有 1 双.

A. C_{10}^2　　B. $C_{10}^1\times C_9^2\times C_2^1\times C_2^1$

C. $C_{10}^1\times C_8^2\times C_2^1$　　D. $C_{10}^1\times C_8^2\times C_2^1\times C_2^1$

E. $C_{10}^{4}\times C_{2}^{1}\times C_{2}^{1}\times C_{2}^{1}\times C_{2}^{1}$

【解析】先从 10 双鞋子中任取 1 双，再从余下 9 双中任取 2 双，每双各取一只，共有$C_{10}^{1}\times C_{9}^{2}\times C_{2}^{1}\times C_{2}^{1}$ 种选法.

【答案】B

(3)4 只鞋子没有成双的.

A. C_{10}^{2}

B. $C_{10}^{1}\times C_{9}^{2}\times C_{2}^{1}\times C_{2}^{1}$

C. $C_{10}^{1}\times C_{8}^{2}\times C_{2}^{1}$

D. $C_{10}^{1}\times C_{8}^{2}\times C_{2}^{1}\times C_{2}^{1}$

E. $C_{10}^{4}\times C_{2}^{1}\times C_{2}^{1}\times C_{2}^{1}\times C_{2}^{1}$

【解析】先从 10 双鞋子中任取 4 双，再从每双中各取一只，共有 $C_{10}^{4}\times C_{2}^{1}\times C_{2}^{1}\times C_{2}^{1}\times C_{2}^{1}$ 种选法.

【答案】E

基础能力练习题

一、问题求解

1. 从3男5女中任选3人做志愿者，至少2女的方法数为(　　).

A. 32　　B. 59　　C. 40　　D. 80　　E. 120

2. 有11名翻译人员，其中5名英语翻译，4名日语翻译，另外2名英语和日语都精通. 现从中找8人使得他们组成两个翻译小组，其中4人翻译英语，另外4人翻译日语，则这样的分配名单可以开出(　　)张.

A. 185　　B. 199　　C. 240　　D. 265　　E. 286

3. 8人排成一排，甲、乙必须分别紧靠站在丙的两旁，有(　　)种排法.

A. $P_2^2P_6^6$　　B. $P_2^2C_4^1P_5^5$　　C. P_2^2　　D. $P_2^2P_7^7$　　E. 以上均不正确

4. 五个人站成一排，甲、乙不相邻，且甲、丙也不相邻的方法数为(　　).

A. $P_2^2P_6^6$　　B. $P_2^2C_3^3P_3^3$　　C. $P_2^2P_2^2C_3^2P_2^2$

D. $P_2^2C_3^3P_3^3+P_2^2P_2^2C_3^2P_2^2$　　E. 以上均不正确

5. 现有8个停车位，需要停4辆不同的汽车，则恰有3个空的停车位相邻的情况有(　　)种.

A. 490　　B. 491　　C. 480　　D. 194　　E. 195

6. 有9个椅子，3人就座，若相邻2人之间至少有2个空椅子，则共有(　　)种坐法.

A. $P_3^3(C_4^2+C_4^1)$　　B. $C_8^1+C_8^2$　　C. $P_3^3C_8^2$　　D. $C_8^1P_3^3$　　E. 以上均不正确

7. 7人照相，要求甲、乙两人相邻但不在两端，不同的排法有(　　)种.

A. $P_2^2P_6^6$　　B. $P_2^2C_4^1P_5^5$　　C. $C_2^2P_5^5$　　D. $P_2^2P_7^7$　　E. 以上均不正确

8. n件不同的产品排成一排，若其中A，B两件产品排在一起的不同方法有240种，则$n=$(　　).

A. 4　　B. 5　　C. 7　　D. 6　　E. 2

9. 宿舍走廊有一排8盏照明灯，为了节约用电又不影响照明，要求同时熄掉其中3盏，但是不能同时熄掉相邻的2盏和两端，则方法数为(　　).

A. 9　　B. 4　　C. 8　　D. 14　　E. 5

10. 某人射击8枪，命中三枪，恰有两枪连中的情况数为(　　).

A. 90　　B. 40　　C. 80　　D. 30　　E. 50

11. 6个人站成一排，甲、乙不能相邻，并且甲、乙必有一人在排头的不同排列方法数为(　　).

A. 180　　B. 172　　C. 129　　D. 192　　E. 113

12. 某次乒乓球单打比赛中，先将8名选手等分为2组进行小组单循环赛，若一位选手只打一场比赛后因故退赛,则小组赛的实际比赛场数为(　　).

A. 24　　B. 19　　C. 12　　D. 11　　E. 10

13. 现有 1 角,2 角,5 角,1 元,2 元,100 元人民币各一张,从中至少取一张,共可以组成(　　)种不同的币值.

A. 63　　B. 59　　C. 52　　D. 51　　E. 50

14. 从 1,2,3,4,5,6 中选三个数字相加使得它们的和能被 3 整除,有(　　)种选法.

A. 7　　B. 9　　C. 4　　D. 5　　E. 8

15. 甲、乙两人从 4 门课程中各选修 2 门,甲、乙所选的课程中至少有一门不相同的选法有(　　)种.

A. 24　　B. 26　　C. 30　　D. 42　　E. 50

二、条件充分性判断

16. 正整数 360 的正约数中,符合要求的共有 22 个.

(1)要求该正约数既不等于 1 也不等于 360.

(2)要求该正约数能被 3 整除.

17. 从 10 个会唱歌或跳舞的演员中挑选出 5 个人参加一个 2 人唱歌、3 人跳舞的节目,则挑选方法有 111 种.

(1)10 个演员中 6 人会唱歌,5 人会跳舞.

(2)10 个演员中 6 人会唱歌,6 人会跳舞.

18. 四个男生,两个女生排成一列,则排列方法有 36 种.

(1)男生甲站在最前面,且女生不站在最后面.

(2)男生甲站在最前面,且两个女生站在一起.

19. 某小组有 8 名同学,从这小组男生中选 2 人,女生中选 1 人去完成三项不同的工作,每项工作应有 1 人,共有 180 种安排方法.

(1)该小组有 5 名男生.　　(2)该小组有 6 名男生.

20. 用以下 6 个数字可以组成 60 个不同的六位数.

(1)1 个数字 1,2 个数字 2 和 3 个数字 3.

(2)2 个数字 1,2 个数字 2 和 2 个数字 3.

21. $N=864$.

(1)从 1～8 这 8 个自然数中,任取 2 个奇数,2 个偶数,可组成 N 个不同的四位数.

(2)从 1～8 这 8 个自然数中,任取 2 个奇数作千位和百位数字,取 2 个偶数作十位和个位数字,可组成 N 个不同的四位数.

22. 共有 288 种不同的排法.

(1)6 个人排成一排，甲、乙、丙三人相邻，剩下三人也相邻.

(2)6 个人排成一排，其中甲、乙两人不相邻且不站在排头.

23. n 个相同的小球放入 3 个不同的箱子，第一个箱子至少 1 个，第二个箱子至少 3 个，第三个箱子可以为空，有 28 种情况.

(1)$n=8$.　　(2)$n=9$.

24. 在并排的 10 垄田地中，选择两垄分别种植 A，B 两种作物，每种作物种植一垄，则不同的选法共有 12 种.

(1)A，B 两种作物的间隔不少于 6 垄.

(2)A，B 两种作物相邻种植.

25. 将 5 本书全部分给甲、乙、丙三个学生，则有 20 种分配方法.

(1)分配给甲 3 本书.　　(2)分配给乙 1 本书.

基础能力练习题解析

一、问题求解

1.**【答案】**C

【解析】因为 2 女 1 男 $C_5^2C_3^1$，3 女 0 男 $C_5^3C_3^0$，所以至少 2 女的方法数为 $C_5^2C_3^1+C_5^3C_3^0=40$.

2.**【答案】**A

【解析】5 人只会英语，4 人只会日语，2 人英语和日语都会，所以分三类进行. 第一类：翻译英语的四个人来自只会英语 $C_5^4C_6^4$；第二类：翻译英语的四个人中三个来自只会英语一个来自全能 $C_5^3C_2^1C_5^4$；第三类：翻译英语的四人中两人来自全能 $C_5^2C_2^2C_4^4$.

因此，总共分配名单有 $75+100+10=185$(张).

3.**【答案】**A

【解析】先将甲、乙、丙“打包”，因为甲、乙必须分别紧靠站在丙的两旁，所以打包的方法有 P_2^2 种，随后将“打包”后的甲、乙、丙与剩余元素全排列，故共有 $P_2^2P_6^6$ 种排法.

4.**【答案】**D

【解析】分情况考虑，情况 1：甲、乙、丙均不相邻，$P_2^2C_3^3P_3^3$；情况 2：乙、丙相邻但都不与甲相邻，$P_2^2P_2^2C_3^2P_2^2$.

5.**【答案】**C

【解析】首先，将 3 个空的停车位“打包”，然后，将 4 辆不同的汽车排序形成 5 个空隙，最后，将 3 个空车位形成的包与剩余的 1 个空车位一起插空，排序，有 $P_4^4C_5^2P_2^2=480$(种).

6.**【答案】**A

【解析】先将每两个人之间安排两把空椅子，然后将剩下的两把空椅子进行插空，插空时，分为分别插空和一次插空两种形式. 共有 $P_3^3(C_4^2+C_4^1)$ 种坐法.

7.【答案】B

【解析】先将甲、乙"打包"P_2^2，然后安排甲、乙插空 C_4^1，随后排其他元素 P_5^5，故不同的排法有 $P_2^2C_4^1P_5^5$ 种.

8.【答案】D

【解析】$P_2^2P_{n-1}^{n-1}=240\Rightarrow n=6$.

9.【答案】B

【解析】由于不能同时熄掉相邻的 2 盏和两端，所以先把亮着的 5 盏灯排好，有 1 种方法(因为 5 盏灯是相同元素)，然后再把 3 盏灭掉的灯插入空内即可，即 $C_4^3=4$.

10.【答案】D

【解析】先把两枪进行"打包"，由于没有命中的 5 枪会产生 6 个空隙，然后把"打包"的两枪和剩余一枪全排列，$C_6^2P_2^2=30$.

11.【答案】D

【解析】按甲、乙的位置进行分类. ①甲在排头的情况 $C_4^1P_4^4$，②乙在排头的情况 $C_4^1P_4^4$. 总方法数为 $C_4^1P_4^4+C_4^1P_4^4=192$.

12.【答案】E

【解析】单循环赛是指每两人只赛一场，如果那个选手没有走，该队应该比赛 $C_4^2=6$，但是那个选手比赛一场就走了，少比赛 2 场，所以该队比赛了 4 场，另外一个队比赛了 6 场，共 10 场.

13.【答案】A

【解析】$C_6^1+C_6^2+C_6^3+C_6^4+C_6^5+C_6^6=2^6-1=63$(种).

14.【答案】E

【解析】把 1，2，3，4，5，6 进行分类 1，4；2，5；3，6；然后要想使得它们的和能被 3 整除，只能每一组取一个出来. 共有 $C_2^1C_2^1C_2^1=8$(种)选法.

15.【答案】C

【解析】甲、乙两人从 4 门课程中各选 2 门，不同的选法有 $C_4^2C_4^2$ 种，又甲、乙两人所选的 2 门课程都相同的选法有 C_4^2 种，因此满足条件的不同选法有 $C_4^2C_4^2-C_4^2=30$(种).

二、条件充分性判断

16. 【答案】A

【解析】$360=2^3\times3^2\times5$，则其正约数有$(3+1)\times(2+1)\times(1+1)=24$(个).

对于条件(1)，去掉 1 和 360 本身，符合要求的正约数有 22 个.

对于条件(2)，能被 3 整除的正约数有$(3+1)\times2\times(1+1)=16$(个).

综上所述，应选 A.

17.【答案】E

【解析】条件(1)，10 个演员中 6 人会唱歌，5 人会跳舞，则说明有 1 人既会唱歌又会跳舞，有 5 人只会唱歌，有 4 人只会跳舞. ①不选这个既会唱歌又会跳舞的人，有 $C_5^2C_4^3=40$(种)；②选这个既会唱歌又会跳舞的人，有 $C_5^1C_4^3+C_5^2C_4^2=80$(种). 所以共有 120 种方法.

条件(2)，10 个演员中 6 人会唱歌，6 人会跳舞，则说明有 2 人既会唱歌又会跳舞，有 4 人只会唱歌，有 4 人只会跳舞. ①不选这两个既会唱歌又会跳舞的人，有 $C_4^2C_4^3=24$(种)；②选一个既会唱歌又会跳舞的人，有 $(C_4^1C_4^3+C_4^2C_4^2)C_2^1=104$(种)；③选两个既会唱歌又会跳舞的人，有 $C_4^3+C_4^2C_4^1+2C_4^2C_4^1=76$(种). 共有 $24+104+76=204$(种).

显然两条件不能联合，所以选 E.

18.【答案】C

【解析】条件(1)，最前面站男生甲，最后面也站男生，其余四个人全排列，所以有 $P_4^4\cdot C_3^1=24\times3=72$(种)，不充分.

条件(2)，最前面站男生甲，且两个女生站在一起，捆绑法. 将两个女生看成一个整体，除甲外，将其余四个整体排列有 P_4^4 种，将两个女生全排有 P_2^2 种，所以有 $P_4^4P_2^2=24\times2=48$(种)，也不充分.

联合后，男生甲站在最前面，两个女生站一起，且女生不能站在最后面. 也将两个女生看成一个整体，当女生站在最后面有 $P_3^3P_2^2$ 种，所以该事件的排列顺序有 $48-12=36$(种)，所以选 C.

19.【答案】D

【解析】条件(1)，当该小组有 5 名男生时，共有 $C_5^2C_3^1P_3^3=180$(种)不同的安排方法，故条件(1)充分；条件(2)，当该小组有 6 名男生时，共有 $C_6^2C_2^1P_3^3=180$(种)不同的安排方法，故条件(2)也充分. 综上所述，选 D.

20.【答案】A

【解析】条件(1)，$N=\dfrac{P_6^6}{P_3^3P_2^2}=60$，故条件(1)充分；条件(2)，$N=\dfrac{P_6^6}{P_2^2P_2^2P_2^2}=90$，故条件(2)不充分. 综上所述，选 A.

21.【答案】A

【解析】条件(1)，$C_4^2C_4^2P_4^4=864$，条件(1)充分；

条件(2)，$C_4^2P_2^2\cdot C_4^2P_2^2=P_4^2\cdot P_4^2=144$，条件(2)不充分.

综上所述，选 A.

22.【答案】B

【解析】条件(1)，甲、乙、丙三人相邻，则有 P_3^3 种排法. 剩下三人也相邻，有 P_3^3 种排法. 两个整体再排列，有 P_2^2 种排法. 则一共有 $P_3^3P_3^3P_2^2=72$(种)排法. 故条件(1)不充分.

条件(2)，有 $P_4^4P_4^2=288$(种)排法. 故条件(2)充分.

综上所述，选 B.

23.**【答案】**E

【解析】条件(1)，$n=8$ 时，先将 1 个球放入第一个箱子，将 3 个球放入第二个箱子，则该问题转化为余下 4 个相同的球放入 3 个不同箱子，箱子可空，情况数为 $C_6^2=15$(种)，故条件(1)不充分；

条件(2)，$n=9$ 时，先将 1 个球放入第一个箱子，将 3 个球放入第二个箱子，则该问题转化为余下 5 个相同的球放入 3 个不同箱子，箱子可空，情况数为 $C_7^2=21$(种)，故条件(2)也不充分.

综上所述，选 E.

24.**【答案】**A

【解析】条件(1)，要求"A，B 两种作物的间隔不少于 6 垄"，这个条件很难用一个包含排列数、组合数的式子表示，因而采用分类的方法. 第一类：A 在第一垄，B 有 3 种选择；第二类：A 在第二垄，B 有 2 种选择；第三类：A 在第三垄，B 有 1 种选择，同理 A，B 位置互换，共 12 种，则条件(1)充分.

条件(2)，共有 $P_2^2C_9^1=18$(种)，不充分.

综上所述，选 A.

25.**【答案】**C

【解析】条件(1)，分配方法有 $C_5^3 2^2=40$(种)，不充分；条件(2)，分配方法有 $C_5^1 2^4=80$(种)，不充分；联合条件(1)和条件(2)，分配方法有 $C_5^3 2=20$(种)，因此联合充分.

综上所述，选 C.

强化能力练习题

一、问题求解

1. 甲、乙、丙、丁、戊五个人排成一列，要求甲不能与乙相邻，乙不能与丙相邻，丙不能与丁相邻，丁不能与戊相邻，戊不能与甲相邻，有(　　)种情况.

A. 18　　B. 17　　C. 12　　D. 10　　E. 13

2. 从 4 台甲型和 5 台乙型电视机中任意取出 3 台，其中至少要有甲型和乙型的电视机各 1 台，则不同的取法有(　　)种.

A. 140　　B. 84　　C. 70　　D. 35　　E. 17

3. 把 10 个相同的小球放入到甲、乙、丙、丁四个不同的盒子中，其中甲中放 1 个，乙、丙、丁至少放一个的方法数为(　　).

A. 24　　B. 29　　C. 28　　D. 51　　E. 50

4. 某高校从 10 名优秀的博士毕业生中选 4 人分别去 4 个不同的城市参与建设，每个城市只能去一人，甲不能去银川，乙不能去拉萨的方法数为(　　).

A. 4 088　　B. 4 000　　C. 3 160　　D. 3 000　　E. 2 160

5. 用 1,2,3,4,5,6,7,8 组成没有重复数字的八位数，要求 1 与 2 相邻，2 与 4 相邻，5 与 6 相邻，而 7 与 8 不相邻，这样的八位数共有(　　)个.

A. 236　　B. 244　　C. 124　　D. 288　　E. 240

6. 在不大于 1 000 的正整数中，不含数字 3 的正整数个数为(　　).

A. 680　　B. 721　　C. 729　　D. 832　　E. 913

7. 4 男 4 女围着圆桌交替就座有(　　)种方式.

A. 132　　B. 122　　C. 144　　D. 154　　E. 以上均不正确

8. 将带有编号 1～5 的五个小球放入编号为 1～5 的盒子中，恰好有两个小球的编号与盒子的编号一致的方法数为(　　).

A. 32　　B. 19　　C. 11　　D. 20　　E. 30

9. 3 名医生和 6 名护士被分配到三个不同的学校，每个学校分配 2 名护士和 1 名医生，则不同分配方法有(　　)种.

A. 360　　B. 249　　C. 540　　D. 265　　E. 219

10. 把 6 个人分乘两辆不同的汽车，每辆最多坐 4 人，则方法数是(　　).

A. 36　　B. 49　　C. 50　　D. 21　　E. 19

11. 把 9 个人(含甲、乙)平均分成三组，甲、乙不在同一组的情况数是(　　).

A. 136　　B. 149　　C. 140　　D. 210　　E. 219

12. 某交通岗共三人，从周一到周日的七天每天安排一人值班，每人至少值班 2 天，其不同的排法有（　　）种.

A. 670　　B. 649　　C. 650　　D. 630　　E. 619

13. 将 6 位志愿者分成 4 组，其中有两个组各 2 人，另两个组各 1 人，分赴世博会的四个不同场馆服务，不同的分配方案有（　　）种.

A. 1 670　　B. 1 649　　C. 1 080　　D. 1 630　　E. 619

14. 书架上原来有 5 本不同的书，现在插进去 3 本不同的书，要保持原来书的顺序，共有（　　）种方法.

A. 216　　B. 340　　C. 280　　D. 336　　E. 361

15. 3 个 a，2 个 b，2 个 c 排成一列可以组成（　　）个字符串.

A. 160　　B. 164　　C. 180　　D. 200　　E. 210

二、条件充分性判断

16. 不同的分配方案共有 36 种.

(1)4 名教师分配到 3 所中学任教，每所中学至少 1 名教师.

(2)3 名教师分配到 4 所中学任教，每所中学至多 1 名教师，且教师都必须分出去.

17. 某班新年联欢会原定的 5 个节目已排成节目单，开演前又增加了 n 个新节目. 如果将节目插入原节目单中，那么不同插法的种数为 P_{n+5}^{n}.

(1)$n=2$.　　(2)$n=3$.

18. 从 6 名志愿者中选出 4 人分别从事翻译、导游、导购、保洁四项不同的工作，则选派方案共有 240 种.

(1)甲志愿者不从事翻译工作.

(2)乙志愿者不从事翻译工作.

19. 男、女学生共 8 人，从男生中选取 2 人，从女生中选取 1 人，共有 30 种不同的选法.

(1)其中女生有 2 人.

(2)其中女生有 3 人.

20. 将 4 本书分给甲、乙、丙三人，不同的分配方法的总数是 $C_4^2P_3^3$.

(1)每人至少一本.　　(2)甲只能分到一本.

21. $P=116$.

(1)从 6 名男生和 4 名女生中选出 3 名代表，至少包含 1 名女生的不同选法有 P 种.

(2)从 6 名男生和 4 名女生中选出 3 名代表，至多包含 2 名女生的不同选法有 P 种.

22. 7 个相同的小球，任意放入 4 个不同的小盒中，有 20 种不同放法.

(1)有一个小盒是空的，其余小盒都不空.

(2)每个小盒都不空.

23. $N=1\ 260$.

(1)有实验员 9 人,分成 3 组,分别为 2,3,4 人,去进行内容相同的比赛,共有 N 种不同的分法.

(2)有实验员 9 人,分成 3 组,分别为 2,3,4 人,去进行内容不同的比赛,共有 N 种不同的分法.

24. $C_n^4>C_n^6$.

(1)$n=10$. (2)$n=9$.

25. 三个科室的人数分别为 6,3 和 2,因工作需要,每晚需要排 3 人值班,则在两个月中可使每晚的值班人员不完全来自同一科室.

(1)值班人员不能来自同一科室.

(2)值班人员来自三个不同科室.

强化能力练习题解析

一、问题求解

1.**【答案】**D

【解析】按照位置分析法,五个人排成一列,第一个位置的排法 C_5^1,假设是甲,第二个位置只有两种方法,后三个位置就唯一的被确定了,所以根据乘法原理,方法数是 $C_5^1C_2^1=10$.

2.**【答案】**C

【解析】按照甲的个数进行分类:含 1 甲 2 乙 $C_4^1C_5^2$;含 2 甲 1 乙 $C_4^2C_5^1$,共有 70 种取法,所以选 C.

3.**【答案】**C

【解析】本题属于插板问题,先把甲中放一个,然后把剩余的 9 个球按照第一个隔板法结论即可,即 $C_8^2=28$.

4.**【答案】**A

【解析】方法一:分成四类.

甲去,乙不去:$N_1=C_3^1C_8^3 3!=1\ 008$;甲不去,乙去:$N_2=C_3^1C_8^3 3!=1\ 008$.

甲不去,乙不去:$N_3=C_8^4 4!=1\ 680$;甲去,乙去:$N_4=C_8^2(4!-3!-3!+2!)=392$.

$N=N_1+N_2+N_3+N_4=4\ 088$.

方法二:反面扣除法.

$N=C_{10}^4 4!-C_9^3 3!-C_9^3 3!+C_8^2 2!=4\ 088$.

5.【答案】D

【解析】先把1,2,4打包P_2^2(要保证2在中间),5,6打包P_2^2,7和8进行插空,即$P_2^2P_2^2P_3^3P_4^2=288$.

6.【答案】C

【解析】分类考虑1到1 000内的正整数.

一位数不含3:共8个;二位数不含3:共$C_9^1C_8^1$个;三位数不含3:共$C_9^1C_9^1C_8^1$个;四位数不含3:共1个.综上,共729种.

7.【答案】C

【解析】4个男生圆形排列3!,把4女与4个空隙一一对应即可,$P_4^4\times6=144$.

8.【答案】D

【解析】先把两个编号一致的小球确定下来C_5^2,剩余的三个小球与三个盒子进行错排即2,所以答案是D.

9.【答案】C

【解析】本题考查分组问题,先把护士分组,再把医生分组,然后分配给三个不同的学校即可,共有$\frac{C_6^2C_4^2C_2^2}{3!}P_3^3P_3^3=540$(种).

10.【答案】C

【解析】先分组后分配.先把人分成2组,有两种方法:一组4人,一组2人;一组3人,一组3人,故共有$\left(C_6^2C_4^4+\frac{C_6^3C_3^3}{2!}\right)P_2^2=50$(种).

11.【答案】D

【解析】对立面法.总的情况减去两人在同一组的情况,$\frac{C_9^3C_6^3C_3^3}{3!}-C_7^1\frac{C_6^3C_3^3}{2!}=210$(种).

12.【答案】D

【解析】先把七天分为三组,每组至少两天,则三组天数分别为2,2,3,然后与三个人对应,共有$\frac{C_7^3C_4^2C_2^2}{2!}P_3^3=630$(种).

13.【答案】C

【解析】先把6个人进行分组,然后再分配给四个不同的场馆,$\frac{C_6^2C_4^2C_2^1C_1^1}{2!\,2!}P_4^4=1\ 080$.

14.【答案】D

【解析】定序问题.在考虑8本书的先后顺序时候,其中原来的5本顺序已经定了,要把这个顺序除掉,$\frac{8!}{5!}=336$.

15.【答案】E

【解析】考虑 7 个字母的排序问题的时候，其中 3 个 a 不计顺序，2 个 b 不计顺序，2 个 c 也不计顺序，可组成的字符串个数是$\frac{7!}{2!2!3!}=210$.

二、条件充分性判断

16.【答案】A

【解析】条件(1)是分组问题，方法数是$\frac{C_4^2C_2^1C_1^1}{2!}P_3^3=36$，所以条件(1)充分；对于条件(2)不同的方法是 $P_4^3=24$，所以不充分.

17.【答案】D

【解析】对于条件(1)，$n=2$，用一次插空的方法即可 $N=C_6^1C_7^1=P_7^2$；对于条件(2)，$n=3$，用一次插空的方法即可，$N=C_6^1C_7^1C_8^1=P_8^3$.

18.【答案】C

【解析】条件(1)和条件(2)显然是不充分的，考虑联合条件(1)和条件(2)，可以用占位法 $C_4^1P_5^3=240$.

19.【答案】D

【解析】条件(1)，女生 2 人，男生 6 人，因此选法有 $C_2^1\times C_6^2=30$(种).

条件(2)，女生 3 人，男生 5 人，因此选法有 $C_3^1\times C_5^2=30$(种).

20.【答案】A

【解析】由条件(1)知，甲、乙、丙三人中有一人分得 2 本书，所以不同的分配方法为 $C_4^2C_3^1P_2^2=C_4^2P_3^3$，条件(1)充分；

由条件(2)知，从 4 本书中选 1 本给甲，有 C_4^1 种选法，剩下的 3 本书分给乙、丙两人，有 2^3 种分法，因此有 $2^3C_4^1$ 种不同的分配方法，条件(2)不充分.

21.【答案】B

【解析】条件(1)，至少有 1 名女生的对立面为 3 名代表全为男生. 所以从 10 名同学中选出 3 人有 C_{10}^3 种选法，减去从 6 名男生中选出 3 人有 C_6^3 种选法，因此选法为 $C_{10}^3-C_6^3=100$(种)，不充分；

条件(2)，至多有 2 名女生包括：①不含女生，即从 6 名男生中选出 3 人有 C_6^3 种选法，②含 1 名女生 2 名男生有 $C_4^1C_6^2$ 种选法，③含 2 名女生 1 名男生有 $C_4^2C_6^1$ 种选法，所以共有 $C_6^3+C_4^1C_6^2+C_4^2C_6^1=116$(种)选法，充分.

22.【答案】B

【解析】条件(1)，从 4 个不同的小盒中选出 1 个小盒不放小球，有 C_4^1 种选法，再将 7 个相同的小球，任意放入3个小盒中，每盒都不空，有C_6^2种放法(隔板法)，所以$C_4^1C_6^2=60$(种)放法，不充分；

条件(2)，采用隔板法，$C_6^3=20$(种)放法，充分.

23.【答案】A

【解析】条件(1)，$N=C_9^2C_7^3C_4^4=1\ 260$，充分；

条件(2)，$N=C_9^2C_7^3C_4^4P_3^3=7\ 560$，不充分.

24.【答案】B

【解析】条件(1)，当$n=10$时，由组合数的性质$C_n^m=C_n^{n-m}$，可知$C_{10}^4=C_{10}^6$，即条件(1)不充分；

条件(2)，当$n=9$时，由组合数的公式有，$C_9^4=\frac{9!}{5!\cdot 4!}=126$，$C_9^6=\frac{9!}{6!\cdot 3!}=84$，因此$C_9^4>C_9^6$，所以条件(2)充分.

25.【答案】A

【解析】条件(1)，值班人员不能来自同一科室，可能出现的情况有$C_{11}^3-C_6^3-C_3^3=144$(种)>60(种)，所以条件(1)充分；

条件(2)，值班人员来自三个不同科室，即$C_6^1C_3^1C_2^1=36$(种)<60(种)，所以条件(2)不充分.

第十章　概率

一、本章思维导图

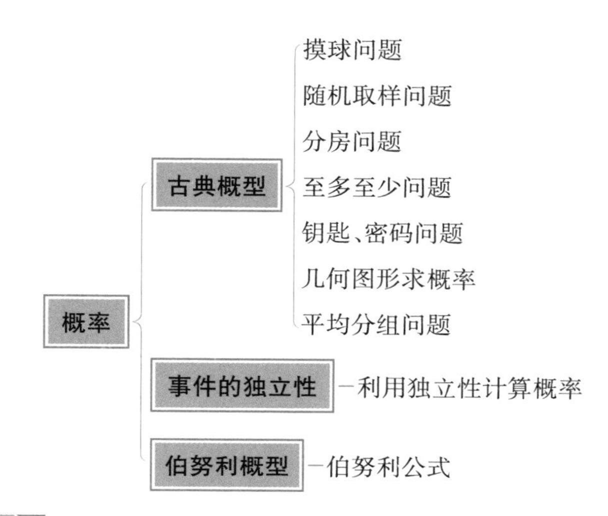

二、往年真题分析

1 真题统计

考点 \ 数量 \ 年份(2012—2021)	12	13	14	15	16	17	18	19	20	21
古典概型	1	1	2	1	2	1	1	1	3	2
事件的独立性	2	1	1	1		1	1	1		1
伯努利概型	1					1				
总计/分	12	6	9	6	6	9	6	6	9	9

2 考情解读

本章在本部分中的占比最高，在考题中有 2～3 道题目，占 8 分左右. 其中，古典概型考查得最多，几乎每年必考. 在解题过程中，对于古典概型，上一章排列组合是解决古典概型问题的基础和关键；对于事件的独立性，需要注意事件之间的关系；对于伯努利概型，需要注意对应公式.

第 40 讲　基本概念

考点解读

一、随机试验与样本空间

1. 随机试验

具有以下特点的试验称为随机试验：

(1)可以在相同的条件下重复地进行；

(2)每次试验的可能结果不止一个，并且能事先明确试验的所有可能结果；

(3)进行一次试验之前不能确定哪一个结果会出现.

2. 样本空间

样本空间 Ω：随机试验的所有可能结果组成的集合称为样本空间.

样本点 ω：样本空间的元素，即随机试验的每一可能结果称为样本点.

二、随机事件

1. 定义

样本空间 Ω 的子集，通常用 A,B,C 表示.

2. 事件发生

在每次试验中，当且仅当这一子集中的一个样本点出现时，称这一事件发生.

3. 分类

(1)基本事件：由一个样本点组成的单点集称为基本事件.

(2)复合事件：由至少两个基本事件组成的集合称为复合事件.

(3)必然事件：样本空间 Ω 包含所有样本点，它是 Ω 自身的子集，在每次试验中它总是发生，称为必然事件.

(4)不可能事件：空集 $\varnothing$ 不包含任何样本点，它也是样本空间的子集，在每次试验中都不发生，称为不可能事件.

三、事件间的关系与运算

1. 事件间的关系

(1)包含关系：$A\subseteq B\Leftrightarrow$ 事件 A 发生一定导致事件 B 发生.

(2)事件相等：$A\subseteq B$ 且 $B\subseteq A$，则称 A 与 B 相等，记为 $A=B$.

(3)A 和 B 的和事件：记为 $A\cup B$ 或 $A+B\Leftrightarrow A,B$ 至少有一个发生，即事件 $A\cup B$ 发生.

类似地，称 $\bigcup\limits_{k=1}^{n}A_k$ 为 n 个事件 $A_1,A_2,\cdots,A_n$ 的和事件.

(4)A 和 B 的积事件：记为 $A\cap B$ 或 $AB\Leftrightarrow A,B$ 同时发生，即事件 $A\cap B$ 发生.

类似地,称$\bigcap\limits_{k=1}^{n}A_k$为$n$个事件$A_1,A_2,\cdots,A_n$的积事件.

(5)A和B的差事件:记为$A-B$或$A\overline{B}\Leftrightarrow A$发生、$B$不发生,即事件$A-B$发生.

(6)互斥(互不相容)事件:$AB=\varnothing\Leftrightarrow A,B$不能同时发生.

(7)对立(互逆)事件:$A\cup B=\Omega$且$A\cap B=\varnothing\Leftrightarrow A,B$在一次试验中必然发生一个且只能发生一个.$A$的对立事件记为$\overline{A}$.

2. 事件的运算律

(1)交换律:$A\cup B=B\cup A,A\cap B=B\cap A$.

(2)结合律:$A\cup(B\cup C)=(A\cup B)\cup C;(A\cap B)\cap C=A\cap(B\cap C)$.

(3)分配律:$A\cup(B\cap C)=(A\cup B)\cap(A\cup C)$.

(4)德摩根律(对偶律):$\overline{A\cup B}=\overline{A}\cap\overline{B},\overline{A\cap B}=\overline{A}\cup\overline{B}$.

四、随机事件的概率

1. 概率的定义

设E是随机试验,Ω是它的样本空间,对于E的每一个事件A赋予一个实数,记为$P(A)$,称为事件A的概率,如果集合函数$P(\cdot)$满足下列条件:

(1)非负性:对于每一个事件A,有$P(A)\geqslant 0$;

(2)规范性:对于必然事件Ω,有$P(\Omega)=1$;

(3)可列可加性:设$A_1,A_2,\cdots$是两两互不相容的事件,即对于$A_iA_j=\varnothing,i\neq j,i,j=1,2,\cdots$,有$P(A_1\cup A_2\cup\cdots)=P(A_1)+P(A_2)+\cdots$.

2. 概率的性质

(1)$P(\varnothing)=0$.

(2)有限可加性:设$A_1,A_2,\cdots,A_n$是两两互不相容的事件,即对于$A_iA_j=\varnothing,i\neq j,i,j=1,2,\cdots$,有$P(A_1\cup A_2\cup\cdots\cup A_n)=P(A_1)+P(A_2)+\cdots+P(A_n)$.

(3)对于任一事件A,有$0\leqslant P(A)\leqslant 1$.

(4)逆事件的概率:对于任一事件A,有$P(\overline{A})=1-P(A)$.

第41讲 古典概型

考点解读

具有以下两个特点的试验称为古典概型:

(1)样本空间有限,$\Omega=\{e_1,e_2,\cdots,e_n\}$;

(2)等可能性,$P(\{e_1\})=P(\{e_2\})=\cdots=P(\{e_n\})$.

计算方法：

$$P(A)=\frac{A\text{包含的基本事件个数}}{\Omega\text{中基本事件总数}}.$$

高能提示

1. 出题频率：高.

2. 考点分布：高频考点是以排列组合为基础的古典概型，几乎每年必考，中频考点是穷举问题，低频考点是分房问题和随机取样问题.

3. 解题方法：古典概型与排列组合联系紧密，考生必须熟练掌握排列组合，再结合古典概型的基本方法，才能正确求解该类型题目.

题型归纳

题型一：摸球问题

▶【特征分析 1】黑球、白球问题或者正品、次品问题，都归为古典概型.

$$P(A)=\frac{\text{事件}A\text{包含的基本事件数}k}{\text{样本空间中基本事件总数}n}.$$

例 1　袋中有 8 个大小形状相同的球，其中含 5 个黑色球，3 个白色球.

(1)从袋中随机地取出 2 个球，则取出的两球都是黑色球的概率是(　　).

A. $\frac{1}{28}$　　B. $\frac{1}{14}$　　C. $\frac{3}{28}$　　D. $\frac{5}{14}$　　E. $\frac{1}{2}$

【解析】从 8 个球中随机地取出 2 个球的情况数为 C_8^2，取出 2 个黑色球的情况数为 C_5^2，所以取出的两球都是黑色球的概率是$\frac{C_5^2}{C_8^2}=\frac{5}{14}$.

【答案】D

(2)从袋中不放回地取两次，每次取一个球，则取出的两球都是黑色球的概率是(　　).

A. $\frac{1}{28}$　　B. $\frac{1}{14}$　　C. $\frac{3}{28}$　　D. $\frac{5}{14}$　　E. $\frac{1}{2}$

【解析】从 8 个球中不放回取两次，取出 2 个球的情况数为 $C_8^1C_7^1$，取出 2 个黑色球的情况数为 $C_5^1C_4^1$，所以取出的两球都是黑色球的概率是$\frac{C_5^1C_4^1}{C_8^1C_7^1}=\frac{5}{14}$.

【答案】D

(3)从袋中有放回地取两次，每次取一个球，则取出的两球至少有一个是黑色球的概率是(　　).

A. $\frac{5}{14}$　　B. $\frac{3}{28}$　　C. $\frac{55}{64}$　　D. $\frac{9}{64}$　　E. $\frac{1}{8}$

【解析】从 8 个球中有放回地取两次，取出 2 个球的情况数为 $C_8^1C_8^1$，取出的 2 个球中没有黑

色球的情况数为 $C_3^1C_3^1$,所以取出的两球至少有一个是黑色球的概率是 $1-\frac{C_3^1C_3^1}{C_8^1C_8^1}=\frac{55}{64}$.

【答案】C

▶**【特征分析 2】**有终止条件的摸球问题.

例 2 一个盒子中有大小相同的 4 个红球,2 个白球,现从中不放回地先后摸球,每次摸一个球,直到 2 个白球都摸出为止,则:

(1)摸球 2 次就结束的概率为(　　).

A. $\frac{2}{15}$　　B. $\frac{1}{5}$　　C. $\frac{2}{5}$　　D. $\frac{4}{15}$　　E. $\frac{1}{15}$

【解析】从 6 个球中不放回地摸球两次,摸出 2 个球的情况数为 $C_6^1C_5^1$,摸出 2 个白球的情况数为 $C_2^1C_1^1$,所以摸球 2 次就结束的概率是 $\frac{C_2^1C_1^1}{C_6^1C_5^1}=\frac{1}{15}$.

【答案】E

(2)摸球 4 次就结束的概率为(　　).

A. $\frac{2}{15}$　　B. $\frac{1}{5}$　　C. $\frac{2}{5}$　　D. $\frac{4}{15}$　　E. $\frac{7}{15}$

【解析】从 6 个球中不放回地摸球四次,摸出 4 个球的情况数为 $C_6^1C_5^1C_4^1C_3^1$,"摸球 4 次就结束"代表第四次摸出的是白球,前三次摸出的是两红一白,所以 4 次摸球有以下三类情况:①白红红白,情况数为 $C_2^1C_4^1C_3^1C_1^1$;②红白红白,情况数为 $C_4^1C_2^1C_3^1C_1^1$;③红红白白,情况数为 $C_4^1C_3^1C_2^1C_1^1$. 所以摸球 4 次就结束的概率是 $\frac{C_4^1C_3^1C_2^1C_1^1+C_4^1C_2^1C_3^1C_1^1+C_2^1C_4^1C_3^1C_1^1}{C_6^1C_5^1C_4^1C_3^1}=\frac{1}{5}$.

【答案】B

▶**【特征分析 3】**已知概率求最值问题.

例 3 已知袋中装有红、黑、白三种颜色的球若干个,它们大小形状相同,则红球最多.

(1)随机取出一球是白球的概率为 $\frac{2}{5}$.

(2)随机取出的两球中至少有一个黑球的概率小于 $\frac{1}{5}$.

【解析】设红球、黑球、白球的个数分别为 m,n,k,显然单独不充分,联合分析. 由条件(1),$\frac{k}{m+n+k}=\frac{2}{5}$;由条件(2),从反面思考,$\frac{C_{m+k}^2}{C_{m+n+k}^2}=\frac{(m+k)(m+k-1)}{(m+n+k)(m+n+k-1)}>\frac{4}{5}$.

因为 $\frac{m+k-1}{m+n+k-1}<1$,故 $\frac{m+k}{m+n+k}>\frac{4}{5}$.

又因为 $\frac{k}{m+n+k}=\frac{2}{5}$,故可得 $\frac{m}{m+n+k}>\frac{2}{5}$,即 $\frac{n}{m+n+k}<\frac{1}{5}$,故红球最多.

【答案】C

题型二：随机取样问题

▶【特征分析】随机取样问题的难点主要在于取样方式的区分. 应注意：逐次无放回取样和一次性取样的概率相同；逐次取样考虑顺序，一次性取样不考虑顺序.

例 4 现从 5 名管理专业、4 名经济专业和 1 名财会专业的学生中随机派出一个 3 人小组，则该小组中 3 个专业各有 1 名学生的概率为(　　).

A. $\frac{1}{2}$　　B. $\frac{1}{3}$　　C. $\frac{1}{4}$　　D. $\frac{1}{5}$　　E. $\frac{1}{6}$

【解析】从 10 名学生中任选 3 人的情况数是 C_{10}^{3}，从三个专业各选 1 人的情况数是 $C_5^1C_4^1C_1^1$，因此该小组中 3 个专业各有 1 名学生的概率为$\frac{C_5^1C_4^1C_1^1}{C_{10}^{3}}=\frac{1}{6}$.

【答案】E

例 5 在一次商品促销活动中，主持人出示了一个 9 位数，让顾客猜测商品的价格. 商品的价格是该 9 位数中从左到右相邻的 3 个数字组成的 3 位数. 若主持人出示的是 513535319，则顾客一次猜中价格的概率是(　　).

A. $\frac{1}{7}$　　B. $\frac{1}{6}$　　C. $\frac{1}{5}$　　D. $\frac{2}{7}$　　E. $\frac{1}{3}$

【解析】本题无法对 9 位数进行直接选取组合计数，因此采用穷举法，513535319 中从左到右相邻的 3 个数字分别为 513，135，353，535，353，531，319，其中 353 出现两次，所以一共有 6 种情况，则顾客一次猜中价格的概率是$\frac{1}{6}$.

【答案】B

例 6 在分别标记了数字 1，2，3，4，5，6 的 6 张卡片中随机取 3 张，其数字之和等于 10 的概率为(　　).

A. 0.05　　B. 0.1　　C. 0.15　　D. 0.2　　E. 0.25

【解析】列举出数字之和等于 10 的情况：1+3+6，2+3+5，1+4+5，共 3 种情况，而总情况数是 C_6^3，所以概率为$\frac{3}{C_6^3}=\frac{3}{20}=0.15$.

【答案】C

例 7 从 1 到 100 的整数中任取 1 个数，则该数能被 5 或 7 整除的概率为(　　).

A. 0.02　　B. 0.14　　C. 0.2　　D. 0.32　　E. 0.34

【解析】从 1 到 100 的整数中任取 1 个数的情况数为 C_{100}^{1}，1 到 100 中能被 5 整除的数的个数是 20，能被 7 整除的数的个数是 14，既能被 5 又能被 7 整除的数的个数是 2，因此概率是

$\frac{20+14-2}{C_{100}^{1}}=0.32$.

【答案】D

例 8 在某项活动中,3 男 3 女 6 名志愿者随机分成甲、乙、丙三组,每组 2 人,则每组志愿者都是异性的概率为(　　).

A. $\frac{1}{90}$　　B. $\frac{1}{15}$　　C. $\frac{1}{10}$　　D. $\frac{1}{5}$　　E. $\frac{2}{5}$

【解析】分组分配问题,需要先分组再分配. 本题为平均分组,需要考虑消序问题,每组均为异性需要把 3 男 3 女分别分到 3 个组.

先求分成 3 组再分配的情况,有 $\frac{C_6^2C_4^2C_2^2}{P_3^3}P_3^3=90$(种)分配方法,再求每组都是异性的情况,有 $\frac{C_3^1C_2^1P_3^3}{P_3^3}P_3^3=36$(种)分配方法,故每组志愿者都是异性的概率为 $\frac{36}{90}=\frac{2}{5}$.

【答案】E

题型三:分房问题

▶ **【特征分析】**分房问题主要是考查可重复的排列问题,核心是次方的运算特征.

例 9 某宾馆有 6 间客房,现要安排 4 位旅游者,每人可以住进任意一个房间,且住进各房间是等可能的.

(1)记事件 A:指定的 4 个房间各有 1 人,则事件 A 的概率为(　　).

A. $\frac{1}{54}$　　B. $\frac{1}{27}$　　C. $\frac{25}{216}$　　D. $\frac{5}{18}$　　E. $\frac{13}{18}$

【解析】4 人选 6 间房,总情况数为 6^4,指定了 4 个房间,因此房间不用选择,4 人与 4 间房一一对应,情况数为 4!,所以概率为 $\frac{4!}{6^4}=\frac{1}{54}$.

【答案】A

【敲黑板】

"指定"不用选.

(2)记事件 B:恰有 4 个房间各有 1 人. 则事件 B 的概率为(　　).

A. $\frac{1}{54}$　　B. $\frac{1}{27}$　　C. $\frac{25}{216}$　　D. $\frac{5}{18}$　　E. $\frac{13}{18}$

【解析】4 人选 6 间房,总情况数为 6^4,恰有 4 个房间,因此需要从 6 间房中任选 4 间,情况数为 C_6^4,4 人与 4 间房一一对应,情况数为 4!,所以概率为 $\frac{C_6^4 4!}{6^4}=\frac{5}{18}$.

【答案】D

【敲黑板】

"恰有"需要选,与"指定"区分开.

(3)记事件 C:指定的某房间中有 2 人,则事件 C 的概率为(　　).

A. $\frac{1}{54}$　　B. $\frac{1}{27}$　　C. $\frac{25}{216}$　　D. $\frac{5}{18}$　　E. $\frac{13}{18}$

【解析】4 人选 6 间房,总情况数为 6^4,指定了某房间,因此房间不用选择,先从 4 人中选 2 人进入指定房间,情况数为 C_4^2,余下 2 人可以选择 5 间房,情况数为 5^2,所以概率为 $\frac{C_4^2 5^2}{6^4}=\frac{25}{216}$.

【答案】C

(4)记事件 D:一号房间有 1 人,二号房间有 2 人,则事件 D 的概率为(　　).

A. $\frac{1}{54}$　　B. $\frac{1}{27}$　　C. $\frac{25}{216}$　　D. $\frac{5}{18}$　　E. $\frac{13}{18}$

【解析】4 人选 6 间房,总情况数为 6^4. 先从 4 人中选 1 人进入一号房间,情况数为 C_4^1,再从余下 3 人中选 2 人进入二号房间,情况数为 C_3^2,余下 1 人可以有 4 个房间选择,情况数为 C_4^1,所以概率为 $\frac{C_4^1 C_3^2 C_4^1}{6^4}=\frac{1}{27}$.

【答案】B

【敲黑板】

"一号房""二号房"为指定房间不用选.

(5)记事件 E:至少有 2 人在同一个房间,则事件 E 的概率为(　　).

A. $\frac{1}{54}$　　B. $\frac{1}{27}$　　C. $\frac{25}{216}$　　D. $\frac{5}{18}$　　E. $\frac{13}{18}$

【解析】4 人选 6 间房,总情况数为 6^4. "至少有 2 人在同一个房间"的对立面是"1 人 1 间房",先从 6 间房中选 4 间,情况数是 C_6^4,4 人与所选的 4 间房一一对应,情况数为 $4!$,所以概率为 $1-\frac{C_6^4 4!}{6^4}=\frac{13}{18}$.

【答案】E

题型四:至多至少问题

▶【特征分析】此类题型需注意"至少一件"需从反面考虑;"至少多件"需从正面分情况求解.

例 10　已知 10 件产品中有 4 件一等品,从中任取 2 件,则至少有 1 件一等品的概率为(　　).

A. $\frac{1}{3}$　　B. $\frac{2}{3}$　　C. $\frac{2}{15}$　　D. $\frac{8}{15}$　　E. $\frac{13}{15}$

【解析】反面思考法."至少有 1 件一等品"的对立面是"没有一等品",从 10 件产品中任取 2 件,总情况数为 C_{10}^{2},所取的 2 件中没有一等品的情况数为 C_{6}^{2},因此至少有 1 件一等品的概率为 $1-\frac{C_{6}^{2}}{C_{10}^{2}}=\frac{2}{3}$.

【答案】B

例 11 袋中有若干个大小相同的黑球、白球和红球,从袋中任意摸出 1 个球为黑球的概率是 $\frac{2}{5}$. 设从袋中任意摸出 2 个球,至少得到 1 个黑球的概率为 p,则 p 的值为(　　).

A. 0.4　　B. 0.5　　C. 0.6　　D. 0.7　　E. 0.8

【解析】本题建议使用"特值法"计算. 设袋中有 5 个球,则其中有 2 个黑球,红球和白球共 3 个,因此从袋中任意摸出 2 个球,没有黑球的概率为 $\frac{C_{3}^{2}}{C_{5}^{2}}$,则至少得到 1 个黑球的概率为 $p=1-\frac{C_{3}^{2}}{C_{5}^{2}}=0.7$.

【答案】D

题型五:钥匙、密码问题

▶ **【特征分析】**考生尤其需要注意钥匙在放回或不放回的情况下第几次将门打开的概率.

例 12 储蓄卡上的密码是一种四位数字号码,每位上的数字可在 0 到 9 这 10 个数字中选取.

(1)如果随意按下一个四位数字号码,则正好是这张储蓄卡密码的概率为(　　).

A. $\frac{1}{10^4}$　　B. $\frac{2}{10^4}$　　C. $\frac{3}{10^4}$　　D. $\frac{4}{10^4}$　　E. $\frac{5}{10^4}$

【解析】总情况数为 10^4,正确的密码只有 1 种情况,因此概率为 $\frac{1}{10^4}$.

【答案】A

(2)某人忘记密码,则恰好第三次尝试成功的概率为(　　).

A. $\frac{1}{10^4}$　　B. $\frac{2}{10^4}$　　C. $\frac{3}{10^4}$　　D. $\frac{4}{10^4}$　　E. $\frac{5}{10^4}$

【解析】"第三次尝试成功"说明前两次失败,最后一次成功,概率为

$$\frac{10^4-1}{10^4}\times\frac{10^4-1-1}{10^4-1}\times\frac{1}{10^4-1-1}=\frac{1}{10^4}.$$

【答案】A

(3)若连续输错 3 次,则银行卡将被锁定. 某人忘记密码,则他能尝试成功的概率为(　　).

A. $\frac{1}{10^4}$　　B. $\frac{2}{10^4}$　　C. $\frac{3}{10^4}$　　D. $\frac{4}{10^4}$　　E. $\frac{5}{10^4}$

【解析】第一次尝试成功的概率为$\frac{1}{10^4}$，第二次尝试成功的概率为$\frac{10^4-1}{10^4}\times\frac{1}{10^4-1}=\frac{1}{10^4}$，第三次尝试成功的概率为$\frac{10^4-1}{10^4}\times\frac{10^4-1-1}{10^4-1}\times\frac{1}{10^4-1-1}=\frac{1}{10^4}$，因此能尝试成功的概率为$\frac{3}{10^4}$.

【答案】C

【敲黑板】

银行卡密码共有n种可能情况，则无论第几次尝试，每次尝试成功的概率均为$\frac{1}{n}$.

题型六：几何图形求概率

【特征分析】当事件发生的结果是无限个并且每个结果概率都相同时，需使用几何图形求概率.

例 13　在长为 10 cm 的线段 AB 上任取一点 P，并以线段 AP 为边作正方形，则这个正方形的面积介于 25 cm^2 和 49 cm^2 之间的概率为（　　）.

A. $\frac{3}{10}$　　B. $\frac{1}{5}$　　C. $\frac{2}{5}$　　D. $\frac{4}{5}$　　E. $\frac{1}{10}$

【解析】正方形的面积介于 25 cm^2 和 49 cm^2，则 AP 的长度介于 5 cm 和 7 cm，因此概率为$\frac{2}{10}=\frac{1}{5}$.

【答案】B

题型七：平均分组问题

【特征分析】有特殊要求的元素优先考虑，在考虑过程中求解概率.

例 14　随机地将 15 名新生平均分配到三个班中去，这 15 名新生有 3 名优等生，试求：

（1）每一个班分到一名优等生的概率为（　　）.

A. $1\times\frac{9}{14}\times\frac{5}{13}$　　B. $1\times\frac{10}{14}\times\frac{8}{13}$　　C. $1\times\frac{10}{14}\times\frac{5}{13}$　　D. $1\times\frac{4}{14}\times\frac{5}{13}$　　E. $1\times\frac{4}{14}\times\frac{8}{13}$

【解析】第一名优等生随机放，概率为 1，第二名优等生需选择另外两个班，对应概率为$\frac{10}{14}$，第三名优等生只能在最后一个没有优等生的班，因此概率为$\frac{5}{13}$，所以最终概率为 $1\times\frac{10}{14}\times\frac{5}{13}$.

【答案】C

（2）这三名优等生分到同一个班的概率为（　　）.

A. $1\times\frac{5}{14}\times\frac{3}{13}$　B. $1\times\frac{4}{14}\times\frac{2}{13}$　C. $1\times\frac{10}{14}\times\frac{5}{13}$　D. $1\times\frac{4}{14}\times\frac{3}{13}$　E. $1\times\frac{4}{14}\times\frac{1}{13}$

【解析】第一名优等生随机放，概率为 1，第二名优等生只能在同一个班，对应概率为$\frac{4}{14}$，第三名优等生在同一个班，剩余名额数为 3，因此对应概率为$\frac{3}{13}$，所以最终概率为 $1\times\frac{4}{14}\times\frac{3}{13}$.

【答案】D

例 15　16 个国家足球队中有中、日、韩 3 个亚洲球队，抽签分成甲、乙、丙、丁 4 个小组(每组 4 个队)，则：

(1)每个组中至多有 1 个亚洲球队的概率为(　　).

A. $1\times\frac{12}{14}\times\frac{8}{13}$　B. $1\times\frac{12}{14}\times\frac{8}{14}$　C. $1\times\frac{3}{15}\times\frac{8}{14}$　D. $1\times\frac{3}{15}\times\frac{3}{13}$　E. $1\times\frac{12}{15}\times\frac{8}{14}$

【解析】先确定中国球队，对应概率为$\frac{16}{16}=1$；再确定日本球队，其只能去没有中国球队的其他组，对应概率为$\frac{12}{15}$；最后确定韩国球队，其只能去没有中国和日本球队的其他组，对应概率为$\frac{8}{14}$. 所以最终概率为 $1\times\frac{12}{15}\times\frac{8}{14}$.

【答案】E

(2)3 个亚洲球队被分在同一组内的概率为(　　).

A. $1\times\frac{3}{14}\times\frac{2}{13}$　B. $1\times\frac{3}{15}\times\frac{2}{14}$　C. $1\times\frac{3}{15}\times\frac{8}{14}$　D. $1\times\frac{3}{15}\times\frac{3}{14}$　E. $1\times\frac{12}{15}\times\frac{8}{14}$

【解析】先确定中国球队，对应概率为$\frac{16}{16}=1$；再确定日本球队，对应名额数为 3，概率为$\frac{3}{15}$；最后确定韩国球队，对应名额为同一组除中国球队和日本球队外的其他 2 个名额，概率为$\frac{2}{14}$. 因此最终概率为 $1\times\frac{3}{15}\times\frac{2}{14}$.

【答案】B

(3)中、韩被分在同一组，日本被分在另一组内的概率为(　　).

A. $1\times\frac{3}{14}\times\frac{2}{13}$　B. $1\times\frac{3}{15}\times\frac{12}{14}$　C. $1\times\frac{3}{15}\times\frac{8}{14}$　D. $1\times\frac{3}{15}\times\frac{3}{14}$　E. $1\times\frac{12}{15}\times\frac{8}{14}$

【解析】先确定中国球队，对应概率为$\frac{16}{16}=1$；再确定韩国球队，对应名额数为 3，概率为$\frac{3}{15}$；最后确定日本球队，其他组还有 12 个名额，因此对应概率为$\frac{12}{14}$，最终概率为 $1\times\frac{3}{15}\times\frac{12}{14}$.

【答案】B

(4)其中两个亚洲球队被分在一组,第三支亚洲球队被分在另一组的概率为(　　).

A. $C_3^2\times\frac{3}{15}\times\frac{12}{14}$　B. $C_3^1\times\frac{3}{15}\times\frac{3}{14}$　C. $C_3^2\times\frac{12}{15}\times\frac{12}{14}$　D. $C_3^2\times\frac{12}{15}\times\frac{11}{14}$　E. $1\times\frac{3}{15}\times\frac{12}{14}$

【解析】先选出在同一组的两个球队,情况数为 C_3^2,第一个亚洲球队对应概率为 1,第二支球队与第一支球队在同一组,因此对应名额数为 3,概率为 $\frac{3}{15}$,第三支球队在其他组还有 12 个名额,因此对应概率为 $\frac{12}{14}$,最终概率为 $C_3^2\times\frac{3}{15}\times\frac{12}{14}$.

【答案】A

第 42 讲　相互独立事件与伯努利概型

考点解读

一、相互独立事件

1. 独立事件定义

(1)描述性定义:如果两事件中一事件的发生不影响另一事件的发生,则称这两事件是相互独立的.

(2)数字定义:若 $P(AB)=P(A)P(B)$,则称事件 A 和 B 是相互独立的,可将其理解为相互独立事件同时发生的概率,即 $P(AB)=P(A)\cdot P(B)$.

2. 相关题目的三种表现形式

(1)单独,独立.

(2)定概率.

(3)分组取样.

二、伯努利概型

1. 定义

如果在一次试验中,某事件发生的概率是 p,那么在 n 次独立重复试验中,这个事件恰好发生 k 次的概率为 $P_n(k)=C_n^k p^k(1-p)^{n-k}(k=0,1,2,\cdots,n)$(伯努利公式).

2. 相关题目的三种表现形式

(1)独立重复.

(2)定概率.

(3)恰好发生.

高能提示

1. 出题频率：高.
2. 考点分布：近年考查全部围绕相互独立事件的概率计算进行.
3. 解题方法：掌握独立事件的定义公式，同时在“至多至少”问题上进行反面思考.

题型归纳

题型一：事件的独立性

▶**【特征分析】**该类题型的特点是题目中涉及的多个事件之间相互独立. 事件概率的计算需使用到如下公式：相互独立事件同时发生的概率等于每个事件发生的概率相乘. 此类题目解题的关键在于厘清事件之间的关系以及目标事件的全部情况.

例1 某产品由两道独立工序加工完成，则该产品的合格率大于 0.6.

(1)每道工序的合格率为 0.7. (2)每道工序的合格率为 0.8.

【解析】本题的关键词是“独立工序”，分别用每道工序的合格率相乘即为该产品的合格率.

条件(1)，每道工序的合格率为 0.7，则产品的合格率为 $0.7\times0.7=0.49<0.6$，所以条件(1)不充分；条件(2)，每道工序的合格率为 0.8，则产品的合格率为 $0.8\times0.8=0.64>0.6$，所以条件(2)充分.

【答案】B

例2 某班有两个课外活动小组，其中第一个小组有足球票 6 张、排球票 4 张，第二个小组有足球票 4 张、排球票 6 张，甲从第一个小组的 10 张票中任抽 1 张，乙从第二个小组的 10 张票中任抽 1 张，则：

(1)两人都抽到足球票的概率为(　　).

A. $\frac{3}{5}$ B. $\frac{2}{5}$ C. $\frac{6}{25}$ D. $\frac{8}{25}$ E. $\frac{14}{25}$

【解析】甲抽到足球票的概率为$\frac{C_6^1}{C_{10}^1}=\frac{3}{5}$，乙抽到足球票的概率为$\frac{C_4^1}{C_{10}^1}=\frac{2}{5}$，所以两人都抽到足球票的概率为$\frac{3}{5}\times\frac{2}{5}=\frac{6}{25}$.

【答案】C

(2)两人中至少有一人抽到足球票的概率为(　　).

A. $\frac{6}{25}$ B. $\frac{8}{25}$ C. $\frac{13}{25}$ D. $\frac{14}{25}$ E. $\frac{19}{25}$

【解析】两人抽到的都是排球票的概率为$\frac{2}{5}\times\frac{3}{5}=\frac{6}{25}$，所以两人中至少有一人抽到足球票的

概率为 $1-\frac{6}{25}=\frac{19}{25}$.

【答案】E

例3 甲、乙、丙三台机床各自独立地加工同一种零件，已知甲机床加工的零件是一等品且乙机床加工的零件不是一等品的概率为$\frac{1}{4}$，乙机床加工的零件是一等品且丙机床加工的零件不是一等品的概率为$\frac{1}{12}$，甲、丙两台机床加工的零件都是一等品的概率为$\frac{2}{9}$. 从甲、乙、丙加工的零件中各取一个检验，则至少有一个一等品的概率为（　　）.

A. $\frac{1}{6}$　　B. $\frac{1}{3}$　　C. $\frac{1}{2}$　　D. $\frac{2}{3}$　　E. $\frac{5}{6}$

【解析】记"甲加工的零件为一等品"为事件 A，"乙加工的零件为一等品"为事件 B，"丙加工的零件为一等品"为事件 C. 由 $P(A\bar{B})=\frac{1}{4}$，$P(B\bar{C})=\frac{1}{12}$，$P(AC)=\frac{2}{9}$，得 $P(A)=\frac{1}{3}$，$P(B)=\frac{1}{4}$，$P(C)=\frac{2}{3}$. 则至少有一个一等品的概率为 $1-\left(1-\frac{1}{3}\right)\times\left(1-\frac{1}{4}\right)\times\left(1-\frac{2}{3}\right)=\frac{5}{6}$.

【答案】E

例4 如图所示，图中的字母代表元件种类，字母相同但下标不同为同一类元件. 已知 A，B，C，D 各类元件正常工作的概率依次为 p，q，r，s，且各元件的工作是相互独立的. 则此系统正常工作的概率为（　　）.

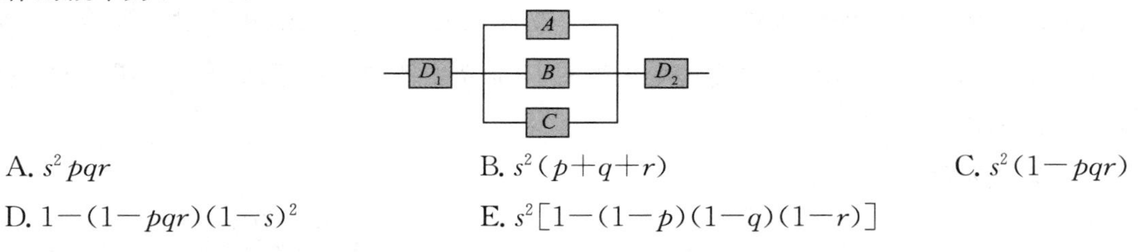

A. s^2pqr　　B. $s^2(p+q+r)$　　C. $s^2(1-pqr)$

D. $1-(1-pqr)(1-s)^2$　　E. $s^2[1-(1-p)(1-q)(1-r)]$

【解析】系统能正常工作的概率为

$$\begin{aligned}&P[D_1D_2(A\cup B\cup C)]\\=&P(D_1)P(D_2)P(A\cup B\cup C)\\=&P(D_1)P(D_2)[1-P(\bar{A})P(\bar{B})P(\bar{C})]\\=&s^2[1-(1-p)(1-q)(1-r)].\end{aligned}$$

【答案】E

题型二：伯努利独立重复试验

▶**【特征分析】**该类题型的特点是，题目中出现多次独立事件，并且每次概率相同，可以直接应用以下公式求解：①直到第 k 次试验，才首次成功的概率为 $P_k=(1-p)^{k-1}\cdot p(k=1,2,\cdots)$；

②直到第 n 次，才成功了 k 次的概率为 $C_{n-1}^{k-1}p^k(1-p)^{n-k}$；

③n 次试验中至少成功 1 次的概率为 $1-(1-p)^n$；

④n 次试验中至多成功 1 次的概率为 $(1-p)^n+C_n^1p(1-p)^{n-1}$.

例 5 某人打了 10 发子弹，每枪命中的概率为 0.7，则：

(1)第 6 枪未命中的概率为(　　).

A. 0.3　　B. 0.7　　C. 0.6　　D. 0.5　　E. 0.2

【解析】其中 1 枪未命中的概率为 $1-0.7=0.3$.

【答案】A

(2)只有第 6 枪未命中的概率为(　　).

A. 0.3　　B. 0.7^9　　C. $0.7^9\times0.3$　　D. 0.3^9　　E. 0.7

【解析】其他 9 枪都命中，且第 6 枪未命中，概率为 $0.7^9\times0.3$.

【答案】C

(3)恰有 3 枪命中的概率为(　　).

A. 0.7　　B. 0.7^3　　C. $0.7^3\times0.3^7$　　D. $C_{10}^3 0.7^3\times0.3^7$　　E. 0.3^7

【解析】直接套用公式 $P_{10}(3)=C_{10}^3 0.7^3\times0.3^7$.

【答案】D

(4)恰有 2 枪未命中的概率为(　　).

A. 0.3　　B. 0.7^2　　C. $0.7^8\times0.3^2$

D. $C_{10}^2 0.7^2\times0.3^8$　　E. $C_{10}^8 0.7^8\times0.3^2$

【解析】恰有 2 枪未命中等价于恰有 8 枪命中，直接套用公式 $P_{10}(8)=C_{10}^8 0.7^8\times0.3^2$.

【答案】E

(5)至少命中 1 枪的概率为(　　).

A. $1-0.3^{10}$　　B. 0.7　　C. 0.3　　D. 0.7^9　　E. 0.3^9

【解析】全没有命中的概率为 0.3^{10}，故至少命中 1 枪的概率为 $1-0.3^{10}$.

【答案】A

(6)直到第六枪才命中 4 枪的概率为(　　).

A. $1-0.3^{10}$　　B. $C_5^3\times0.7^3\times0.3^2$

C. $C_5^3\times0.7^3\times0.3^2\times0.7$　　D. $C_5^3\times0.7^3$

E. 0.3^9

【解析】第 6 枪命中的概率为 0.7，前 5 枪中有 3 枪命中的概率为 $C_5^3\times0.7^3\times0.3^2$，故所求概率为 $C_5^3\times0.7^3\times0.3^2\times0.7$.

【答案】C

例6 某人参加资格考试，有 A 类和 B 类两种选择. A 类的合格标准是抽 3 道题至少会做 2 道，B 类的合格标准是抽 2 道题必须都会做，则此人参加 A 类合格的机会大.

(1)此人 A 类题中有 60%会做. (2)此人 B 类题中有 80%会做.

【解析】条件(1)和条件(2)显然单独都不充分. 将两条件联合，此人参加 A 类合格的概率为 $\left(\frac{3}{5}\right)^3+C_3^2\left(\frac{3}{5}\right)^2\times\left(\frac{2}{5}\right)^1=\frac{81}{125}$，此人参加 B 类合格的概率为 $\left(\frac{4}{5}\right)^2=\frac{16}{25}=\frac{80}{125}$，所以此人参加 A 类合格的机会大.

【答案】C

例7 在某次考试中，3 道题中答对 2 道即为及格. 假设某人答对各题的概率相同，则此人及格的概率为 $\frac{20}{27}$.

(1)答对各题的概率均为 $\frac{2}{3}$. (2)3 道题全部答错的概率为 $\frac{1}{27}$.

【解析】及格情况分为答对 2 道题和 3 道题全部答对，分别讨论条件(1)和条件(2).

条件(1)，当答对各题的概率均为 $\frac{2}{3}$ 时，3 道题都答对的概率为 $\left(\frac{2}{3}\right)^3=\frac{8}{27}$，答对 2 道题的概率为 $C_3^2\left(\frac{2}{3}\right)^2\times\frac{1}{3}=\frac{4}{9}$，所以此人及格的概率是 $\frac{8}{27}+\frac{4}{9}=\frac{20}{27}$，条件(1)充分；

条件(2)，3 道题全部答错的概率为 $\frac{1}{27}$，所以答错 1 道题的概率为 $\frac{1}{3}$，即答对各题的概率均为 $\frac{2}{3}$，与条件(1)相同，所以条件(2)也充分.

【答案】D

例8 某学生参加一次选拔考试，共有 5 道题，每题 10 分. 已知他答对每道题的概率均为 $\frac{3}{5}$，且每题是否答对相互独立. 若总分大于等于 40 分就能被选中，则该生被选中的概率为(　　).

A. $\frac{162}{625}$　B. $\frac{243}{3\ 125}$　C. $\frac{1\ 053}{3\ 125}$　D. $\frac{81}{625}$　E. $\frac{324}{625}$

【解析】该生被选中相当于他至少答对 4 道题. 5 道题中答对 4 道的概率为

$$p_1=C_5^4\cdot\left(\frac{3}{5}\right)^4\left(1-\frac{3}{5}\right)=\frac{162}{625},$$

5 道题全部答对的概率为

$$p_2=C_5^5\cdot\left(\frac{3}{5}\right)^5\left(1-\frac{3}{5}\right)^0=\frac{243}{3\ 125},$$

所以该生被选中的概率为 $p=p_1+p_2=\frac{1\ 053}{3\ 125}$.

【答案】C

基础能力练习题

一、问题求解

1. 下列事件中属于必然事件的是(　　).

①在标准大气压下，水在-6℃结冰.

②某电话在3分钟内接到10次呼叫.

③一天中，从广州国际机场起飞的航班全部正点起飞.

④某位顾客在餐馆吃鸡，得了“禽流感”.

A. ①　　B. ②　　C. ③

D. ④　　E. 都不是必然事件

2. 下列事件中的不可能事件是(　　).

A. 三角形的内角和为180°

B. 三角形中大边对的角大，小边对的角小

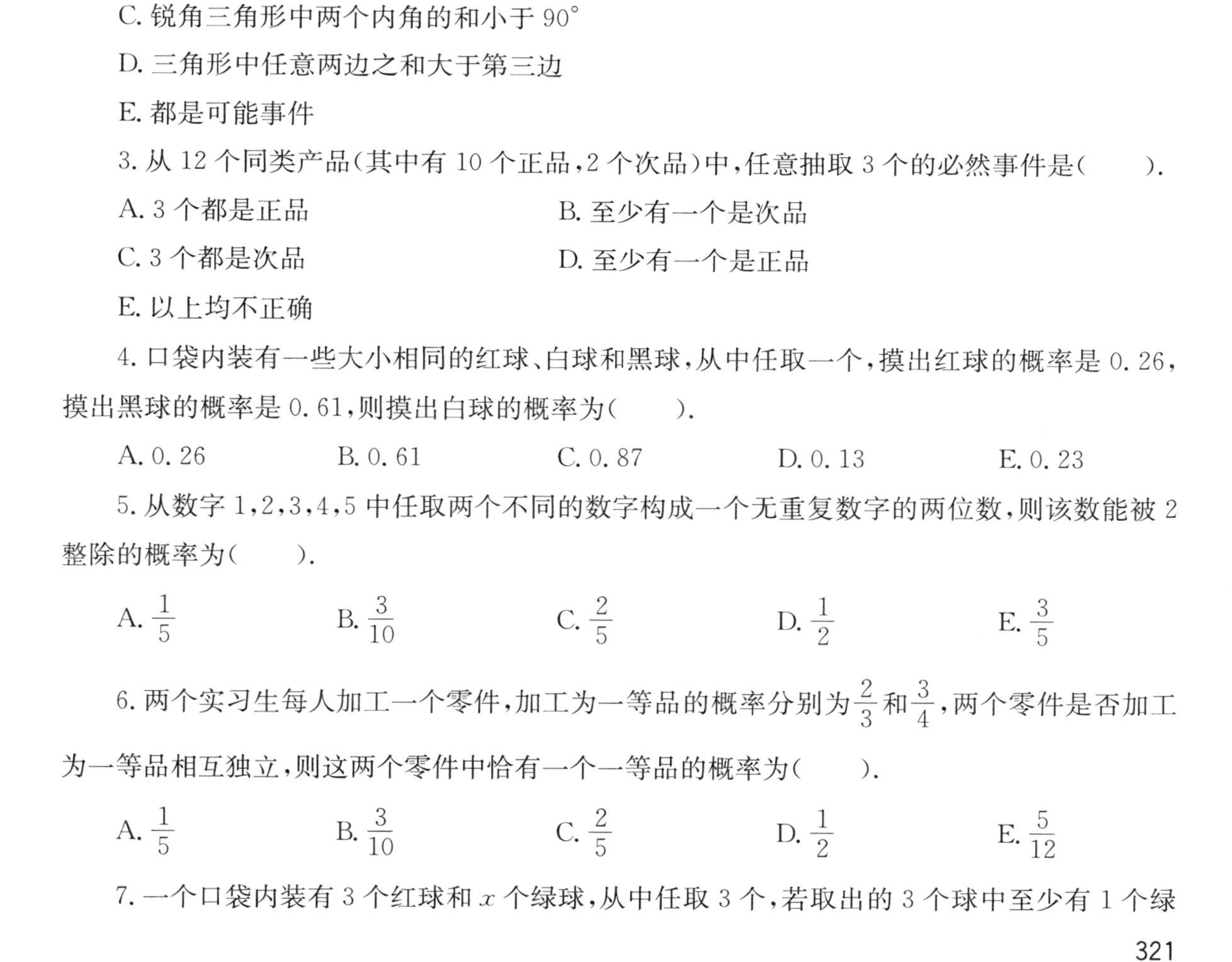

C. 锐角三角形中两个内角的和小于90°

D. 三角形中任意两边之和大于第三边

E. 都是可能事件

3. 从12个同类产品(其中有10个正品，2个次品)中，任意抽取3个的必然事件是(　　).

A. 3个都是正品　　B. 至少有一个是次品

C. 3个都是次品　　D. 至少有一个是正品

E. 以上均不正确

4. 口袋内装有一些大小相同的红球、白球和黑球，从中任取一个，摸出红球的概率是0.26，摸出黑球的概率是0.61，则摸出白球的概率为(　　).

A. 0.26　　B. 0.61　　C. 0.87　　D. 0.13　　E. 0.23

5. 从数字1，2，3，4，5中任取两个不同的数字构成一个无重复数字的两位数，则该数能被2整除的概率为(　　).

A. $\frac{1}{5}$　　B. $\frac{3}{10}$　　C. $\frac{2}{5}$　　D. $\frac{1}{2}$　　E. $\frac{3}{5}$

6. 两个实习生每人加工一个零件，加工为一等品的概率分别为$\frac{2}{3}$和$\frac{3}{4}$，两个零件是否加工为一等品相互独立，则这两个零件中恰有一个一等品的概率为(　　).

A. $\frac{1}{5}$　　B. $\frac{3}{10}$　　C. $\frac{2}{5}$　　D. $\frac{1}{2}$　　E. $\frac{5}{12}$

7. 一个口袋内装有3个红球和x个绿球，从中任取3个，若取出的3个球中至少有1个绿

球的概率为$\frac{34}{35}$,则 x 等于(　　).

A. 2　　B. 3　　C. 4　　D. 5　　E. 6

8. 假设一架飞机各引擎在飞行中故障率均为 $1-p$,且各引擎是否故障是独立的,当至少50%的引擎能正常运行时,飞机就可以成功飞行. 若 4 引擎飞机比 2 引擎的飞机更为安全,则 p 的范围为(　　).

A. $p\geqslant\frac{1}{3}$　　B. $\frac{1}{3}\leqslant p\leqslant\frac{2}{3}$　　C. $p\geqslant\frac{3}{4}$

D. $\frac{2}{3}\leqslant p\leqslant 1$　　E. 以上均不正确

9. 甲、乙各自从同一个正方形四个顶点中任意选择两个顶点连成直线,则所得的两条直线相互垂直的概率是(　　).

A. $\frac{3}{18}$　　B. $\frac{4}{18}$　　C. $\frac{5}{18}$　　D. $\frac{6}{18}$　　E. $\frac{5}{12}$

10. 将 3 人以相同的概率分配到 4 间房中,恰有 3 间房中各有 1 人的概率是(　　).

A. 0.75　　B. 0.375　　C. 0.1875　　D. 0.125　　E. 0.105

11. 将一个白木质的正方体的六个表面都涂上红漆,再将它锯成 64 个小正方体,从中任取 3 个,其中至少有 1 个三面有红漆的小正方体的概率是(　　).

A. 0.665　　B. 0.578　　C. 0.563　　D. 0.482　　E. 0.335

12. 若以连续两次掷骰子得到的点数 a 和 b 作为点 P 的坐标,则点 $P(a,b)$落在直线 $x+y=6$ 和两坐标轴围成的三角形内的概率为(　　).

A. $\frac{1}{6}$　　B. $\frac{7}{36}$　　C. $\frac{2}{9}$　　D. $\frac{1}{4}$　　E. $\frac{5}{18}$

13. 在共有 10 个座位的小会议室内随机地坐 6 名与会者,则指定的 4 个座位被坐满的概率是(　　).

A. $\frac{1}{14}$　　B. $\frac{1}{13}$　　C. $\frac{1}{12}$　　D. $\frac{1}{11}$　　E. $\frac{1}{10}$

14. 某火车站的显示屏每隔 4 分钟显示一次火车班次的信息,显示时间持续 1 分钟. 某人到达该车站时,显示屏上正好显示火车班次信息的概率是(　　).

A. $\frac{1}{6}$　　B. $\frac{1}{5}$　　C. $\frac{1}{4}$　　D. $\frac{1}{3}$　　E. $\frac{1}{2}$

15. 若我们把十位上的数字比个位和百位上的数字都大的三位数称为凸数,如:786,465,则由 1,2,3 这三个数字构成的无重复数字的三位数是“凸数”的概率是(　　).

A. $\frac{1}{3}$　　B. $\frac{1}{2}$　　C. $\frac{2}{3}$　　D. $\frac{5}{6}$　　E. $\frac{3}{4}$

二、条件充分性判断

16. 某单位为绿化环境，移栽了甲、乙两种大树各2株. 设甲、乙两种大树移栽的成活率分别为$\frac{5}{6}$和$\frac{4}{5}$，且各株大树是否成活互不影响，则移栽的4株大树，$p=\frac{4}{45}$.

(1)至少有1株成活的概率为p.　　(2)两种大树各成活1株的概率为p.

17. 某产品由两道独立工序加工完成，则该产品是合格品的概率大于0.8.

(1)每道工序的合格率为0.81.　　(2)每道工序的合格率为0.9.

18. 从含有2件次品，$n-2(n>2)$件正品的n件产品中随机抽查2件，其中恰有1件次品的概率为0.6.

(1)$n=5$.　　(2)$n=6$.

19. 信封中装有10张奖券，只有1张有奖. 从信封中同时抽取2张奖券，中奖的概率为p；从信封中每次抽取1张奖券后放回，如此重复抽取n次，中奖的概率记为q，则$p<q$.

(1)$n=2$.　　(2)$n=3$.

20. 某种流感在流行. 从人群中任意找出3人，其中至少有1人患该种流感的概率为0.271.

(1)该流感的发病率为0.3.　　(2)该流感的发病率为0.1.

21. 甲、乙两人各自去破译一个密码，则密码能被破译的概率为$\frac{3}{5}$.

(1)甲、乙两人能破译出的概率分别是$\frac{1}{3}$，$\frac{1}{4}$.

(2)甲、乙两人能破译出的概率分别是$\frac{1}{2}$，$\frac{1}{3}$.

22. 袋中装有大小相同的白球、黑球、黄球共12个，则能够确定有多少个黄球.

(1)摸球一次摸到白球的概率为$\frac{1}{4}$.　　(2)一次摸出两个球，有黑球的概率为$\frac{5}{11}$.

23. 事件A和事件B相互独立，事件A和事件B同时发生的概率为$\frac{1}{6}$.

(1)事件A与B至少有一个发生的概率为$\frac{5}{6}$.

(2)事件A与B有且仅有一个发生的概率为$\frac{2}{3}$.

24. $p=0.38$.

(1)甲、乙击中目标的概率分别为0.8和0.7，现两人各射击一次，至少有一人击中的概率为p.

(2)甲、乙击中目标的概率分别为0.8和0.7，现两人各射击一次，至少有一人未击中的概率为p.

25. 从 7 人中随机选 3 人参加体能测试，则选中的 3 人中既有男同学又有女同学的概率为$\frac{6}{7}$.

(1)这 7 人中有 4 名男同学，3 名女同学.

(2)这 7 人中有 5 名男同学，2 名女同学.

基础能力练习题解析

一、问题求解

1.**【答案】**A

【解析】根据常识，显然①是必然发生的事件；②③④是随机事件.

2.**【答案】**C

【解析】显然 A，B，D 是必然事件，锐角三角形中两个内角的和必大于 90°，故选 C.

3.**【答案】**D

【解析】显然不管如何抽取，至少有一个是正品(因为次品数小于 3).

4.**【答案】**D

【解析】应该有 $P(A)+P(B)+P(C)=1$，而 $P(A)=0.26$，$P(B)=0.61$，故 $P(C)=0.13$.

5.**【答案】**C

【解析】任取两个数字组成无重复的两位数，共有 $P_5^2=20$(种)情况，能被 2 整除的有 $C_2^1C_4^1=8$(种)情况，则所求概率为$\frac{8}{20}=\frac{2}{5}$.

6.**【答案】**E

【解析】记“两个零件中恰好有一个一等品”为事件 A，则 $P(A)=\frac{2}{3}\times\frac{1}{4}+\frac{1}{3}\times\frac{3}{4}=\frac{5}{12}$.

7.**【答案】**C

【解析】至少有 1 个绿球的概率为 $1-\frac{1}{C_{3+x}^3}=\frac{34}{35}$，解得 $x=4$.

8.**【答案】**D

【解析】根据题意，4 引擎飞机可以看作 4 次独立重复试验，2 引擎飞机可以看作 2 次独立重复试验. 4 引擎飞机成功飞行的概率为 $C_4^2p^2(1-p)^2+C_4^3p^3(1-p)+p^4$；2 引擎飞机成功飞行的概率为 $C_2^1p(1-p)+p^2$. 要使 4 引擎飞机比 2 引擎飞机安全，即 $C_4^2p^2(1-p)^2+C_4^3p^3(1-p)+p^4\geqslant C_2^1p(1-p)+p^2$，化简得$\frac{2}{3}\leqslant p\leqslant 1$.

9.**【答案】**C

【解析】正方形四个顶点可以确定 6 条直线，甲、乙各自任选一条共有 36 个基本事件. 两条直线相互垂直的情况有 5 种(4 组邻边和对角线),包括 10 个基本事件,所以概率为$\frac{5}{18}$.

10.【答案】B

【解析】本题需要先把 3 个人分到 4 个房间的情况找出来,再找出 3 间房中各有 1 人的情况,可以先列出式子不算出结果,后面再进行约分简化计算. 3 人以相同的概率分配到 4 间房中的情况有4^3(种),3 间房中各有 1 人的情况有$C_4^3P_3^3$(种),则概率为$\frac{C_4^3P_3^3}{4^3}=0.375$.

11.【答案】E

【解析】64 个小正方体,其中有 8 个是三面有红漆的,因为 8 个角才有可能是三面红漆. 至少有 1 个三面有红漆的情况比较多,可以逆向思考一个三面有红漆的小正方体都没有的概率,再用 1 减去此概率就是至少有 1 个三面有红漆的小正方体的概率. 从 64 个小正方体中取出 3 个的总取法数为 C_{64}^3,一个三面有红漆的小正方体都没有的取法数为 C_{56}^3,则一个三面有红漆的小正方体都没有的概率为$\frac{C_{56}^3}{C_{64}^3}$,所以其中至少有 1 个三面有红漆的小正方体的概率为 $1-\frac{C_{56}^3}{C_{64}^3}\approx 0.335$.

12.【答案】E

【解析】本题关键是找出 $P(a,b)$中 $x+y<6$ 的所有情况,以解析几何为背景的古典概型用穷举法:(1,1),(1,2),(1,3),(1,4),(2,1),(2,2),(2,3),(3,1),(3,2),(4,1),共 10 个,而总的 $P(a,b)$共有 36 种情况,所以点 $P(a,b)$落在直线 $x+y=6$ 和两坐标轴围成的三角形内的概率为$\frac{10}{36}=\frac{5}{18}$.

13.【答案】A

【解析】本题出现特殊的座位,优先安排. 指定的 4 个座位被坐满,则从 6 个人中选 4 个人坐指定位置,剩下两个人从余下的 6 个座位选 2 个座位坐,共有$C_6^4P_4^4C_6^2P_2^2$种情况. 10 个座位坐 6 名与会者的情况有P_{10}^6种,所以概率为$\frac{C_6^4P_4^4C_6^2P_2^2}{P_{10}^6}=\frac{1}{14}$.

14.【答案】B

【解析】根据题设可知播报一次总时间为 5 分钟,所以某人到达该车站时,显示屏上正好显示火车班次信息的概率是$\frac{1}{5}$.

15.【答案】A

【解析】由 1,2,3 这三个数字构成的无重复数字的三位数有:123,132,213,231,312,321. 因为共 6 种等可能的结果,其中是“凸数”的有 2 种情况,所以不重复的 3 个数字组成的三位数中是“凸数”的概率是$\frac{2}{6}=\frac{1}{3}$.

二、条件充分性判断

16.【答案】B

【解析】设 A_k 表示第 k 株甲种大树成活($k=1,2$),设 B_l 表示第 l 株乙种大树成活($l=1,2$),从而 A_1,A_2,B_1,B_2 独立. 条件(1),至少有 1 株成活的概率为 $1-P(\overline{A}_1\cap\overline{A}_2\cap\overline{B}_1\cap\overline{B}_2)=1-P(\overline{A}_1)P(\overline{A}_2)P(\overline{B}_1)P(\overline{B}_2)=1-\left(\frac{1}{6}\right)^2\left(\frac{1}{5}\right)^2=\frac{899}{900}$,不充分;条件(2),两种大树各成活 1 株的概率为 $C_2^1\frac{5}{6}\times\frac{1}{6}\times C_2^1\frac{4}{5}\times\frac{1}{5}=\frac{4}{45}$,充分.

17.【答案】B

【解析】本题关键为"独立工序",分别用每道工序的合格率相乘即为该产品的合格率. 条件(1),每道工序的合格率为 0.81,则产品的合格率为 $0.81\times0.81=0.6561<0.8$,所以条件(1)不充分;条件(2),每道工序的合格率为 0.9,则产品的合格率为 $0.9\times0.9=0.81>0.8$,所以条件(2)充分.

18.【答案】A

【解析】从 n 件产品中随机抽查 2 件,恰有 1 件次品的概率为$\frac{C_{n-2}^1C_2^1}{C_n^2}$. 条件(1),当 $n=5$ 时,恰有 1 件次品的概率为$\frac{C_{5-2}^1C_2^1}{C_5^2}=0.6$,充分;条件(2),当 $n=6$ 时,恰有 1 件次品的概率为$\frac{C_{6-2}^1C_2^1}{C_6^2}\approx0.53$,不充分.

19.【答案】B

【解析】考虑同时抽出两张和每次抽取一张抽取 n 次的区别,分别求出 p 和 q. 信封中同时抽取 2 张奖券,中奖的概率 $p=1-\frac{C_9^2}{C_{10}^2}=\frac{1}{5}$. 当 $n=2$ 时,$q=1-\left(\frac{9}{10}\right)^2=\frac{19}{100}<p$,当 $n=3$ 时,$q=1-\left(\frac{9}{10}\right)^3=\frac{271}{1\ 000}>p$,所以条件(1)不充分,条件(2)充分.

20.【答案】B

【解析】本题关键为"至少有 1 人",正面思考情况比较多,可以考虑用 1 减去它的反面"一个患该种流感的人都没有"的概率. 条件(1),该流感的发病率为 0.3,则至少有 1 人患该种流感的概率为 $1-(1-0.3)^3=0.657$,所以条件(1)不充分;条件(2),该流感的发病率为 0.1,则至少有 1 人患该种流感的概率为$1-(1-0.1)^3=0.271$,所以条件(2)充分.

21.【答案】E

【解析】密码能破译,其反面为甲、乙两人均未译出. 条件(1),$1-\frac{2}{3}\times\frac{3}{4}=\frac{1}{2}$,不充分;条件(2),$1-\frac{1}{2}\times\frac{2}{3}=\frac{2}{3}$,不充分. 两个条件无法联合.

22.【答案】C

【解析】条件(1),由$\frac{1}{4}=\frac{3}{12}$可以得出白球个数为3,单独不充分;条件(2),设黑球个数为N,有$1-\frac{C_{12-N}^{2}}{C_{12}^{2}}=\frac{5}{11}$,解得$N=3$,单独不充分.联合可得黄球共有$12-3-3=6$(个),充分.

23.【答案】C

【解析】条件(1),$1-[1-P(A)][1-P(B)]=\frac{5}{6}$,故$[1-P(A)][1-P(B)]=\frac{1}{6}$,无法求得$P(A)P(B)$的值,故条件(1)不充分;条件(2),$P(A)[1-P(B)]+P(B)[1-P(A)]=\frac{2}{3}$,同样无法求得$P(A)P(B)$值,故条件(2)不充分;联合条件(1)和条件(2)可得:

$$\begin{cases}[1-P(A)][1-P(B)]=\frac{1}{6},\\ P(A)[1-P(B)]+P(B)[1-P(A)]=\frac{2}{3},\end{cases}$$

解得$P(A)P(B)=\frac{1}{6}$,则事件A和事件B同时发生的概率为$\frac{1}{6}$.

24.【答案】C

【解析】单独考虑两个条件,$p_1=1-0.2\times0.3=0.94$,$p_2=1-0.8\times0.7=0.44$,显然不成立.两个条件联合,即甲、乙两人中有一人击中,一人未击中,则$p=0.8\times0.3+0.7\times0.2=0.38$,充分.

25.【答案】A

【解析】条件(1),3人中有2男1女的概率是$\frac{C_4^2C_3^1}{C_7^3}=\frac{18}{35}$,3人中有1男2女的概率是$\frac{C_4^1C_3^2}{C_7^3}=\frac{12}{35}$,所以3人中既有男同学又有女同学的概率为$P=\frac{18}{35}+\frac{12}{35}=\frac{6}{7}$,条件(1)充分;条件(2),同理有$P=\frac{C_5^2C_2^1+C_5^1C_2^2}{C_7^3}=\frac{5}{7}$,条件(2)不充分.

强化能力练习题

一、问题求解

1. 一射手对同一目标独立地射击四次，已知至少命中一次的概率为$\frac{80}{81}$，则此射手每次射击命中的概率为（　　）.

A. $\frac{1}{3}$　　B. $\frac{2}{3}$　　C. $\frac{1}{4}$　　D. $\frac{2}{5}$　　E. $\frac{3}{5}$

2. 某乒乓球男子单打决赛在甲、乙两选手间进行，比赛用 7 局 4 胜制. 已知每局比赛甲选手战胜乙选手的概率为 0.7，则甲选手以 4 : 1 战胜乙的概率为（　　）.

A. 0.84×0.7^3　　B. 0.7×0.7^3　　C. 0.3×0.7^3

D. 0.9×0.7^3　　E. 以上均不正确

3. 从数字 1，2，3，4，5 中，随机抽取 3 个数字（允许重复）组成一个三位数，其各位数字之和等于 9 的概率为（　　）.

A. $\frac{13}{125}$　　B. $\frac{16}{125}$　　C. $\frac{18}{125}$

D. $\frac{19}{125}$　　E. 以上均不正确

4. 某小组有成员 3 人，每人在一个星期中参加一天劳动，如果劳动日期可随机安排，则 3 人在不同的 3 天参加劳动的概率为（　　）.

A. $\frac{3}{7}$　　B. $\frac{3}{35}$　　C. $\frac{30}{49}$　　D. $\frac{1}{70}$　　E. $\frac{1}{72}$

5. 十个人站成一排，其中甲、乙、丙三人恰巧站在一起的概率为（　　）.

A. $\frac{1}{15}$　　B. $\frac{1}{90}$　　C. $\frac{1}{120}$　　D. $\frac{1}{720}$　　E. $\frac{1}{72}$

6. 如果事件 A，B 互斥，那么（　　）.

A. $A+B$ 是必然事件　　B. $\overline{A}+\overline{B}$ 是必然事件

C. $\overline{A}$ 与 $\overline{B}$ 一定互斥　　D. $\overline{A}$ 与 $\overline{B}$ 一定不互斥

E. 以上均不正确

7. 甲、乙两人参加环保知识竞答，共有 8 道不同的题目，其中选择题 5 个，判断题 3 个，甲、乙二人依次各抽一题（无放回），甲抽到选择题、乙抽到判断题的概率是（　　）.

A. $\frac{5}{8}$　　B. $\frac{3}{8}$　　C. $\frac{15}{56}$　　D. $\frac{3}{7}$　　E. $\frac{3}{5}$

8. 福娃是北京 2008 年第 29 届奥运会吉祥物，每组福娃都由“贝贝”“晶晶”“欢欢”“迎迎”和“妮妮”这五个福娃组成. 甲、乙两位好友分别从同一组福娃中各随机选择一个福娃留作纪念，按先甲选再乙选的顺序不放回地选择，则在这两位好友所选择的福娃中，“贝贝”和“晶晶”恰好只有一个被选中的概率为(   ).

A. $\frac{1}{10}$　　B. $\frac{1}{5}$　　C. $\frac{3}{5}$　　D. $\frac{4}{5}$　　E. $\frac{3}{7}$

9. 将一颗质地均匀的骰子(它是一种各面上分别标有点数 1,2,3,4,5,6 的正方体玩具)先后抛掷 3 次,至少出现一次 6 点向上的概率是(   ).

A. $\frac{5}{216}$　　B. $\frac{25}{216}$　　C. $\frac{31}{216}$　　D. $\frac{91}{216}$　　E. 以上均不正确

10. 若从原点出发的质点 M 向 x 轴的正向移动一个和两个坐标单位的概率分别是$\frac{2}{3}$和$\frac{1}{3}$,则该质点移动 3 个坐标单位,到达 $x=3$ 的概率是(   ).

A. $\frac{19}{27}$　　B. $\frac{20}{27}$　　C. $\frac{7}{9}$　　D. $\frac{22}{27}$　　E. $\frac{23}{27}$

11. 口袋里放有大小相等的两个红球和一个白球,有放回地每次摸取一个球,数列$\{a_n\}$满足:$a_n=\begin{cases}-1, & \text{第 } n \text{ 次摸到红球},\\ 1, & \text{第 } n \text{ 次摸到白球}.\end{cases}$如果 S_n 为数列$\{a_n\}$的前 n 项和,那么 $S_7=3$ 的概率为(   ).

A. $C_7^5\left(\frac{1}{3}\right)^2\times\left(\frac{2}{3}\right)^5$　　B. $C_7^2\left(\frac{2}{3}\right)^2\times\left(\frac{1}{3}\right)^5$

C. $C_7^5\left(\frac{1}{3}\right)^2\times\left(\frac{1}{3}\right)^5$　　D. $C_7^3\left(\frac{2}{3}\right)^4\times\left(\frac{1}{3}\right)^3$

E. $C_7^4\left(\frac{2}{3}\right)^3\times\left(\frac{1}{3}\right)^4$

12. 12 个篮球队中有 3 个强队,将这 12 个队任意分成 3 个组(每组 4 个队),则 3 个强队恰好被分在同一组的概率为(   ).

A. $\frac{1}{3}$　　B. $\frac{1}{4}$　　C. $\frac{3}{55}$

D. $\frac{1}{55}$　　E. 以上均不正确

13. 在圆周上有 10 个等分点,以这些点为顶点,每 3 个点可以构成一个三角形,如果随机选择 3 个点,刚好构成直角三角形的概率是(   ).

A. $\frac{1}{5}$　　B. $\frac{1}{4}$　　C. $\frac{1}{3}$　　D. $\frac{1}{2}$　　E. $\frac{3}{7}$

14. 已知某人每天早晨乘坐的某一班次公共汽车的准时到站率为 60%,则他在 3 天乘车中,此班次公共汽车至少有 2 天准时到站的概率为(   ).

A. $\frac{36}{125}$　　B. $\frac{54}{125}$　　C. $\frac{81}{125}$

D. $\frac{27}{125}$　　E. 以上均不正确

15. 甲、乙、丙三位同学上课后独立完成 5 道自我检测题，甲及格概率为$\frac{4}{5}$，乙及格概率为$\frac{2}{5}$，丙及格概率为$\frac{2}{3}$，则三人中至少有一人及格的概率为（　　）.

A. $\frac{1}{25}$　　B. $\frac{24}{25}$　　C. $\frac{16}{75}$　　D. $\frac{59}{75}$　　E. $\frac{3}{7}$

二、条件充分性判断

16. 将一颗骰子先后抛掷 2 次，观察向上的点数，则 $p=\frac{3}{4}$.

（1）两数之和为 5 的概率为 p.　　（2）两数中至少有一个奇数的概率为 p.

17. 甲、乙两人玩一种游戏：5 个球上分别标有数字 1，2，3，4，5，甲先摸出一个球，记下编号，放回后乙再摸一个球，记下编号，如果两个编号的和为偶数算甲赢，否则算乙赢，则 $p=\frac{1}{2}$.

（1）甲胜的概率为 p.　　（2）乙胜的概率为 p.

18. 某篮球队与其他 5 支篮球队依次进行 5 场比赛，每场均决出胜负，设这支篮球队与其他篮球队比赛是否获胜是独立的，并且获胜的概率是$\frac{1}{3}$，则 $p=\frac{4}{27}$.

（1）这支篮球队首次获胜前已经负了两场的概率为 p.

（2）这支篮球队在 5 场比赛中恰好连胜了 3 场的概率为 p.

19. 所取卡片上的两个数互质的概率为$\frac{9}{14}$.

（1）在分别写有 2，4，6，7，8，11，12，13 的八张卡片中任取两张.

（2）在分别写有 2，4，6，7，8，11，16，17 的八张卡片中任取两张.

20. $p=\frac{9}{10}$.

（1）现有五个球分别记为 A,C,J,K,S，随机放进三个盒子，每个盒子只能放一个球，则 K 或 S 在盒中的概率是 p.

（2）抛掷一枚质地均匀的硬币，如果连续抛掷 10 次，那么第 9 次出现正面朝上的概率 p.

21. 10 把钥匙中有两把可以打开保险柜大门，尝试 3 次失败则大门永远关闭，则某人能够打开大门的概率是$\frac{61}{125}$.

（1）进行一一不放回地尝试.　　（2）进行有放回尝试.

22. 若王先生驾车从家到单位必须经过 3 个有红绿灯的十字路口，则他没有遇到红灯的概率为 0.125.

（1）他在每一个路口遇到红灯的概率都是 0.5.

（2）他在每一个路口遇到红灯相互独立.

23. 从 1,2,3,…,9 这 9 个数字中可重复地选出 3 个数字,则 $p=\frac{1}{81}$.

(1)三个数字恰好构成等差数列的概率为 p.

(2)三个数字恰好构成等比数列的概率为 p.

24. 投掷一枚质地均匀的硬币和一枚质地均匀的骰子各一次,记“硬币正面向上”为事件 A,“骰子向上的点数为 5”为事件 B,则 $p=\frac{7}{12}$.

(1)事件 A,B 至少发生一件的概率为 p.

(2)事件 A,B 至多发生一件的概率为 p.

25. 某项选拔赛共有四轮考核,每轮设有一个问题,能正确回答问题者进入下一轮考核,否则即被淘汰. 已知某选手各轮考核能否正确回答问题互不影响,则该选手至多进入第三轮考核的概率为$\frac{23}{25}$.

(1)该选手能正确回答第一、二、三、四轮问题的概率分别为$\frac{4}{5},\frac{3}{5},\frac{2}{5},\frac{1}{5}$.

(2)该选手能正确回答第一、二、三、四轮问题的概率分别为$\frac{6}{7},\frac{5}{7},\frac{4}{7},\frac{3}{7}$.

强化能力练习题解析

一、问题求解

1.**【答案】**B

【解析】设此射手每次射击命中的概率为 P. 至少命中一次的对立事件为射击四次全都没有命中,由题意可知全都没有命中的概率为 $1-\frac{80}{81}=\frac{1}{81}$,即$(1-P)^4=\frac{1}{81}$,解得 $P=\frac{2}{3}$.

2.**【答案】**A

【解析】甲选手以 4∶1 战胜乙,即第 5 局比赛甲选手获胜,前 4 局比赛中,甲选手恰获胜 3 局,则概率为 $C_4^3\times0.7^3\times0.3\times0.7=0.84\times0.7^3$.

3.**【答案】**D

【解析】从 1,2,3,4,5 中,随机抽取 3 个数字(允许重复),可以组成 5^3 个不同的三位数,其中各位数字之和等于 9 的三位数可分为以下情形:

①由 1,3,5 三个数字组成的三位数:135,153,315,351,513,531 共 6 个;

②由 1,4,4 三个数字组成的三位数:144,414,441,共 3 个;

③由 2,3,4 三个数字可以组成 6 个不同的三位数;

④由 2,2,5 三个数字可以组成 3 个不同的三位数;

⑤由 3,3,3 三个数字可以组成 1 个三位数,即 333.

故满足条件的三位数共有 $6+3+6+3+1=19$(个),所求的概率为$\frac{19}{125}$.

4.【答案】C

【解析】3 个人的劳动日安排法共有 7^3 种,3 人在不同的 3 天参加劳动的安排法有 $C_7^3\times3!$ 种,因而所求概率为$\frac{C_7^3\times3!}{7^3}=\frac{30}{49}$.

5.【答案】A

【解析】十个人站成一排有 10!种不同的站法,甲、乙、丙三人恰巧站在一起,则将三人看作一个整体,再和其余元素排,有 $3!\times8!$ 种不同站法,故概率为$\frac{3!\times8!}{10!}=\frac{1}{15}$.

6.【答案】B

【解析】从集合的角度看,如果 A,B 是互斥事件,它们的交集为空集,即 $A\cap B=\varnothing$,根据对偶律,可知$\overline{A\cap B}=\overline{A}\cup\overline{B}$ 为全集,即为必然事件.

7.【答案】C

【解析】8 道不同的题目,甲、乙二人依次各抽一题,共有 $8\times7=56$(种)不同的方法,而甲抽到选择题、乙抽到判断题的方法有 $5\times3=15$(种),故概率为$\frac{15}{56}$.

8.【答案】C

【解析】所有可能的选择有 $5\times4=20$ 种. 甲选到“贝贝”“晶晶”中的一个,乙没选到,有 $C_2^1C_3^1=6$(种),同样,乙选到“贝贝”“晶晶”中的一个,甲没选到,有 $C_2^1C_3^1=6$(种). 则这两位好友所选择的福娃中,“贝贝”和“晶晶”恰好只有一个被选中的概率为$\frac{12}{20}=\frac{3}{5}$.

9.【答案】D

【解析】“至少出现一次 6 点向上”的对立事件是“出现 0 次 6 点向上”,所以“至少出现一次 6 点向上”的概率为 $1-\left(\frac{5}{6}\right)^3=\frac{91}{216}$.

10.【答案】B

【解析】分类讨论:

①每次移动一个单位,移动 3 次的概率为$\left(\frac{2}{3}\right)^3=\frac{8}{27}$;

②一次移动 1 个单位,一次移动 2 个单位的概率为 $2\times\frac{2}{3}\times\frac{1}{3}=\frac{4}{9}$.

故所求的概率是$\frac{8}{27}+\frac{4}{9}=\frac{20}{27}$.

11.【答案】B

【解析】由题意可知数列 $a_1,a_2,\cdots,a_7$ 中有 5 个 1,2 个 -1,从而所求概率为 $C_7^2\left(\frac{2}{3}\right)^2\times\left(\frac{1}{3}\right)^5$.

12.【答案】C

【解析】将 12 个篮球队分成 3 组的分法有$\frac{C_{12}^{4}C_{8}^{4}C_{4}^{4}}{3!}$种，而 3 个强队恰好被分在同一组的分法有$\frac{C_{9}^{1}C_{8}^{4}C_{4}^{4}}{2!}$种，故 3 个强队在同一组的概率为$\frac{\frac{C_{9}^{1}C_{8}^{4}C_{4}^{4}}{2!}}{\frac{C_{12}^{4}C_{8}^{4}C_{4}^{4}}{3!}}=\frac{3}{55}$.

13.【答案】C

【解析】任何三点不共线，所以共有 $C_{10}^{3}=120$（个）三角形. 在同一直径上的共有 5 对，其中的一对为顶点，然后以剩余 8 个点中的任意一个为顶点所作的三角形一定是直角三角形，则直角三角形的个数是 $5\times8=40$（个），构成直角三角形的概率为$\frac{1}{3}$.

14.【答案】C

【解析】根据独立重复试验恰好发生 k 次的概率公式可知，此班次公共汽车至少有 2 天准时到站的概率为 $C_{3}^{2}\left(\frac{3}{5}\right)^{2}\times\frac{2}{5}+\left(\frac{3}{5}\right)^{3}=\frac{81}{125}$.

15.【答案】B

【解析】至少有一人及格的反面为都不及格，故所求概率为 $1-\frac{1}{5}\times\frac{3}{5}\times\frac{1}{3}=\frac{24}{25}$.

二、条件充分性判断

16.【答案】B

【解析】条件(1)，“两数之和为 5”包含 1＋4 或 3＋2，故概率为 $p=\frac{4}{36}=\frac{1}{9}$，不充分；条件(2)，“两数中至少有一个奇数”的反面为两数均为偶数，故所求概率为 $p=1-\frac{3\times3}{36}=\frac{3}{4}$，充分.

17.【答案】E

【解析】条件(1)，“甲胜”即两数字之和为偶数，所包含的基本事件数为 13 个：(1,1)，(1,3)，(1,5)，(2,2)，(2,4)，(3,1)，(3,3)，(3,5)，(4,2)，(4,4)，(5,1)，(5,3)，(5,5). 故甲胜的概率 $p=\frac{13}{25}$，不充分；条件(2)，乙获胜的概率为$\frac{12}{25}$，不充分. 两个条件无法联合.

18.【答案】A

【解析】条件(1)，首次获胜前已经负了两场的概率为 $p=\frac{2}{3}\times\frac{2}{3}\times\frac{1}{3}=\frac{4}{27}$，充分；条件(2)，记五场比赛依次编号为 1，2，3，4，5，连胜 3 场的情况有“123，234，345”三种情况，三种情况发生的概率均为$\left(\frac{1}{3}\right)^{3}\times\left(\frac{2}{3}\right)^{2}=\frac{4}{243}$，故 5 场比赛中恰连胜 3 场的概率为$\frac{4}{81}$，不充分.

19.【答案】D

【解析】条件(1),8 张卡片任取两张有 $C_8^2=28$(种),其中不可约分的有:(2,7)(2,11)(2,13)(4,7)(4,11)(4,13)(6,7)(6,11)(6,13)(7,8)(7,11)(7,12)(7,13)(8,11)(8,13)(11,12)(11,13)(12,13),共 18 组,所以两数互质的概率为$\frac{9}{14}$,充分;条件(2),同理可知,充分.

20.【答案】A

【解析】条件(1),随机放进三个盒子,每个盒子只能放一个球,所有的放法有 $C_5^3 3!=60$(种),K,S 都不在盒中的放法有 $3!=6$(种),从而 K 或 S 在盒中的概率为 $p=1-\frac{6}{60}=\frac{9}{10}$,充分;条件(2),抛掷一枚质地均匀的硬币,只考虑第 9 次,有两种结果:正面朝上,反面朝上,每种结果等可能出现,故概率为 $\frac{1}{2}$,不充分.

21.【答案】B

【解析】条件(1),$P(A)=\frac{2}{10}+\frac{8}{10}\times\frac{2}{9}+\frac{8}{10}\times\frac{7}{9}\times\frac{2}{8}=\frac{8}{15}$,不充分;条件(2),$P(A)=\frac{2}{10}+\frac{8}{10}\times\frac{2}{10}+\frac{8}{10}\times\frac{8}{10}\times\frac{2}{10}=\frac{61}{125}$,充分. 故选 B.

22.【答案】C

【解析】条件(1)无法确定是否为独立事件,不充分. 联合条件(1)与条件(2),则所求概率为 $0.5\times0.5\times0.5=0.125$,充分. 故选 C.

23.【答案】C

【解析】条件(1),三个数字恰好构成等差数列的概率为$\frac{C_5^2\cdot 2!+C_4^2\cdot 2!+9}{9^3}=\frac{41}{729}$,不充分;条件(2),三个数字恰好构成等比数列的概率为$\frac{6+9}{9^3}=\frac{5}{243}$,不充分;联合,既是等差又是等比的数列就是常数列,概率为$\frac{9}{9^3}=\frac{1}{81}$,充分. 故选 C.

24.【答案】A

【解析】条件(1),$p=1-\frac{1}{2}\times\frac{5}{6}=\frac{7}{12}$,充分;条件(2),$p=1-\frac{1}{2}\times\frac{1}{6}=\frac{11}{12}$,不充分. 故选 A.

25.【答案】E

【解析】至多进入第三轮,反面即进入第四轮,则前三轮全对. 条件(1),至多进入第三轮考核的概率为 $1-\frac{4}{5}\times\frac{3}{5}\times\frac{2}{5}=\frac{101}{125}$,不充分;条件(2),至多进入第三轮考核的概率为 $1-\frac{6}{7}\times\frac{5}{7}\times\frac{4}{7}=\frac{223}{343}$,不充分. 两条件无法联合,故选 E.

第十一章 数据描述

一、本章思维导图

- 数据描述
  - 平均值—平均值的计算与比较
  - 方差和标准差—方差的计算与比较
  - 数据的图表表示

二、往年真题分析

1 真题统计

考点 \ 数量 \ 年份(2012—2021)	12	13	14	15	16	17	18	19	20	21
平均值	1						1	1	1	1
方差与标准差			1		1	1		1	1	
数据的图表表示										
总计/分	3		3		3	3	3	6	6	3

2 考情解读

本章内容在考试中的题量和分值较少，一般为 1 道题目，占 3 分，平均值、方差与标准差是重点，图表几乎不考.

第 43 讲 平均值

考点解读

设 n 个数 $x_1, x_2, \cdots, x_n$，称 $\bar{x}=\frac{x_1+x_2+\cdots+x_n}{n}$ 为这 n 个数的平均值.

高能提示

1. 出题频率：中.
2. 考点分布：平均值的计算和比较.
3. 解题方法：该类题型简单，只要记住公式即可.

题型归纳

题型：平均值的计算和比较

▶【特征分析】平均值问题主要考查一组数据平均值的计算和比较，比较简单. 有两种方法可以简化平均值的计算，一是每个数据都减去相同的值 a，求出剩余值的平均值，再加上 a 即可；二是注意一组数据的对称性.

例 1 为了解某公司员工的年龄结构，按男、女人数的比例进行了随机抽样，结果如下表所示：

男员工年龄/岁	23	26	28	30	32	34	36	38	41
女员工年龄/岁	23	25	27	27	29	31			

根据表中数据估计，该公司男员工的平均年龄与全体员工的平均年龄分别是(　　)(单位：岁).

A. 32，30　　B. 32，29.5　　C. 32，27　　D. 30，27　　E. 29.5，27

【解析】首先根据表格可知，男、女员工人数的比例为 $9:6$，分别求出男、女员工的平均年龄，根据男、女员工的人数对应的比例求出全体员工的平均年龄.

男员工的平均年龄为$\frac{23+26+28+30+32+34+36+38+41}{9}=32$(岁)(也可以根据数据的对称性直接分析)，女员工的平均年龄为$\frac{23+25+27+27+29+31}{6}=27$(岁)，则全体员工的平均年龄为$\frac{32\times9+27\times6}{9+6}=30$(岁).

【答案】A

例 2 甲、乙、丙三个地区的公务员参加一次测评，其人数和考分情况如下表所示：

人数　考分/分 地区	6	7	8	9
甲	10	10	10	10
乙	15	15	10	20
丙	10	10	15	15

三个地区按平均分从高到低的排列顺序为(　　).

A. 乙、丙、甲　　B. 乙、甲、丙　　C. 甲、丙、乙　　D. 丙、甲、乙　　E. 丙、乙、甲

【解析】每个人的考分均与 7 分进行对比，甲的平均分为 $7+\frac{10\times(-1)+10\times1+10\times2}{40}=7.5$（分），乙的平均分为 $7+\frac{15\times(-1)+10\times1+20\times2}{60}=7\frac{7}{12}$（分），丙的平均分为 $7+\frac{10\times(-1)+15\times1+15\times2}{50}=7.7$（分）.

【答案】E

第 44 讲　方差和标准差

考点解读

一、方差

设一组样本数据 $x_1,x_2,\cdots,x_n$，其平均数是 $\overline{x}$，则称

$$S^2=\frac{1}{n}[(x_1-\overline{x})^2+(x_2-\overline{x})^2+\cdots+(x_n-\overline{x})^2]=\frac{1}{n}\sum_{i=1}^{n}(x_i-\overline{x})^2$$

为这个样本的方差.

二、标准差

方差的算术平方根 $S=\sqrt{\frac{1}{n}\sum_{i=1}^{n}(x_i-\overline{x})^2}$ 称为这组数据的标准差.

【敲黑板】

标准差是方差的算术平方根，方差和标准差能反映一组数据的波动情况. 平均数相同的两组数据，方差和标准差未必相同.

高能提示

1. 出题频率：高.
2. 考点分布：不同组数据方差的计算和比较.
3. 解题方法：该类题型要求考生熟练掌握公式，并会使用简单技巧进行判断.

题型归纳

题型：方差的计算和比较

【特征分析】该类题型主要考查两组及两组以上数据方差的计算和比较，具体步骤：先求平均值，再计算方差，最后进行比较判断.

例 1　样本方差的作用是（　　）.

A. 估计总体的平均水平
B. 表示样本的平均水平
C. 表示总体的波动大小
D. 表示样本的波动大小，从而估计总体的波动大小
E. 表示样本的变化趋势

【解析】由方差的意义可知选项 D 正确.

【答案】D

例 2 设有两组数据 S_1：3，4，5，6，7 和 S_2：4，5，6，7，a，则能确定 a 的值.

(1)S_1 与 S_2 的平均值相等.
(2)S_1 与 S_2 的方差相等.

【解析】条件(1)，由平均值相等，得 $a=3$，充分；条件(2)，由任意 5 个连续整数的方差相等，得 $a=3$ 或 $a=8$，不充分，故选 A.

【答案】A

例 3 甲、乙、丙三人每轮各投篮 10 次，投了三轮，投中数如下表所示：

人员	第一轮	第二轮	第三轮
甲	2	5	8
乙	5	2	5
丙	8	4	9

设 σ_1，σ_2，σ_3 分别为甲、乙、丙投中数的方差，则(　　).

A. $\sigma_1>\sigma_2>\sigma_3$　B. $\sigma_1>\sigma_3>\sigma_2$　C. $\sigma_2>\sigma_1>\sigma_3$　D. $\sigma_2>\sigma_3>\sigma_1$　E. $\sigma_3>\sigma_2>\sigma_1$

【解析】分别求出 σ_1，σ_2，σ_3，然后进行比较.

由已知可得，

$$\bar{x}_1=5,\sigma_1=6,\bar{x}_2=4,\sigma_2=2,\bar{x}_3=7,\sigma_3=\frac{14}{3},$$

所以 $\sigma_1>\sigma_3>\sigma_2$.

【答案】B

第 45 讲　数据的图表表示

考点解读

一、直方图与饼图

1. 直方图

(1)基本概念.

频数：在一组样本数据中，每个数据出现的次数.

频率：频数与数据总次数的比.

组数:把全体数据分成小组的个数.

组距:把所有数据分成若干个组,每个小组的两个端点间的距离.

(2)画频率分布直方图的步骤.

①计算极差,即计算一组数据中最大值与最小值的差;

②确定组距和组数,如果数据在100个以内,常分成5~10组;

③将数据分组;

④列出频率分布表;

⑤画出频率分布直方图.

2. 饼图

按照各部分所占百分比对应扇形所占整个圆的比例,将一个圆划分为几个扇形的统计图表.

二、其他概念

1. 众数

一组数据中出现次数最多的数据叫作这组数据的众数.

2. 中位数

把一组数据从小到大排列,若有奇数个数据,则正中间的那个数为中位数;若有偶数个数据,则中间两个数的平均数为中位数.

题型归纳

题型:频率分布直方图

▶**【特征分析】**频率分布直方图重点需要掌握"矩形面积=频率",该类题型单独出题可能性较小,了解基础内容即可.

例1 某食品厂为了检查一条自动包装流水线的生产情况,随机抽取该流水线上40件产品作为样本算出它们的质量(单位:克),质量的分组区间为(490,495],(495,500],…,(510,515],由此得到样本的频率分布直方图,如图所示.

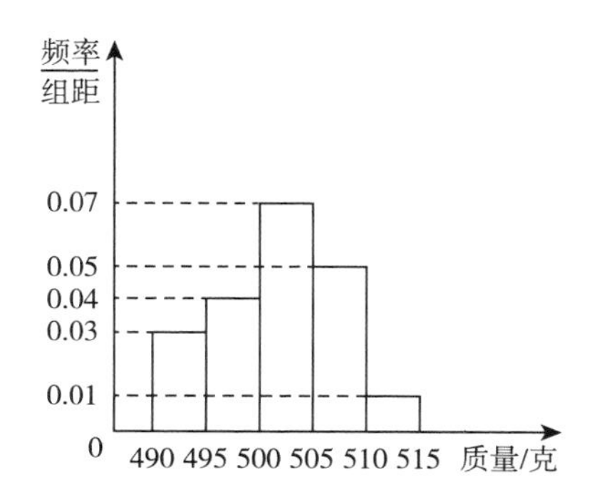

(1)根据频率分布直方图,则质量超过 505 克的产品数量为(　　).

A. 10　　B. 11　　C. 12　　D. 13　　E. 14

【解析】$(0.05+0.01)\times5\times40=12$(件).

【答案】C

(2)在上述抽取的 40 件产品中任取 2 件,设 n 为质量超过 505 克的产品数量,则 n 取 0 和 1 的概率分别为(　　).

A. $\frac{63}{130},\frac{56}{130}$　　B. $\frac{56}{130},\frac{63}{130}$　　C. $\frac{63}{130},\frac{21}{130}$　　D. $\frac{21}{130},\frac{56}{130}$　　E. $\frac{34}{130},\frac{56}{130}$

【解析】当 $n=0$ 时,$p_0=\frac{C_{28}^2}{C_{40}^2}=\frac{63}{130}$. 当 $n=1$ 时,$p_1=\frac{C_{28}^1\times C_{12}^1}{C_{40}^2}=\frac{56}{130}$.

【答案】A

(3)从流水线上任取 5 件产品,则恰有 2 件产品的质量超过 505 克的概率为(　　).

A. 0.3087　　B. 0.3　　C. 0.1087　　D. 0.2004　　E. 0.1327

【解析】该流水线上产品质量超过 505 克的概率为 0.3,故

$$p=C_5^2\times0.3^2\times(1-0.3)^3=0.3087.$$

【答案】A

基础能力练习题

一、问题求解

1. 如图所示，样本 A 和 B 分别取自两个不同的总体，它们的样本平均数分别为$\bar{x}_A$和$\bar{x}_B$，样本标准差分别为 S_A 和 S_B，则（　　）.

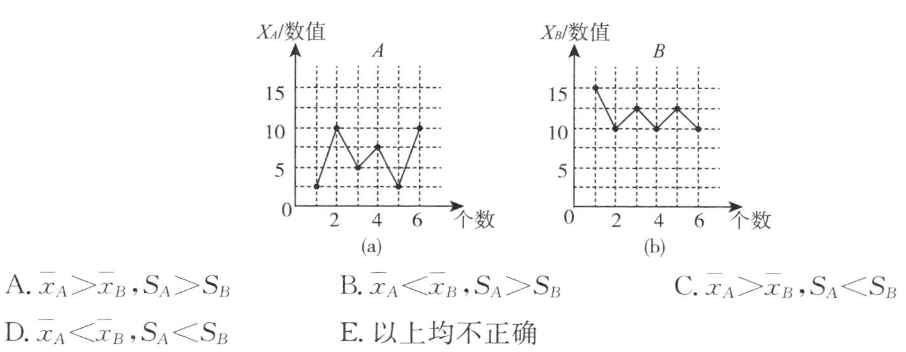

A. $\bar{x}_A>\bar{x}_B$，$S_A>S_B$　　B. $\bar{x}_A<\bar{x}_B$，$S_A>S_B$　　C. $\bar{x}_A>\bar{x}_B$，$S_A<S_B$

D. $\bar{x}_A<\bar{x}_B$，$S_A<S_B$　　E. 以上均不正确

2. 若样本 $2x_1+1, 2x_2+1, \cdots, 2x_n+1$ 的平均数为 11，方差为 16，则样本 $x_1+2, x_2+2, \cdots, x_n+2$ 的平均数及方差分别为（　　）.

A. 10，2　　B. 11，3　　C. 11，2　　D. 12，4　　E. 7，4

3. 某市要对两千多名出租车司机的年龄进行调查，现从中随机抽出 100 名司机，已知抽到的司机年龄都在[20，45)岁之间，根据调查结果得出司机的年龄情况残缺的频率分布直方图如图所示，利用这个残缺的频率分布直方图估计该市出租车司机的平均年龄是（　　）.

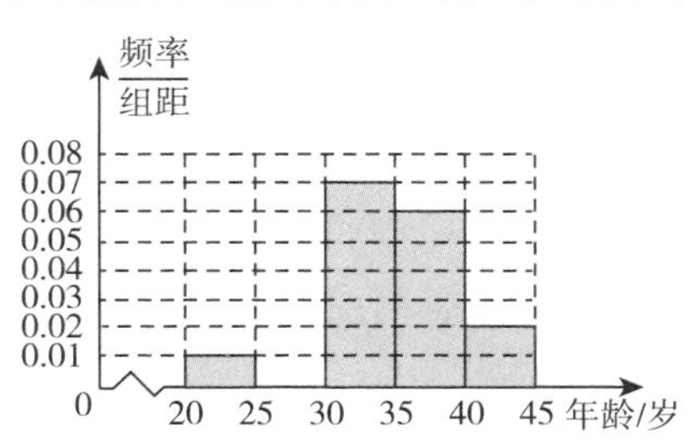

A. 31.6 岁　　B. 32.6 岁　　C. 33.6 岁　　D. 36.6 岁　　E. 33.5 岁

4. 某校高中研究性学习小组对本地区 2005 年至 2007 年快餐公司发展情况进行了调查，制成了该地区快餐公司个数情况的条形图和快餐公司盒饭年销售量的平均数情况条形图，如图所示，根据图中提供的信息可以得出这三年中该地区快餐公司每年平均销售盒饭（　　）.

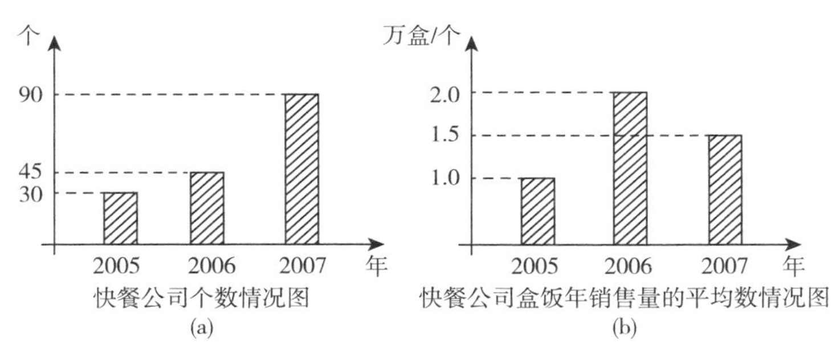

A. 82 万盒　　B. 83 万盒　　C. 84 万盒　　D. 85 万盒　　E. 96 万盒

5. 已知样本容量为 30，样本频率分布直方图如图所示，各小长方形的高的比从左到右依次为 2∶4∶3∶1，则第二组的频率和频数分别为（　　）.

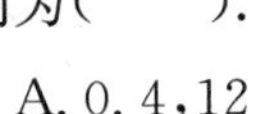

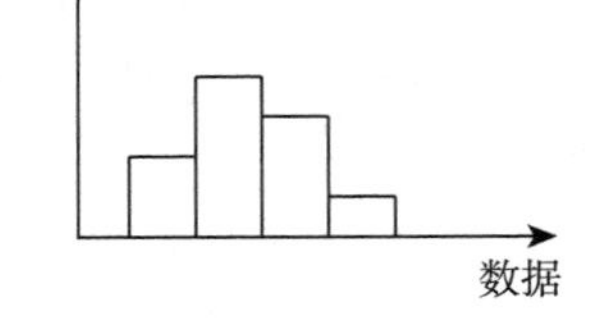

A. 0.4，12　　B. 0.6，16　　C. 0.4，16

D. 0.6，12　　E. 0.6，15

6. 数据 −1，0，3，5，x 的方差是 $\frac{34}{5}$，则 $x=$（　　）.

A. −2 或 5.5　　B. 2 或 5.5　　C. 4 或 11　　D. −4 或 11　　E. 3 或 10

7. 有 19 名同学参加歌咏比赛，所得的分数互不相同，得分前 10 名的同学进入决赛. 某同学知道自己的分数后，要判断自己能否进入决赛，他只需知道这 19 名同学的（　　）.

A. 平均数　　B. 中位数　　C. 众数　　D. 方差　　E. 标准差

8. 已知一组数据 −2，−1，0，x，1 的平均数是 0，则方差 $S^2=$（　　）.

A. 0　　B. 1　　C. 2　　D. $\sqrt{2}$　　E. 3

9. 已知一个样本的方差是 $S^2=\frac{1}{100}[(x_1-4)^2+(x_2-4)^2+\cdots+(x_{100}-4)^2]$，设这个样本的平均数是 a，样本的容量是 b，则 $20b+3a+3=$（　　）.

A. 2 013　　B. 2 014　　C. 2 015　　D. 2 016　　E. 2 017

10. 已知一组数据从小到大依次为 2，3，3，7，a，b，12，13.7，18.3，20，且这组数据的中位数是 10.5，要使这组数据的方差最小，则 a，b 的取值分别为（　　）.

A. 都是 10　　B. 都是 11　　C. 10 和 11　　D. 都是 10.5　　E. 11 和 10

11. 已知 2，4，$2x$，$4y$ 四个数的平均数是 5；5，7，$4x$，$6y$ 四个数的平均数是 9，则 x^2+y^2 的值是（　　）.

A. 12　　B. 13　　C. 15　　D. 16　　E. 17

12. 在一次数学考试中，第一小组的 10 名学生的成绩与全班的平均分 88 分的差分别是 2，0，−1，−5，−6，10，8，12，3，−3，则这个小组的平均成绩是（　　）分.

A. 90　　B. 89　　C. 88　　D. 86　　E. 84

13. 某中学足球队的 18 名队员的年龄情况如下表：

年龄/岁	14	15	16	17	18
人数/名	3	6	4	4	1

则这些队员年龄的众数和中位数分别是（　　）.

A. 15，15　　B. 15，15.5　　C. 15，16　　D. 15，17　　E. 16，15

14. 在一次歌手大奖赛上，七位评委为某位歌手打出的分数如下：

9.4	8.4	9.4	9.9	9.6	9.4	9.7

去掉一个最高分和一个最低分后，所剩数据的平均值和方差分别为（　　）.

A. 9.4，0.484　　B. 9.4，0.016　　C. 9.5，0.04

D. 9.5，0.016　　E. 以上结论均不正确

15. 某市对两千多名出租车司机的年龄进行调查，现从中随机抽出 100 名司机，已知抽到的司机年龄都在[20,45)岁之间，根据调查结果得出司机的年龄情况残缺的频率分布直方图，如图所示，则年龄在[25,35)岁的人数为（　　）.

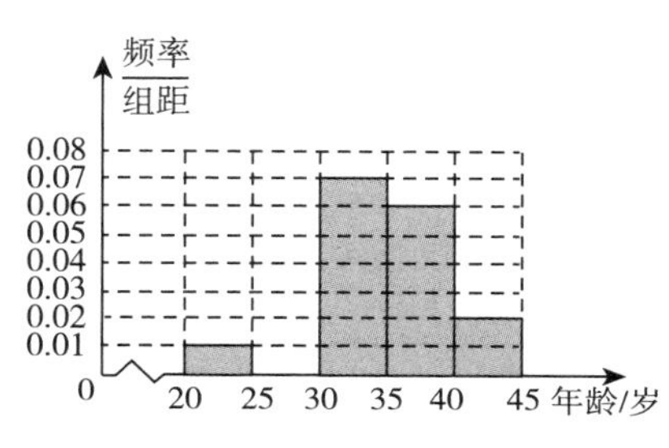

A. 40　　B. 45　　C. 65　　D. 55　　E. 50

二、条件充分性判断

16. 小明某学期的数学平时成绩 78 分，期中考试 75 分，期终考试 87 分，计算学期总评成绩的方法如下，则小明总评成绩是 80.7 分.

(1)平时∶期中∶期终=3∶3∶4.　　(2)平时∶期中∶期终=3∶4∶3.

17. 样本中共有五个个体，其值分别为 a,0,1,2,3，则样本方差为 2.

(1)该样本的平均值为 2.　　(2)该样本的平均值为 1.

18. 有一组数据 9.8,9.9,10,a,10.2，则该组数据的方差为 0.01.

(1)该组数据的平均数为 10.　　(2)a=10.1.

19. 若干辆汽车通过某一段公路的时速的频率分布直方图如图所示，则时速在[60,75)的汽车有 100 辆.

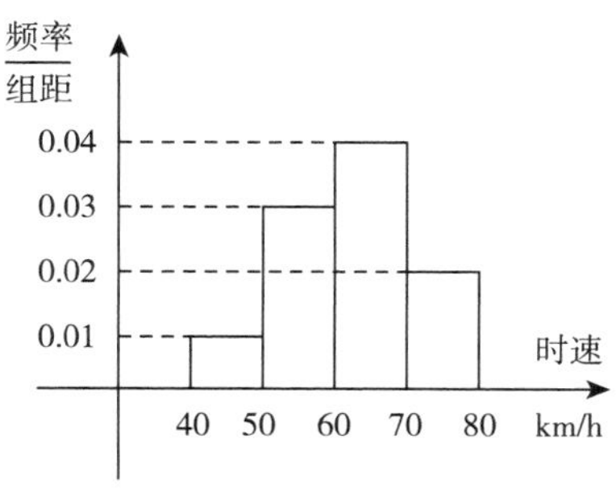

(1)时速在[45,55)的汽车有 50 辆. (2)时速在[45,55)的汽车有 40 辆.

20. $a=b$.

(1)样本甲 $x_1,x_2,x_3,\cdots,x_n$ 的平均数为 a.

(2)样本乙 $x_1,x_2,x_3,\cdots,x_n,a$ 的平均数为 b.

21. $x_1+2,x_2+2,\cdots,x_n+2$ 的平均值是 5.

(1)$2x_1+1,2x_2+1,\cdots,2x_n+1$ 的平均值是 7.

(2)$3x_1,3x_2,\cdots,3x_n$ 的平均值是 9.

22. 某班级参加业余兴趣小组的人数如图所示,则 $m=25$.

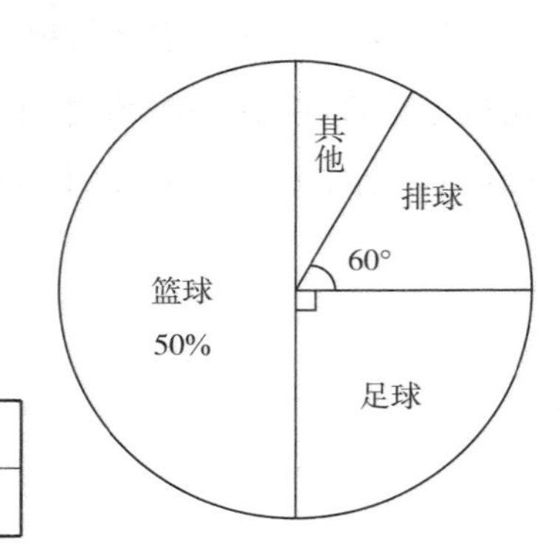

(1)共 60 人,喜欢足球的人数为 m.

(2)喜欢篮球的有 75 人,喜欢排球的人数为 m.

23. 某校理学院五个系每年的录取人数如下表:

系别	数学系	物理系	化学系	生物系	地学系
录取人数	60	120	90	60	30

今年与去年相比,物理系的录取平均分没变,则理学院的录取平均分升高了.

(1)数学系的录取平均分升高了 3 分,生物系的录取平均分降低了 2 分.

(2)化学系的录取平均分升高了 1 分,地学系的录取平均分降低了 4 分.

24. 已知 $M=\{a,b,c,d,e\}$ 是一个整数集合,则能确定集合 M.

(1)a,b,c,d,e 的平均值为 10.

(2)a,b,c,d,e 的方差为 2.

25. 200 辆汽车经过某一雷达地区,时速的频率分布直方图如图所示,则时速超过 m km/h 的汽车数量为 76.

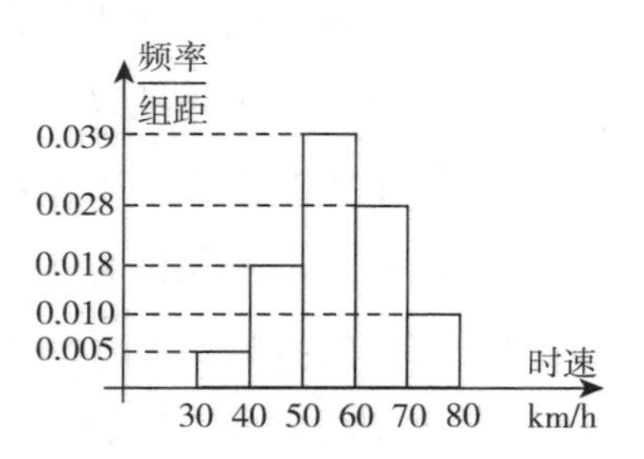

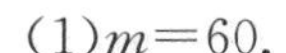

(1)$m=60$. (2)$m=70$.

基础能力练习题解析

一、问题求解

1.【答案】B

【解析】样本 A 的数据均不大于 10,而样本 B 的数据均不小于 10,显然$\bar{x}_A<\bar{x}_B$. 由图可知 A 中数据波动程度较大,B 中数据较稳定,故 $S_A>S_B$.

2.【答案】E

【解析】由样本 $2x_1+1,2x_2+1,\cdots,2x_n+1$ 的平均数为 11,方差为 16,可知 $x_1,x_2,\cdots,x_n$ 的平均数为 5,方差为 4,故 $x_1+2,x_2+2,\cdots,x_n+2$ 的平均数及方差分别为 7,4.

3.【答案】C

【解析】由题图知，抽到的司机年龄在[30,35)岁之间频率是0.35；抽到的司机年龄在[35,40)岁之间频率是0.30；抽到的司机年龄在[40,45)岁之间频率是0.10.由于在频率分布直方图中，中位数使得左右频率相等，故中位数右侧的频率为0.50.而[35,45)岁之间的频率是0.40＜0.50，[30,45)岁之间频率是0.75＞0.50，故中位数在区间[30,35)内.还要使其右侧在[30,35)岁之间频率是0.10，所以平均年龄为$35-\frac{0.1}{0.07}\approx 33.6$(岁).

4.【答案】D

【解析】该地区快餐公司三年销售盒饭总数$=30\times 1+45\times 2+90\times 1.5=255$(万盒)，该地区每年平均销售盒饭$255\div 3=85$(万盒).

5.【答案】A

【解析】由于小长方形的高的比等于面积之比，则从左到右各组的频率之比为$2:4:3:1$，又各组频率之和为1，可知第二组的频率为$\frac{4}{10}=0.4$；已知样本容量为30，故第二组的频数为$30\times 0.4=12$.

6.【答案】A

【解析】设平均数为$\bar{x}=\frac{-1+0+3+5+x}{5}=1.4+\frac{x}{5}$，从而根据方差的定义有

$$\frac{34}{5}=\frac{\left(-1-1.4-\frac{x}{5}\right)^2+\left(0-1.4-\frac{x}{5}\right)^2+\left(3-1.4-\frac{x}{5}\right)^2+\left(5-1.4-\frac{x}{5}\right)^2+\left(x-1.4-\frac{x}{5}\right)^2}{5},$$

展开化简得到$2x^2-7x-22=0$，解得$x=5.5$或$x=-2$.

7.【答案】B

【解析】因为10名进入决赛的同学的分数肯定是19名参赛选手中最高的，而且19个不同的分数按从小到大排序后，中位数及中位数之后的共有10个数，故只要知道自己的分数和中位数就可以知道自己能否进入决赛了.

8.【答案】C

【解析】

$$\frac{-2-1+0+x+1}{5}=0\Rightarrow x=2,$$

$$S^2=\frac{1}{5}[(-2-0)^2+(-1-0)^2+(0-0)^2+(2-0)^2+(1-0)^2]=2,$$

故选C.

9.【答案】C

【解析】根据定义可得$a=4$，$b=100$，所以$20b+3a+3=2\ 015$，故选C.

10.【答案】D

【解析】根据中位数定义可知$a+b=21$，

$$\bar{x}=\frac{2+3+3+7+a+b+12+13.7+18.3+20}{10}=10,$$

要使方差最小，则必须使$(a-10)^2+(b-10)^2$最小，则$a=b=10.5$，故选 D.

11.**【答案】**B

【解析】由题意得$\begin{cases}2x+4y=14,\\4x+6y=24\end{cases}\Rightarrow\begin{cases}x=3,\\y=2\end{cases}\Rightarrow x^2+y^2=13$，故选 B.

12.**【答案】**A

【解析】$\bar{x}=88+\frac{1}{10}(2+0-1-5-6+10+8+12+3-3)=90$(分)，故选 A.

13.**【答案】**B

【解析】由定义得，众数为 15，中位数是$\frac{15+16}{2}=15.5$，故选 B.

14.**【答案】**D

【解析】
$$\bar{x}=\frac{9.4+9.4+9.6+9.4+9.7}{5}=9.5,$$

$$S^2=\frac{1}{5}[(9.4-9.5)^2+(9.4-9.5)^2+(9.6-9.5)^2+(9.4-9.5)^2+(9.7-9.5)^2]=0.016,$$

故选 D.

15.**【答案】**D

【解析】设$[25,30)$岁的司机人数所占比例为x，

$$x+5(0.01+0.07+0.06+0.02)=1\Rightarrow x=0.2,$$

则$[25,35)$岁的有$100\times(0.2+0.35)=55$(人)，故选 D.

二、条件充分性判断

16.**【答案】**A

【解析】条件(1)，本学期数学总评成绩$=78\times30\%+75\times30\%+87\times40\%=80.7$(分)，充分；

条件(2)，本学期数学总评成绩$=78\times30\%+75\times40\%+87\times30\%=79.5$(分)，不充分.

17.**【答案】**D

【解析】条件(1)，$\frac{a+0+1+2+3}{5}=2$，解得$a=4$，从而样本方差为

$$S^2=\frac{(4-2)^2+(0-2)^2+(1-2)^2+(2-2)^2+(3-2)^2}{5}=2,$$

充分；

条件(2)，$\frac{a+0+1+2+3}{5}=1$，解得$a=-1$，从而样本方差为

$$S^2=\frac{(-1-1)^2+(0-1)^2+(1-1)^2+(2-1)^2+(3-1)^2}{5}=2,$$

充分.

18.【答案】E

【解析】条件(1)，$9.8+9.9+10+a+10.2=50\Rightarrow a=10.1$,

$$S^2=\frac{1}{5}[(9.8-10)^2+(9.9-10)^2+(10-10)^2+(10.1-10)^2+(10.2-10)^2]=0.02,$$

不充分；

条件(2)与条件(1)等价，不充分. 故选 E.

19.【答案】B

【解析】条件(1)，$\frac{50}{5\times(0.01+0.03)}=250$(辆)，$250\times(10\times0.04+5\times0.02)=125$(辆)，不充分；

条件(2)，$\frac{40}{5\times(0.01+0.03)}=200$(辆)，$200\times(10\times0.04+5\times0.02)=100$(辆)，充分. 故选 B.

20.【答案】C

【解析】联合考虑：

$$a=\frac{x_1+x_2+\cdots+x_n}{n}\Rightarrow b=\frac{x_1+x_2+\cdots+x_n+a}{n+1}=\frac{na+a}{n+1}=\frac{(n+1)a}{n+1}=a,$$ 充分，故选 C.

21.【答案】D

【解析】由条件(1)可知 $2x_1+1,2x_2+1,\cdots,2x_n+1$ 的平均值为 $2\bar{x}+1=7$，则 $\bar{x}=3\Rightarrow x_1+2,x_2+2,\cdots,x_n+2$ 的平均值是 $\bar{x}+2=5$，充分；

由条件(2)可知 $3x_1,3x_2,\cdots,3x_n$ 的平均值为 $3\bar{x}=9$，则 $\bar{x}=3\Rightarrow x_1+2,x_2+2,\cdots,x_n+2$ 的平均值是 $\bar{x}+2=5$，充分. 故选 D.

22.【答案】B

【解析】条件(1)，喜欢足球的人数为 $60\times\frac{1}{4}=15$(人)，不充分；

条件(2)，总人数为 $75\times2=150$(人)，故喜欢排球的人数为 $150\times\frac{1}{6}=25$(人)，充分. 故选 B.

23.【答案】C

【解析】条件(1)不涉及化学系和地学系的平均分变化情况，因此不充分；同理，条件(2)也不充分. 联合条件(1)和条件(2)，数学升高 180 分，生物降低 120 分，化学升高 90 分，地学降低 120 分，因此理学院的总分提高 $180-120+90-120=30$ 分，而每年人数不变，所以平均分升高，充分.

24.【答案】C

【解析】显然条件(1)和条件(2)单独都不充分，可以直接考虑联合的情况.

根据平均值和方差的意义，结合集合中元素的互异性，定性判断出 a,b,c,d,e 的方差的求解只能为 $\frac{(-2)^2+(-1)^2+0+1^2+2^2}{5}=2$，所以集合 M 中的元素必为 8，9，10，11，12.

25.【答案】A

【解析】条件(1)，$0.028\times(70-60)+0.010\times(80-70)=0.28+0.10=0.38$，$0.38\times200=76$(辆)，充分.

条件(2)，显然不充分. 综上所述，选 A.

强化能力练习题

一、问题求解

1. 若一组数据 $x_1,x_2,\cdots,x_n$ 的方差为 5，则 $2x_1,2x_2,\cdots,2x_n$ 的方差为(　　).

A. 5　　B. 10　　C. 20　　D. 50　　E. 25

2. 由 21 个不同的数组成的数集 P，如果 $n\in P$，且 n 是其他 20 个数的算术平均数的 4 倍，那么 n 占这 21 个数总和的(　　).

A. $\frac{5}{21}$　　B. $\frac{1}{5}$　　C. $\frac{4}{21}$　　D. $\frac{1}{6}$　　E. $\frac{1}{20}$

3. 在某次测量中得到的 A 样本数据如下：82，84，84，86，86，86，88，88，88，88，若 B 样本数据恰好是 A 样本数据都加 2 后所得数据，则 A，B 两样本的下列数字特征对应相同的是(　　).

A. 众数　　B. 平均数　　C. 中位数　　D. 方差　　E. 以上都不同

4. 有 7 位考官对一位应聘者评分，如果去掉一个最高分和一个最低分，则平均分为 7 分；如果只去掉一个最高分，则平均分为 6.75 分；如果只去掉一个最低分，则平均分为 7.25 分. 这个应聘者所得到的 7 个分数中，最高分与最低分的差值为(　　)分.

A. 1.5　　B. 2　　C. 3　　D. 3.5　　E. 4

5. 已知某 8 个数据的平均数为 5，方差为 3，现又加入一个新数据 5，此时这 9 个数的平均数为 $\bar{x}$，方差为 S^2，则(　　).

A. $\bar{x}=5,S^2>3$　　B. $\bar{x}=5,S^2<3$　　C. $\bar{x}>5,S^2<3$

D. $\bar{x}>5,S^2>3$　　E. $\bar{x}<5,S^2>3$

6. 已知某居民小区户主人数和户主对户型结构的满意率分别如图(a)和图(b)所示，为了解该小区户主对户型结构的满意程度，用分层抽样的方法抽取 20% 的户主进行调查，则样本容量和抽取的户主对四居室满意的人数分别为(　　).

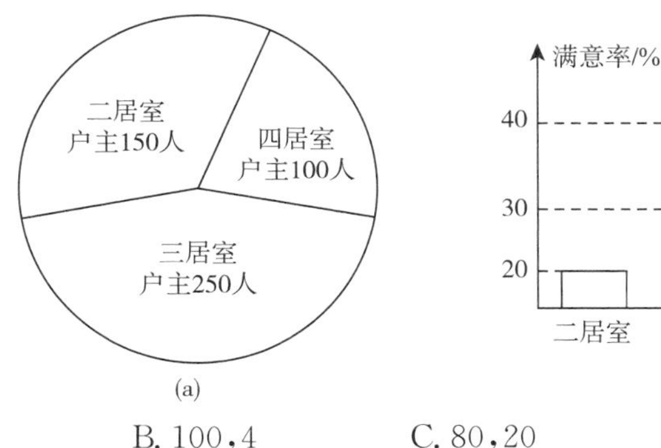

(a)　　(b)

A. 100，8　　B. 100，4　　C. 80，20　　D. 80，8　　E. 80，4

7. 设样本数据 $x_1,x_2,\cdots,x_{20}$ 的平均值和方差分别为 1 和 8，若 $y_i=2x_i+3(i=1,2,\cdots,20)$，则 $y_1,y_2,\cdots,y_{20}$ 的平均值和方差分别是(　　).

A. 5,32　　B. 5,19　　C. 4,35　　D. 4,32　　E. 1,32

8. 如果 a,b,c 的算术平均值等于 13,且 $a:b:c=\frac{1}{2}:\frac{1}{3}:\frac{1}{4}$,那么 $c=$(　　).

A. 7　　B. 8　　C. 9　　D. 12　　E. 18

9. 某家庭一周的总开支分布如图所示,奶制品的消费占食品开支的 $\frac{1}{3}$,网费占通信开支的 80%,则该家庭一周中网费与奶制品消费之比为(　　).

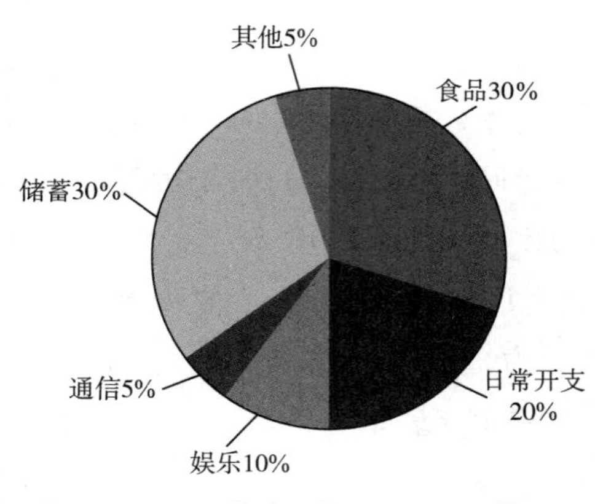

A. 1∶3　　B. 2∶5　　C. 2∶7　　D. 3∶5　　E. 3∶7

10. 在发生公共卫生事件期间,有专业机构认为该事件在一段时间内没有发生规模群体感染的标志为"连续 10 天,每天新增疑似病例不超过 7 人". 根据过去 10 天甲、乙、丙、丁、戊五地新增疑似病例数据,一定符合该标志的是(　　).

A. 甲地:总体均值为 3,中位数为 4

B. 乙地:总体均值为 1,总体方差大于 0

C. 丙地:中位数为 2,众数为 3

D. 丁地:总体均值为 2,总体方差为 3

E. 戊地:总体均值为 2,众数为 1

11. 某校 A,B 两队 10 名参加篮球比赛的队员的身高(单位:cm)如下表所示:

队员 / 队	1 号	2 号	3 号	4 号	5 号
A 队	176	175	174	171	174
B 队	170	173	171	174	182

设两队队员身高的平均数分别为 $\bar{x}_A,\bar{x}_B$,身高的方差分别为 S_A^2,S_B^2,则正确的选项是(　　).

A. $\bar{x}_A=\bar{x}_B,S_A^2>S_B^2$　　B. $\bar{x}_A<\bar{x}_B,S_A^2<S_B^2$

C. $\bar{x}_A>\bar{x}_B,S_A^2>S_B^2$　　D. $\bar{x}_A=\bar{x}_B,S_A^2<S_B^2$

E. $\bar{x}_A>\bar{x}_B, S_A^2<S_B^2$

12. 北京今年6月某日部分区县的最高气温如下表：

区县	大兴	通州	平谷	顺义	怀柔	门头沟	延庆	昌平	密云	房山
最高气温/℃	32	32	30	32	30	32	29	32	30	32

则这10个区县该日最高气温的众数和中位数分别是(　　).

A. 32,32　　B. 32,30　　C. 30,32　　D. 32,31　　E. 30,30

13. 在社会实践活动中，某同学对甲、乙、丙、丁四个城市一至五月份的白菜价格进行调查. 四个城市5个月白菜价格的平均值均为3.50元，方差分别为$S_{甲}^2=18.3, S_{乙}^2=17.4, S_{丙}^2=20.1, S_{丁}^2=12.5$，则一至五月份白菜价格最稳定的城市是(　　).

A. 甲　　B. 乙　　C. 丙　　D. 丁　　E. 无法确定

14. 我市某一周的最高气温统计如下表：

最高气温/℃	25	26	27	28
天数	1	1	2	3

则这组数据的平均数与方差分别是(　　).

A. $27,\frac{8}{7}$　　B. $25,\frac{36}{7}$　　C. $26,\frac{15}{7}$　　D. 28,1　　E. 26.5,3

15. 甲、乙两名学生在一学期里多次测试中，其数学成绩的平均分相等，但数学成绩的方差不等，那么正确评价他们的数学学习情况的是(　　).

A. 学习水平一样

B. 成绩虽然一样，但方差大的学生学习潜力大

C. 虽然平均成绩一样，但方差小的学习成绩稳定

D. 方差较小的学习成绩不稳定，忽高忽低

E. 条件不足，无法判断

二、条件充分性判断

16. 数据2,3,4,x的中位数与平均数相等.

(1) $x=1$.　　(2) $x=5$.

17. 数据的方差为3.76.

(1)样本数据：$-1,2,-2,3,-1$.

(2)样本数据：39,42,38,43,39.

18. 样本数据的中位数为1，平均数为2，众数为1，极差为6.

(1)样本数据1,0,6,1,2.　　(2)样本数据2,0,1,5,2.

19. $|x-y|=1$.

(1)1,4,$2x$,$3y$ 四个数的平均数是 3. (2)5,7,$4x$,$4y$ 四个数的平均数是 6.

20. $m=24$.

(1)某校九年级一班体育委员在一次体育课上记录了六位同学托排球的个数分别为 37,25,30,35,28,25,这组数据的中位数为 m.

(2)王先生在“六一”儿童节期间,带小孩到凤凰古城游玩,出发前,他在网上查到从 5 月 31 日起,凤凰古城连续五天的最高气温分别为 24,23,23,25,26(单位:℃),那么这组数据的中位数是 m.

21. 数据的方差和中位数分别是 2.5 和 3.

(1)一组数据为 1,2,3,4. (2)一组数据为 2,1,5,4.

22. 已知一组数据 x,y,z,2,其众数和平均数分别是 2 和 3.

(1)$x=2$,$y=3$. (2)$x+z=7$.

23. $n=8$.

(1)一组数据 1,2,3,n 的极差为 6. (2)一组数据 1,6,3,9,8 的极差为 n.

24. $m=25$.

(1)某小区对 60 名退休工人业余爱好的统计图如图所示,根据图中信息,喜欢各项体育项目的人数极差是 m.

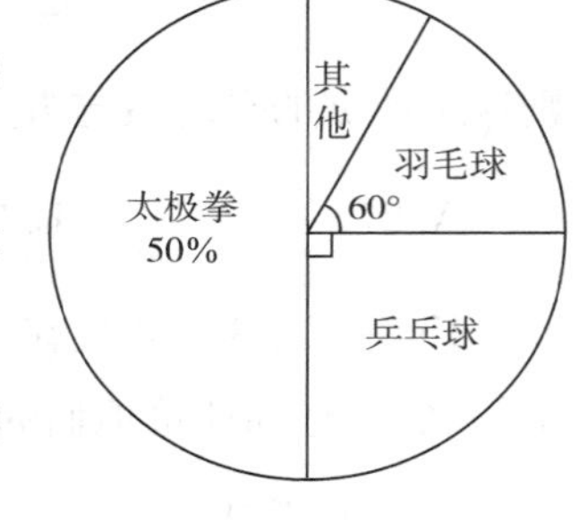

(2)某公司有男职工 5 人,女职工 4 人,欲从中抽调 3 人支援其他工作,但至少要有 2 名是男职工,方案有 m 种.

25. 学生语文、数学、英语三科的平均成绩是 93 分,那么语文成绩是 88 分.

(1)语文、数学的平均成绩是 90 分. (2)语文、英语的平均成绩是 93.5 分.

强化能力练习题解析

一、问题求解

1.**【答案】**C

【解析】记 $\bar{x}=\frac{x_1+x_2+\cdots+x_n}{n}$,第一组数据的方差是 $S_1^2=\frac{(x_1-\bar{x})^2+(x_2-\bar{x})^2+\cdots+(x_n-\bar{x})^2}{n}=5$,第二组的平均值为 $\frac{2x_1+2x_2+\cdots+2x_n}{n}=2\bar{x}$,方差为

$$S_2^2=\frac{(2x_1-2\bar{x})^2+(2x_2-2\bar{x})^2+\cdots+(2x_n-2\bar{x})^2}{n}=4S_1^2=20.$$

2.**【答案】**D

【解析】设其他 20 个数的算术平均数是 $\bar{x}$,则 $n=4\bar{x}$,所求 $\frac{n}{n+20\bar{x}}=\frac{4\bar{x}}{4\bar{x}+20\bar{x}}=\frac{1}{6}$.

3.【答案】D

【解析】A 的众数是 88,B 的众数是 90;A 的平均数是 86,B 的平均数是 88;A 的中位数是 86,B 的中位数是 88;数据的各项加上一个常数,方差不变,因此 A 和 B 的方差相等.

4.【答案】C

【解析】设 7 位考官的评分中最高分为 x,最低分为 y,则

$$\begin{cases} y+7\times5=6.75\times6, \\ x+7\times5=7.25\times6 \end{cases} \Rightarrow x-y=3,$$

故最高分与最低分差值为 3 分.

5.【答案】B

【解析】设这 8 个数据分别为 $x_1,x_2,\cdots,x_8$,新增的数据为 x_9.

由题可得,$\frac{x_1+x_2+\cdots+x_8}{8}=5$,$x_9=5$,$\frac{1}{8}[(x_1-5)^2+(x_2-5)^2+\cdots+(x_8-5)^2]=3$,所以

$$\bar{x}=\frac{x_1+x_2+\cdots+x_9}{9}=5,$$

$$\begin{aligned} S^2 &=\frac{1}{9}[(x_1-5)^2+(x_2-5)^2+\cdots+(x_9-5)^2] \\ &=\frac{1}{9}[8\times3+(x_9-5)^2]=\frac{1}{9}(8\times3+0) \\ &=\frac{8}{3}<3. \end{aligned}$$

6.【答案】A

【解析】由题意,样本容量 $n=(150+250+100)\times20\%=100$. 其中对四居室满意的人数为 $100\times\frac{100}{150+250+100}\times40\%=8$.

7.【答案】A

【解析】$\bar{y}=\frac{y_1+y_2+\cdots+y_{20}}{20}=\frac{2(x_1+x_2+\cdots+x_{20})+60}{20}=2\bar{x}+3$,即 $\bar{y}=2\times1+3=5$.

由方差的特征可知,样本数据同时加上一个常数,样本方差不变;样本数据同时乘以一个常数,样本方差变为这个常数的平方倍. 所以 $S_y^2=2^2\times8=32$.

8.【答案】C

【解析】根据题意,得 $\frac{a+b+c}{3}=13$,故 $a+b+c=39$,又 $a:b:c=\frac{1}{2}:\frac{1}{3}:\frac{1}{4}=6:4:3$,故 $c=39\times\frac{3}{6+3+4}=9$.

9.【答案】B

【解析】所求等于$(5\%\times80\%):\left(30\%\times\frac{1}{3}\right)=2:5$.

10.【答案】D

【解析】根据信息可知，连续10天内，每天的新增疑似病例人数不能有超过7的数.

选项A的反例：0，0，0，0，4，4，4，4，4，10.

选项B的反例：0，0，0，0，0，0，0，0，0，10.

选项C的反例：0，0，0，1，1，3，3，3，3，10.

选项E的反例：0，0，0，1，1，1，1，3，3，10.

选项D中，用下述过程证明丁地数据中如果有大于7的数存在，那么方差不会为3.

设这10个数据由小到大排列是$x_1,x_2,\cdots,x_{10}$，如果$x_{10}\geqslant8$，则$x_{10}-2\geqslant6$，这10个数的方差$\frac{(x_1-2)^2+(x_2-2)^2+\cdots+(x_{10}-2)^2}{10}\geqslant\frac{(x_{10}-2)^2}{10}\geqslant\frac{6^2}{10}=3.6$，与总体方差为3矛盾，故丁地的数据都小于或等于7，因而一定符合该标志.

11.【答案】D

【解析】因为$\bar{x}_A=\frac{1}{5}(176+175+174+171+174)=174(\mathrm{cm})$，

$\bar{x}_B=\frac{1}{5}(170+173+171+174+182)=174(\mathrm{cm})$.

$S_A^2=\frac{1}{5}[(176-174)^2+(175-174)^2+(174-174)^2+(171-174)^2+(174-174)^2]=2.8(\mathrm{cm}^2)$，

$S_B^2=\frac{1}{5}[(170-174)^2+(173-174)^2+(171-174)^2+(174-174)^2+(182-174)^2]=18(\mathrm{cm}^2)$.

所以$\bar{x}_A=\bar{x}_B$，$S_A^2<S_B^2$. 故选D.

12.【答案】A

【解析】在这一组数据中32是出现次数最多的，故众数是32；处于这组数据中间位置的两个数都是32，那么由中位数的定义可知，这组数据的中位数是32. 故选A.

13.【答案】D

【解析】根据方差的意义. 方差是用来衡量一组数据波动大小的量，方差越小，表明这组数据分布比较集中，各数据偏离平均值越小，即波动越小，数据越稳定. 根据方差分别为$S_{甲}^2=18.3$，$S_{乙}^2=17.4$，$S_{丙}^2=20.1$，$S_{丁}^2=12.5$可找到最稳定的城市为丁.

14.【答案】A

【解析】平均数为$\frac{25+26+27\times2+28\times3}{7}=27$，

方差为 $\frac{(25-27)^2+(26-27)^2+(27-27)^2\times2+(28-27)^2\times3}{7}=\frac{8}{7}$.

15.【答案】C

【解析】数学成绩的平均分相等，说明甲和乙的平均水平基本持平，而方差较小的学生，数学成绩比较稳定，故选 C.

二、条件充分性判断

16.【答案】D

【解析】条件(1)，1，2，3，4 的中位数是 2.5，平均数是 2.5，因此条件(1)充分；条件(2)，2，3，4，5 的中位数是 3.5，平均数是 3.5，因此条件(2)也充分.

17.【答案】D

【解析】条件(1)，数据的平均值为 0.2，方差为 $\frac{1.2^2+1.8^2+2.2^2+2.8^2+1.2^2}{5}=3.76$，充分；

条件(2)，数据的平均值为 40.2，方差为 $\frac{1.2^2+1.8^2+2.2^2+2.8^2+1.2^2}{5}=3.76$，充分.

18.【答案】A

【解析】条件(1)，经计算得该组数据的中位数为 1，平均数为 2，众数为 1，极差为 6，充分；条件(2)，经计算得该组数据的中位数为 2，平均数为 2，众数为 2，极差为 5，不充分.

19.【答案】C

【解析】由条件(1)可知，$2x+3y=7$，由条件(2)可知，$4x+4y=12$，条件(1)和条件(2)单独不充分，联合条件(1)和条件(2)解得 $x=2$，$y=1$，所以 $|x-y|=1$.

20.【答案】B

【解析】条件(1)，37，25，30，35，28，25 的中位数是 29，不充分；条件(2)，24，23，23，25，26 的中位数是 24，充分.

21.【答案】B

【解析】由条件(1)可知平均数为 2.5，进而得方差为 1.25，中位数为 2.5，于是知不充分；由条件(2)知平均数为 3，从而知方差为 2.5，中位数为 3，可知充分. 故选 B.

22.【答案】C

【解析】由题干和所给条件(1)和条件(2)知，两条件单独都不充分，考虑联合，得这组数据为 2，3，5，2，故可得众数为 2，平均数为 3，故选 C.

23.【答案】B

【解析】由条件(1)知极差为 $n-1=6$ 或 $3-n=6$，则 $n=7$ 或 -3，可知不充分；由条件(2)知极差为 $9-1=8$，即 $n=8$，则充分. 故选 B.

24.【答案】A

【解析】由条件(1)知喜欢太极拳的人数最多，为 30 人，喜欢其他的人最少，为 5 人(因为喜欢其他和羽毛球的人共 15 人，而两者的比为 1∶2)，所以极差为 25，可知(1)充分；由条件(2)知方案共有 $C_5^2C_4^1+C_5^3=50$(种)，则不充分. 故选 A.

25.【答案】C

【解析】由题干知，语文＋数学＋英语＝93×3＝279(分)，再考虑所给条件(1)和条件(2)得，语文＋数学＝90×2＝180(分)，语文＋英语＝93.5×2＝187(分)，可知单独都不充分，现联合可得语文＝88 分，则充分，故选 C.